Cálculo numérico

2ª edição

Décio Sperandio   João Teixeira Mendes   Luiz Henry Monken e Silva

Cálculo numérico
2ª edição

© 2015 by Pearson Education do Brasil Ltda.

Todos os direitos reservados. Nenhuma parte desta publicação poderá ser reproduzida ou transmitida de qualquer modo ou por qualquer outro meio, eletrônico ou mecânico, incluindo fotocópia, gravação ou qualquer outro tipo de sistema de armazenamento e transmissão de informação, sem prévia autorização, por escrito, da Pearson Education do Brasil.

Supervisora de produção editorial	Silvana Afonso
Coordenador de produção editorial	Sérgio Nascimento
Editor de aquisições	Vinícius Souza
Editora de texto	Daniela Braz
Editor assistente	Marcos Guimarães
Preparação	Maria Alice da Costa
Revisão	Sabrina Cairo
Capa	Solange Rennó
Projeto gráfico e diagramação	Casa de Ideias

Dados Internacionais de Catalogação na Publicação (CIP)
(Câmara Brasileira do Livro, SP, Brasil)

Sperandio, Décio
    Cálculo numérico/ Décio Sperandio, João Teixeira Mendes, Luiz Henry Monken e Silva. – 2. ed. – São Paulo: Pearson Education do Brasil, 2014.

    Bibliografia.
    ISBN 978-85-430-0653-6

    1. Cálculo numérico 2. Cálculo numérico – Problemas, exercícios etc. I. Mendes, João Teixeira . II. Silva, Luiz Henry Monken e. III. Título.

14-05441   CDD-511.07

Índice para catálogo sistemático:
1. Cálculo numérico : Estudo e ensino 511.07

Direitos exclusivos cedidos à
Pearson Education do Brasil Ltda.,
uma empresa do grupo Pearson Education
Avenida Francisco Matarazzo, 1400
Torre Milano – 7o andar
CEP: 05033-070 -São Paulo-SP-Brasil
Telefone 19 3743-2155
pearsonuniversidades@pearson.com

Distribuição
Grupo A Educação
www.grupoa.com.br
Fone: 0800 703 3444

Às nossas carinhosas esposas:
Lúcia, Eloísa e Divair.

SUMÁRIO

PREFÁCIO IX

CAPÍTULO 1 – CONCEITOS E PRINCÍPIOS GERAIS EM CÁLCULO NUMÉRICO 1
1.1 Introdução 1
1.2 Resolução do modelo matemático por meio de cálculo numérico 1
1.3 Conceitos básicos de cálculo numérico 2
    1.3.1 Problema numérico 2
    1.3.2 Método numérico 3
    1.3.3 Algoritmo 3
    1.3.4 Iteração ou aproximação sucessiva 3
    1.3.5 Aproximação local 3
1.4 Erros 5
    1.4.1 Conversão de base: aritmética de ponto flutuante 5
    1.4.2 Erro de truncamento 9
    1.4.3 Erro absoluto e erro relativo 9
    1.4.4 Propagação de erro: instabilidade numérica 9
1.5 Série de Taylor de função a uma variável 11
1.6 Série de Taylor de função a duas variáveis 12
1.7 Conclusão 13
1.8 Exercícios 13

CAPÍTULO 2 – SOLUÇÃO DE EQUAÇÕES POLINOMIAIS, ALGÉBRICAS E TRANSCENDENTAIS 15
2.1 Introdução 15
2.2 Métodos numéricos para cálculo de raízes reais simples 16
    2.2.1 Método do meio intervalo (MMI) 17
    2.2.2 Teoria geral dos métodos iterativos 19
2.3 Métodos numéricos para cálculo de raízes reais múltiplas 38
2.4 Método de Newton-Raphson para raízes complexas 40
2.5 Equações polinomiais 41
    2.5.1 Propriedades das equações polinomiais 41
    2.5.2 Métodos numéricos para equações polinomiais 43
    2.5.3 Deflação 48
2.6 Indicativos computacionais 49
2.7 Exercícios 50

CAPÍTULO 3 – ÁLGEBRA LINEAR COMPUTACIONAL: DOIS PROBLEMAS 54
3.1 Introdução 54
3.2 Conceitos básicos da álgebra linear 54
    3.2.1 Vetores e matrizes 54
    3.2.2 Espaços vetoriais e transformações lineares 58
    3.2.3 Norma de vetores e norma de matrizes 63
3.3 Sistemas de equações lineares 66
    3.3.1 Métodos numéricos para a solução de sistemas de equações lineares 68

3.4 Cálculo de autovalores e autovetores...99
    3.4.2 Análise complementar de erro e convêrgência de métodos
         para a solução de sistemas lineares.. 103
    3.4.3 Métodos numéricos para o cálculo de autovalores e autovetores 107
3.5 Exercícios.. 120

CAPÍTULO 4 – SISTEMAS DE EQUAÇÕES NÃO LINEARES 124
4.1 Introdução 124
4.2 Método das aproximações sucessivas (MAS) 124
4.3 Método de Newton-Raphson (MNR).. 126
4.4 Método de Newton-Raphson Discretizado (MNRD) 129
4.5 Método de Steffensen (MST).. 130
4.6 Exercícios.. 130

CAPÍTULO 5 – INTERPOLAÇÃO E APROXIMAÇÃO DE FUNÇÕES A UMA VARIÁVEL REAL..132
5.1 Introdução 132
5.2 Interpolação polinomial 133
    5.2.1 Interpolação polinomial por diferenças divididas finitas (DDF)........................... 134
    5.2.2 Interpolação polinomial de Lagrange 141
    5.2.3 Interpolação polinomial: pontos-base igualmente espaçados 143
    5.2.4 Interpolação polinomial de Hermite 155
    5.2.5 Interpolação polinomial por meio de splines 157
5.3 Aproximação de função a uma variável real 161
    5.3.1 Conceitos preliminares 161
    5.3.2 Aproximação de funções: problema geométrico em espaço de função 163
    5.3.3 Aproximação de função pelo método dos mínimos quadrados 164
    5.3.4 Sistemas ortogonais 165
    5.3.5 Solução do problema de aproximação 166
    5.3.6 Redução ao ajuste linear.. 167
    5.3.7 Polinômios ortogonais 169
5.4 Exercícios.. 173

CAPÍTULO 6 – INTEGRAÇÃO NUMÉRICA..179
6.1 Introdução 179
6.2 Integração numérica sobre um intervalo finito 180
    6.2.1 Integração de função a uma variável 180
    6.2.2 Integração de função a mais de uma variável.. 205
6.3 Integração numérica sobre um intervalo infinito 209
    6.3.1 Quadratura de Gauss-Laguerre 209
    6.3.2 Quadratura de Gauss-Hermite 211
6.4 Integrais singulares 212
    6.4.1 Integrando envolvendo o produto de funções 213
    6.4.2 Método trapezoidal com produto de funções no integrando 214
6.5 Integração numérica adaptativa 216
    6.5.1 Algoritmo adaptativo com base na regra trapezoidal 217
    6.5.2 Algoritmo adaptativo com base na regra de Simpson 220
6.6 Exercícios.. 221

CAPÍTULO 7 – SOLUÇÃO NUMÉRICA DE EQUAÇÕES DIFERENCIAIS ORDINÁRIAS 227
7.1 Introdução 227
7.2 Solução numérica de EDO de primeira ordem: problema de valor inicial 228
    7.2.1 Estabilidade da solução 229
    7.2.2 Métodos de passo simples 231
    7.2.3 Métodos de passo múltiplo 248
    7.2.4 Discussão geral dos métodos lineares de passo múltiplo 258
7.3 Solução numérica de EDO de ordem n: problema de valor inicial 266
    7.3.1 Redução da EDO de ordem n em um sistema de equações diferenciais de primeira ordem 267
7.4 Aproximação de derivadas ordinárias por diferenças finitas 269
    7.4.1 Diferenciação numérica por diferenças finitas retroativas 269
    7.4.2 Diferenciação numérica por diferenças finitas progressivas 271
    7.4.3 Diferenciação numérica por diferenças finitas centrais 271
7.5 Solução numérica de EDO a valores no contorno: método de diferenças finitas 272
7.6 Exercícios 277

CAPÍTULO 8 – SOLUÇÃO NUMÉRICA DE EQUAÇÕES DIFERENCIAIS PARCIAIS: MÉTODO DE DIFERENÇAS FINITAS 280
8.1 Introdução 280
8.2 Diferenças finitas para equações hiperbólicas de primeira ordem 284
8.3 Diferenças finitas para equações parabólicas 288
    8.3.1 Método de retroativo Euler 290
    8.3.2 Método de Crank-Nicolson 290
8.4 Diferenças finitas em duas dimensões 291
8.5 Consistência e convergência 293
8.6 Estabilidade 294
    8.6.1 Estabilidade de Von Neumann 294
8.7 Tratamento de contornos irregulares 300
8.8 Exercícios 302

CAPÍTULO 9 – SOLUÇÃO NUMÉRICA DE EQUAÇÕES DIFERENCIAIS POR RESÍDUO PONDERADO 308
9.1 Introdução 308
9.2 Método de Galerkin 309
9.3 Método de colocação 314
9.4 Exercícios 324

CAPÍTULO 10 – MÉTODO DE VOLUMES FINITOS PARA EQUAÇÕES DIFERENCIAIS 326
10.1 Introdução 326
10.2 Solução de problema típico 329
10.3 Exercícios 339

REFERÊNCIAS 340

ÍNDICE REMISSIVO 342

PREFÁCIO

Do lançamento da primeira edição de *Cálculo numérico*, em 2003, até então, ocorreu um desenvolvimento computacional sem precedentes em termos de hardwares e softwares, em particular softwares de matemática, o que facilitou muito o emprego de métodos numéricos. Entretanto, em nenhum momento foi reduzida a necessidade de análise e identificação do tipo de problema numérico a ser resolvido; isso é tanto mais verdade quanto mais o problema está na fronteira do conhecimento.

Nesta segunda edição, nosso propósito é apresentar uma parte significativa dos conteúdos programáticos de disciplinas como cálculo numérico e programação matemática, oferecendo aos estudantes de engenharia e ciências exatas em geral meios de alcançar o nível de conhecimento necessário para resolver problemas complexos com garantia de resultados precisos.

No primeiro capítulo, apresentamos os conceitos fundamentais do cálculo numérico, as ferramentas matemáticas de maior uso e suas especificidades.

Os problemas numéricos essenciais são expostos nos capítulos 2 a 7. Neles tivemos a preocupação de fornecer, conforme o caso, os primeiros pontos de análise numérica, como condições de existência e unicidade de solução, condições para a estabilidade numérica, ordem de convergência e análises de erros de arredondamento e truncamento.

No Capítulo 8, há uma introdução à solução de equações diferenciais parciais pelo método de diferenças finitas, considerando questões de consistência, estabilidade e convergência, além de seu emprego para domínios com contornos irregulares.

Por fim, nos capítulos 9 e 10, são descritos os métodos mais usados na atualidade para resolver, numericamente, equações diferenciais em quaisquer domínios e solucionar problemas de grande porte, levando em conta métodos de resíduos ponderados, base para elementos finitos, e o método de volumes finitos empregado com frequência na resolução de problemas complexos de transferência de calor e de mecânica dos fluidos.

Ao final de cada capítulo, é apresentada uma série de exercícios que exploram o conteúdo teórico desenvolvido e o objetivo de aumentar a "afinidade" com o cálculo numérico. A resolução raramente exige mais que uma calculadora científica simples.

Ao revisarmos o texto de *Cálculo numérico* mais uma vez, certificamo-nos de que ele está atualizado sobre esse ramo da matemática, que vem ampliando as possibilidades de modelagem matemática sem limites. É a realidade sendo trazida ao contexto computacional.

Agradecemos aos leitores da primeira edição por suas construtivas sugestões e reiteramos a expectativa de que cada vez mais pessoas apreciem o cálculo numérico assim como nós.

Décio Sperandio
João Teixeira Mendes
Luiz Henry Monken e Silva

O Site de Apoio deste livro (www.grupoa.com.br), oferece recursos adicionais que auxiliarão professores e estudantes na exposição das aulas e no processo de ensino e aprendizagem.

Para o professor:

- Apresentações em PowerPoint.
- Galeria de imagens.

Para o estudante:

- Respostas dos exercícios.

1 | CONCEITOS E PRINCÍPIOS GERAIS EM CÁLCULO NUMÉRICO

1.1 Introdução

As fases na resolução de problemas físicos podem, de modo geral, ser assim representadas:

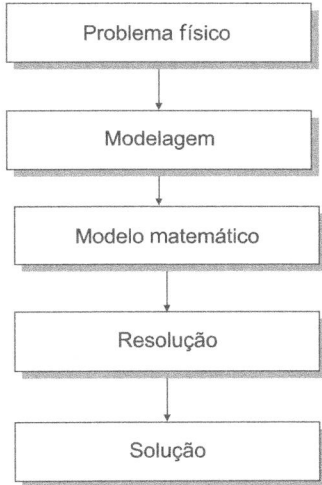

De um problema físico, com o emprego de leis de conservação (quantidade de movimento, massa, energia etc.), de relações constitutivas, modelos de turbulência etc., e de condições de contorno, chega-se a um modelo matemático.

Neste capítulo, apresentamos conceitos e princípios gerais em cálculo numérico que entram nas etapas de resolução do modelo matemático.

1.2 Resolução do modelo matemático por meio de cálculo numérico

Após a modelagem matemática, a fase seguinte consiste na resolução do modelo matemático. Mostrar se ele tem ou não solução, e se sua solução é única ou não, integra a fase de resolução. Admitindo isso, resolver o modelo matemático numericamente significa obter uma solução, mesmo que aproximada, exclusivamente por processos numéricos.

Denomina-se análise numérica a área da matemática que trata da concepção de processos numéricos e estuda sua exequibilidade para encontrar aproximações à solução do modelo matemático.

Com o surgimento do computador, na década de 1940, a importância da análise numérica começou a ser notada, uma vez que, por meio do processamento eletrônico de dados, as técnicas numéricas se tornaram viáveis.

A disciplina de cálculo numérico em um curso de graduação tem como objetivo propiciar ao estudante o conhecimento de processos numéricos já concebidos pela análise numérica.

O cálculo numérico tem sua importância centrada no fato de que, mesmo quando a solução analítica é difícil de ser obtida, ele pode ser empregado sem maiores dificuldades. Por exemplo, uma solução da equação a seguir pode, sem grandes dificuldades, ser obtida por meio do cálculo numérico, mesmo que seja impossível encontrar uma solução analítica, como neste caso:
$$x^6 - 20x^5 - 110x^4 + 50x^3 - 5x^2 + 70x - 100 = 0.$$

Nesta obra, são apresentados os principais métodos numéricos, como utilizá-los, suas restrições, suas vantagens e os cuidados para usá-los, desde os aspectos teóricos até a implementação computacional. O entendimento desses procedimentos numéricos exige conhecimento prévio de conceitos de cálculo diferencial e integral e da álgebra linear, além de conhecimentos básicos de programação para computadores.

1.3 Conceitos básicos de cálculo numérico

1.3.1 Problema numérico

O tipo de problema que se resolve por meio de cálculo numérico chama-se problema numérico. Considera-se um problema numérico quando tanto os dados (dados de entrada) como os resultados (dados de saída) para o problema são conjuntos numéricos finitos. Existe, assim, uma relação funcional entre os dados de entrada, que são os parâmetros do modelo matemático (variáveis independentes), e os dados de saída, que são os resultados desejados (variáveis dependentes).

> **Exemplo 1.1**
>
> Determine as raízes da equação
> $$x^6 - 20x^5 - 110x^4 + 50x^3 - 5x^2 + 70x - 100 = 0.$$
> Este é um problema numérico, uma vez que os dados de entrada e de saída são conjuntos numéricos finitos.

> **Exemplo 1.2**
>
> Resolva a equação diferencial ordinária
> $$\begin{cases} \dfrac{d^2 y}{dx^2} = x^2 + y^2, \text{ para } x \in (0,5) \\ y(0) = 0 \\ y(5) = 1. \end{cases} \quad (1.1)$$
>
> Esse não é um problema numérico, já que tanto os dados de entrada como os de saída não se apresentam como uma quantidade finita de números reais. Porém, isso não quer dizer que esse problema não possa ser resolvido numericamente. Quando o modelo matemático não conduz a um problema numérico, primeiro é preciso transformá-lo em um problema numérico. A equação (1.1), utilizando-se os conceitos de diferenças finitas que serão apresentados adiante, pode ser transformada na seguinte equação de diferenças:
> $$\begin{cases} y_{i+1} - 2y_i + y_{i-1} = h^2(x_i^2 + y_i^2), i = 1, 2, \ldots, m-1; \ m = 1/h \\ y_0 = 0 \\ y_m = 1, \end{cases} \quad (1.2)$$
>
> onde $y_i \approx y(x_i)$. O problema (1.2) é agora um problema numérico, pois os dados de entrada formam um conjunto finito de números. Resolvê-lo implica calcular $y_1, y_2, \ldots, y_{m-1}$, que são os valores aproximados da função solução, $y(x)$, nos pontos $x_1, x_2, \ldots, x_{m-1}$, que são igualmente espaçados de h.

1.3.2 Método numérico

Método numérico é um conjunto de procedimentos utilizados para transformar um modelo matemático em um problema numérico ou em um conjunto de procedimentos usados para resolver um problema numérico. A escolha do método mais eficiente para resolver um problema numérico deve envolver os seguintes aspectos:

- precisão desejada para os resultados;
- capacidade do método em conduzir aos resultados desejados (velocidade de convergência); e
- esforço computacional despendido (tempo de processamento, economia de memória necessária para a resolução).

1.3.3 Algoritmo

Algoritmo é a descrição sequencial dos passos que caracterizam um método numérico. O algoritmo fornece uma descrição completa de operações bem-definidas por meio das quais um conjunto de dados de entrada é transformado em dados de saída. Por operações bem-definidas entendem-se as aritméticas e lógicas que um computador pode realizar. Dessa forma, um algoritmo consiste em uma sequência de n passos, cada um envolvendo um número finito de operações. Ao fim desses n passos, o algoritmo deve fornecer valores ao menos "próximos" daqueles procurados. O número n pode não ser conhecido *a priori*. É o caso de algoritmos iterativos cuja ideia veremos a seguir. Em geral, tem-se para n apenas uma cota superior.

1.3.4 Iteração ou aproximação sucessiva

Uma das ideias fundamentais do cálculo numérico é a de iteração ou aproximação sucessiva. Em sentido amplo, iteração significa a repetição de um processo. Grande parte dos métodos numéricos são iterativo. Um método iterativo caracteriza-se por envolver os seguintes elementos constitutivos:

- **Tentativa inicial:** consiste em uma primeira aproximação para a solução desejada do problema numérico.
- **Equação de recorrência:** equação por meio da qual, partindo-se da tentativa inicial, são realizadas as iterações ou as aproximações sucessivas para a solução desejada.
- **Teste de parada:** é o procedimento por meio do qual o método iterativo é finalizado.

1.3.5 Aproximação local

Outra ideia a qual muitas vezes se recorre no cálculo numérico é a de aproximação local de uma função por outra função, que seja de manuseio mais simples. Isso significa, por exemplo, aproximar uma função não linear por uma função linear em determinado intervalo do domínio das funções.

> **Exemplo 1.3**
>
> Considere o problema de determinar uma solução real $\alpha \in (a,b)$ da equação $f(x) = 0$, onde f é uma função de uma variável real, contínua e diferenciável, no intervalo (a, b). Geometricamente, α é o ponto de intersecção do gráfico de f com o eixo x no sistema de coordenadas cartesianas. Suponha que seja possível conhecer uma aproximação inicial x_0 para α. Aproximando a função f por sua reta tangente no ponto $(x_0, f(x_0))$, o segmento da curva entre os pontos $(a, 0)$ e $(x_0, f(x_0))$ passa a ser considerado uma reta – a reta tangente à curva no ponto $(x_0, f(x_0))$. Portanto, realizou-se uma aproximação linear. A reta tangente intercepta o eixo x na abscissa x_1, que pode ser uma aproximação melhor para α do que a aproximação x_0, como ilustra a Figura 1.1. Repetindo o processo, tem-se então uma sequência de valores: $x_0, x_1, x_2, x_3, \ldots, x_n, \ldots$, que tende à solução α. Essa ideia que combina iteração com aproximação linear gera um dos métodos mais usados na determinação de soluções de equações: o método de Newton-Raphson.

Figura 1.1 Interpretação geométrica do método de Newton-Raphson.

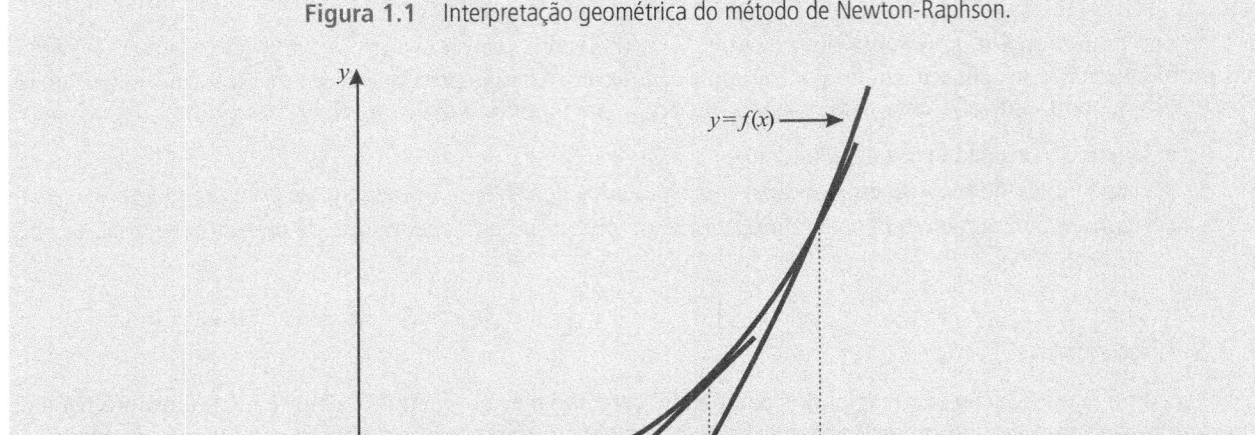

Aproximando f por um polinômio de grau dois, P_2, tal que $f(a) = P_2(a)$, $f((a+b)/2) = P_2((a+b)/2$ e $f(b) = P_2(b)$, é possível mostrar que:

$$I \approx \frac{(b-a)}{6}[f(a) + 4f(\frac{a+b}{2}) + f(b)] \tag{1.3}$$

A aproximação do lado direito na equação (1.3), que surge de uma aproximação local, é denominada regra de Simpson para o cálculo numérico de integrais. No Capítulo 6, estuda-se em detalhes a integração numérica.

Exemplo 1.4

Considere a integral $I = \int_a^b f(x)\,dx;\; a, b \in \mathbb{R}$

Figura 1.2 Interpretação geométrica da regra de Simpson.

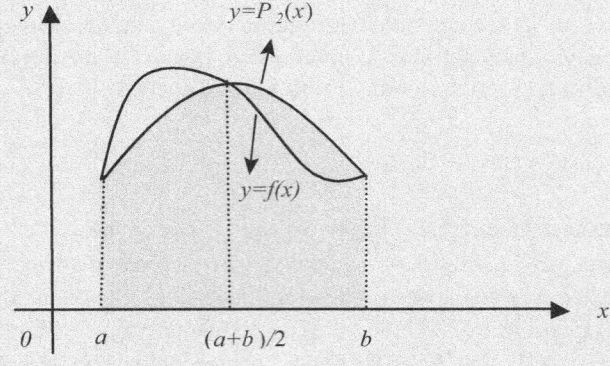

1.4 Erros

Na busca da solução do modelo matemático por meio de cálculo numérico, os erros surgem de várias fontes e merecem cuidado especial. Do contrário, pode-se chegar a resultados distantes do que se esperaria ou até mesmo obter outros que não têm nenhuma relação com a solução do problema original.

As principais fontes de erros são:

- erros nos dados de entrada;
- erros no estabelecimento do modelo matemático;
- erros de arredondamentos durante a computação;
- erros de truncamentos; e
- erros humanos e de máquinas.

O modelo matemático para o problema real deve traduzir e representar o fenômeno que ocorre no mundo físico. Entretanto, nem sempre isso é fácil. Normalmente, são necessárias simplificações no modelo físico para se obter um modelo matemático que fornecerá uma solução para o problema original. As simplificações realizadas se constituem em fonte de erros, o que pode implicar a necessidade de reformulação do modelo físico e matemático.

Erros de arredondamento surgem em virtude de algumas propriedades básicas da aritmética real não valerem quando executadas no computador, pois, enquanto na matemática alguns números são representados por infinitos dígitos, na máquina isso não é possível, tendo em vista que uma palavra da memória e a própria memória da máquina são finitas. Por exemplo, $1/3 = 0{,}3333\ldots$ Portanto, $1/3 \approx 0{,}3333$, e nessa representação para o número $1/3$ tem-se erro de arredondamento.

Para o cálculo do perímetro de uma circunferência de raio 100 m, tomando para π, respectivamente, 3,14, 3,1416 e 3,141592654, obtém-se as seguintes aproximações: 628 m, 628,32 m e 628,3185308 m. Todos esses resultados são aproximações para o perímetro devido ao erro de arredondamento cometido na escolha do valor de π. Dessa forma, os erros de arredondamento dependem de como os números são representados na máquina, e a representação, por sua vez, depende da base em que são escritos os números e da quantidade máxima de dígitos usados nessa representação. Então, qualquer cálculo que envolva números que não podem ser representados por meio de um número finito de dígitos não fornecerá como resultado um valor exato, devido aos erros de arredondamento. Quanto maior o número de dígitos utilizados após a vírgula, maior será a precisão.

Além disso, um número pode ter representação finita em uma base e não finita em outra (ver exemplo 1.6).

É usual representar e realizar operações com números na base 10 (decimal), mas um número real pode ser representado em qualquer base. Existem máquinas que operam na base 2 (binária), isto é, seus componentes podem indicar dois estados físicos distintos: 0 ou 1. Outras, por exemplo, operam na base 8 (octal).

Na interação entre o usuário e o computador que opera na base binária, por exemplo, ocorre o seguinte: o usuário passa seus dados na base decimal, e toda a informação é convertida para a base binária pelo computador. Os resultados obtidos no sistema binário são convertidos para o sistema decimal e, finalmente, transmitidos ao usuário. Esse processo de conversão de base pode se constituir em fonte de erro de arredondamento.

1.4.1 Conversão de base: aritmética de ponto flutuante

Para dar uma ideia do que ocorre no processo de mudança de base de um número, apresenta-se, a seguir, a conversão do sistema decimal para o binário e vice-versa, para depois abordar o sistema da aritmética de ponto flutuante que as máquinas utilizam para representar os números. Em geral, um número real x na base β é representado por

$$x = (a_m a_{m-1} \ldots a_1 a_0, b_1 b_2 \ldots b_n)_\beta,$$

que significa

$$a_m \beta^m + a_{m-1} \beta^{m-1} + \ldots + a_1 \beta^1 + a_0 \beta^0 + b_1 \beta^{-1} + b_2 \beta^{-2} + \ldots + b_n \beta^{-n}, \qquad (1.4)$$

onde
$$a_i, i = 0, 1, 2, \ldots, m \text{ e } b_j, j = 1, 2, \ldots, n$$
são elementos do conjunto
$$A = \{k \in N; 0 \le k \le \beta - 1\}.$$

De fato, no sistema decimal $\beta = 10$, $A = \{0,1,2,3,4,5,6,7,8,9\}$, no octal $\beta = 8$, $A = \{0,1,2,3,4,5,6,7\}$, no binário $\beta = 2$, $A = \{0,1\}$, e assim por diante.

Exemplo 1.5

Dado o número x, escreva-o na forma da Expressão (1.4).

x	Forma da Expressão (1.4)
$(1995)_{10}$	$1 \times 10^3 + 9 \times 10^2 + 9 \times 10^1 + 5 \times 10^0$
$(19,95)_{10}$	$1 \times 10^1 + 9 \times 10^0 + 9 \times 10^{-1} + 5 \times 10^{-2}$
$(0,1995)_{10}$	$1 \times 10^{-1} + 9 \times 10^{-2} + 9 \times 10^{-3} + 5 \times 10^{-4}$
$(10111)_2$	$1 \times 2^4 + 0 \times 2^3 + 1 \times 2^2 + 1 \times 2^1 + 1 \times 2^0$
$(1011,101)_2$	$1 \times 2^3 + 0 \times 2^2 + 1 \times 2^1 + 1 \times 2^0 + 1 \times 2^{-1} + 1 \times 2^{-2} + 1 \times 2^{-3}$

Para realizar a conversão de base decimal para binária, considere x na base 10, e sejam i a parte inteira e f a parte fracionária desse número na base binária. Assim, i e f são determinados por meio do seguinte procedimento:

1. Se a parte inteira de x for zero, a parte inteira de i será também igual a zero.

    1.1 Se a parte inteira de x for 1, divide-se 1 por 2, resultando o quociente zero e o resto 1. Dessa forma, i é formado pela justaposição do quociente zero e do resto 1, ou seja, $i = 01$.

2. Se a parte inteira de x for maior ou igual a 2, divide-se o número sucessivamente por 2, até que o último quociente seja igual a 1, como esquematizado:

$$\begin{cases} (a_m a_{m-1} \ldots a_1 a_0)/2 \Rightarrow \text{quociente} = q_1 \text{ e resto} = r_0, \\ q_1/2 \Rightarrow \text{quociente} = q_2 \text{ e resto} = r_1 \\ \text{e assim sucessivamente até que } q_e/2 \Rightarrow \text{quociente} = 1 \\ \text{e resto} = r_e. \end{cases}$$

    2.1 Compõe-se i da seguinte forma: último quociente obtido que é igual a 1, com os restos das divisões lidos em sentido inverso àquele em que foram obtidos, ou seja, $i = 1 r_e \ldots r_1 r_0$.

3. A parte fracionária f é assim formada: multiplica-se a parte fracionária de x por 2. Desse resultado, toma-se a parte inteira como o primeiro dígito de f na base binária. A parte fracionária oriunda da primeira multiplicação é novamente multiplicada por 2. Do resultado obtido, toma-se a parte inteira como segundo dígito de f, e assim por diante. O processo é repetido até que a parte fracionária do último produto seja igual a zero ou até que se observe o aparecimento de uma dízima periódica ou não. O esquema de cálculo é:

$$\begin{array}{cccc} 0,b_1 b_2 \ldots b_n & 0,b_1^1 b_2^1 \ldots b_n^1 & & 0,b_1^{k-1} b_2^{k-1} \ldots b_n^{k-1} \\ \times 2 & \times 2 & \ldots & \times 2 \\ \hline f_1, b_1^1 b_2^1 \ldots b_n^1 & f_2, b_1^2 b_2^2 \ldots b_n^2 & & f_k, 0\ 0\ \ldots 0 \end{array}$$

Assim, $f = 0, f_1, f_2 ... fk$.

4. Soma-se i com f para obter o número na base 2 equivalente ao dado na base decimal. Dessa forma:

$$x = (a_m a_{m-1} ... a_1 a_0, b_1 b_2, ... b_n)_{10} = (1 r_e ... r_1 r_0, f_1 f_2 ... fk)_2.$$

Exemplo 1.6

Dado o número x na base decimal, convertê-lo no seu equivalente na base binária.

x	Representação na base 2
$(23)_{10}$	$(10111)_2$
$(23,625)_{10}$	$(10111,101)_2$
$(0,6)_{10}$	$(0,10011001...)_2$

Para proceder à conversão da base binária para a decimal, seja $x = (1 r_e ... r_1 r_0, f_1 f_2 ... f_k)_2$. Nesse caso, a conversão de x para o sistema decimal é realizada da seguinte maneira:

1. Expressa-se o número binário na forma da equação (1.4).
2. Realizam-se as operações indicadas no item 1 no sistema decimal.

Exemplo 1.7

Dado o número x na base binária, convertê-lo no seu equivalente na base decimal.

x	Representação na base 10
$(10111)_2$	$1 \times 2^4 + 0 \times 2^3 + 1 \times 2^2 + 1 \times 2^1 + 1 \times 2^0 = (23)_{10}$
$(10111,101)_2$	$1 \times 2^4 + 0 \times 2^3 + 1 \times 2^2 + 1 \times 2^1 + 1 \times 2^0 + 1 \times 2^{-1} + 0 \times 2^{-2} + 1 \times 2^{-3} = (23,625)_{10}$

Observação:
Na aritmética do sistema binário, tem-se:
$$0 + 0 = 0; \quad 1 + 0 = 1; \quad 0 + 1 = 1; \quad 1 + 1 = 10$$
$$0 \cdot 0 = 0; \quad 1 \cdot 0 = 0; \quad 0 \cdot 1 = 1; \quad 1 \cdot 1 = 1.$$

Vimos que erros de arredondamento podem surgir de duas fontes distintas: no processo de conversão de base e na representação finita de dígitos que as máquinas utilizam.

As máquinas usam o sistema de aritmética de ponto flutuante para representar os números e executar as operações. Um número real na base β, em aritmética de ponto flutuante de t dígitos, tem a forma geral:

$$\pm (. d_1 d_2 d_3 ... d_t) \times \beta^E,$$

onde $(. d_1 d_2 d_3 ... d_t)$ é uma fração de β chamada mantissa, $0 \leq d_j \leq \beta - 1$, $j = 1, 2, ... t$; E é o expoente.

$E \in (m, M)$, e M são números inteiros, cujos valores dependem da máquina utilizada. Em geral, $m = -M$. Se $d_1 \neq 0$, diz-se que o número está normalizado.

O número máximo de dígitos t é determinado pelo comprimento da palavra do computador. Um "bit" é um dígito da mantissa, quando se emprega a base 2.

Em aritmética de ponto flutuante de t dígitos, considerando $\beta = 10$, adota-se em geral o arredondamento usual, ou seja, por falta, quando são abandonados os dígitos que ocupam posições imediatamente após o dígito d_t, e por excesso, quando se abandonam os dígitos após o dígito d_t e se acresce uma unidade ao dígito d_t, sempre que o primeiro dígito após d_t for maior ou igual a 5.

Um número não poderá ser representado na máquina com sistema de aritmética de ponto flutuante se o expoente E estiver fora dos limites m e M. A máquina acusará erro de *underflow*, se resultar $E < m$, e de *overflow*, se $E > M$.

Um sistema de ponto flutuante F depende das variáveis β, t, m e M e pode ser representado pela função:

$$F = f(\beta, t, m, M),$$

onde a precisão da máquina com o sistema F é definida pelo número de dígitos da mantissa t.

Exemplo 1.8

1. Dado o sistema de aritmética de ponto flutuante $F(10, 3, -4, 4)$, represente o número x.

x	Representação
$-279{,}15$	$-0{,}279 \times 10^3$
$1{,}35$	$0{,}135 \times 10^1$
$0{,}024712$	$0{,}247 \times 10^{-1}$
$10{,}093$	$0{,}101 \times 10^2$

2. Dado o sistema de aritmética de ponto flutuante $F(2, 10, -15, 15)$, represente o número x.

x	Representação
$(23)_{10}$	$0{,}1011100000 \times 2^{101}$
$(-7{,}125)_{10}$	$-0{,}1110010000 \times 2^{11}$

Nesse sistema, o número $(23)_{10}$ tem a seguinte representação:

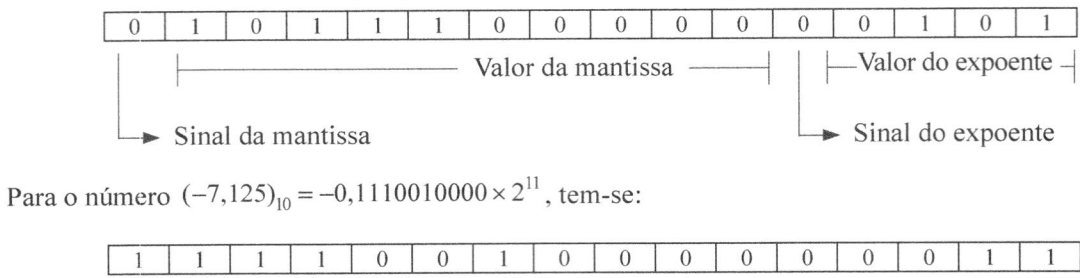

Para o número $(-7{,}125)_{10} = -0{,}1110010000 \times 2^{11}$, tem-se:

| 1 | 1 | 1 | 1 | 0 | 0 | 1 | 0 | 0 | 0 | 0 | 0 | 0 | 0 | 1 | 1 |

Por meio desses exemplos, conclui-se que o conjunto dos números representados nesses sistemas é um subconjunto dos números reais, dentro do intervalo de representação numérica do sistema. Logo, ao se representarem números reais por meio desses sistemas, pode-se incorrer em erro de arredondamento, pois nem todos os números reais têm representação no sistema, havendo a necessidade de arredondar para o número mais próximo da máquina.

Em geral, nos sistemas de ponto flutuante, zero é representado com o menor expoente possível para se evitar a perda de dígitos nas operações.

Dependendo da máquina e da linguagem computacional utilizada, é possível trabalhar em precisão dupla, que é o mesmo sistema de aritmética de ponto flutuante, mas com o dobro de dígitos disponíveis para a mantissa, isto é, o comprimento da palavra passa a ser $2t$. É importante observar que, nesse caso, o tempo de execução e a memória usada aumentam de forma significativa. Portanto, deve-se trabalhar em precisão dupla apenas em casos estritamente necessários.

Por último, ao se trabalhar com determinada máquina, é muito importante conhecer seus limites.

1.4.2 Erro de truncamento

É o erro inerente ao método numérico. Surge cada vez que se substitui um procedimento matemático infinito por um processo finito ou discreto. Nos métodos numéricos dos exemplos 1.2, 1.3 e 1.4, tem-se a presença de erro de truncamento. Outro exemplo em que ocorre erro de truncamento é o da aproximação de uma função pela série de Taylor.

> **Exemplo 1.9**
>
> A série de Taylor da função f definida por $f(x) = e^x$ em torno de $x = 0$ é expressa por:
>
> $$e^x = 1 + x + \frac{x^2}{2!} + \frac{x^3}{3!} + \ldots + \frac{x^n}{n!} + \ldots$$
>
> Assim,
>
> $$e = 1 + 1 + \frac{1}{2!} + \frac{1}{3!} + \ldots + \frac{1}{n!} + \ldots$$
>
> Desejando-se calcular o valor de e utilizando-se os cinco primeiros termos da série, tem-se:
>
> $$e \approx 1 + 1 + \frac{1}{2!} + \frac{1}{3!} + \frac{1}{4!},$$
>
> portanto, $e = 2{,}708$. Nessa aproximação, há erro de truncamento, pois, dos infinitos termos da série, foram considerados apenas os cinco primeiros.

1.4.3 Erro absoluto e erro relativo

Do momento em que se calcula um resultado por aproximação, é preciso saber como estimar ou delimitar o erro cometido na aproximação, porque, sem isso, a aproximação obtida não tem significado. Às vezes, é possível, no cálculo numérico, estimar o erro ou até delimitá-lo, isto é, estabelecer a menor das cotas superiores para o erro. A delimitação do erro é sempre desejável, pois, com ela, tem-se um valor em que o erro cometido seguramente é inferior a um limite.

Para se estimar ou delimitar o erro, recorre-se a dois conceitos: erro absoluto e erro relativo. Com efeito, seja $\bar{a}$ um valor aproximado para uma quantidade cujo valor exato é a. Dessa forma, define-se:

- **Erro absoluto** em $\bar{a}$: $|\bar{a} - a|$.
- **Erro relativo** em $\bar{a}$: $|(\bar{a} - a)/a|$.

O erro relativo é muitas vezes dado como uma porcentagem. Assim, 3% de erro relativo significam que o erro relativo é de 0,03. Se a magnitude do erro em $\bar{a}$ não excede $0{,}5 \times 10^{-t}$, diz-se que $\bar{a}$ tem t casas decimais corretas do valor exato a. Por exemplo: $0{,}001234 \pm 0{,}000004$ tem cinco casas decimais corretas.

1.4.4 Propagação de erro: instabilidade numérica

Um dos aspectos importantes do cálculo numérico é manter o "controle" dos erros de arredondamento e truncamento. Dada uma sequência de operações, é importante ter a noção de como o erro se propaga ao longo das operações subsequentes. Se a propagação não é significativa, diz-se que o problema é estável numericamente.

Do contrário, se o problema é sensível a "pequenas perturbações", isto é, um erro de arredondamento cometido, por exemplo, em determinada etapa leva, ao final das operações, a um resultado absurdo se comparado ao resultado esperado. Tem-se, então, uma situação de *instabilidade numérica*.

Exemplo 1.10

Considere o problema de calcular os termos da sequência $y_0, y_1, y_2, ... y_n, ...$, onde:

$$y_0 = \int_0^1 \frac{1}{x+5} dx; \text{ e } y_n = \int_0^1 \frac{x^n}{x+5} dx. \qquad (1.5)$$

É possível mostrar que a sequência $\{y_n\}$ é decrescente ($y_0 > y_1 > y_2 > ... > y_n > ...$) e $y_k > 0$, $k = 0, 1, 2, ...$
Da equação (1.5), tem-se:

$$y_n = \frac{1}{n} - 5y_{n-1}, n \geq 1. \qquad (1.6)$$

onde, conhecendo-se y_0, pode-se calcular $y_1, y_2,...$
Da equação (1.5), tem-se que

$$y_0 = \int_0^1 \frac{1}{x+5} dx = [\ln(x+5)]_0^1 = \ln 6 - \ln 5 = 0,18232156.$$

Tomando $y_0 \approx 0,182$ e usando a equação (1.6), tem-se:

$$y_1 \approx 0,090$$
$$y_2 \approx 0,050$$
$$y_3 \approx 0,083 \ (y_3 > y_2!)$$
$$y_4 \approx -0,165 \ (y_4 > 0!).$$

Tais absurdos são provenientes do erro de arredondamento cometido no cálculo de y_0 que se propagou nas operações subsequentes. Assim, a equação (1.6) é uma fórmula instável numericamente, isto é, o erro de arredondamento em y_0 implicou uma instabilidade numérica.
Reescrevendo a equação (1.6) para y_{n-1} vem:

$$y_{n-1} = \frac{1}{5n} - \frac{y_n}{5}, n = k, k-1, ..., 1, 0 \qquad (1.7)$$

Tem-se outra fórmula recursiva, e, se for conhecido y_k, podem-se calcular os termos y_i, $0 < i < k-1$ da sequência. De fato, seja $y_9 \approx y_{10} \approx 0,0019$, usando-se a equação (1.7), obtêm-se:

$$y_8 \approx 0,019$$
$$y_7 \approx 0,021$$
$$y_6 \approx 0,025$$
$$y_5 \approx 0,028$$
$$y_4 \approx 0,034$$
$$y_3 \approx 0,043$$
$$y_2 \approx 0,058$$
$$y_1 \approx 0,088$$
$$y_0 \approx 0,182. \quad \text{(Correto!)}$$

Dessa maneira, a fórmula recursiva (1.7) garante a estabilidade numérica do processo de geração de termos da sequência.

A instabilidade numérica pode ser proveniente tanto do próprio problema como do algoritmo, isto é, do modo de resolvê-lo e operá-lo.

1.5 Série de Taylor de função a uma variável

Uma função f a uma variável, contínua e infinitamente derivável, pode ser representada por uma série de potências da forma:

$$f(x) = \sum_{n=0}^{\infty} \frac{f^{(n)}(a)}{n!}(x-a)^n \qquad (1.8)$$

onde $f^{(a)}(a) = f(a)$, e $f^{(n)}(a)$ é a derivada de ordem n de f no ponto a. A equação (1.8) denomina-se série de Taylor da função f em torno do ponto $x = a$. Quando $a = 0$, a série recebe o nome de Maclaurin.

O emprego da série de Taylor para representar f está limitado aos casos em que ela é convergente. Pela teoria das séries de potências, a série de Taylor é convergente para os valores de x que satisfazem a desigualdade

$$|x-a| < r,$$

onde r é o raio de convergência da série.

Demonstra-se em Leithold (1994) que

$$r = \lim_{n \to \infty} (n+1) \frac{|f^{(n)}(a)|}{|f^{(n+1)}(a)|}. \qquad (1.9)$$

Se $h = x - a$, então a equação 1.8 escreve-se assim:

$$f(a+h) = \sum_{n=0}^{\infty} h^n \frac{f^{(n)}(a)}{n!}. \qquad (1.10)$$

Nas aplicações da série de Taylor, torna-se impossível computar todos os seus termos. O que se faz é considerar apenas um número finito deles. Se a série é truncada após o enésimo termo, tem-se a aproximação:

$$f(a+h) \approx f(a) + hf'(a) + \frac{h^2}{2!}f''(a) + \ldots + \frac{h^{n-1}}{(n-1)!}f^{(n-1)}(a). \qquad (1.11)$$

Na equação (1.11), comete-se um erro de truncamento, $R_n(x)$ Segundo Leithold (1994),

$$R_n(x) = \frac{f^{(n)}(\xi)(x-a)^n}{n!}, \; a < \xi < x. \qquad (1.12)$$

A equação (1.12) é a fórmula de Lagrange para o erro de truncamento.

Como ξ não é conhecido explicitamente, a fórmula de Lagrange pode ser usada para delimitar o erro, ou seja,

$$|R_n(x)| \leq \frac{M}{n!}(x-a)^n, \qquad (1.13)$$

onde

$$M = \max |f^{(n)}(t)|, \; a \leq t \leq x. \qquad (1.14)$$

Observe que, se $x < a$, as mudanças que sofrerão as desigualdades nas equações (1.12) e (1.14) são óbvias.

Exemplo 1.11

Desenvolva a função f definida por $f(x) = e^x$ na série de Taylor em torno do ponto $x = 0$. Calcule e^{-1} usando, da série obtida, cinco termos, e delimite o erro cometido.

Nesse caso,
$$f(x) = e^x, a = 0 \text{ e } f(0) = f'(0) = f''(0) = \ldots = f^{(n)}(0) = \ldots = 1.$$

Portanto,
$$e^x = 1 + x + \frac{x^2}{2!} + \frac{x^3}{3!} + \ldots + \frac{x^n}{n!} + \ldots$$

e o raio de convergência da série é infinito. Dessa forma,
$$e^{-1} \approx 1 - 1 + \frac{1}{2!} - \frac{1}{3!} - \frac{1}{4!} = 0{,}375.$$

Delimitação do erro:
$$|R_5(-1)| \leq \frac{M}{n!}|(-1)|.$$

Como $M = máx|e^t|, -1 \leq t \leq 0$, então $M = 1$, assim:
$$|R_5(-1)| \leq 0{,}008333| < 0{,}5 \times 10^{-1}$$

Logo, o valor aproximado para e^{-1}, obtido pela série com cinco termos, tem pelo menos uma casa decimal correta.

1.6 Série de Taylor de função a duas variáveis

A série de Taylor de uma função $f: \mathbb{R}^2 \to \mathbb{R}$ em torno do ponto (a, b) é expressa por:

$$f(x,y) = f(a+h, b+k) = f(a,b) + df(a,b) + \frac{1}{2!}d^2f(a,b) + \frac{1}{3!}d^3f(a,b) + \ldots$$

$$+ \frac{1}{(n-1)}d^{n-1}f(a,b) + R_{n(x,y)}.$$

onde

$$x = a + h, y = b + k,$$

$$df(a,b) = \left(h\frac{\partial}{\partial x} + k\frac{\partial}{\partial y}\right)f(a,b),$$

$$d^2f(a,b) = \left(h^2\frac{\partial^2}{\partial x^2} + 2hk\frac{\partial^2}{\partial x \partial y} + k^2\frac{\partial^2}{\partial y^2}\right)f(a,b),$$

$$\vdots$$

$$d^n f(a,b) = \left(h\frac{\partial}{\partial x} + k\frac{\partial}{\partial y}\right)^n f(a,b),$$

$$R_n(x,y) = \frac{1}{n!}d^n f(\xi_1, \xi_2), \begin{cases} a < \xi_1 < x \\ b < \xi_2 < y. \end{cases}$$

1.7 Conclusão

Com essas ideias preliminares e que são básicas em cálculo numérico, o fluxograma apresentado no início, que indicava as fases da resolução de um problema real, pode agora ser assim reestruturado:

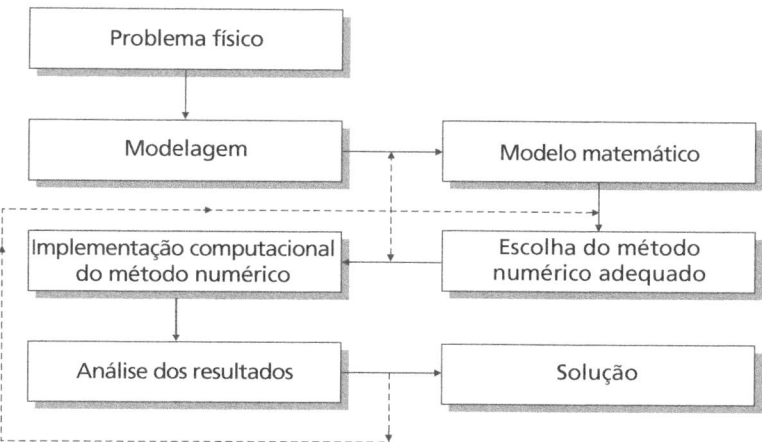

1.8 Exercícios

1. Explique os conceitos:

   a) problema numérico;

   b) método numérico; e

   c) algoritmo.

   Cite três exemplos de problema numérico, identificando os dados de entrada e os dados de saída.

2. Explique o que é erro de arredondamento e erro de truncamento. Exemplifique.

3. Obtenha a fórmula de integração numérica para calcular a integral $\int_a^b f(x)dx$ proveniente das seguintes aproximações:

   a) $f(x) \approx P_0(x)$, onde $P_0(x)$ é uma reta paralela ao eixo dos x, passando pelo ponto $\left(\frac{a+b}{2}, f\left(\frac{a+b}{2}\right)\right)$.

   b) $f(x) \approx P_1(x)$, onde $P_1(x)$ é a reta que passa pelos pontos $(a, f(a))$ e $(b, f(b))$.

4. O cálculo de $I_n = \int_0^1 x^n e^{x-1} dx$ para $n = 2, 3, ...$, pode ser obtido recursivamente por meio da fórmula $I_n = 1 - 1n I_{n-1}$ (isso resulta da integração por partes da integral):

$$\int_0^1 x^n e^{x-1} dx, \text{ onde } I_1 = \int_0^1 x e^{x-1} dx = \frac{1}{e}.$$

Efetuando os cálculos com seis casas decimais, calcule $I_1, I_2, ..., I_9$. Justifique os resultados obtidos.

Agora, utilize a fórmula:

$$I_{n-1} = \frac{1 - I_n}{n}, \; n = ..., 4, 3, 2$$

para, a partir de um dado n, gerar os termos da sequência $\{I_k\}, k \leq n$. Tome

$$I_n = \int_0^1 x^n e^{x-1} dx \leq \int_0^1 x^2 dx = \left[\frac{x^{n+1}}{n+1}\right]_0^1 = \frac{1}{n+1},$$

$I_{20} \approx 0{,}000000$ e, com

$$I_n = \int_0^1 x^n e^{x-1} dx \leq \int_0^1 x^n dx \left[\frac{x^{n+1}}{n+1}\right]_0^1 = \frac{1}{n+1},$$

calcule $I_{19}, I_{18},..., I_9$. Observe que o erro de arredondamento não se acumula. Qual é a justificativa para esse acontecimento? Agora, calcule $I_8, I_7, I_6, ... I_1$ e verifique se o comportamento é o mesmo.

5. Que solução admite a equação $1 + x = 1$ num computador, onde $F(10, 10, -99, 99)$?

6. Converta os seguintes números decimais para a base binária: $x = 47$; $y = 93$; $z = 26{,}35$; $w = 0{,}1217$.

7. Converta os seguintes números binários para a sua correspondente forma na base decimal:

   $x = (110101)_2$; $y = (0{,}1101)_2$; $z = (11100{,}1101)_2$; $w = (0{,}11111101)_2$.

8. Dado o sistema de aritmética de ponto flutuante $F(10, 8, -99, 99)$, represente nele os seguintes números: $x = 1043{,}625$; $y = 0{,}0000415$; $z = -24789{,}31$; $w = 35{,}36$.

9. Dado o sistema de aritmética de ponto flutuante $F(2, 10, -15, 15)$, represente nele os seguintes números: $x = (47)_{10}$; $y = (93)_{10}$; $z = (2{,}435)_{10}$; $w = (110101)_2$; $t = (0{,}1101)_2$.

10. Sejam $x = 0{,}66667$ e $y = 0{,}666998$ as aproximações para $2/3$. Quantas casas decimais corretas têm x e y? Determine o erro absoluto e o erro relativo em x e y.

11. Sejam $x = 0{,}008735$ e $\bar{x} = 008746$. Quantas casas decimais corretas tem $\bar{x}$? Se $x = 0{,}008738$, então quantas casas decimais corretas tem $\bar{x}$? Considere agora $x = 32{,}637$ e $\bar{x} = 32{,}621$ e verifique quantas casas decimais corretas tem $\bar{x}$. Calcule, para cada caso, o erro absoluto e o erro relativo.

12. Desenvolva as funções dadas a seguir em série de Taylor:

    a) $f(x) = \cos x$, em torno de $x = \pi/4$;

    b) $f(x) = \ln(1 + x)$, em torno de $x = 0$; e

    c) $f(x) = (x+1)^\alpha$, $\alpha \in \mathbf{Q}$, em torno de $x = 0$.

    Determine o raio de convergência para cada uma das séries obtidas.

13. Quantos termos da série de Taylor da função f definida por $f(x) = \ln x$ devem ser retidos para calcular $\ln(0{,}8)$, de modo que o erro absoluto cometido na aproximação seja inferior a $0{,}0001$?

14. Quantos termos da série de Taylor da função f definida por $f(x) = e^x$ devem ser retidos para calcular a constante "e" corretamente até a quarta casa decimal?

15. Desenvolva em série de Taylor a função f definida por $f(x,y) = x^3 - 2y^3 + 3xy$, em torno do ponto $x = 1$ e $y = 2$.

2 SOLUÇÃO DE EQUAÇÕES POLINOMIAIS, ALGÉBRICAS E TRANSCENDENTAIS

2.1 Introdução

Uma equação polinomial, algébrica ou transcendental é representada por

$$f(x) = 0, \qquad (2.1)$$

onde f é uma função não linear a uma variável que pode ser uma função polinomial, algébrica ou transcendental. Entende-se por função transcendental aquela que envolve funções transcendentais, como sen x, e^x, ln x etc. A equação $x^5 - 4x^3 + 10x - 100 = 0$ é um exemplo de equação polinomial, a $x\,\text{tg}\,x - 1 = 0$, um exemplo de equação transcendental, e a $1/\left(\sqrt{x^3 + 2}\right) - 20x = 0$, um exemplo de equação algébrica.

As soluções da equação (2.1) são denominadas raízes da equação ou zeros da função f. As raízes dessa equação podem ser reais ou complexas e ter um número finito ou infinito de raízes. A equação polinomial citada anteriormente possui cinco raízes, e a transcendental, $x\,\text{tg}\,x - 1 = 0$, infinitas raízes. De fato, as raízes reais dessa equação são as abscissas dos pontos de intersecção dos gráficos das funções $g(x) = \text{tg}\,x$ e $h(x) = 1/x, x \neq 0$, como mostra a Figura 2.1. Seguindo raciocínio análogo, é fácil constatar que a equação $e^x + 2x = 0$ tem apenas uma raiz real.

As raízes reais e complexas podem ser ainda simples ou repetidas (múltiplas). Para entender a diferença entre um tipo e outro, considere a equação polinomial $(x - 0,5)^3 (x - 0,7)^2 (x - 1,2) = 0$, que possui seis raízes reais: $\alpha_1 = 0,5$; $\alpha_2 = 0,5$; $\alpha_3 = 0,5$; $\alpha_4 = 0,7$; $\alpha_5 = 0,7$, e $\alpha_6 = 1,2$. Dessa forma, 0,5 é uma raiz repetida com multiplicidade três, 0,7 é uma raiz repetida com multiplicidade dois e 1,2 é uma raiz simples, isto é, 1,2 não se repete como raiz da equação. Observe que $f'(0,5) = f''(0,5) = 0, f'''(0,5) \neq 0, f'(0,7) = 0, f''(0,7) \neq 0$ e $f'(1,2) \neq 0$. Inicialmente, neste capítulo, trata-se do cálculo de uma raiz real simples da equação (2.1). O cálculo de raízes repetidas e complexas será abordado separadamente. Um fato que será visto adiante é que, se α é uma raiz simples da equação (2.1), então $f'(\alpha) \neq 0$. Isso será usado com frequência no que segue.

Figura 2.1   Raízes reais da equação $x\,\text{tg}\,x - 1 = 0: \alpha_1, \alpha_2, \ldots, \alpha_n, \ldots$ e $\ldots, -\alpha_n, \ldots, -\alpha_2, -\alpha_1$.

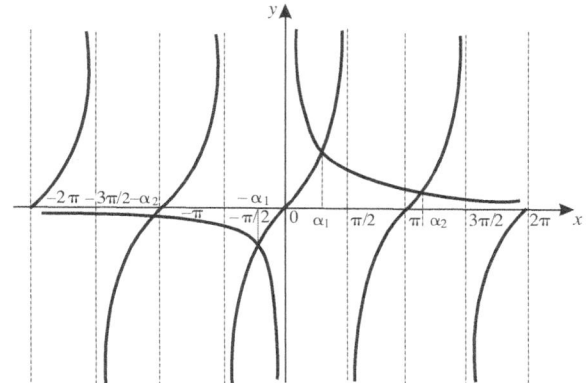

Graficamente, os tipos de raízes são ilustrados na Figura 2.2.

Figura 2.2

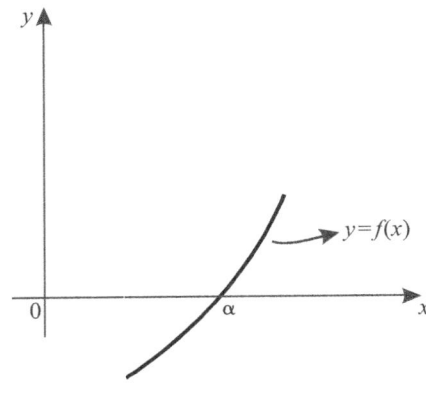

(a) Raiz real simples.

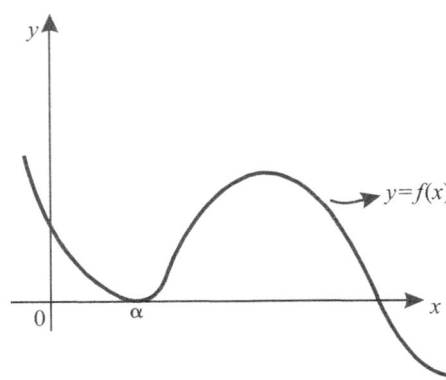

(b) Raiz real repetida de multiplicidade par.

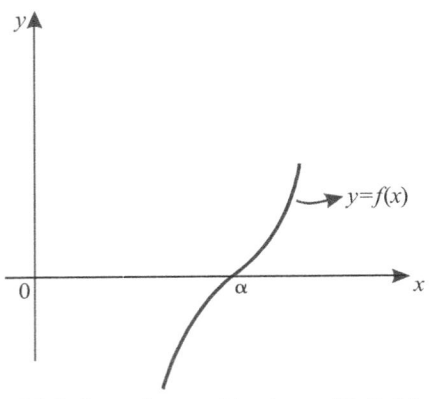

(c) Raiz real repetida de multiplicidade ímpar.

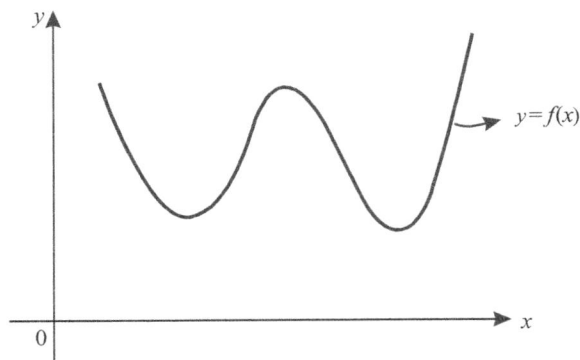

(d) Raízes complexas.

2.2 Métodos numéricos para cálculo de raízes reais simples

Considere a equação (2.1), sendo α a sua raiz real simples. A primeira etapa para determinar α é localizá-la, e isso pode ser feito de duas maneiras, esboçando o gráfico da função como ilustra a Figura 2.2(a). Às vezes, em vez de esboçar f, é mais fácil esboçar as funções g e h, onde, por exemplo, $f = g - h$, e achar os pontos de intersecção entre as curvas $y = g(x)$ e $y = h(x)$, como foi feito com a equação $x tg x - 1 = 0$. Nesse caso, as abscissas dos pontos de intersecção no sistema de coordenadas cartesianas são as raízes da equação (2.1).

Outra maneira de localizar uma raiz real e simples da equação (2.1) é construir um quadro com o passo h, com valores funcionais de f, e verificar se para dois valores consecutivos seus sinais são opostos. Se isso ocorrer, entre os dois valores do domínio da função, que determinaram a troca de sinal do valor funcional, localiza-se uma raiz real. Para que faça sentido, exige-se que a função f seja pelo menos contínua no intervalo que contém a raiz. No Quadro 2.1 a seguir, são mostrados os valores funcionais da função $f(x) = x^4 - x - 10$, no intervalo $[-2, 2]$, com o passo $h = 0{,}25$.

Quadro 2.1 Valores funcionais de $f(x) = x^4 - x - 10$

x	-2	-1,75	-1,5	-1,25	-1	-0,75	-0,5	-0,25	0	0,25	0,5	0,75	1	1,25	1,5	1,75	2
$f(x)$	>0	>0	<0	<0	<0	<0	<0	<0	<0	<0	<0	<0	<0	<0	<0	<0	>0

Logo, uma raiz real da equação $x^4 - x - 10$ pertence ao intervalo (−1,75, −1,5) e a outra raiz pertence ao intervalo (1,75, 2).

> **Observação:**
> O procedimento anterior de localização de raízes reais serve para indicar a existência de uma raiz no intervalo, caso a função f mude de sinal em seus extremos, mas não serve para informar que no intervalo não existe raiz, caso a função f não mude de sinal, pois pode ocorrer a situação como a mostrada na Figura 2.3, na qual o passo adotado não serviu para localizar as raízes. Para se localizar as raízes próximas, é necessário reduzir h; por exemplo, tome como passo h/2.
>
> **Figura 2.3** $f(a) > 0$ e $f(b) > 0$ mas entre a e b xistem duas raízes: α_1 e α_2.
>
>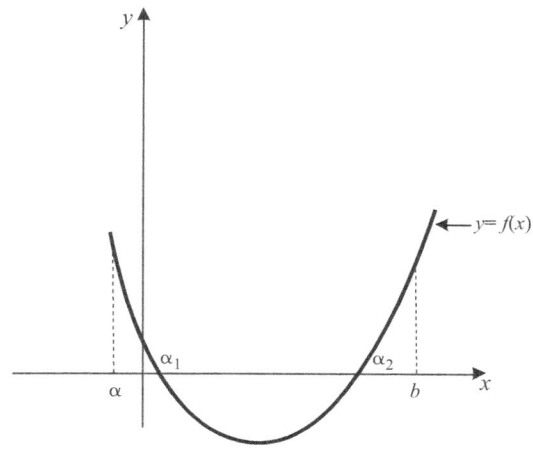

2.2.1 Método do meio intervalo (MMI)

Embora esse método seja, às vezes, considerado iterativo, neste capítulo prefere-se considerá-lo um método de localização de raízes. O MMI consiste, inicialmente, em obter um intervalo que contém a raiz α da equação $f(x) = 0$, com f contínua nesse intervalo, para depois dividi-lo ao meio sucessivamente, mantendo a raiz enquadrada até aproximar-se suficientemente dela.

Com efeito, se a_0, b_0 for o intervalo que contém α, então o método determina uma sequência de intervalos $(a_1, b_1) \supset (a_2, b_2) \supset (a_3, b_3) \supset ...$, onde todos contêm a raiz α. Os intervalos $I_k = (a_k, b_k)$, $k = 1,2,3,...,n$ (número de passos definidos *a priori*) são obtidos por meio do seguinte algoritmo:

1. Determina-se o ponto médio, m_k, do intervalo I_{k-1}, $m_k = (a_{k-1} + b_{k-1})/2$.
2. Calcula-se $f(m_k)$. Se $f(m_k) = 0$, então m_k é a raiz. Do contrário, toma-se:

$$(a_k, b_k) = \begin{cases} (a_{k-1}, m_k), & \text{se } f(m_k)f(a_{k-1}) < 0 \\ (m_k, b_{k-1}), & \text{se } f(m_k)f(a_{k-1}) > 0. \end{cases}$$

Geometricamente, as duas situações são ilustradas na Figura 2.4.

Figura 2.4 Situação geométrica para o método do meio intervalo.

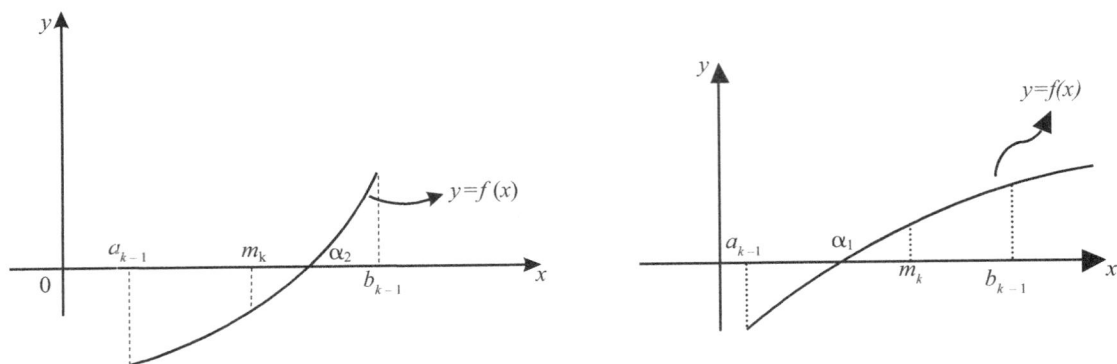

3. Toma-se como estimativa para a raiz a abscissa m_{n+1}, ponto médio do intervalo (a_n, b_n).

Após n passos, a raiz estará contida no intervalo (a_n, b_n) de amplitude,

$$b_n - a_n = 2^{-1}(b_{n-1} - a_{n-1}) = 2^{-2}(b_{n-2} - a_{n-2}) = \ldots = 2^{-n}(b_0 - a_0).$$

Desse modo, tem-se que $|\alpha - m_{n+1}| < d_m$, onde $d_m = (b_0 - a_0)/2^{n+1}$, é uma cota superior para o erro absoluto dessa aproximação para a raiz α. Para obter a raiz α com dada precisão $\varepsilon > 0$, tem-se que $|\alpha - m_{n+1}| < \varepsilon$, ou seja, deve-se escolher n tal que

$$\varepsilon \geq (b_0 - a_0)/2^{n+1},$$

o que resulta em

$$n \geq \frac{\ln\left(\dfrac{b_0 - a_0}{\varepsilon}\right)}{\ln 2} - 1. \tag{2.2}$$

Observe que, se $b_0 - a_0 = 1$ e $\varepsilon = 0{,}5 \times 10^{-1}$, tem-se $n \geq 3{,}3$. Assim, após 3,3 (aproximadamente 4) passos, a raiz é determinada com uma casa decimal correta.

Exemplo 2.1

Calcule, pelo método do meio intervalo, corretamente até a terceira casa decimal, a raiz da equação,

$$(x/2)^2 - \mathrm{sen}\, x = 0,$$

localizada no intervalo ($a_0 = 1{,}5$, $b_0 = 2$). Os resultados obtidos são mostrados no Quadro 2.2.

Quadro 2.2 Exemplo do MMI.

k	a_{k-1}	b_{k-1}	m_k	$f(a_{k-1}).f(b_{k-1})$
1	1,5	2	1,75	> 0
2	1,75	2	1,85	> 0
3	1,85	2	1,925	> 0
4	1,925	2	1,9625	< 0
5	1,925	1,9625	1,94375	< 0
6	1,925	1,94375	1,93438	< 0
7	1,925	1,93438	1,92969	> 0
8	1,92969	1,93438	1,93204	> 0
9	1,93204	1,93438	1,93321	> 0
10	1,93321	1,93438	1,933795	

A raiz com três casas decimais corretas é 1,933.

2.2.2 Teoria geral dos métodos iterativos

Como vimos no Capítulo 1, uma das ideias fundamentais em cálculo numérico é a de iteração ou aproximação sucessiva, que significa repetição de um procedimento. Muitos métodos numéricos são iterativos e desempenham papel fundamental na solução de problemas numéricos. Uma das preocupações neste capítulo será a de transmitir a ideia de iteração, bem como as características gerais de um método iterativo.

Uma importante classe de métodos iterativos são os denominados métodos iterativos estacionários de passo um. Nessa classe de métodos, sempre estarão presentes os seguintes elementos:

- uma tentativa inicial para a solução do problema desejado que, no caso particular do cálculo de uma raiz da equação (2.1), deve ser uma aproximação para a raiz. Essa aproximação pode ser obtida por meio de um dos métodos de localização de raízes reais simples vistos anteriormente ou, ainda, podem ser utilizadas considerações físicas do problema se, por exemplo, o problema equacionado permitir uma previsão do resultado que se deseja;
- uma equação de iteração do tipo $x = \phi(x)$, onde ϕ é uma função a uma variável, denominada função de iteração, que varia de método para método;
- um teste de parada, por meio do qual se decide quando o processo iterativo deve terminar.

A maneira de operar com essa classe de métodos é: a partir de uma tentativa inicial, x_0, para a raiz α, usando a equação de iteração, constrói-se uma sequência como:

$$x_1 = \phi(x_0), \; x_2 = \phi(x_1), \; x_3 = \phi(x_2), \ldots, x_{n+1} = \phi(x_n), \ldots,$$

onde se espera que

$$\lim_{n\to\infty} x_{n+1} = \alpha = \lim_{n\to\infty} \phi(x_n) = \phi(\alpha).$$

Uma interpretação geométrica no caso em que a sequência $\{x_n\}_{n=0}^{\infty}$ converge para α é dada na Figura 2.5.

Figura 2.5 Interpretação geométrica do método iterativo estacionário de passo um.

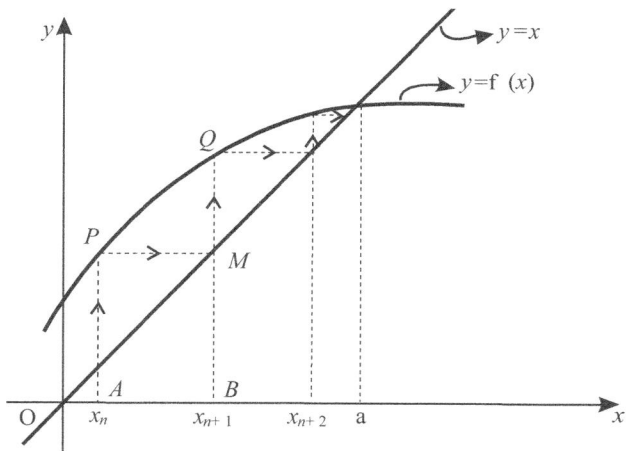

A raiz é a abscissa do ponto de intersecção do gráfico da reta $y = x$ com o gráfico de $y = \phi(x)$. De x_n, e $\phi(x_n)$, a aproximação x_{n+1} para a raiz é obtida conduzindo-se uma paralela ao eixo dos x por P até M sobre a reta $y = x$. Como o triângulo OBM é isóscele, tem-se:

$$0B = BM = AP = x_{n+1} = \phi(x_n).$$

Em geral, podem-se ter métodos iterativos estacionários de passos S, onde

$$x_{n+1} = \phi(x_{n-s+1}, x_{n-s+2}, \ldots, x_n), \qquad (2.3)$$

e ϕ não muda com a iteração.

Outra classe de métodos são os métodos iterativos não estacionários, onde
$$x_{n+1} = \phi_{n+1}(x_{n-s+1}, x_{n-s+2}, \ldots, x_n), \quad (2.4)$$
sendo ϕ variável com a iteração.

A maneira de operar em um método iterativo de passo S consiste em substituir os valores iniciais $x_0, x_1, x_2, \ldots, x_{s-1}$ na equação de recorrência e, por meio dela, calcular x_s. Em seguida, substitui-se um dos valores dados inicialmente por x_s e calcula-se por meio da equação de recorrência x_{s+1}, usando os S pontos restantes, e assim sucessivamente. A função ϕ_{n+1}, em geral, envolve não somente os pontos $x_{n-s+1}, x_{n-s+2}, \ldots, x_n$, mas também valores de f e de suas derivadas em um ou mais desses pontos.

Duas questões importantes devem ser consideradas em um método iterativo. A primeira é saber quando o método converge, isto é, se a sequência gerada pelo método é convergente. Se for convergente, a segunda é como converge. Além disso, outro aspecto importante é o custo operacional (tempo de processamento, memória utilizada) envolvido em cada iteração, bem como a facilidade de implementar computacionalmente o método. Uma condição suficiente para a convergência dos métodos iterativos estacionários de passo um é dada pelo teorema que segue.

Teorema 2.1

Suponha que a equação de iteração $x = \phi(x)$ tenha uma raiz α e que no intervalo $J_\rho = \{x; |x - \alpha| \le \rho\}$, $\rho > 0$, ϕ' exista e satisfaça a desigualdade $|\phi'(x)| \le m < 1$. Assim, para qualquer $x_0 \in J_\rho$, tem-se:

d) $x_n \in J_\rho, n = 0, 1, 2\ldots$;

e) $\lim\limits_{n \to \infty} x_n = \alpha$ e

f) α é a única raiz de $x = \phi(x)$ em J_ρ.

Para demonstrar o item (a), tem-se como hipótese $x_0 \in J_\rho$. Suponha que $x_{n-1} \in J_\rho$. Pelo teorema do valor médio,
$$x_n - \alpha = \phi(x_{n-1}) - \phi(\alpha) = \frac{\phi(x_{n-1}) - \phi(\alpha)}{x_{n-1} - \alpha}(x_{n-1} - \alpha) = \phi'(\xi_n)(x_{n-1} - \alpha), \quad \xi_n \in J_\rho.$$

Portanto,
$$|x_n - \alpha| \le m|x_{n-1} - \alpha| \le m\rho < \rho.$$

Logo, $x_n \in J_\rho$ para todo n.

A demonstração do item (b) começa repetindo a desigualdade anterior,
$$|x_n - \alpha| \le m|x_{n-1} - \alpha| \le m^2|x_{n-2} - \alpha| \le \ldots \le m^n|x_0 - \alpha|;$$

como $m < 1$, segue que $\lim\limits_{n \to \infty} x_n = \alpha$

Para demonstrar o item (c), supõe-se que $x = \phi(x)$ tenha outra raiz β, $\beta \ne \alpha$, $\beta \in J_\rho$.

Então,
$$\alpha - \beta = \phi(\alpha) - \phi(\beta) = \phi'(\xi)(\alpha - \beta), \beta \in J_\rho$$

Portanto,
$$|\alpha - \beta| \le m|\alpha - \beta| < |\alpha - \beta|,$$

o que é um absurdo. Disso, segue que α é a única raiz em J_ρ.

> **Observação:**
> Se $|\phi'(x)| > 1$, geralmente o método é divergente. O Teorema 2.1 fornece uma condição suficiente para a convergência, mas não necessária. De fato, reescrevendo a equação $x^2 - 5x + 4 = 0$ na forma $x = \phi(x)$, com $\phi(x) = x^2 - 4x + 4$, tem-se que
>
> $$x_0 = 0, \; x_1 = \phi(x_0) = 4, \; x_2 = \phi(x_1) = 4,$$
>
> equação. que é a solução da equação. Entretanto, $\phi'(4) = 4 > 1$. Obviamente não se podem esperar sempre tais coincidências. Dessa forma, $|\phi'(x)| < 1$ para x pertencente à vizinhança J_p da raiz α é uma condição suficiente e geralmente necessária.

A interpretação geométrica do Teorema 2.1 é dada pelas Figuras 2.6 a 2.11, onde $x_n \in J_\rho$.

Figura 2.6 $0 \leq \phi'(x) < 1$.

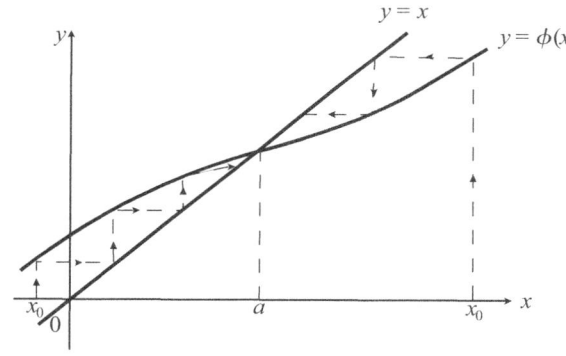

Figura 2.7 $\phi'(x) > 1$.

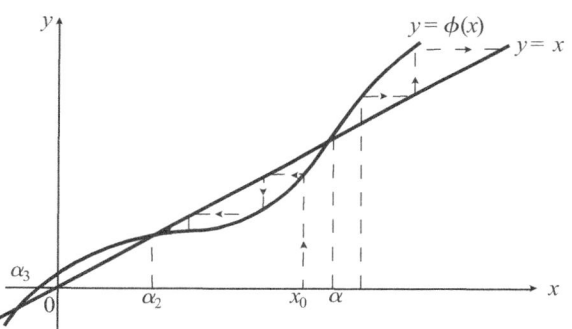

Figura 2.8 $-1 < \phi'(x) \leq 0$.

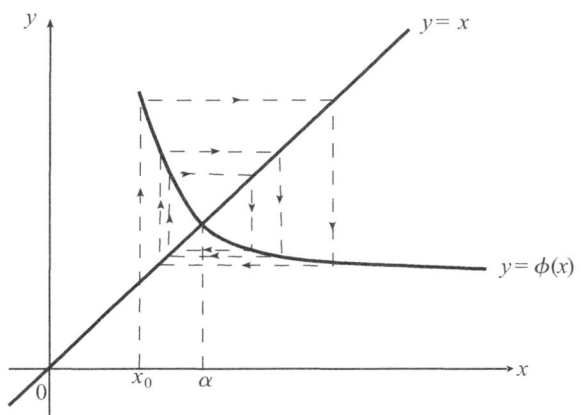

Figura 2.9 $\phi'(x) < -1$.

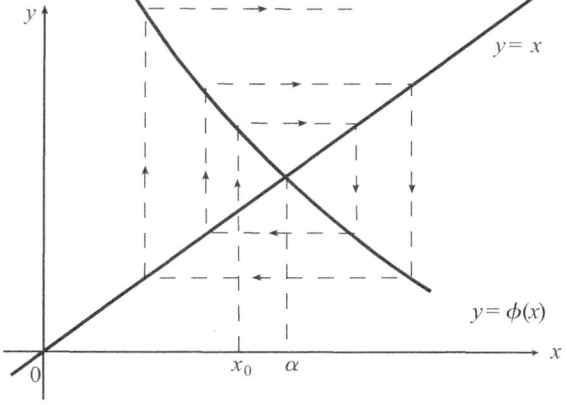

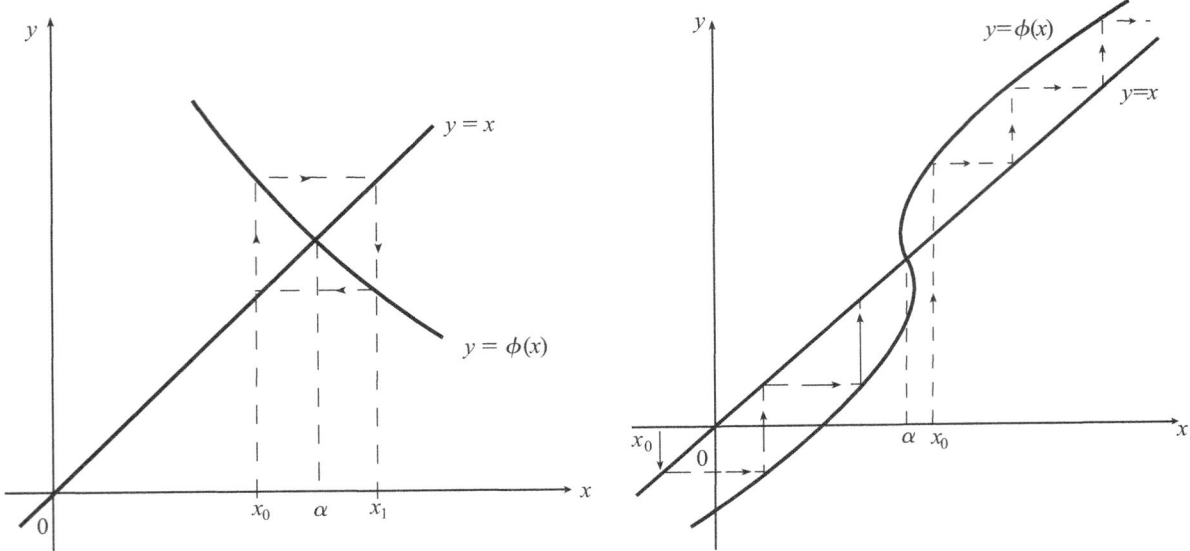

Figura 2.10 "Loop."

Figura 2.11 Converge para uma raiz e diverge para outra.

A interpretação geométrica do Teorema 2.1 é dada pelas figuras 2.6 a 2.11, onde $x_n \in J_\rho$.

Com relação à rapidez com que um método iterativo converge, ela é definida em termos da ordem de convergência de sequências numéricas, como segue.

DEFINIÇÃO 2.1

Seja $\{x_n\}_{n=0}^{\infty}$ uma sequência que converge para α e $E_n = x_n - \alpha$. Se houver um número $p \geq 1$ e uma constante $C \neq 0$, tal que

$$\lim_{n \to \infty} \frac{|E_{n+1}|}{|E_n|^p} = C, \qquad (2.5)$$

então p é chamado de ordem de convergência da sequência, e C, de constante assintótica do erro. Para $p = 1, 2, 3, \ldots$, a convergência é dita linear, quadrática, cúbica etc., respectivamente.

Exemplo 2.2

A sequência $\{x_n\}_{n=0}^{\infty}$ com $x_n = a^n$ para $0 < a < 1$ converge para zero com ordem de convergência igual a um, pois

$$\lim_{n \to \infty} \frac{a^{n+1}}{a^n} = a.$$

Exemplo 2.3

A sequência $\{x_n\}_{n=0}^{\infty}$ com $x_n = a^{(2^n)}$ para $0 < a < 1$ converge para zero com ordem de convergência igual a dois, pois

$$\lim_{n \to \infty} \frac{a^{2^{n+1}}}{\left[a^{2^n}\right]^2} = \lim_{n \to \infty} \frac{a^{2^n \cdot 2}}{a^{2^n \cdot 2}} = 1.$$

DEFINIÇÃO 2.2

Um método iterativo será de ordem p para a raiz α se gerar uma sequência que converge para α com ordem p.

Observação:

A exigência $C \neq 0$ na definição assegura a unicidade de p. No caso em que $C = 0$ a sequência obtida por meio das iterações convergirá mais rapidamente que o usual. Por exemplo, a sequência com $x_n = (1/n)^n$ é de ordem um, desde que $\left(x_{n+1}/x_n^p\right) \to \infty$ quando $p > 1$. Contudo $(x_{n+1}/x_n) \to 0$ quando $n \to \infty$, e tem-se, então, o que se denomina convergência superlinear.

Justifica-se, a seguir, a necessidade de se ter um critério de terminalidade ou um teste de parada para processo iterativo. Se o método converge, então $x_n \to \alpha$ quando $n \to \infty$. Ora, na prática, n será um número finito e, portanto $x_n \approx \alpha$. A situação ideal seria dispor de um critério em que o processo iterativo parasse quando x_n atingisse t casas decimais corretas do valor exato de α. Entretanto, isso nem sempre ocorrerá.

Embora sejam passíveis de falhas (mais à frente se justifica isso), no que se refere ao cálculo de uma raiz com t casas decimais corretas, muitas vezes se recorre aos seguintes testes de parada:

$$\left|f\left(x_{n+1}\right)\right| < \varepsilon, \tag{2.6}$$

$$\left|x_{n+1} - x_n\right| < \varepsilon, \tag{2.7}$$

$$\frac{\left|x_{n+1} - x_n\right|}{\left|x_{n+1}\right|} < \varepsilon, \tag{2.8}$$

onde ε é uma tolerância. No caso de a desigualdade estar sendo satisfeita no critério usado, toma-se como aproximação para a raiz α o valor x_{n+1}.

O critério proveniente da definição de erro absoluto é usado, habitualmente, quando a raiz desejada é da ordem da unidade. No caso de a raiz ser muito grande ou muito pequena comparada com a unidade, provavelmente será melhor usar o critério oriundo da definição de erro relativo. Pode ocorrer de um critério ser satisfeito, e o outro, não.

De maneira geral, o método iterativo $x_{n+1} = \phi(x_n)$ é um método de primeira ordem. De fato, da demonstração do Teorema 2.1, item (a), segue:

$$x_n - \alpha = \phi'\left(\xi_n\right)\left(x_{n-1} - \alpha\right), \ \xi_n \in J_\rho,$$

ou

$$\frac{\left|x_n - \alpha\right|}{\left|x_{n-1} - \alpha\right|} = \phi'\left(\xi_n\right),$$

ou ainda

$$\lim_{n \to \infty} \frac{\left|x_n - \alpha\right|}{\left|x_{n+1} - \alpha\right|} = \phi'(\alpha),$$

que satisfaz a definição de ordem de convergência de uma sequência para $p = 1$, se $\phi'(\alpha) \neq 0$.

O método iterativo pode ser de ordem de convergência superior a um, caso $\phi(x)$ seja escolhida de forma apropriada. É o caso que se considera a seguir.

Suponha que ϕ possua derivadas até ordem p contínuas, em uma vizinhança da raiz α, onde $\alpha = \phi(\alpha)$, e que

$$\begin{cases} \phi^{(j)}(\alpha) = 0, j = 1, 2, \ldots, p-1 \\ \phi^{(p)}(\alpha) \neq 0, \end{cases} \tag{2.9}$$

onde os sobreíndices indicam a ordem da derivada da função ϕ. Desenvolvendo ϕ em série de Taylor em torno de $x = \alpha$ e fazendo $x = x_n$, vem:

$$x_{n+1} = \phi(x_n) = \alpha + \frac{1}{p!}\phi^{(p)}(\xi_n)(x_n - \alpha)^p, \xi_n, \text{ entre } x_n \text{ e } \alpha.$$

Se $\lim_{n\to\infty} x_n = \alpha$, então

$$\lim_{n\to\infty} \frac{|E_{n+1}|}{|E_n|^p} = \frac{1}{p!}|\phi^{(p)}(\alpha)| \neq 0.$$

Logo, o método iterativo será de ordem p se as condições da equação (2.9) forem satisfeitas.

A seguir, são apresentados métodos numéricos iterativos estacionários de passo um para o cálculo de uma raiz real simples da equação (2.1). A raiz procurada será representada sempre por α.

Método das aproximações sucessivas (MAS)

Este método, apesar de não ser o mais eficiente, é de aplicação simples. A equação de iteração é obtida da equação $f(x) = 0$ e consiste em reescrevê-la na forma $x = \phi(x)$, o que evidentemente é sempre possível por meio de artifício algébrico.

Observe inicialmente que, dada a equação $f(x) = 0$, existem várias maneiras de se obter uma equação de iteração do tipo $x = \phi(x)$. Por exemplo, a equação $x^3 - x - 5 = 0$ pode ser assim reescrita:

$$x = x^3 - 5$$
$$x = \sqrt[3]{x+5}$$
$$x = 5/(x^2 - 1).$$

Deve-se, então, escolher uma função ϕ tal que $|\phi'(x)| < 1$ para x numa vizinhança da raiz α, pois isso assegura a convergência do método.

Exemplo 2.4

Determine as raízes reais das equações dadas a seguir por meio do MAS com cinco casas decimais corretas:

(a) $\ln x - x + 2 = 0$;
(b) $\cos x - 3x = 0$.

A equação $\ln x - x + 2 = 0$ tem duas raízes reais: uma raiz, α_1, pertencente ao intervalo $(0, 1)$, e a outra, α_2, ao intervalo $(3, 4)$, como mostra a Figura 2.12.

Figura 2.12   Raízes da equação $\ln x - x + 2 = 0$.

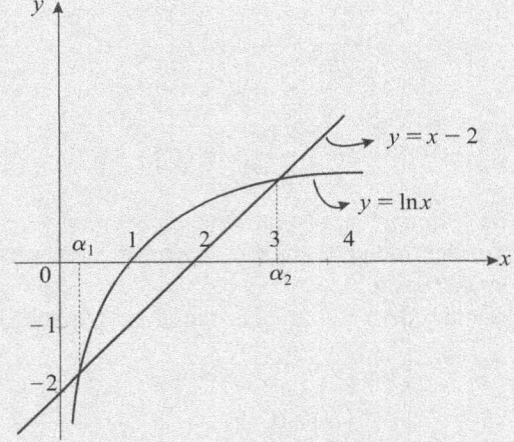

Calculando primeiro a raiz pertencente ao intervalo (0, 1), seja $x_0 = 0,4$ a tentativa inicial. Como função de iteração, suponha que se escolha $\phi(x) = \ln x + 2$, então $\phi'(x) = 1/x$. Portanto, $|\phi'(x)| > 1$ para $x \in (0, 1)$. Logo, essa equação de iteração não assegura convergência para a raiz pertencente ao intervalo (0, 1).

Reescrevendo a equação $\ln x - x + 2 = 0$ na forma

$$x = e^{x-2},$$

tem-se que $\phi(x) = e^{x-2}$ e, nesse caso, $|\phi'(x)| < 1$ para $x \in (0, 1)$. Logo, com essa equação de iteração o método convergirá. De fato,

$$x_1 = \phi(x_0) = e^{x_0-2} = 0,201897$$
$$x_2 = \phi(x_1) = e^{x_1-2} = 0,165613$$
$$x_3 = \phi(x_2) = e^{x_2-2} = 0,159711$$
$$x_4 = \phi(x_3) = e^{x_3-2} = 0,158772$$
$$x_5 = \phi(x_4) = e^{x_4-2} = 0,158622$$
$$x_6 = \phi(x_5) = e^{x_5-2} = 0,158599$$
$$x_7 = \phi(x_6) = e^{x_6-2} = 0,158595$$
$$x_8 = \phi(x_7) = e^{x_7-2} = 0,158594.$$

A raiz com cinco casas decimais corretas é 0,15859.

Para o cálculo da raiz pertencente ao intervalo (3, 4), seja $x_0 = 3,3$ e a equação de iteração:

$$x = \ln x + 2.$$

Nesse caso, $|\phi'(x)| < 1$ para $x \in (3, 4)$. Logo, fica assegurada a convergência do método. De fato,

$$x_1 = \phi(x_0) = \ln x_0 + 2 = 3,193922$$
$$x_2 = \phi(x_1) = \ln x_1 + 2 = 3,161250$$
$$x_3 = \phi(x_2) = \ln x_2 + 2 = 3,150967$$
$$x_4 = \phi(x_3) = \ln x_3 + 2 = 3,147710$$
$$x_5 = \phi(x_4) = \ln x_4 + 2 = 3,146675$$
$$x_6 = \phi(x_5) = \ln x_5 + 2 = 3,146346$$
$$x_7 = \phi(x_6) = \ln x_6 + 2 = 3,146242$$
$$x_8 = \phi(x_7) = \ln x_7 + 2 = 3,146209$$
$$x_9 = \phi(x_8) = \ln x_8 + 2 = 3,146199$$
$$x_{10} = \phi(x_9) = \ln x_9 + 2 = 3,146195$$
$$x_{11} = \phi(x_{10}) = \ln x_{10} + 2 = 3,146194.$$

A raiz com cinco casas decimais corretas é 3,14619.

A equação $\cos x - 3x = 0$ tem somente uma raiz, como se constata na Figura 2.13.

Figura 2.13 Raízes da equação cos x − 3x = 0.

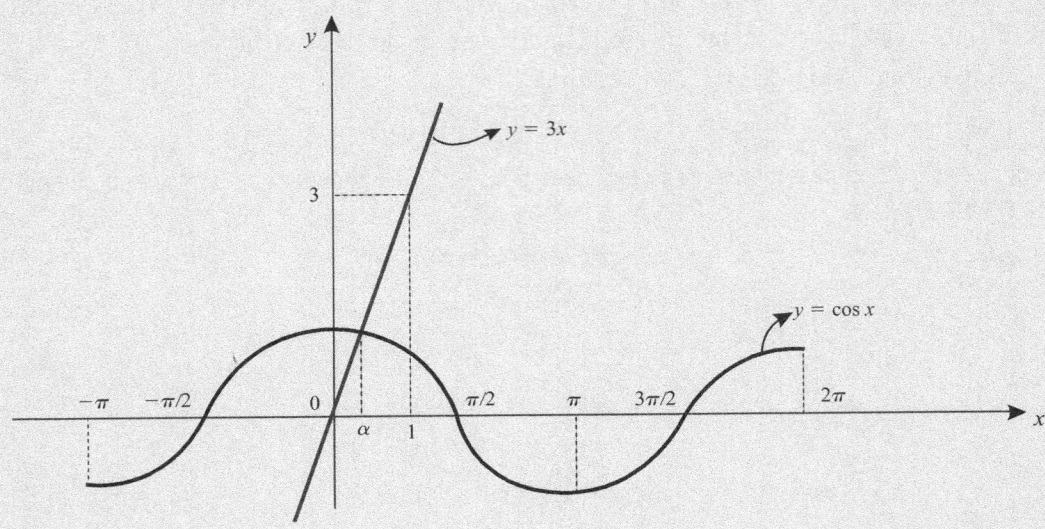

Sejam $x_0 = 0,35$ e a equação de iteração $\cos x = (1/3) \cos x$. Com essa equação de iteração, o método será convergente, pois $\phi(x) = (1/3) \cos x$, $\phi'(x) = -(1/3)\operatorname{sen} x$ e, portanto, $|\phi'(x)| < 1$ para qualquer $x \in \mathbb{R}$ em particular para x em uma vizinhança J_p da raiz.

$$x_1 = \phi(x_0) = 1/3 \cos x_0 = 0,313124$$
$$x_2 = \phi(x_1) = 1/3 \cos x_1 = 0,317125$$
$$x_3 = \phi(x_2) = 1/3 \cos x_2 = 0,316712$$
$$x_4 = \phi(x_3) = 1/3 \cos x_3 = 0,316755$$
$$x_5 = \phi(x_4) = 1/3 \cos x_4 = 0,316750$$
$$x_6 = \phi(x_5) = 1/3 \cos x_5 = 0,316750\,.$$

A raiz com cinco casas decimais corretas é 0,31675.

Método de Newton-Raphson (MNR)

Suponha que a função f na equação (2.1) admita desenvolvimento em série de Taylor em torno da abscissa $x = x_n$. Assim,

$$f(x) = f(x_n) + (x - x_n) f'(x_n) + (x - x_n)^2 \frac{f''(\xi_n)}{2!}, \; \xi_n \text{ entre } x \text{ e } x_n.$$

Se α é raiz da equação (2.1), tem-se

$$f(\alpha) = f(x_n) + (\alpha - x_n) f'(x_n) + (\alpha - x_n)^2 \frac{f''(\xi_{n\alpha})}{2!} = 0, \; \xi_{n\alpha} \text{ entre } \alpha \text{ e } x_n,$$

e resulta em

$$\alpha = x_n - \frac{f(x_n)}{f'(x_n)} - \frac{(\alpha - x_n)^2}{2 f'(x_n)} \frac{f''(\xi_{n\alpha})}{}, \; \xi_{n\alpha} \text{ entre } \alpha \text{ e } x_n,$$

ou
$$\alpha \approx x_n - \frac{f(x_n)}{f'(x_n)}.$$

Denominando o lado direito dessa aproximação por x_{n+1}, tem-se a seguinte equação de iteração para o MNR:

$$x_{n+1} = x_n - \frac{f(x_n)}{f'(x_n)}, \quad n = 0,1,2\ldots \tag{2.10}$$

A interpretação geométrica do MNR é ilustrada na Figura 2.14. Nessa figura, o triângulo *ABC* permite escrever:

$$\operatorname{tg}\theta = \frac{f(x_n)}{x_n - x_{n+1}}.$$

Mas $\operatorname{tg}\theta = f'(x_n)$, então $f(x_n) = f'(x_n)(x_n - x_{n+1})$ e resulta na equação de iteração (2.10).

Figura 2.14 Interpretação geométrica do método de Newton-Raphson.

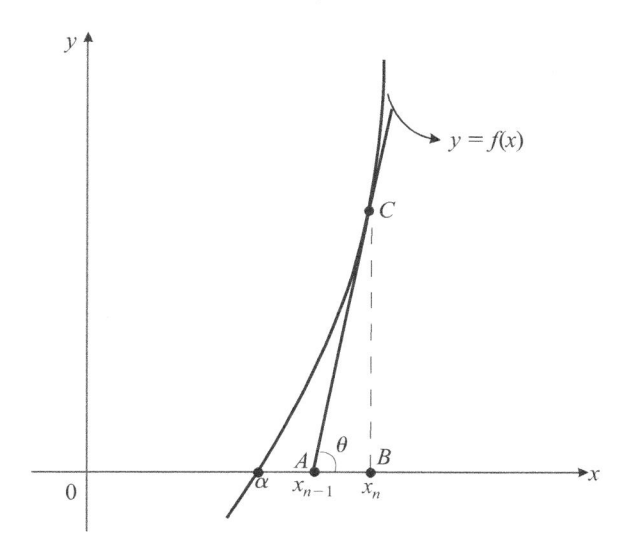

Exemplo 2.5

Calcule a raiz da equação $x - e^{x-2} = 0$ localizada no intervalo (0, 1), corretamente com cinco casas decimais, por meio do MNR.

Nesse caso, tem-se que $f(x) = x - e^{x-2}$, sendo $f'(x) = 1 - e^{x-2}$. O resumo dos cálculos é mostrado no Quadro 2.3.

Quadro 2.3 Exemplo de aplicação do MNR.

n	x_n	$f(x)$	$f'(x_n)$	$f(x_n)/f'(x_n)$
0	0,4	0,198103	0,798103	0,248217
1	0,151783	−0,005735	0,842482	−0,006807
2	0,158590	−0,000004	0,841406	−0,000005
3	0,158595	0,000001	0,841406	0,000001
4	0,158595			

A raiz com cinco casas decimais corretas é 0,15859.

> **Observação:**
> Em vez de se efetuar os cálculos intermediários, como mostra o Quadro 2.3, pode-se obter a função de iteração do MNR. Para o exemplo 2.5, tem-se:
>
> $$\phi(x) = x - \frac{f(x_n)}{f'(x_n)} = \frac{e^{x-2}(1-x)}{1-e^{x-2}},$$
>
> e a partir daí se obtém a sequência de aproximações para a raiz: x_0, x_1, x_2, x_3, x_4.

A condição suficiente para a convergência do MNR é dada pelo Teorema 2.1, isto é, $|\phi'(x)| < 1$ para x em uma vizinhança J_p da raiz α. Para a função de iteração do MNR, tem-se:

$$\phi'(x) = \frac{f(x)f''(x)}{[f'(x)]^2},$$

dessa forma, $\phi'(\alpha) = 0$, pois $f(\alpha) = 0$, $f'(\alpha) \neq 0$. Supondo que f' e f'' sejam funções contínuas em J_p, então $\phi'(x)$ também é contínua em J_p. Como $\phi'(\alpha) = 0$, pela definição de continuidade, tem-se $|\phi'(x)| < 1$ para x em uma vizinhança J_p da raiz, o que satisfaz a condição suficiente para convergência.

Para determinar a ordem de convergência do MNR, suponha que ϕ'' seja contínua em J_p. O desenvolvimento de ϕ na série de Taylor em torno de $x = \alpha$ fornece:

$$\phi(x) = \phi(\alpha) + (x-\alpha)\phi'(\alpha) + (x-\alpha)^2 \frac{\phi''(\xi)}{2!}, \xi \text{ entre } x \text{ e } \alpha$$

Fazendo $x = x_n$, tem-se:

$$\phi(x_n) = \alpha + (x_n - \alpha)\phi'(\alpha) + (x_n - \alpha)^2 \frac{\phi''(\xi_n)}{2!}, \xi_n \text{ entre } x_n \text{ e } \alpha.$$

Assim,

$$|x_{n+1} - \alpha| = \frac{|\phi''(\xi_n)|}{2!}|x_n - \alpha|^2,$$

ou

$$\frac{|E_{n+1}|}{|E_n|^2} = \frac{|\phi''(\xi_n)|}{2!}.$$

No limite, ξ_n converge para α, isto é,

$$\lim_{n \to \infty} \frac{|E_{n+1}|}{|E_n|^2} = \frac{|\phi''(\alpha)|}{2} = C \neq 0, \text{ se } \phi''(\alpha) \neq 0.$$

De acordo com a equação (2.5), isso mostra que o MNR converge quadraticamente no caso de raízes reais e simples da equação (2.1), ou seja, a sequência $\{x_n\}_{n=0}^{\infty}$ gerada pelo método tem ordem de convergência igual a dois. Para um valor de n suficientemente grande, pode-se dizer que $|E_{n+1}| \approx C|E_n|^2$, isto é, o erro absoluto em uma iteração é assintoticamente proporcional ao quadrado do erro absoluto na iteração anterior. E significa que, dependendo do valor da constante C com n suficientemente grande, a cada iteração dobra-se o número de casas decimais corretas da aproximação para a raiz α.

> **Observação:**
>
> a) Para mostrar que o MNR é de segunda ordem para uma raiz simples, pode-se recorrer ao critério (2.9). De fato, para a função de iteração ϕ do MNR, tem-se $\phi(\alpha) = \alpha, \phi'(\alpha) = 0$ e verifica-se facilmente que $\phi''(\alpha) \neq 0$ se $f''(\alpha) \neq 0$. Desse modo, dispõe-se de duas opções para mostrar qual é a ordem de convergência de um método iterativo estacionário de passo um. Uma consiste em mostrar que existe p e $C \neq 0$, tal que a equação (2.5) seja satisfeita, e a outra consiste em usar o critério (2.9).
>
> b) Se $f'(x_n) = 0$ ou $f'(x_n) \approx 0$ para algum n, é evidente que o MNR não convergirá (ver Figura 2.15(a)). Outra fonte de divergência do método é a exposta na Figura 2.15(b).
>
> **Figura 2.15** Fontes de divergência do MNR.

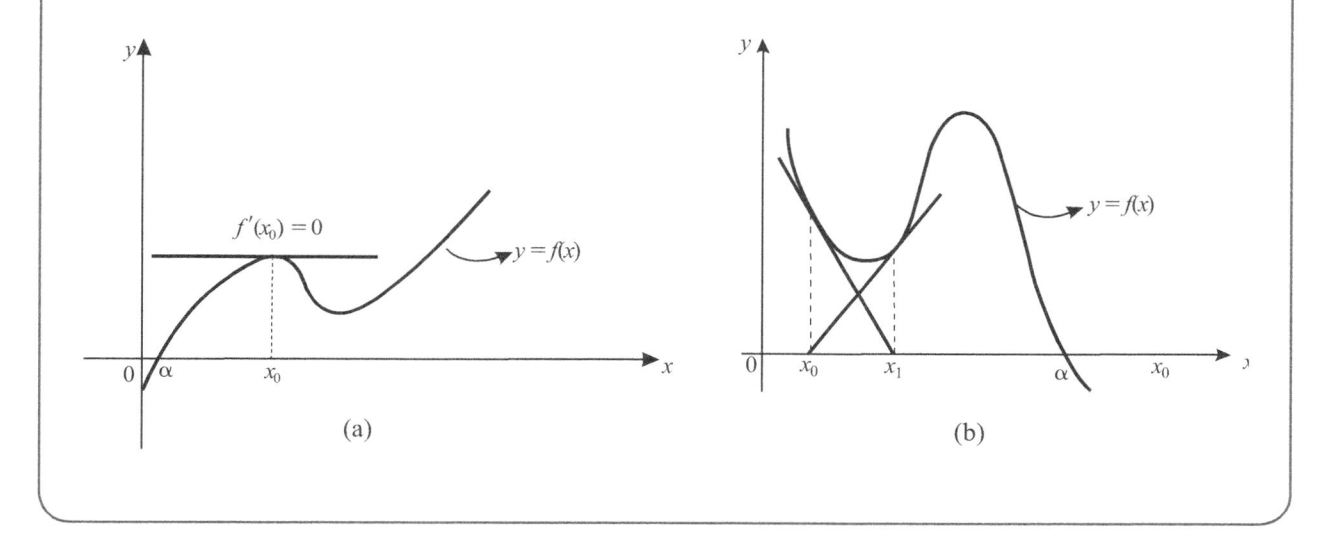

Método de Steffensen (MST)

Introduz-se este método por meio de uma modificação no MNR, conforme Atkinson (1978), substituindo-se $f'(x_n)$ pelo quociente

$$\frac{f((x_n + f(x_n)) - f(x_n)}{f(x_n)},$$

assim a equação de recorrência para o método fica:

$$x_{n+1} = x_n - \frac{f(x_n)}{g(x_n)}, \quad g(x_n) = \frac{f(x_n + f(x_n)) - f(x_n)}{f(x_n)}. \tag{2.11}$$

Geometricamente, tem-se a situação mostrada na Figura 2.16.

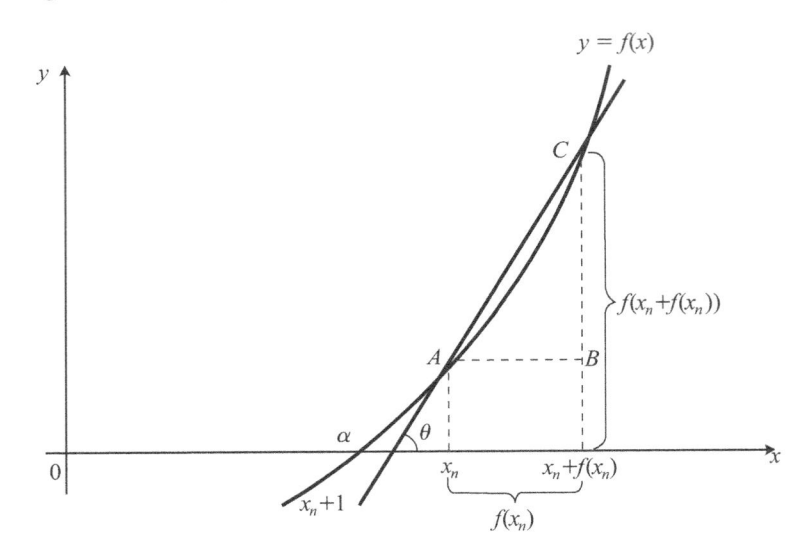

Figura 2.16 Interpretação geométrica do método de Steffensen.

Nesse método, a reta tangente à curva no ponto de coordenadas $(x_n, f(x_n))$ é substituída pela reta secante que passa pelos pontos de coordenadas:
$$(x_n, f(x_n));\ (x_n + f(x_n), f(x_n + f(x_n))).$$

Assim, em cada iteração necessita-se de duas avaliações da função f, mas não é preciso realizar o cálculo da derivada de f. Observe que, quando
$$x_n \to \alpha,\ f(x_n) \to 0,$$
a reta secante tende a ser a reta tangente a curva no ponto $(x_n, f(x_n))$. Intuitivamente, pode-se dizer que o MST tende ao MNR. Assim, é de esperar que o MST tenha convergência quadrática. De fato é possível mostrar que a função de iteração

$$\phi(x) = x - \frac{f(x)}{g(x)},\ g(x) = \frac{f(x + f(x)) - f(x)}{f(x)}$$

satisfaz as seguintes condições: $\phi(\alpha) = \alpha, \phi'(\alpha) = 0, \phi''(\alpha) \neq 0$ se $f''(\alpha) \neq 0$ (ver exercício 21).

Exemplo 2.6

Calcule a raiz real da equação $x^3 - 2x^2 + 2x - 5 = 0$ próxima de $x_0 = 2$ pelo método de Steffensen.

Quadro 2.4 Exemplo de aplicação MST.

n	x_n	$f(x_n)$	$f(x_n + f(x_n))$	$g(x_n)$	$f(x_n)/g(x_n)$
0	2	−1	−4	3	−0,33333
1	2,333333	1,481478	29,040187	18,602172	0,079640
2	2,253693	0,795926	10,860876	12,645586	0,062941
3	2,190752	0,296998	2,994135	9,081332	0,032704
4	2,158048	0,052121	0,447215	7,580320	0,006876
5	2,151172	0,001899	0,015733	7,284760	0,000261
6	2,150911				

A raiz da equação com cinco casas decimais corretas é 2,15091.

Exemplo 2.7

Calcule a raiz da equação $\ln x - x + 2 = 0$, pertencente ao intervalo $(3, 4)$, por meio do MST. Em vez do Quadro 2.4 mostrado no exemplo 2.6, pode-se estabelecer a equação de iteração diretamente para o método, que nesse caso será:

$$x_{n+1} = x_n - \frac{(\ln x_n - x_n + 2)^2}{\ln(\ln x_n + 2) - 2\ln x_n + x_n - 2}, n \geq 0.$$

Para $x_0 = 3,3$, obtêm-se $x_1 = 3,146707$, $x_2 = 3,146193$, $x_3 = 3,146193$, que são a raiz correta até a quinta casa decimal.

Observação:

Uma família de métodos iterativos de passo um pode ser obtida com base na seguinte ideia (RALSTON, 1970): suponha que a função f da equação (2.1) tenha uma função inversa g na vizinhança da raiz α, então $\alpha = g(0)$. Logo, dispondo da inversa g, para obter α, pode-se calcular $g(0)$. Com essa ideia, para obter a família de métodos iterativos, basta desenvolver g em série de Taylor em torno do ponto $y = y_n$ e calcular $g(0)$ por meio da série. Retendo os dois primeiros termos da série, tem-se o MNR. Retendo os três primeiros termos, tem-se o método:

$$x_{n+1} = x_n - \frac{f(x_n)}{f'(x_n)} - \frac{1}{2}\left\{\frac{[f(x_n)]^2 f''(x_n)}{[f'(x_n)]^3}\right\}, n \geq 0, \quad (2.12)$$

que é um método de terceira ordem. É possível mostrar que, se n termos da série são retidos, a ordem do método iterativo será n, evidentemente envolvendo derivadas de ordem superior da f (ver exercício 24).

Estimativa de erros: precisão atingível

As desigualdades (2.6), (2.7) e (2.8) expressam critérios de parada, usados para finalizar o processo iterativo. Esses critérios, como dito, são passíveis de falha, pois podem ocorrer situações como as ilustradas na Figura 2.17, isto é, um critério pode ser satisfeito e o outro não.

Figura 2.17

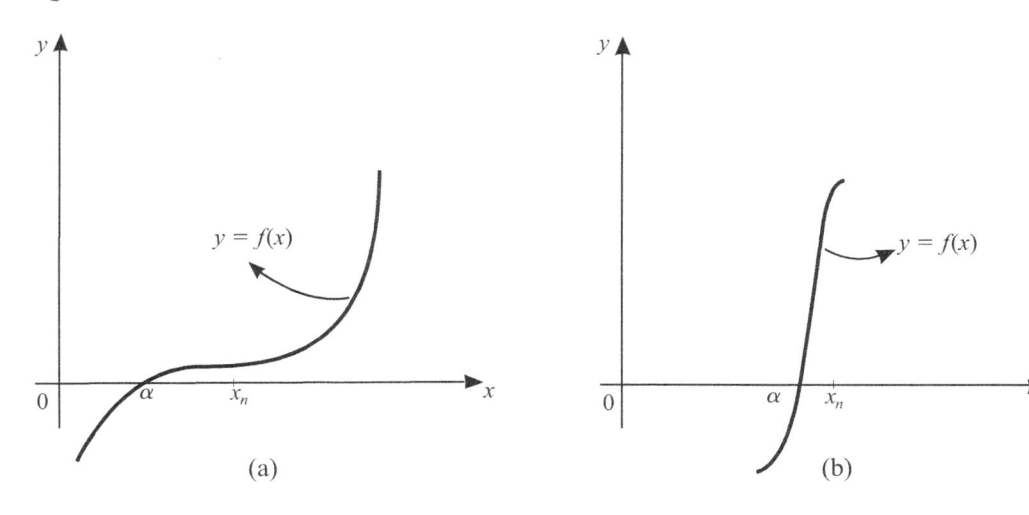

A questão mais importante quando esses critérios são usados é saber se eles representam uma cota superior para o erro ou não, ou seja, se $|x_{n+1} - x_n| < \varepsilon$, então $|x_{n+1} - \alpha| < |x_{n+1} - x_n| < \varepsilon$. Oportunamente, verifica-se que nem sempre $|x_{n+1} - x_n|$ é uma cota superior para o erro, isto é, a condição $|x_n - x_{n-1}| < \varepsilon$ pode ser satisfeita sem que se tenha $|x_n - \alpha| < \varepsilon$.

Uma situação desejável é a seguinte: com a aproximação x_{n+1} para a raiz α obtida pelo método iterativo $x_{n+1} = \phi(x_n)$ obter em seguida uma cota superior para o erro presente na aproximação x_{n+1}. Assim se saberá quanto x_{n+1} está próximo de α.

No caso de a sequência $\{x_{n+1}\}$ ser oscilante e convergente, então $-1 < \phi'(x) < 0$; para x em uma vizinhança J_ρ de α, $|x_{n+1} - x_n|$ é uma cota superior para o erro. De fato, pelo teorema do valor médio tem-se:

$$\frac{\phi(x_{n-1}) - \phi(\alpha)}{x_{n-1} - \alpha} = \phi'(\xi), \; |\alpha - \xi| < |\alpha - x_{n-1}| < \rho,$$

ou ainda,

$$\frac{x_n - \alpha}{x_{n-1} - \alpha} = \phi'(\xi).$$

Como $\xi \in J_\rho$, então $\phi'(\xi) < 0$. Segue-se que $\left[(x_n - \alpha)/(x_{n-1} - \alpha)\right] < 0$, o que define a sequência oscilante. Nesse caso, tem-se a seguinte situação:

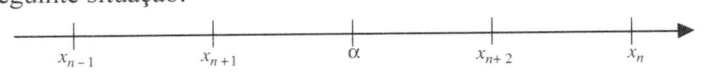

$$\begin{array}{c|c|c|c|c|} \hline x_{n-1} & x_{n+1} & \alpha & x_{n+2} & x_n \end{array} \longrightarrow$$

e, portanto,

$$|x_n - \alpha| < |x_{n-1} - x_n|.$$

A seguir, aborda-se a determinação de uma cota superior para o erro para qualquer função de iteração convergente. Sejam x_n, x_{n+1} duas aproximações para α obtidas pelo método iterativo. Admitindo que a função de iteração ϕ satisfaz as hipóteses do teorema do valor médio no intervalo (x_{n-1}, x_n), realçar então

$$\frac{\phi(x_n) - \phi(x_{n-1})}{x_n - x_{n-1}} = \phi'(\eta), \; |\eta - x_n| < |x_n - x_{n-1}| < \rho.$$

Se $|\phi'(\eta)| \leq m < 1$, o método converge, $|x_{n+1} - x_n| \leq m|x_n - x_{n-1}|$. Também vale

$$|x_{n+2} - x_{n+1}| \leq m|x_{n+1} - x_n|.$$

Dessas duas últimas desigualdades, tem-se que

$$|x_{n+2} - x_{n+1}| \leq m^2|x_n - x_{n-1}|.$$

De maneira geral, obtém-se

$$|x_{n+j} - x_{n+j-1}| \leq m^j |x_n - x_{n-1}|, \; j = 1,2,\ldots \tag{2.13}$$

Considere agora a seguinte igualdade:

$$|x_{n+j} - x_n| = |(x_{n+j} - x_{n+j-1}) + (x_{n+j-1} - x_{n+j-2}) + \ldots + (x_{n+1} - x_n)|.$$

Fazendo uso da desigualdade triangular na igualdade anterior, vem:

$$|x_{n+j} - x_n| \leq |(x_{n+j} - x_{n+j-1})| + |(x_{n+j-1} - x_{n+j-2})| + \ldots + |(x_{n+1} - x_n)|.$$

Usando a desigualdade obtida na equação (2.13), tem-se:

$$|x_{n+j} - x_n| \leq m^j |x_n - x_{n-1}| + m^{j-1}|x_n - x_{n-1}| + \ldots + m|x_n - x_{n-1}|$$

$$|x_{n+j} - x_n| \leq (m + m^2 + \ldots + m^{j-1} + m^j)|x_n - x_{n-1}|$$

ou, ainda,

$$|x_{n+j} - x_n| \leq \frac{m(1 - m^j)}{1 - m}|x_n - x_{n-1}|.$$

Como

$$m < 1 \text{ e } \lim_{j \to \infty} x_{n+j} = \alpha,$$

resulta em

$$|\alpha - x_n| \le \frac{m}{1-m}|x_n - x_{n-1}|.$$

> **Observação:**
> a) Como $m = \text{máx}|\phi'(x)|, x \in J_\rho$ o cálculo da cota superior para o erro só será simples caso $\phi'(x)$ seja simples, permitindo o cálculo de m sem dificuldades.
>
> b) Se $m \le 1/2$, então $|\alpha - x_n| \le |x_n - x_{n-1}|$ e, nesse caso, o erro absoluto entre as iterações pode ser usado como cota superior para o erro absoluto presente na aproximação x_n.

Método da secante (MSC)

De modo análogo ao que foi feito no método de Steffensen, a equação de recorrência para o método da secante, conforme Fröberg (1966), é obtida modificando-se a do MNR por meio da substituição de $f'(x_n)$ pelo quociente das diferenças:

$$\frac{f(x_n) - f(x_{n-1})}{x_n - x_{n-1}},$$

onde x_{n-1}, x_n são duas aproximações quaisquer para α, resultando na seguinte equação de recorrência:

$$x_{n+1} = x_n - \frac{(x_n - x_{n-1})f(x_n)}{f(x_n) - f(x_{n-1})}, n \ge 1$$

ou

$$x_{n+1} = \frac{x_{n-1}f(x_n) - x_n f(x_{n-1})}{f(x_n) - f(x_{n-1})}, n \ge 1. \tag{2.14}$$

Esse método necessita de duas aproximações iniciais e, nesse caso, $x_{n+1} = \phi(x_{n-1}, x_n)$, sendo, portanto, um método iterativo estacionário de passo dois. Sua interpretação geométrica é apresentada na Figura 2.18.

Figura 2.18 Interpretação geométrica do método da secante.

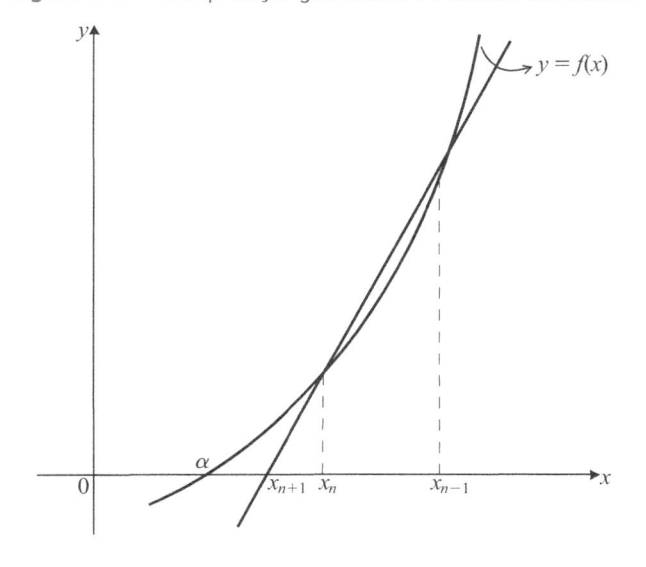

É de esperar que esse método tenha ordem de convergência inferior ao MNR. De fato, para o MSC, fazendo

$$x_n = \alpha + E_n$$

na equação (2.14), pode-se escrever:

$$E_{n+1} = \frac{E_{n-1} f(\alpha + E_n) - E_n f(\alpha + E_{n-1})}{f(\alpha + E_n) - f(\alpha + E_{n-1})}.$$

Expandindo a função f em série de Taylor em torno de $x = \alpha$ nessa equação, tem-se que

$$|E_{n+1}| = |E_{n-1}| \cdot |E_n| \left[\frac{f''(\alpha)}{2f'(\xi)} + \frac{f'''(\alpha)}{3f'(\xi)} + \ldots \right],$$

ou seja,

$$|E_{n+1}| = |A| |E_{n-1}| \cdot |E_n|.$$

Para determinar a ordem de convergência, é necessário obter p tal que

$$|E_{n+1}| / |E_n|^p = C \neq 0,$$

quando $n \to \infty$ ou $|E_n| = C |E_{n-1}|^p$, isto é, $|E_{n-1}| = C^{-1/p} |E_n|^{1/p}$, então

$$|E_{n+1}| = |A| |E_n| C^{-1/p} |E_n|^{1/p},$$

onde se tem

$$1 + \frac{1}{p} = p$$

e, portanto,

$$p = \left(1 \pm \sqrt{5}\right)/2.$$

Escolhendo o maior valor de p, obtém-se

$$\lim_{n \to \infty} \frac{E_{n+1}}{|E_n|^{1,618}} = C \neq 0,$$

o que prova que o método da secante é de ordem 1,618, aproximadamente. Desse modo, o método não converge quadraticamente, mas não necessita da derivada de f e, apesar de precisar de duas aproximações iniciais, somente um valor da função é calculado a cada iteração.

Exemplo 2.8

Calcule a raiz da equação $x^3 - 2x^2 + 2x - 5 = 0$, pertencente ao intervalo (2, 2,5), pelo método da secante.

Quadro 2.5 Exemplo de aplicação do MSC.

n	x_{n-1}	x_n	$f(x_{n-1})$	$f(x_n)$	x_{n+1}
1	2,5	2	3,125	−1	2,121212
2	2	2,121212	−1	−0,212177	2,153857
3	2,121212	2,153857	−0,0212177	−0,021471	2,150859
4	2,153857	2,150859	0,021471	−0,000376	2,150913
5	2,150859	2,150913	−0,000376	0,000014	2,150911

A raiz com cinco casas decimais corretas é 2,15091.

Método da falsa posição (MFP)

Esse método, segundo Fröberg (1966), é um caso particular do método da secante, no qual são escolhidos os pontos $(x_{n-1}, f(x_{n-1}))$ e $(x_n, f(x_n))$ para se ter $f(x_{n-1}) \cdot f(x_n) < 0$ para todo $n = 1,2,3,...$ Graficamente, a situação é mostrada na Figura 2.19.

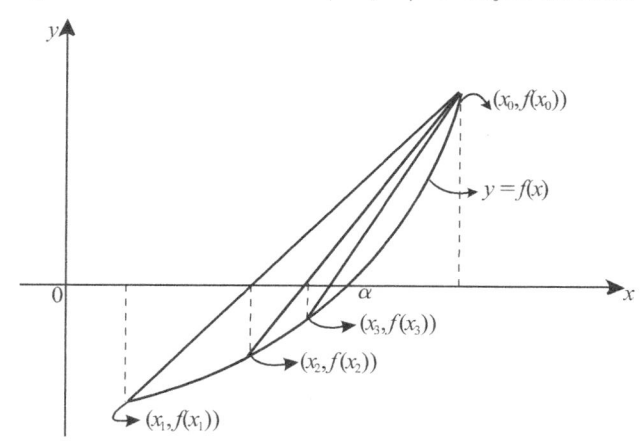

Figura 2.19 Método da falsa posição para funções convexas.

No caso em que f for convexa em $[x_1, x_0]$, como na Figura 2.19, considerando a equação da reta que passa pelos pontos $(x_0, f(x_0))$ e $(x_n, f(x_n))$, para $y = 0$, o resultado é:

$$x_{n+1} = \frac{f(x_n)}{f(x_n) - f(x_0)} x_0 + \frac{f(x_0)}{f(x_0) - f(x_n)} x_n, \quad (2.15)$$

ou seja, na mesma equação obtida da equação (2.14), cuja diferença é que todas as secantes passam por $(x_0, f(x_0))$. Como no método do meio intervalo, ele é convergente sempre que f é contínua. É um método de primeira ordem (ver exercício 23(a)) e, em geral, não estacionário, a não ser que a função f seja convexa (Figura 2.19). No caso de f ser não convexa em $[x_1, x_0]$, como na Figura 2.20, o método é não estacionário.

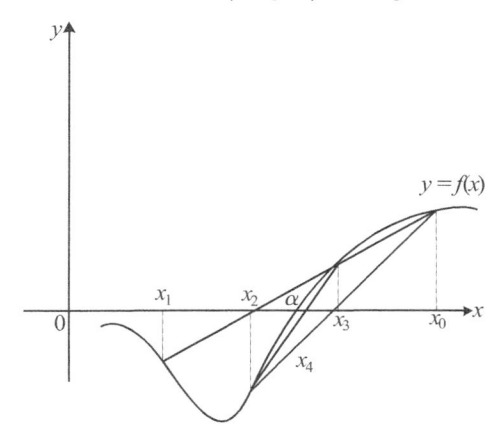

Figura 2.20 Método da falsa posição para funções não convexas.

De fato, para esse caso, tem-se

$$x_2 = \frac{f(x_1)}{f(x_1)-f(x_0)}x_0 + \frac{f(x_0)}{f(x_0)-f(x_1)}x_1$$

$$x_3 = \frac{f(x_2)}{f(x_2)-f(x_0)}x_1 + \frac{f(x_0)}{f(x_0)-f(x_2)}x_2$$

$$x_4 = \frac{f(x_3)}{f(x_3)-f(x_0)}x_0 + \frac{f(x_0)}{f(x_0)-f(x_3)}x_3,$$

isto é, a função de iteração não é a mesma para toda iteração.

Método de Muller (MMU)

O método da secante e o da falsa posição foram concebidos com base na ideia de aproximação local. No caso do método da secante, considera-se a reta que passa pelos pontos $(x_{n-1}, f(x_{n-1}))$ e $(x_n, f(x_n))$ uma aproximação para a curva $y = f(x)$ e toma-se o ponto de intersecção da reta secante com o eixo dos x, x_{n+1} como uma aproximação para a raiz α. No método de Muller, como pode ser visto em Atkinson (1978), consideram-se três pontos: $(x_{n-2}, f(x_{n-2}))$, $(x_{n-1}, f(x_{n-1}))$ e $(x_n, f(x_n))$, constrói-se a polinomial quadrática $P_2(x)$ que passa por esses pontos e toma-se como uma aproximação para α uma das raízes da equação $P_2(x) = 0$. Geometricamente, essa ideia é ilustrada pela Figura 2.21.

Figura 2.21 Método de Muller.

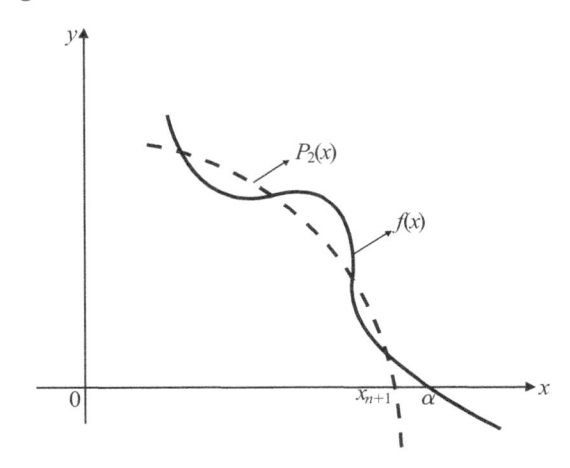

Uma das maneiras de obter a fórmula recursiva para o método é considerar $P_2(x)$ na seguinte forma:

$$P_2(x) = f(x_n) + (x-x_n)f[x_n, x_{n-1}] + (x-x_n)(x-x_{n-1})f[x_n, x_{n-1}, x_{n-2}], \quad (2.16)$$

que é a polinomial interpoladora de grau dois de diferenças divididas finitas (ver Capítulo 5). Para essa polinomial, tem-se que $f(x_i) = P_2(x_i)$, para $i = n-2, n$, sendo $f[x_n, x_{n-1}]$ a diferença dividida finita de primeira ordem em relação aos argumentos x_n, x_{n-1}, definida por

$$f[x_n, x_{n-1}] = \frac{f(x_n)-f(x_{n-1})}{x_n - x_{n-1}},$$

e $f[x_n, x_{n-1}, x_{n-2}]$ a diferença dividida finita de segunda ordem em relação aos argumentos x_n, x_{n-1}, x_n, definida por

$$f[x_n, x_{n-1}, x_{n-2}] = \frac{f[x_n, x_{n-1}] - f[x_{n-1}, x_{n-2}]}{x_n - x_{n-2}}.$$

Para encontrar as raízes da equação (2.16), faz-se

$$P_2(x) = f(x_n) + w(x - x_n) + f\left[x_n, x_{n-1}, x_{n-2}\right](x - x_n)^2, \qquad (2.17)$$

onde

$$\begin{aligned} w &= f\left[x_n, x_{n-1}\right] + (x_n - x_{n-1}) f\left[x_n, x_{n-1}, x_{n-2}\right] \\ &= f\left[x_n, x_{n-1}\right] + f\left[x_n, x_{n-2}\right] - f\left[x_n, x_{n-1}, x_{n-2}\right]. \end{aligned}$$

Resolvendo a equação $P_2(x) = 0$ para $x - x_n$, tem-se

$$x = x_n + \frac{-w \pm \{w^2 - 4 f(x_n) f[x_n, x_{n-1}, x_{n-2}]\}^{1/2}}{2 f[x_n, x_{n-1}, x_{n-2}]}. \qquad (2.18)$$

Racionalizando a equação (2.18) e denominando o ponto em que $P_2(x)$ intercepta o eixo x, isto é, o ponto em que $P_2(x) = 0$ de x_{n+1}, vem

$$x_{n+1} = x_n + \frac{2 f(x_n)}{w \pm \left[w^2 - 4 f(x_n) f\left[x_n, x_{n-1}, x_{n-2}\right]\right]^{1/2}}, \; n \geq 2, \qquad (2.19)$$

onde a escolha do sinal é feita para que o denominador seja maximizado.

Exemplo 2.9

Tomando $x_0 = 0,6$, $x_1 = 0,4$ e $x_2 = 0,2$, por meio do método de Muller, determine a raiz real da equação $\ln x - x + 2 = 0$, pertencente ao intervalo $(0, 1)$ corretamente até a terceira casa decimal.

Quadro 2.6 Exemplo de aplicação do MMU.

n	x_{n-2}	x_{n-1}	x_n	$f(x_{n-2})$	$f(x_{n-1})$	$f(x_n)$	$f[x_n,x_{n-1}]$	$f[x_{n-1},x_{n-2}]$	$f[x_n,x_{n-1},x_{n-2}]$	w	x_{n+1}
2	0,6	0,4	0,2	0,88917	0,68371	0,19056	2,46574	1,02732	−3,59603	6,36988	0,14374
3	0,4	0,2	0,14374	0,68371	0,19056	−0,08348	4,87113	2,46574	−9,38659	5,39921	0,15964
4	0,2	0,14374	0,15964	0,19056	−0,08348	0,00554	5,59835	4,87113	−1801956	5,3187	0,15860
5	0,14374	0,15964	0,15860	−0,08348	0,00554	0,00005	5,28447	5,58835	−2111981	5,30442	0,15859

A raiz procurada é 0,158.

> **Observação:**
>
> a) O método de Muller é de passo três, com ordem de convergência $p = 1,839$ (ver exercício 23(b)) e não envolve derivadas da função f, o que o torna razoavelmente fácil de ser implementado computacionalmente.
>
> b) Com base na ideia descrita anteriormente, uma família de métodos iterativos de passo s ($s > 1$) pode ser obtida (RALSTON, 1970). De fato, admitindo-se a existência da função inversa g para f, aproximando-se g por um polinômio de grau um, $P_1(y)$, que passa pelos pontos $(x_0, f(x_0))$, $(x_n, f(x_n))$ e calculando-se $x_{n+1} = P_1(0)$, tem-se então o método da falsa posição. Se g é aproximada por uma polinomial de grau dois, $P_2(y)$, que passa pelos pontos $(x_{n-2}, f(x_{n-2}))$ $(x_{n-1}, f(x_{n-1}))$, $(x_n, f(x_n))$ sem que necessariamente a raiz esteja entre os pontos (x_{n-2}) e x_n, então a aproximação x_{n+1} calculada por meio da equação (2.19) é $P_2(0)$. Em geral, se a função inversa g é aproximada por um polinômio de grau s que passa pelos pontos $(x_0, f(x_0))$, $(x_1, f(x_1))$ ... $(x_s, f(x_s))$, (então $P_s(0)$, e o método iterativo resultante é de passo s. Essa família de métodos iterativos não envolve derivadas de f, mas para qualquer s a ordem do método nunca será superior a dois. É possível mostrar que a ordem p do método aumenta com o aumento de s, mas sempre $p < 2$. Se $s = 1$, tem-se o método da secante com ordem $p = 1,618$. Com $s = 1$, exigindo-se que f seja de sinal trocado nos pontos pelos quais passa a reta secante, tem-se o MFP que converge linearmente para funções convexas. Especialmente, tem-se $p = 1,839$ para $s = 2$ (método de Muller), $p = 1,92$ para $s = 3$, $p = 1,966$ para $s = 4$. Por isso, em geral toma-se $s \leq 3$.

2.3 Métodos numéricos para o cálculo de raízes reais múltiplas

Até agora, os métodos apresentados supõem que a raiz seja real simples. Verifica-se a seguir o que ocorre quando a raiz é múltipla.

> **DEFINIÇÃO 2.3**
>
> Uma raiz α de $f(x) = 0$ é dita múltipla de multiplicidade q se
>
> $$0 \neq |g(\alpha)| < \infty, g(x) = (x - \alpha)^{-q} f(x).$$

Pela Definição 2.3, constata-se que, se α é de multiplicidade q, portanto, tem-se o seguinte resultado:

$$f(\alpha) = f'(\alpha) = f''(\alpha) = ... = f^{(q-1)}(\alpha) = 0 \text{ e } f^{(q)}(\alpha) \neq 0. \tag{2.20}$$

Se a raiz é simples, isto é, $q = 1$, então $f'(\alpha) \neq 0$, fato que já foi usado antes.

Os resultados sobre convergência dos métodos para o caso em que a raiz é simples, agora, não são mais válidos. Por exemplo, se a raiz é múltipla, o MNR não converge quadraticamente, mas sim linearmente com constante assintótica do erro igual a $1 - 1/q$ (ver exercício 25(a)).

A seguinte modificação no MNR:

$$x_{n+1} = x - q \frac{f(x_n)}{f'(x_n)}, \tag{2.21}$$

resgata a convergência quadrática para a raiz α de multiplicidade q (ver exercício 25 (b)). Outra maneira de resgatar a convergência no MNR, mesmo quando não se conhece a multiplicidade q, é a seguinte: suponha f, q vezes continuamente diferenciável em uma vizinhança da raiz α de multiplicidade q. Desenvolvendo f em série de Taylor em torno de $x = \alpha$, vem:

e

$$f(x) = \frac{1}{q!}(x-\alpha)^q f^{(q)}(\xi), \xi \text{ entre } x \text{ e } \alpha,$$

Fazendo

$$f'(x) = \frac{1}{(q-1)!}(x-\alpha)^{q-1} f^{(q)}(\bar{\xi}), \bar{\xi} \text{ entre } x \text{ e } \alpha.$$

$$u(x) = \frac{f(x)}{f'(x)},$$

obtém-se

$$\lim_{x \to \alpha} \frac{u(x)}{x-\alpha} = \lim_{x \to \alpha} \frac{(x-a)^q f^{(q)}(\xi)}{q! \frac{1}{(q-1)!}(x-a)^{q-1} f^{(q)}(\bar{\xi})(x-a)} = \frac{1}{q} \neq 0.$$

Logo, $u(x) = 0$ tem uma raiz simples em $x = \alpha$, de acordo com a Definição 2.3. Assim, qualquer método pode ser aplicado para resolver $u(x) = 0$, preservando-se a mesma ordem de convergência do caso em que a raiz é real simples. O algoritmo do MNR para a equação $u(x) = 0$ fica:

$$\begin{cases} u(x_n) = \dfrac{f(x_n)}{f'(x_n)} \\ u'(x_n) = 1 - \dfrac{f''(x_n)}{f'(x_n)} u(x_n), n = 0,1,2,\dots \\ x_{n+1} = x_n - \dfrac{u(x_n)}{u'(x_n)} \end{cases} \quad (2.22)$$

Exemplo 2.10

A raiz positiva da equação $(\text{sen } x - x/2)^2 = 0$ é de multiplicidade dois. Tomando $x_0 = \pi/2$, determine essa raiz por meio do MNR e também pelos métodos de MNR modificados conforme as equações (2.21) e (2.22).

O Quadro 2.7 mostra o resumo dos cálculos.

Quadro 2.7 Determinação e raiz múltipla pelo MNR e pelos métodos de MNR modificados.

	MNR	Equação (2.21)	Equação (2.22)
x_0	1,57080	1,57080	1,57080
x_1	1,8540	2,00000	1,80175
x_2	1,84456	1,90100	1,88963
x_3	1,87083	1,89551	1,89547
x_4	1,88335	1,89549	1,89549
x_5	1,88946		
x_6	1,89249		
x_7	1,89399		
x_8	1,89475		
x_9	1,89512		
x_{10}	1,89531		
x_{11}	1,89540		
x_{12}	1,89545		
x_{13}	1,89547		
x_{14}	1,89548		
x_{15}	1,89549		

Do ponto de vista computacional, o algoritmo dado na equação (2.22) não é bom, pois o método envolve derivada de segunda ordem, além de aumentar o número de operações realizadas em cada iteração. Por sua vez, o inconveniente da fórmula (2.21) está no fato de o valor da multiplicidade q, em geral, não ser conhecido.

2.4 Método de Newton-Raphson para raízes complexas

Considere a equação

$$f(z) = 0, \qquad (2.23)$$

sendo

$$z = x + iy, \, i = \sqrt{-1}.$$

A equação (2.23) pode ser reescrita na forma

$$f(z) = U(x, y) + iV(x, y).$$

O MNR para a equação (2.23) fica

$$z_{n+1} = z_n - \frac{f(z_n)}{f'(z_n)}, \; n = 0, 1, 2, \ldots,$$

com $f'(z)$ calculado a partir de

$$f'(z) = U_x(x, y) + iV_x(x, y) = V_y(x, y) - iU_y(x, y),$$

onde se usam as equações de Cauchy-Riemann (SPIEGEL, 1964) para derivação de funções a variáveis complexas.

Portanto,

$$z_{n+1} = z_n - \frac{U(x_n, y_n) + iV(x_n, y_n)}{U_x(x_n, y_n) + iV_x(x_n, y_n)}, \qquad (2.24)$$

onde $z_n = x_n + iy_n$, ou seja:

$$\begin{cases} x_{n+1} = x_n - \dfrac{U(x_n, y_n)U_x(x_n, y_n) + V(x_n, y_n)V_x(x_n, y_n)}{U_x^2(x_n, y_n) + V_x^2(x_n, y_n)} \\ y_{n+1} = y_n - \dfrac{V(x_n, y_n)U_x(x_n, y_n) + U(x_n, y_n)V_x(x_n, y_n)}{U_x^2(x_n, y_n) + V_x^2(x_n, y_n)} \end{cases} \qquad (2.25)$$

para $n = 0, 1, 2, \ldots$

O uso da equação (2.25) é mais conveniente no caso de a equação não ser polinomial, pois, se for polinomial, $f(z_n)$ e $f'(z_n)$ podem ser obtidas pelos métodos de menor esforço computacional, como será visto adiante.

Exemplo 2.11

Determine a raiz complexa da equação $e^z - z^2 = 0$. Nesse caso, tem-se:

Tomando-se como tentativa inicial $1{,}6 + i1{,}5$, isto é, $x_0 = 1{,}6$ e $y_0 = 1{,}5$ usando-se a equação (2.25), obtêm-se os valores mostrados no Quadro 2.8.

$$U(x,y) = e^x \cos y - x^2 + y^2$$
$$V(x,y) = e^x \operatorname{sen} y - 2xy$$
$$U_x(x,y) = e^x \cos y - 2x$$
$$V_x(x,y) = -e^x \operatorname{sen} y + 2y^2$$

Quadro 2.8 Exemplo do MNR: raiz complexa.

n	x_n	y_n	$U(x_n, y_n)$	$V(x_n, y_n)$	$U_x(x_n, y_n)$	$V_x(x_n, y_n)$
0	1,6	1,5	0,040364	0,140625	–2,849636	1,940625
1	1,586718	1,540303	0,003878	–0,002645	–3,024417	1,804802
2	1,588048	1,540223	–0,000001	0,000005	–3,026486	1,811455
3	1,588047	1,540224				

Logo, a raiz com pelo menos cinco casas decimais corretas é igual a $1{,}58804 \pm i1{,}54022$.

2.5 Equações polinomiais

Uma equação polinomial de ordem n tem a forma:

$$P_n(z) = a_0 z^n + a_1 z^{n-1} + a_2 z^{n-2} + \ldots + a_{n-1} z + a_n = 0, \tag{2.26}$$

onde z é uma variável complexa. Admita, inicialmente, que os coeficientes da polinomial sejam reais. Os métodos estudados neste capítulo podem ser usados no cálculo das raízes reais da equação (2.26) e, em geral, com simples modificações, podem também ser aplicados no cálculo das raízes complexas.

Existem vários métodos especialmente adaptados para determinar raízes de uma equação polinomial. Muitos aproveitam as propriedades dos polinômios para facilitar o cálculo do seu valor numérico e valores de suas derivadas.

Nesta seção, apresenta-se um método específico para resolver a equação (2.26) e, em seguida, são comentados outros métodos. Antes da apresentação dos métodos propriamente ditos, citam-se algumas propriedades das equações polinomiais, sem demonstrá-las ou analisá-las.

2.5.1 Propriedades das equações polinomiais

a) De acordo com o teorema fundamental da álgebra, a equação (2.26) tem n raízes $\alpha_1, \alpha_2, \ldots, \alpha_n$ e $P_n(z)$ pode ser escrito na forma:

$$P_n(z) = a_0 (z - \alpha_1)(z - \alpha_2) \ldots (z - \alpha_n).$$

As raízes complexas ocorrem aos pares conjugados. Então, se n é ímpar, a equação (2.26) tem pelo menos uma raiz real.

b) Considere inicialmente a equação (2.26) como função de uma variável real x. Por meio do algoritmo de Horner, pode-se calcular de maneira conveniente,

$$P_n(x_0),\ P'_n(x_0),\ P''(x_0)/2!,\ P'''(x_0)/3! \ldots$$

O resto da divisão de $P_n(x)$ pelo fator linear $x - x_0$ será $P_n(x_0)$; o resto da divisão do quociente da divisão anterior, $P_{n-1}(x)$, por $x - x_0$, será $P'_n(x_0)$; o resto da divisão do último quociente obtido, $P_{n-2}(x_0)$, por $x - x_0$, será $P''(x_0)/2!$, e assim por diante. Da divisão de $P_n(x_0)$ por $(x - x_0)$ tem-se que

$$P_n(x) = P_{n-1}(x)(x - x_0) + R_n,$$

onde

$$P_{n-1}(x) = b_0 x^{n-1} + b_1 x^{n-2} + \ldots + b_{n-1}$$

e R_n o resto da divisão. É evidente que $R_n = P_n(x_0)$. Além de $P_n(x_0)$, o algoritmo de Horner calcula também os coeficientes

$$\begin{cases} b_0 = a_0 \\ b_j = a_j + x_0 b_{j-1}, \ j = 1, 2, 3, \ldots, n-1 \\ b_n = a_n + x_0 b_{n-1} = R_n = P_n(x_0). \end{cases} \quad (2.27)$$

c) Da divisão de $P_n(x)$ por um fator quadrático do tipo $x^2 - px - q$, $p, q \in R$, resulta:

$$P_n(x) = P_{n-2}(x)(x^2 - px - q) + R(x - p) + S,$$

sendo

$$P_{n-2}(x) = b_0 x^{n-2} + b_1 x^{n-3} + \ldots + b_{n-3} x + b_{n-2},$$

o algoritmo de Horner fica:

$$\begin{cases} b_0 = a_0 \\ b_1 = a_1 = pb_0 \\ b_j = a_j + pb_{j-1} + qb_{j-2}, \ j = 2, 3, \ldots, n-2, n-1, n \\ R = b_{n-1} \\ S = b_n \end{cases} \quad (2.28)$$

d) Reescrevendo-se o polinômio $P_n(x)$ na forma

$$P_n(x) = (\ldots(a_0 x + a_1)x + a_2)x + a_3)x + \ldots + a_{n-1})x + a_n,$$

pode-se calcular $P_n(x_0)$ de outra maneira ainda mais eficiente que a apresentada no item (b). Um esquema de programação para calcular $P_n(x_0)$ com a polinomial nessa forma é bastante simples.

e) Englobam-se, nessa propriedade, algumas transformações de um polinômio em outro, cuja variável tenha uma relação conhecida com a variável do polinômio original. Essas transformações, muitas vezes, são úteis para o estudo de um polinômio. Entre as transformações realizáveis, as quatro seguintes ocorrem com frequência:

- Transformação para $-x$: nesse caso, o polinômio $P_n(-x)$, resultante da transformação, tem os mesmos coeficientes que $P_n(x)$; se o termo for de grau par, mantém-se o sinal; troca-se o sinal se o termo for de grau ímpar. Se α é raiz de $P_n(x) = 0$, então $-\alpha$ é raiz de $P_n(-x) = 0$.
- Transformação para ax: sendo $a \in \mathbb{R}$, é fácil obter os coeficientes de $P_n(ax) = 0$; se α é raiz da equação $P_n(ax) = 0$, então α é raiz da equação $P_n(x) = 0$.
- Transformação para $a + x$, sendo $a \in \mathbb{R}$,

$$P_n(a + x) = a_0(a + x)^n + a_1(a + x)^{n-1} + \ldots + a_{n-1}(a + x) + a_n.$$

Os coeficientes de $P_n(a + x)$ podem ser obtidos por meio do algoritmo de Horner, dividindo-se sucessivamente $P_n(x)$ por $a - x$. Se α é raiz de $P_n(a + x) = 0$, então $\alpha + \alpha$ é raiz de $P_n(x) = 0$.

- Transformação para $1/x$, $x \neq 0$; nesse caso,

$$P_n(1/x) = a_0(1/x)^n + a_1(1/x)^{n-1} + \ldots + a_{n-1}(1/x)^n + a_n.$$

Então, se α é raiz da equação $P_n(1/x) = 0$, α^{-1} é raiz de $P_n(x) = 0$. Assim, para transformar uma equação em outra que tenha raízes inversas às suas, basta trocar a ordem de seus coeficientes.

f) As propriedades (a), (d) e (e) também valem para a equação (2.26) como função de uma variável complexa z. Mas, para o cálculo de $P_n(z_0)$ e $P'_n(z_0)$, $z_0 = a + bi$, é conveniente utilizar

$$\begin{cases} P'_n(z_0) = -R\bar{z}_0 + S \\ P'_n(z_0) = R + 2bi P_{n-2}(z_0), \end{cases} \quad (2.29)$$

onde R e S são obtidos da divisão de $P_n(x)$ por $x^2 - px - q$, com

$$p = 2a \text{ e } q = -(a^2 + b^2).$$

2.5.2 Métodos numéricos para equações polinomiais

Inicialmente, faz-se referência ao MNR, que pode ser usado em combinação com as propriedades (b) ou (d) e (f), as quais permitem o cálculo de $P_n(x_k)$, $P'_n(x_k)$, $P_n(z_k)$ e $P'_n(z_k)$, $z_k = a_k + ib_k$ de forma eficiente. Pode-se fazer referência análoga ao método dado na equação (2.12), que é um método de terceira ordem envolvendo até derivada segunda de $P_n(x)$.

Apresenta-se apenas um método específico, que é o de gradientes puros para calcular as raízes da equação (2.26). Esse método, de maneira geral, pode ser considerado, quando comparado com outros métodos específicos para polinomiais, um dos mais eficientes, pois é um método iterativo que converge para a raiz desejada, independentemente da tentativa inicial, isto é, converge com qualquer tentativa inicial, com ordem de convergência semelhante à do método de Newton-Raphson. Além disso, realiza operações somente com números reais, mesmo em caso de cálculo de raízes complexas de equações polinomiais com coeficientes complexos, e sua implementação computacional é simples.

Método de gradientes puros (MGP)

Considere a equação polinomial com coeficientes complexos:

$$f(z) = \sum_{k=0}^{n}(a_k + ib_k)z^k = 0, \ z = x + iy. \quad (2.30)$$

Sabe-se que

$$f(z) = U(x,y) + iV(x,y) = 0$$

Então, encontrar z tal que $f(z) = 0$ implica resolver o sistema de equações

$$\begin{cases} U(x,y) = 0 \\ V(x,y) = 0. \end{cases} \quad (2.31)$$

Para isso, constrói-se uma função f definida por

$$F(x,y) = U^2(x,y) + V^2(x,y). \quad (2.32)$$

Observe que a função F é tal que:

- F é não negativa;
- as derivadas $\partial F/\partial x$ e $\partial F/\partial y$ existem;

- os zeros de F são as raízes de $f(z) = 0$; e
- esses zeros são pontos de mínimo para a função F.

Para resolver a equação (2.31), minimiza-se a equação (2.32). Um mínimo para a equação (2.32) ocorre quando

$$\frac{\partial F}{\partial x} = 0, \quad \frac{\partial F}{\partial y} = 0,$$

isto é, quando as coordenadas do vetor gradiente de F são nulas. Seja (x^*, y^*) o ponto em que ocorre o mínimo para F. A ideia do método para determinar esse mínimo é a seguinte: dada (x_0, y_0) uma tentativa inicial qualquer para (x^*, y^*), calcula-se o gradiente de F nesse ponto. Em seguida, atualiza-se a aproximação inicial por

$$\begin{cases} x_1 = x_0 + \Delta x_0 \\ y_1 = y_0 + \Delta y_0, \end{cases} \quad (2.33)$$

onde

$$\Delta x_0 = -h_0 \frac{\partial F(x_0, y_0)}{\partial x}, \quad \Delta y_0 = -h_0 \frac{\partial F(x_0, y_0)}{\partial y},$$

$h_0 > 0$, isto é, calcula-se o gradiente no ponto (x_0, y_0) e percorre-se uma quantidade h_0 em sentido contrário ao do gradiente, e h_0 deve ser escolhido para minimizar F.

Após isso, repete-se o processo, ou seja, calcula-se:

$$\begin{cases} x_2 = x_1 + \Delta x_1 \\ y_2 = y_1 + \Delta y_1, \end{cases} \quad (2.34)$$

onde

$$\Delta x_1 = -h_1 \frac{\partial F(x_1, y_1)}{\partial x}, \quad \Delta y_1 = -h_1 \frac{\partial F(x_2, y_2)}{\partial y},$$

$h_1 > 0$ e h_1 desempenhando o mesmo papel que h_0 quando do cálculo de Δx_0 e Δy_0 0.

De maneira geral, tem-se

$$\begin{cases} x_{k+1} = x_k + \Delta x_k \\ y_{k+1} = y_k + \Delta y_k, \end{cases} k = 0, 1, 2, \ldots \quad (2.35)$$

$$\Delta x_k = -h_k \frac{\partial F(x_k, y_k)}{\partial x}, \quad \Delta y_k = -h_k \frac{\partial F(x_k, y_k)}{\partial y}, \quad (2.36)$$

com h_k desempenhando o mesmo papel que h_0 e h_1. Geometricamente, o método está ilustrado na Figura 2.22.

Figura 2.22 Curvas de nível da função F com a indicação da sequência de aproximações para o ponto de mínimo (x^*, y^*).

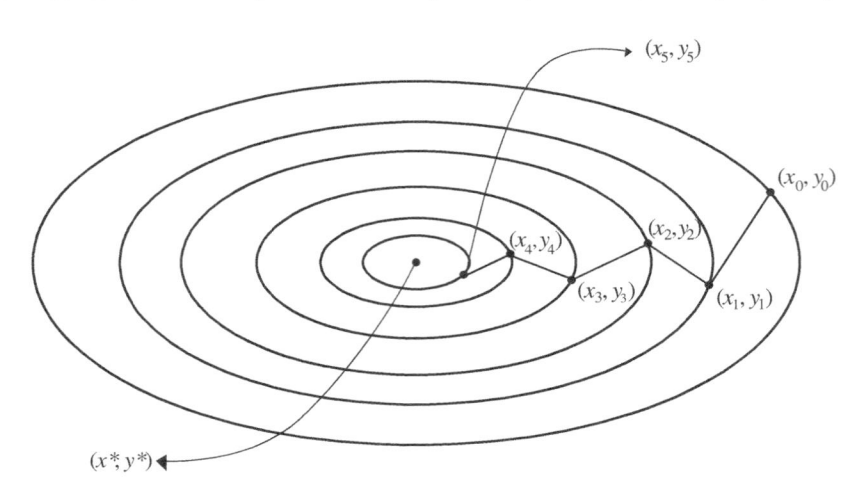

Uma maneira de determinar h_k é a seguinte: desenvolve-se a função U em série de Taylor em torno do ponto (x_k, y_k) e calcula-se $U(x^*, y^*)$ por meio do desenvolvimento, resultando em:

$$-U(x_k, y_k) \approx \frac{\partial U(x_k, y_k)}{\partial x}\Delta x_k + \frac{\partial U(x_k, y_k)}{\partial y}\Delta y_k. \tag{2.37}$$

Procedendo do mesmo modo para a função V, tem-se

$$-V(x_k, y_k) \approx \frac{\partial V(x_k, y_k)}{\partial x}\Delta x_k + \frac{\partial V(x_k, y_k)}{\partial y}\Delta y_k. \tag{2.38}$$

Usando as equações de Cauchy-Riemann e resolvendo o sistema das equações (2.37) e (2.38) para Δx_k e Δy_k, vêm:

$$\Delta x_k \approx \frac{-U(x_k, y_k)\frac{\partial U}{\partial x}(x_k, y_k) - V(x_k, y_k)\frac{\partial V}{\partial x}(x_k, y_k)}{\left[\frac{\partial U(x_k, y_k)}{\partial x}\right]^2 + \left[\frac{\partial V(x_k, y_k)}{\partial x}\right]^2} \tag{2.39}$$

$$\Delta y_k \approx \frac{U(x_k, y_k)\frac{\partial V}{\partial x}(x_k, y_k) - V(x_k, y_k)\frac{\partial U}{\partial x}(x_k, y_k)}{\left[\frac{\partial U(x_k, y_k)}{\partial x}\right]^2 + \left[\frac{\partial V(x_k, y_k)}{\partial x}\right]^2}. \tag{2.40}$$

Comparando a equação (2.36) com a equação (2.39) ou (2.40), tendo em vista equação (2.32) e as equações de Cauchy-Riemann, obtém-se

$$h_k \approx \frac{0,5}{\left[\frac{\partial U(x_k, y_k)}{\partial x}\right]^2 + \left[\frac{\partial V(x_k, y_k)}{\partial x}\right]^2} > 0.$$

Observação:

a) A derivada direcional de primeira ordem do funcional F definido na equação (2.32), em $X = (x, y) \in \mathbb{R}^2$ em uma direção $\Delta X \in \mathbb{R}^2$, denotada por $F'(X, \Delta X)$, é obtida calculando-se

$$F'(X, \Delta X) = \frac{dF(X + \tau \Delta X)}{d\tau}\bigg|_{\tau=0}$$

onde $|\tau| < \tau_0$, $\tau_0 > 0$, admitindo-se a diferenciabilidade de $F(X + \tau\Delta X)$ com respeito a τ. Dessa forma,

$$F'(X + \Delta X) = \frac{\partial F}{\partial x}\frac{dx}{d\tau} + \frac{\partial F}{\partial y}\frac{dy}{d\tau},$$

que no ponto $X_k = (x_k, y_k)$ fica

$$F'(X, \Delta X) = -h_k\left\{\left[\frac{\partial F(x_k, y_k)}{\partial x}\right]^2 + \left[\frac{\partial F(x_k, y_k)}{\partial y}\right]^2\right\} < 0,$$

e disso segue que o processo sempre converge para um zero de $f(z)$, independentemente da tentativa inicial (x_0, y_0).

b) Nas equações (2.37) e (2.38), usa-se o desenvolvimento em série de Taylor retendo apenas dois termos. Logo, h_k é aproximado em cada passo. Isso pode implicar a não minimização de F ao longo da direção do vetor gradiente no ponto (x_k, y_k). Para sanar essa dificuldade, pode-se, a cada passo, verificar se $F_{k+1} < F_k$. Se isso for satisfeito, então ocorrerá a minimização de F, ao longo da direção do vetor gradiente, do contrário, não. Para fazer com que $F_{k+1} < F_k$, pode-se, por exemplo, dividir os incrementos Δx_k e Δy_k por uma constante $c > 1$, para depois calcular x_{k+1}, y_{k+1}.

Algoritmo para o MGP

1. Toma-se (x_0, y_0), aproximação inicial para o mínimo.
2. Para $k = 0,1,2,3,...$, calcula-se:

$$U(x_k, y_k),\ V(x_k, y_k),\ \frac{\partial U(x_k, y_k)}{\partial x},\ \frac{\partial V(x_k, y_k)}{\partial x},\ F(x_k, y_k)$$

$$\Delta x_k,\ \Delta y_k,\ x_{k+1},\ y_{k+1},\ F(x_{k+1}, y_{k+1}).$$

3. Compara-se F_{k+1} com F_k. Se $F_{k+1} < F_k$, incremente a variável k. Caso contrário, divida os incrementos Δx_k e Δy_k pela constante c e depois calcule x_{k+1}, y_{k+1}.
4. Incremente a variável k até que

$$|x_{k+1} - x_k| < \varepsilon \quad \text{e} \quad |y_{k+1} - y_k| < \varepsilon.$$

Para se completar o método, apresenta-se uma forma de calcular os valores de U, V, $\partial U/\partial x$ e $\partial V/\partial x$ a cada passo, baseada nas funções $X_k(x, y)$ e $Y_k(x, y)$ de Siljak, definidas de modo que

$$z^k = X_k + iY_k \tag{2.41}$$

e calculadas como segue.

Considere a polinomial de grau dois, cujas raízes são $x + iy$ e $x - iy$:

$$z^2 - 2xz + (x^2 + y^2) = 0. \tag{2.42}$$

Multiplicando a equação (2.42) por z^k, vem:

$$z^{k+2} - 2xz^{k+1} + (x^2 + y^2)z^k = 0,$$

e X_k e Y_k podem ser obtidas recursivamente por

$$\begin{aligned} X_{k+2} &= 2xX_{k+1} + (x^2 + y^2)X_k \\ Y_{k+2} &= 2xY_{k+1} + (x^2 + y^2)Y_k, \end{aligned} \tag{2.43}$$

onde

$$X_0 = 1,\ X_1 = x,\ Y_0 = 0,\ Y_1 = y.$$

Derivando a equação (2.41) em relação a x e usando a definição das funções de Siljak, resulta em:

$$\frac{\partial X_k}{\partial x} = kX_{k-1},\ \frac{\partial Y_k}{\partial x} = kY_{k-1}. \tag{2.44}$$

Usando as equações (2.42) e (2.43), obtém-se, finalmente,

$$\begin{cases} U = \sum_{k=0}^{n}(a_k X_k - b_k Y_k),\ V = \sum_{k=0}^{n}(a_k X_k + b_k X_k) \\ \dfrac{\partial U}{\partial x} = \sum_{k=0}^{n} k(a_k X_{k-1} - b_k Y_{k-1}),\ \dfrac{\partial V}{\partial x} = \sum_{k=0}^{n}(a_k X_{k-1} + b_k X_{k-1}). \end{cases} \tag{2.45}$$

> **Observação:**
> Se os coeficientes da equação polinomial são números reais, então $b_k = 0, 1, 2,...$,
>
> $$U = \sum_{k=0}^{n} a_k X_k,\ V = \sum_{k=0}^{n} a_k Y_k$$
>
> $$\frac{\partial U}{\partial x} = \sum_{k=0}^{n} k a_k X_{k-1},\ \frac{\partial V}{\partial x} = \sum_{k=0}^{n} a_k X_{k-1}. \tag{2.46}$$

> **Observação:**
> Ao utilizar as funções de Siljak, considere
> $$P_n(z) = (a_0 + ib_0)z^n + (a_1 + ib_1)z^{n-1} + \ldots + (a_{n-1} + ib_{n-1})z + a_n + ib_n.$$

Exemplo 2.12

Com $z_0 = x_0 + iy = 0,1 + i$, calcule a raiz complexa da equação $x^6 - x^4 - x^3 - 1 = 0$ por meio do MGP, corretamente até a quinta casa decimal. Os resultados obtidos são mostrados no Quadro 2.9.

Quadro 2.9 Exemplo de aplicação do MGP.

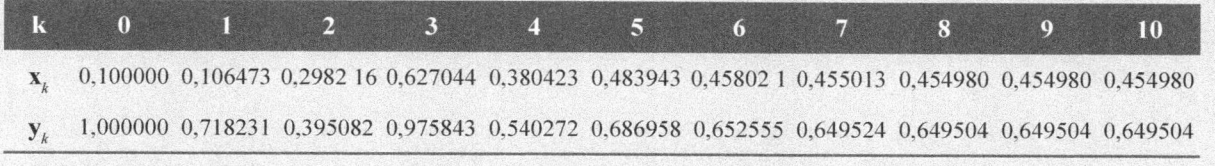

k	0	1	2	3	4	5	6	7	8	9	10
x_k	0,100000	0,106473	0,298216	0,627044	0,380423	0,483943	0,458021	0,455013	0,454980	0,454980	0,454980
y_k	1,000000	0,718231	0,395082	0,975843	0,540272	0,686958	0,652555	0,649524	0,649504	0,649504	0,649504

Portanto, as duas raízes são $0,454980 \pm 0,649504i$.

Outros métodos

A título de informação, citamos alguns outros métodos sem apresentá-los em detalhes, somente fazendo referências às suas características.

Método QD de Rutishauser: é um método não iterativo que, utilizando apenas os coeficientes da equação, fornece aproximações simultâneas para todas as raízes da equação polinomial. É de convergência lenta, não sendo recomendável para a determinação dos resultados finais das raízes. Pode ser usado como um método de localização de raízes (CARNAHAN, 1969).

Método de Bairstow: é um método iterativo de convergência quadrática. Determina simultaneamente duas raízes, já que procura encontrar um fator quadrático do tipo $x^2 - px - q$ de $P_n(x)$. As duas raízes que o método determina são as raízes do fator quadrático. O método trabalha somente com números reais, mesmo quando o cálculo é de raízes complexas. O inconveniente é que, sendo um método iterativo, ele não converge com qualquer tentativa inicial (RALSTON, 1970; ISAACSON, KELLER, 1966).

Método de Bernoulli: é um método de primeira ordem para raízes reais e simples que determina sempre a maior raiz em valor absoluto. Pode também ser usado para a determinação de raízes múltiplas e raízes complexas, desde que seja modificado convenientemente. No caso de raízes múltiplas, a ordem de convergência é afetada. O método pode ser visto com detalhes em Ralston (1970) e Isaacson e Keller (1966).

Método de Graeffe: é um método que converge mais rapidamente que o método de Bernoulli para raízes reais e simples, podendo também ser utilizado na determinação de raízes complexas. Existem dificuldades para o cálculo de raízes múltiplas, que podem ser vencidas (CARNAHAN, 1969).

Método de Lehmer-Schur: é um método que converge mais rapidamente que o método de Bernoulli para uma raiz de $P_n(x) = 0$ e a sua convergência não é afetada no caso da determinação de raízes múltiplas. (RALSTON, 1970).

Método de Laguerre: é um método de terceira ordem para raízes reais e simples que envolve até derivada segunda da polinomial. Esse método converge, independentemente da tentativa inicial. A convergência passa a ser de primeira ordem no caso de raízes múltiplas (RALSTON, 1970).

2.5.3 Deflação

No caso de equações polinomiais, a deflação consiste em reduzir o grau da polinomial após a determinação de uma raiz α, dividindo-se a polinomial pelo fator $(x - a)$.

Nesse tipo de problema, tem-se $P_n(x) = (x - a) P_{n-1}(x)$. Então, a equação $P_{n-1}(x) = 0$ apresenta as mesmas raízes da equação $P_n(x) = 0$, exceto α. Após a deflação, determina-se as raízes da equação $P_{n-1}(x) = 0$. Repete-se o processo até que a polinomial reduzida passe a ser de grau dois ou um.

Se os coeficientes de $P_n(x) = 0$ são reais, então, no caso da existência de raízes complexas, elas ocorrem aos pares conjugados. Nesse caso, deflaciona- e a polinomial, efetuando-se a divisão pelo fator quadrático $x^2 - px - q$ (ver a propriedade (f) da Seção 5.1).

A raiz desejada é determinada aproximadamente, o que implica erros nos coeficientes de $P_{n-1}(x) = 0$ quando da deflação, podendo ser gerada instabilidade numérica. Além disso, pode acontecer de a polinomial inicial ter coeficientes não exatos, no caso de eles serem obtidos empiricamente ou quando se necessita arredondá-los visando à implementação computacional, e daí sucessivas deflações novamente podem causar instabilidade numérica.

Sendo assim, uma preocupação constante no cálculo de raízes de equações polinomiais é quanto à exatidão das raízes calculadas, devido aos erros nos coeficientes. Para ilustrar tal situação, Wilkinson (1963) cita o seguinte exemplo:

Seja

$$P_{20}(x) = (x-1)(x-2)...(x-20) = x^{20} - 210x^{19} + ... + 20!.$$

Substituindo $a_1 = 210$ por $a_1 = -(210 + 2^{-23}) = -210,0000001192$, obtém-se para a equação $P_{20}(x) = 0$ as raízes: $14 \pm 2,52i$; $16,73 \pm 2,8i$; $19,50 \pm 1,9i$; 20, 85; mudando assim significativamente as raízes da equação inicial.

Quando pequenas mudanças nos coeficientes implicam grandes mudanças nas raízes, diz-se que a equação é mal condicionada. Para estabelecer se uma equação é ou não mal condicionada, são usados os seguintes argumentos: seja α uma raiz de $P_n(x) = 0$; considere α uma função dos coeficientes a_k. Então, pode-se calcular

$$\frac{\partial P_n}{\partial a_k} = P'_n(\alpha)\frac{\partial \alpha}{\partial a_k} + \alpha^{n-k} = 0,$$

ou seja,

$$\frac{\partial \alpha}{\partial a_k} = -\frac{\alpha^{n-k}}{P'_n(\alpha)}, \text{ se } P'_n(\alpha) \neq 0,$$

segue que

$$\frac{\Delta \alpha}{\alpha} \approx K \frac{\Delta a_k}{a_k}, \ K = \frac{-a_k \alpha^{n-k-1}}{P'_n(\alpha)}, \tag{2.47}$$

onde K é chamado número de condição do problema e indica a sensibilidade do erro relativo $\Delta\alpha/\alpha$ de α em relação ao erro relativo $\Delta a_k/a_k$ de a_k.

No exemplo citado por Wilkinson (1963), para $k = 1$ e $\alpha = 16$, tem-se

$$|K| = \frac{210 \times 16^{18}}{15!4!} \approx 3,2 \times 10^{10}.$$

Para α_k, $k = 1$, $\alpha = 1$, tem-se $|K| = (210/19!) \ll 1$. Portanto, a raiz $\alpha = 16$ é mal condicionada, e a raiz $\alpha = 1$, bem condicionada em relação ao erro de a_1. Logo, para se calcular a raiz $\alpha = 16$, deve-se efetuar o cálculo com mais de dez casas decimais.

Da equação (2.47), conclui-se que as raízes que fornecem pequenos valores para $P'_n(\alpha) = 0$ são mal condicionadas. Esse é o caso quando a equação tem raízes próximas.

Raízes múltiplas são mal condicionadas, pois, nesse caso, ainda segundo Wilkinson (1963), tem-se:

$$\Delta\alpha \approx \left\{-\frac{q!\alpha^{n-k}\Delta a_k}{P_n^{(q)}(\alpha)}\right\}^{1/q}, \Delta a_k \ll a_k,$$

onde q é a multiplicidade da raiz.

Wilkinson (1963) mostra também que os erros resultantes da deflação são desprezíveis se:
- as raízes forem determinadas em ordem decrescente em valor absoluto; e
- todas as raízes forem determinadas no limite de precisão.

Outro procedimento sugerido por Wilkinson (1963) é o seguinte: uma vez determinada a raiz α, considera-se a função

$$T(x) = \frac{P_n(x)}{x - \alpha}$$

e aplica-se o MRN, por exemplo, para $T(x) = 0$, resultando em:

$$x_{n+1} = x_n - \frac{T'(x_n)}{T'(x_n)} = x_n - \left[\frac{P_n'(x_n)}{P_n(x_n)} - \frac{1}{x_n - \alpha}\right]^{-1},$$

isto é, trabalha-se com o polinômio original no lugar do polinômio reduzido. Em geral, se as raízes $\alpha_1, \alpha_2, \ldots, \alpha_s$ já foram determinadas, usa-se

$$x_{n+1} = x_n - \left[\frac{P_n'(x_n)}{P_n(x_n)} - \sum_{k=1}^{s}\frac{1}{x_n - \alpha_k}\right]^{-1}. \tag{2.48}$$

Outra maneira de se obterem bons resultados para as raízes é, após o cálculo das raízes do polinômio deflacionado, refinar a solução obtida tomando esses valores como aproximação inicial e aplicar o método novamente, trabalhando com a polinomial original.

2.6 Indicativos computacionais

No estudo comparativo dos métodos numéricos para determinar as soluções de uma equação não linear a uma variável, três questões devem ser consideradas:
1. Quando o método converge?
2. Como o método converge? Isto é, qual é a capacidade do método e qual é o custo computacional para atingir os resultados desejados?
3. Quais são as dificuldades de implementar computacionalmente o método?

Evidentemente, a questão inicial, ao se aplicar um método, é saber em que condições ele converge, pois isso é um primeiro indicativo para a escolha do método. Por exemplo, para convergirem, os métodos iterativos de passo um exigem que a tentativa inicial pertença a determinada vizinhança da raiz. Já o MGP, que também é iterativo e de passo um, quando a equação é polinomial, converge independentemente da tentativa inicial, o que, desse ponto de vista, o torna mais atrativo que os demais métodos.

Após a comparação quanto às condições para a convergência, a sequência no estudo comparativo entre os métodos é a análise deles quanto às questões (2) e (3) há pouco citadas.

O Quadro 2.10 resume as características dos métodos enfocados neste capítulo para uma raiz real e simples.

Quadro 2.10 Características dos métodos para o cálculo de uma raiz real e simples da equação $f(x) = 0$.

Método	Ordem de convergência I	Custo operacional a cada iteração
Aproximações sucessivas	1	Uma avaliação de ϕ
Newton-Raphson	2	Uma avaliação de f e f'
Tangente fixa	1	Uma avaliação de f
Steffensen	2	Duas avaliações de f
Método dado na equação (2.12)	3	Uma avaliação de f, f' e f''
Falsa posição	1	Uma avaliação de f
Secante	1,618	Uma avaliação de f*
Secante fixa	1	Uma avaliação de f
Muller	1,839	Uma avaliação de f*

* Exceto na primeira iteração que envolve duas avaliações de f.

A ordem de convergência, junto com o custo operacional a cada iteração, é um fato que deve ser considerado para responder à questão: como o método converge? Mas somente isso não é suficiente. Para o problema geral, a comparação entre métodos depende da forma analítica da função f. Isso poderá facilitar ou dificultar a abordagem computacional, fazendo com que um método com fraca desenvoltura, em determinada situação, possa ser útil em outras circunstâncias. Por exemplo, um método que converge linearmente para determinados casos pode ser até mais eficiente quanto ao tempo de processamento que um método que converge com ordem superior a um.

Se a expressão analítica da função é "relativamente simples", então o método dado na equação (2.12) pode ser atrativo por ser de convergência cúbica. Por exemplo, tomando-se como tentativa inicial $x_0 = 3,3$ para a raiz da equação $\ln x - x + 2 = 0$, pertencente ao intervalo (3, 4), por meio do método dado na equação (2.12), obtém-se $x_1 = 3,1462755829$; $x_2 = 3,146193220$; $x_3 = 3,146193220$; isto é, com apenas três iterações, a raiz foi determinada com pelo menos nove casas decimais corretas. Esse método também pode ser atrativo no caso da determinação de raízes de equações polinomiais, desde que $P_n(x_k)$, $P'_n(x_k)$ e $P''(x_k)$ sejam calculados de forma conveniente.

Em um esquema de programação geral, uma das dificuldades de implementar computacionalmente os métodos fica para os que envolvem o cálculo de derivadas da função f.

Para determinar raízes de equações polinomiais, destaca-se o método de gradientes puros pelas razões mencionadas antes, isto é, ele converge, independentemente da tentativa inicial, com o número finito de passos, mesmo para raízes complexas.

2.7 Exercícios

1. Usando o método do meio intervalo, determine as raízes reais das equações no caso de o número de raízes ser finito e, no caso de a equação possuir infinitas raízes reais, determine a menor raiz positiva. Forneça os resultados com pelo menos duas casas decimais exatas.

    a) $x^3 - x^2 + 1 = 0$;

    b) $2e^{-x} - \text{sen}\, x = 0$;

    c) $(e^x + x)/4 - \cos x = 0$;

    d) $x \ln x - 0,8 = 0$.

2. Em cada um dos casos a seguir, verifique quantas raízes reais tem a equação e determine a menor raiz positiva corretamente até a quarta casa decimal por meio dos métodos: MAS, MNR, MST, MSE, MFP e MMU.

   a) $x^5 - x - 1 = 0$

   b) $x + \operatorname{tg} x = 0$;

   c) $(x + 1)^{1/2} - x^{-2} = 0$;

   d) $2^x - 2x^2 + 1 = 0$;

   e) $\ln x - 3e^{x+2} = 0$;

   f) $\ln x (x + 1)^3 = 0$;

   g) $x^2 - \cos x = 0$, e

   h) $e^{-x^2} - x^2 - 2x + 2 = 0$.

3. Determine por meio do MNR, corretamente até a quinta casa decimal, as raízes da equação $x^4 - x - 5 = 0$.

4. Por meio do MST, determine as raízes da equação $x^4 - x - 10 = 0$ corretamente até a quinta casa decimal.

5. Por meio do MMU, determine as raízes da equação $x^4 - 2x^3 - 4x^2 + 4x + 4 = 0$, corretamente, até a quarta casa decimal.

6. Determine por meio do MSE, corretamente até a quarta casa decimal, a raiz positiva da equação $3/(1-x^2) - 1/(-2x^3) = 0$.

7. Uma raiz da equação $x^4 - 2x^3 - 4x^2 + 4x + 4 = 0$ é $x = 1$. Qual é a multiplicidade dessa raiz? Justifique a resposta.

8. A equação $1/(x^2 + x + 1) - x^2 + 0{,}5 = 0$ tem uma raiz real pertencente ao intervalo (0, 1). Determine uma cota para o erro absoluto, se no cálculo dessa raiz, pelo método do meio intervalo, são dados 30 passos. Com base nessa cota, pode-se afirmar que a raiz é calculada com quantas casas decimais corretas?

9. Determine as raízes das equações polinomiais corretamente até a quarta casa decimal:

   a) $x^3 - 8x - 15 = 0$;

   b) $x^4 + 7{,}64x^3 + 23{,}604x^2 + 38{,}910x + 38{,}149 = 0$; e

   c) $x^5 + 7x^4 - 3x^3 - 2x^2 - 0{,}5x + 3 = 0$.

10. Por meio do MNR, calcule corretamente, até a quarta casa decimal, uma raiz da equação $z^4 - 3z^3 + 20z^2 + 44z + 54 = 0$ próxima de $z_0 = 2{,}5 + 4{,}5i$.

11. Determine corretamente, até a terceira casa decimal, pelo menos uma raiz complexa de cada equação:

    a) $\sqrt{z} - \ln z = 0$;

    b) $z^2 + ze^z - \cos z = 0$; e

    c) $0{,}1155z^4 - 1{,}7454z^3 + 6{,}5405z^2 - 0{,}185z - 71{,}04336 = 0$.

12. Por meio do MGP, determine corretamente, até a quarta casa decimal, as raízes das equações:

    a) $x^5 - 7{,}9x^4 + 24{,}46x^3 - 37{,}074x^2 + 27{,}512x - 8{,}0042 = 0$; e

    b) $x^6 - 6x^5 + 3x^4 + x^3 - x^2 + 0{,}5x - 2 = 0$.

13.
    a) Aplicando o MNR à equação, $f(x) = 0$ onde

$$f(x) = \begin{cases} -\sqrt{x}, & \text{se } x \geq 0 \\ -\sqrt{-x}, & \text{se } x < 0, \end{cases}$$

para a raiz, $\alpha = 0$, o que acontecerá com as iterações? Caso convirja, qual é a constante assintótica do erro?

b) Igual ao item (a), sendo $f(x) = 0$ definida por

$$f(x) = \begin{cases} x^{2/3}, & \text{se } x \geq 0 \\ -\left(x^2\right)^{1/3}, & \text{se } x < 0, \end{cases}$$

14. Considere o seguinte método iterativo (método de tangente fixa):

$$x_{n+k} = x_n - \frac{f(x_n)}{K}, \ K = f'(x_0), \ n \geq 0.$$

a) Forneça a interpretação geométrica desse método para o cálculo de uma raiz real e simples da equação $f(x) = 0$.

b) Qual é a ordem de convergência do método? Justifique a resposta.

c) Tomando $x_0 = 2$, determine, até a sexta casa decimal, a raiz real da equação $x^3 - 2x^2 + 2x - 5 = 0$.

15. Seja a equação $x + \ln x = 0$; a raiz, $\alpha = 0{,}5$, e as seguintes equações de recorrência:

a) $x_{n+1} = \ln x_n$, $n \geq 0$;

b) $x_{n+1} = e^{-x_n}$, $n \geq 0$;

c) $x_{n+1} = (x_n + e^{-x_n})/4$, $n \geq 0$;

Quais das equações de recorrência podem ser usadas? Nesse caso, quais deveriam ser utilizadas? Forneça uma equação de recorrência que convirja mais rapidamente que essas.

16. Deduza uma fórmula de iteração de Newton-Raphson para calcular a raiz cúbica de um número positivo c e, em seguida, deduza uma fórmula de iteração de Newton-Raphson para calcular $\ln a$, $a > 0$. Por meio da fórmula deduzida, tomando $x_0 = 0{,}9$, calcule corretamente até a quarta casa decimal de $\ln 2$.

17. Se $a > 0$, prove que $\phi(x) = (1/n)\left[(n-a)x + a/x^{n-1}\right]$ é uma função de iteração tal que o método iterativo $x_{k+1} = \phi(x_k)$, $k \geq 0$, convirja para $a^{1/n}$. Qual é a ordem de convergência desse método? Calcule por esse método $\sqrt[3]{4{,}2}$ corretamente até a quarta casa decimal.

18. Determinar p, q, r tal que a ordem do método iterativo

$$x_{n+1} = px_n + \frac{qa}{x_n^2} + \frac{ra^2}{x_n^5}, \ n \geq 0$$

seja para encontrar $\alpha = a^{1/3}$ tão alta quanto possível.

19. Mostre que

$$x_{n+1} = \frac{x_n\left(x_n^2 + 3a\right)}{3x_n^2 + a}, \ n \geq 0$$

é um método de terceira ordem para calcular $\sqrt{a}$. Calcule

$$\lim_{n \to \infty} \frac{\sqrt{a} - x_{n+1}}{\left(\sqrt{a} - x_n\right)^3}.$$

20. Mostre que, para o MNR, a razão

$$R_n = (x_n - x_{n-1})/(x_{n-1} - x_{n-2})^2$$

converge para o valor $-f''(\alpha)/2\,f'(\alpha)$. Do ponto de vista numérico, o que significa esse resultado?

21. Mostre que o MST é um método de segunda ordem para o cálculo de uma raiz simples da equação $f(x) = 0$.

22.
   a) Seja $\{x_n\}_{n=0}^{\infty}$ uma sequência que converge linearmente para uma raiz α real e simples da equação $f(x) = 0$. Mostre que, com base nessa sequência, é possível gerar outra sequência $\{x_n^*\}_{n=0}^{\infty}$ tal que

   $$x_n^* = x_{n+2} - \frac{(x_{n+2} - x_{n+1})^2}{x_{n+2} - 2x_{n+1} + x_n},$$

   que converge quadraticamente para α. Esse método é denominado δ^2 Aitken.

   b) Pelo método δ^2 Aitken, determine a raiz da equação $x = e^{-x}$ próxima de $x_0 = 0{,}56$ corretamente até a sexta casa decimal. Use o MAS para gerar os termos da sequência necessários ao método δ^2 Aitken.

   c) De maneira geral, mostre que, se um método iterativo converge com ordem p, $p \geq 2$, então o método δ^2 Aitken converge com ordem $2p - 1$.

23.
   a) Mostre que o MFP é um método de primeira ordem para o cálculo de raízes reais e simples da equação $f(x) = 0$.

   b) Mostre que a ordem de convergência do método de Muller é igual a 1,839 para o cálculo de raízes reais e simples da equação $f(x) = 0$.

24.
   a) Mostre que é possível obter a seguinte família de métodos iterativos estacionários de passo um:

   $$x_{n+1} = x_n + \sum_{j=1}^{m+1} (-1)^j f^{(j)}(x_n) g^{(j)}(x_n),$$

   onde g é a função inversa da função f na equação $f(x) = 0$.

   (*Sugestão*: desenvolva g em série de Taylor em torno do ponto $y = y$, retendo $m + 2$ termos da série e calcule $g(0)$ por meio da série.)

   b) Mostre que o método dado no item (a) é de ordem $m + 2$.

25.
   a) Mostre que o MNR para raízes de multiplicidade q converge linearmente com constante assintótica do erro igual a $1 - 1/q$.

   b) Mostre que o MNR modificado $x_{n+1} = x_n - q f(x_n)/f'(x_n)$, onde q é multiplicidade da raiz, converge quadraticamente.

26. O método do meio intervalo pode ser usado para determinar raízes múltiplas? Justifique a resposta.

27. Seja α uma raiz de multiplicidade q da equação $f(x) = 0$ e $x = \phi(x)$, a equação de iteração do MAS. Supondo que $x_{n+1} = \phi(x_n)$, $n = 0, 1, 2\ldots$ forme uma sequência que convirja para α, então:

   a) Ilustre graficamente como a convergência ocorre.

   b) Mostre que $\phi'(\alpha) = 1$.

3 ÁLGEBRA LINEAR COMPUTACIONAL: DOIS PROBLEMAS

3.1 Introdução

Neste capítulo trata-se da resolução de dois problemas básicos da álgebra linear: solução de sistemas de equações lineares e determinação de autovalores e autovetores. Esses dois problemas são também centrais da análise numérica, pois muitos são os modelos matemáticos que resultam em sistemas de equações lineares ou na necessidade de calcular autovalores e autovetores. Segundo Dahlquist e Björck (1974), quase 75% de todos os problemas científicos envolvem um desses dois problemas.

Neste capítulo, são apresentados métodos numéricos para a resolução desses dois tipos de problema, com ênfase nos aspectos computacionais em problemas de grande porte que ocorrem frequentemente na prática. Nesse sentido, são apresentados esquemas de armazenamento unidimensional e de banda para matrizes de grande porte e também as técnicas para suas implementações computacionais, adaptando-se os métodos numéricos a esses tipos de armazenamento, a fim de evitar operações desnecessárias.

Desenvolvem-se esquemas de armazenamento unidimensional e de banda com referências apropriadas para matrizes simétricas e esparsas. Efetua-se comparação entre os métodos apresentados, adapta-se o método de gradientes conjugados a sistemas de equações lineares esparsos de grande porte, com armazenamento unidimensional da matriz dos coeficientes, estudando o número máximo de iterações e o tempo de processamento para atingir determinada precisão.

O capítulo toma por base alguns conceitos de álgebra linear, que se constituem em pré-requisitos para o entendimento dos assuntos que serão tratados no decorrer dele e, por isso, é feita uma breve revisão desses conceitos, como segue.

3.2 Conceitos básicos da álgebra linear

Nesta seção, abordam-se noções básicas de álgebra linear, limitando-se a tópicos que guardam estreita relação com os conteúdos enfocados neste capítulo. Por se tratar de revisão, omitem-se as demonstrações dos teoremas e das proposições enunciadas.

3.2.1 Vetores e matrizes

DEFINIÇÃO 3.1

Um vetor V de ordem n é uma lista ordenada de n escalares denotada em forma de coluna:

$$V = \begin{bmatrix} v_1 \\ v_2 \\ \vdots \\ v_n \end{bmatrix}.$$

Os escalares $v_1, v_2, \ldots, v_n$ são chamados de coordenadas ou componentes do vetor V, que também pode ser denotado por $V = [v_1, v_2, \ldots, v_n]^T$. Se todas as componentes são nulas, tem-se o vetor nulo indicado por $\mathbf{0} = [0, 0, \ldots, 0]^T$. Indica-se por $\mathbb{R}^n$ o seguinte conjunto:

$$\mathbb{R}^n = \{V = [v_1, v_2, \ldots, v_n]^T ; v_i \in \mathbb{R}, 1 \leq i \leq n\},$$

onde o sobrescrito T significa "transposto", conforme Definição 3.5.

DEFINIÇÃO 3.2

a) Dois vetores U e V são ditos iguais quando têm a mesma ordem e suas coordenadas correspondentes são iguais.

b) Se $U = [u_1, u_2 \ldots, u_n]^T$ e $V = [v_1, v_2 \ldots, v_n]^T$ são vetores do $\mathbb{R}^n$, então a soma de U e V é o vetor $Z = U + V$, de ordem n, definido por $Z = [u_1 + v_1, u_2 + v_2, \ldots, u_n + v_n]^T$.

c) Dados um vetor $V = [v_1, v_2, \ldots, v_n]^T$ e um escalar k, o produto de k por V é o vetor $Z = kV$, de ordem n, definido por $Z = [kv_1, kv_2, \ldots, kv_n]^T$.

d) Sejam U e V vetores como em (a), então um produto interno ou produto escalar de U e V é o escalar $(U,V) = u_1 v_1 + u_2 v_2 + \ldots + u_n v_n$. Os vetores U e V são ditos ortogonais (ou perpendiculares) se $(U, V) = 0$.

Mostra-se, a partir dos itens da Definição 3.2, que as seguintes propriedades são satisfeitas:

(a) $U + V = V + U$;
(b) $(U + V) + Z = U + (V + Z)$;
(c) $U + \mathbf{0} = U$;
(d) $U + (-U) = \mathbf{0}$;
(e) $(k_1 + k_2)U = k_1 U + k_2 U$, k_1, k_2 escalares;
(f) $k(U + V) = kU + kV$, k escalar;
(g) $k_1(k_2 U) = (k_1 k_2)U$, k_1, k_2 escalares;
(h) $IU = U, -IU = -U, 0U = \mathbf{0}$;
(i) $(U,U) \geq 0$; $(U,U) = 0$, se, e só se, $U = \mathbf{0}$;
(j) $(U,V) = (V,U)$;
(k) $(U,(V + Z)) = (U,V) + (U,Z)$, e
(l) $k(U,V) = (kU,V)$, k escalar.

DEFINIÇÃO 3.3

a) Se U e V são vetores do $\mathbb{R}^n$, a distância euclidiana entre U e V, $d(U$ e $V)$, é definida por:
$$d(U,V) = [(u_1 - v_1)^2 + (u_2 - v_2)^2 + \ldots + (u_n - v_n)^2]^{1/2}.$$

b) A norma euclidiana do vetor V, $\|V\|$ é definida por: $\|V\| = (V,V)^{1/2} = (v_1^2 + v_2^2 + \ldots + v_n^2)^{1/2}$. Se $\|V\| = 1$, diz-se que V é um vetor unitário. Na Seção 3.2.3, são apresentadas outras definições de normas.

Para U e V, vetores do $\mathbb{R}^n$, têm-se ainda os seguintes resultados:

a) $\|(U,V)\| \leq \|U\| \|V\|$ (desigualdade de Cauchy-Schwarz). (3.1)

b) $\|U + V\| \leq \|U\| + \|V\|$ (desigualdade triangular). (3.2)

c) $\|kV\| = |k| \|V\|, k \in \mathbb{R}$. (3.3)

Usando-se a desigualdade de Cauchy-Schwarz, pode-se definir o ângulo θ entre dois vetores U e V por:

$$\cos \theta = \frac{(U,V)}{\|U\| \|V\|}, 0 \leq \theta \leq \pi. \qquad (3.4)$$

Analogamente ao caso real, denota-se por $\mathbb{C}^n$ o conjunto de todas as n-uplas de números complexos. Os elementos de $\mathbb{C}^n$ são chamados de vetores e os de $\mathbb{C}$, de escalares. A adição de vetores em $\mathbb{C}^n$ e a multiplicação por escalar são definidas como em $\mathbb{R}^n$. O produto interno de $U = [u_1, u_2, \ldots, u_n]^T$ e $V = [v_1, v_2, \ldots, v_n]^T$ em $\mathbb{C}^n$ é definido por $(U,V) = u_1 \bar{v}_1 + u_2 \bar{v}_2 + \ldots + u_n \bar{v}_n$ onde $\bar{v}_1$, $1 \leq i \leq n$ é o complexo conjugado de v_1. A norma euclidiana de $\mathbb{C}$ é definida por

$$\|V\| = (V,V)^{1/2} = (v_1 \bar{v}_1 + v_2 \bar{v}_2 + \ldots + v_n \bar{v}_n)^{1/2} = (|v_1|^2 + |v_2|^2 + \ldots + |v_n|^2)^{1/2}.$$

DEFINIÇÃO 3.4

Uma matriz de ordem $m \times n$ (leia-se "m por n") consiste em $m.n$ escalares (números reais ou complexos) arranjados em m linhas e n colunas e é representada assim:

$$A = \begin{bmatrix} a_{11} & a_{12} & \cdots & a_{1n} \\ a_{21} & a_{22} & \cdots & a_{2n} \\ \vdots & \vdots & & \vdots \\ a_{m1} & a_{m2} & \cdots & a_{mn} \end{bmatrix}.$$

As matrizes são denotadas por letras maiúsculas, e seus elementos, por letras minúsculas, havendo geralmente uma correspondência como a anterior. Para o elemento $a_{ij} \in A$, i indica a linha, e j, a coluna a que ele pertence. A matriz A também pode ser representada por $A = [a_{ij}]$. Uma matriz com uma só coluna é chamada de matriz coluna ou vetor coluna, e com uma linha, de matriz linha ou vetor linha. Um escalar k qualquer pode ser considerado uma matriz 1 x 1. Quando $m = n$, a matriz é denominada quadrada e, nesse caso, se diz que ela é de ordem n. Em uma matriz quadrada, os elementos $a_{ii}, i = 1, 2, \ldots, n$ formam a diagonal principal ou simplesmente diagonal da matriz, e os elementos que se situam em posições paralelas às da diagonal principal formam as diagonais secundárias. Entre as matrizes quadradas de ordem n, a matriz em que $a_{ij} = 0$ para $i \neq j$ e $a_{ii} = 1$, $i = 1, 2, \ldots, n$ denomina-se matriz identidade, denotada por I. Se todos os elementos de uma matriz de ordem $m \times n$ são iguais a zero, a matriz é chamada de matriz nula e é representada por **O**. Representa-se por $\mathbb{R}[m,n]$ o conjunto das matrizes de ordem $m \times n$ com elementos reais e por $\mathbb{C}[m, n]$ o conjunto das matrizes de ordem $m \times n$ com elementos complexos.

DEFINIÇÃO 3.5

a) Duas matrizes A e B de mesma ordem são ditas iguais se seus elementos correspondentes são iguais.

b) Se A e B são matrizes de ordem $m \times n$, a soma de A e B é a matriz $C = A+B$ de ordem $m \times n$, cujos elementos são calculados por $c_{ij} = a_{ij} + b_{ij}$, $1 \leq i \leq m$, $1 \leq j \leq n$.

c) Se A é uma matriz de ordem $m \times n$ e k é um escalar, o produto de k por A é a matriz $C = kA$ de ordem $m \times n$, cujos elementos são calculados por $c_{ij} = ka_{ij}$, $1 \leq i \leq m$, $1 \leq j \leq n$.

d) Dadas as matrizes A de ordem $m \times n$ e B de ordem $m \times p$, o produto da matriz A pela matriz B é uma matriz C de ordem $m \times p$, cujos elementos são calculados por:

$$c_{ij} = \sum_{k=1}^{n} a_{ik} b_{kj}, 1 \leq i \leq m, 1 \leq j \leq n.$$

e) A matriz transposta de uma matriz A de ordem $m \times n$ é a matriz $C = A^T$ de ordem $n \times m$, cujos elementos são $c_{ij} = a_{ji}$. A conjugada transposta de A é a matriz $C = A^*$, também de ordem $n \times m$ com $c_{ij} = \overline{a}_{ji}$, $1 \leq i \leq m$, $1 \leq j \leq n$.

f) A matriz inversa de uma matriz quadrada A é a matriz denotada por A^{-1}, tal que $A^{-1}A = AA^{-1} = I$.

Admitindo serem possíveis as operações antes citadas, pode-se mostrar que as seguintes propriedades são válidas:

(a) $A + B = B + A$;

(b) $A + (B + C) = (A + B) + C$;

(c) $A + O = A$;

(d) $k_1(k_1 A) = k_1 k_2 A$, k_1 e k_2 escalares;

(e) $k(A + B) = kA + kB$, k escalar;

(f) $(k_1 + k_2)A = k_1 A + k_2 A$, k_1 e k_2 escalares;

(g) $IA = A$;

(h) $(AB)C = A(BC)$;

(i) $(A + B)C = AC + BC$;

(j) $A(B + C) = AB + AC$;

(k) $(kA)B = A(kB) = k(AB)$; k escalar;

(l) $IA = AI = A$;

(m) $(A + B)^T = A^T + B^T$

(n) $(kA)^T = k(A^T)$;

(o) $(AB)^T = B^T A^T$;

(p) $(A^{-1})^{-1} = A$;

(q) $(AB)^{-1} = B^{-1} A^{-1}$, e

(r) $(A^{-1})^T = (A^T)^{-1} = A^{-T}$.

Entre muitos tipos de matrizes existentes, cita-se a seguir alguns que frequentemente ocorrem.

Matriz diagonal: é uma matriz quadrada que possui elementos não nulos somente na diagonal principal.

Matriz simétrica: é uma matriz quadrada cujos valores são simétricos em relação à diagonal principal, isto é, $a_{ij} = a_{ji}$. Então, nesse caso, tem-se $A = A^T$. Se é uma matriz tal que $A^T = A$, A é dita antissimétrica e, se $A^* = A$, A é denominada *hermiteana*.

Matriz triangular: é uma matriz quadrada em que todos os elementos de um lado da diagonal principal são nulos. Se snao nulos os elementos abaixo da diagonal, isto é, $a_{ij} = 0$ para $i > j$, a matriz é denominada *triangular superior*; se são nulos os elementos acima da diagonal, isto é, $a_{ij} = 0$ para $i < j$, a matriz é chamada de *triangular inferior*.

Matriz esparsa: é uma matriz que possui uma quantidade significativa de elementos nulos. A matriz do exemplo 3.1, a seguir, pode ser considerada uma matriz esparsa.

Exemplo 3.1 Matriz esparsa

$$A = \begin{bmatrix} 5 & 0 & 0 & 0 & 1 & 0 \\ 0 & 7 & 0 & 0 & -1 & 0 \\ 0 & 0 & 4 & 0 & 0 & 2 \\ 0 & 0 & 0 & 3 & 1 & 0 \\ 1 & -1 & 0 & 1 & 6 & 0 \\ 0 & 0 & -2 & 0 & 0 & 5 \end{bmatrix}.$$

Matriz de banda: é uma matriz esparsa em que $a_{ij} = 0$ se $j > i + p$ e $i > j + q$. Portanto, esse tipo de matriz tem como elementos não nulos os elementos da diagonal principal, os elementos de p diagonais secundárias acima da diagonal principal e os elementos de q diagonais secundárias abaixo da diagonal principal. A Figura 3.1 mostra como é a estrutura desse tipo de matriz.

A parte da matriz constituída pelos elementos da diagonal principal e pelos elementos das diagonais secundárias (acima e abaixo dela — parte em destaque na Figura 3.1), com pelo menos um elemento não nulo, é denominada banda da matriz, e o número $l_b = p + q + 1$ (p = número de diagonais secundárias acima da diagonal principal e p = número de diagonais secundárias abaixo da diagonal principal) é chamado de largura da banda. Quando $l_b = 3$ a matriz é chamada de tridiagonal; quando $l_b = 4$, é chamada pentadiagonal, e assim por diante. É simples mostrar que o número de elementos da banda, n_b, de uma matriz quadrada de ordem n é dado por:

$$n_b = [(p+1)(2n-p) + q(2n-1-q)]/2 \qquad (3.5)$$

Figura 3.1 Estrutura de uma matriz de banda.

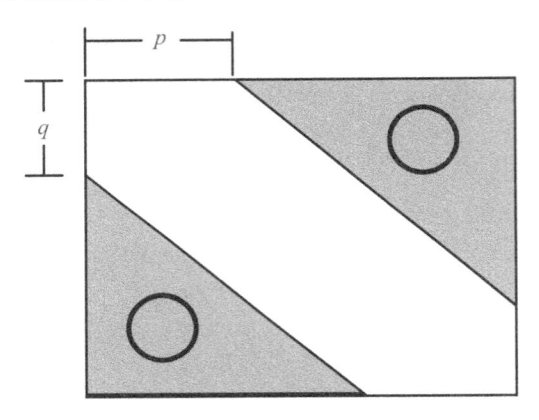

Se $p = q$, então $n_b = n(2p+1) - p(1+p)$. Para uma matriz tridiagonal de ordem 8, tem-se $n_b = 22$.

Matriz densa: é uma matriz que não é considerada matriz esparsa.

Matriz diagonal dominante: é a matriz de ordem n, onde se tem

$$|a_{ij}| \geq \sum_{\substack{j=1 \\ j \neq i}}^{n} |a_{ij}|, \ 1 \leq i \leq n$$

Matriz simétrica definida positiva: é uma matriz de ordem n, onde se tem $X^T A X > 0$, qualquer que seja o vetor $X \neq 0$. Ainda sobre matrizes simétricas definidas como positivas, têm-se os seguintes resultados:

a) Uma matriz A simétrica de ordem n é definida como positiva se, e somente se, $\det A_k > 0$, $k = 1, 2, ..., n$, onde A_k é uma matriz $k \times k$ formada pela intersecção das k primeiras linhas e colunas de A (critério de Sylvester).

b) Como consequência do item (a), os elementos da diagonal de A são todos positivos, $|a_{ij}|^2 \leq a_{ii} a_{jj}$; $i, j = 1, 2, ..., n$, e o maior elemento da matriz pertence à diagonal principal.

c) Se A é uma simétrica estritamente diagonal dominante $(|a_{ii}| > \sum_{\substack{j=1 \\ j \neq i}}^{n} |a_{ij}|, 1 \leq i \leq n)$ e tem elementos positivos na diagonal principal, então ela é uma matriz simétrica definida positiva.

Matriz ortogonal: é uma matriz de ordem n em que $A^T A = AA^T = I$, isto é, se A é uma matriz ortogonal, então $A^{-1} = A^T$.

> **Observação:**
> A indicação det A representa o determinante da matriz A. A definição de determinante de uma matriz quadrada e suas propriedades pode ser vista, por exemplo, em Kreider et al. (1966).

3.2.2 Espaços vetoriais e transformações lineares

> **DEFINIÇÃO 3.6**
>
> Um espaço vetorial (ou espaço linear) consiste no seguinte:
> 1. Um conjunto F de escalares.
> 2. Um conjunto não vazio V, cujos elementos são denominados vetores.

3. Uma operação, dita adição de vetores, que associa a cada par de vetores X, V em V um vetor $X + Y$ em V, denominado soma de X e Y, tal que:

   a) $X + Y = Y + X$;

   b) $X + (Y + Z) = (X + Y) + Z$;

   c) existe um único vetor **0** em V, denominado vetor nulo, tal que $X + \mathbf{0} = X, \forall X$ em V, e

   d) para cada X em V existe um único vetor $-X$ em V, tal que $X + (-X) = \mathbf{0}$.

4. Uma operação, dita multiplicação por escalar, que associa a cada escalar C em F e cada vetor X em V um vetor cX em V, denominado o produto de c por X, tal que:

   a) $1X = X, \forall X$ em V;

   b) $(c_1 c_2) X = c_1(c_2 X), \forall c_1, c_2 \in F$;

   c) $c(X + Y) = cX + cY$, e

   d) $(c_1 + c_2) X = c_1 X + c_2 X, \forall c_1, c_2 \in F$.

Da Definição 3.6, pode-se observar que um espaço vetorial é composto por um conjunto de escalares F, que, neste texto, é considerado o conjunto dos números reais $\mathbb{R}$ ou o conjunto dos números complexos $\mathbb{C}$, de um conjunto de vetores V e de duas operações com certas propriedades especiais. Quando não há possibilidade de confusão, simplesmente se faz referência ao espaço vetorial V ou, quando for desejável especificar F, diz-se que V é um espaço vetorial sobre F

Exemplo 3.2

Exemplos de espaços vetoriais:

a) O conjunto dos números reais $\mathbb{R}$ munido das operações usuais de adição e multiplicação é um espaço vetorial.

b) O conjunto dos números complexos $\mathbb{C}$ munido das operações usuais de adição e multiplicação é um espaço vetorial.

c) O conjunto F^n de todas as n-uplas de ordem n com componentes em F, dotado das operações de adição e multiplicação definidas por

$$(a_1, a_2 \ldots, a_n) + (b_1, b_2 \ldots, b_n) = (a_1 + b_2, a_2 + b_2 \ldots, a_n + b_n),$$
$$c(a_1, a_2 \ldots, a_n) = (ca_1, ca_2 \ldots, ca_n)$$

onde $a_i, b_i \in F$, é um espaço vetorial sobre F.

d) Os conjuntos $\mathbb{R}[m,n]$, $\mathbb{C}[m,n]$, munidos das operações conforme Definição 3.5, são um espaço vetorial.

e) O conjunto de todas as funções contínuas num intervalo $[a, b]$ com valores reais ou complexos, $\mathbb{C}[a, b]$, dotado das operações $(f + g)(x) = f(x) + g(x)$, $(cf)(x) = cf(x), f, g \in \mathbb{C}[a,b], c \in F, \forall x \in [a,b]$, é um espaço vetorial sobre F.

f) O conjunto de todos os polinômios de grau menor ou igual a n com coeficientes pertencentes a F é um espaço vetorial sobre F com respeito às operações usuais de adição de polinômios e multiplicação de polinômio por um escalar.

> **Observação:**
> Um subconjunto W de V é um subespaço vetorial, se W é um espaço vetorial sobre F com as operações de adição e multiplicação de vetores em V.

DEFINIÇÃO 3.7

Seja V um espaço vetorial sobre F e $V_1, V_2, \ldots, V_m \in V$.

a) Diz-se que os vetores $V_1, V_2, \ldots V_m$ são linearmente dependentes se existem escalares $\alpha_1, \alpha_2, \ldots, \alpha_m \in F$ com pelo menos um não nulo, tal que $\alpha_1 V_1 + \alpha_2 V_2 + \ldots + \alpha_m V_m = 0$.

b) Diz-se que os vetores $\{V_1, V_2, \ldots V_m\}$ são linearmente independentes, se eles não são dependentes, ou equivalentemente independentes, quando se tem $\alpha_1 V_1 + \alpha_2 V_2 + \ldots + \alpha_m V_m = 0$, então $\alpha_1 = \alpha_2 = \ldots = \alpha_m = 0$.

c) Conjunto ordenado $\{V_1, V_2, \ldots V_m\}$ é uma base (de dimensão finita) para V se $V_1, V_2, \ldots V_m$ são linearmente independentes e geram V, isto é, para qualquer $U \in V$, existe uma única escolha de escalares $\alpha_1, \ldots, \alpha_m$ para a qual se tem $U = \alpha_1 V_1 + \alpha_2 V_2 + \ldots + \alpha_m V_m$.

DEFINIÇÃO 3.8

Seja A uma matriz $m \times n$ com elementos reais ou complexos. O posto linha de A é o número de linhas linearmente independentes de A, e o posto coluna de A é o número de colunas linearmente independentes de A. Esses dois números são sempre iguais e denominam-se posto de V.

Teorema 3.1

Se A é espaço vetorial com uma base $\{V_1, V_2, \ldots, V_m\}$, então toda base para A contém exatamente m vetores. O número m é chamado dimensão de A.

Exemplo 3.3

a) $\{1, x, x^2, \ldots, x^n\}$ é uma base para o espaço V de polinomiais de grau menor ou igual a n, com dimensão $n+1$.

b) $\mathbb{R}^n$ tem $\{e_1, e_2, \ldots e_n\}$ como base, onde $e_i = [0, 0, \ldots, 0, 1, 0, \ldots, 0]^T$ com 1 na posição i e zero nas demais. A dimensão de $\mathbb{R}^n$ é n. Essa base é chamada de base canônica para $\mathbb{R}^n$, e seus vetores são chamados de vetores unitários.

DEFINIÇÃO 3.9

Sejam V e W espaços vetoriais sobre F. Uma transformação $T : V \to W$ é dita linear se satisfaz as seguintes condições:

a) $\forall X, Y \in V$, $T(X+Y) = T(X) + T(Y)$;

b) $\forall k \in F, \forall X \in V$, $T(kX) = kT(X)$.

Para $k = 0$ em (b), tem-se $T(\mathbf{0}) = \mathbf{0}$, isto é, toda transformação linear leva o vetor nulo de V ao vetor nulo de W. De outro modo, uma transformação $T: V \to W$ é linear se, e somente se, $\forall k_1 k_2 \in F, \forall X_1 X_2 \in V$, tem-se, entnao, que $T(k_1 X_1 + k_2 X_2) = k_1 T(X_1) + k_2 T(X_2)$.

Exemplo 3.4

a) Seja V o espaço vetorial dos polinômios de grau $\leq n$ na variável x sobre $\mathbb{R}$. A transformação $D_x : V \to V$, que associa a cada polinômio $P \in V$ a sua derivada, é uma transformação linear.

b) Sejam V e W, respectivamente, espaços vetoriais das matrizes $n \times 1$ e $m \times 1$ sobre F e A uma matriz $m \times n$ fixa sobre F A função $T_A : V \to W$, definida por $T(X) = AX$, é uma tranformação linear.

DEFINIÇÃO 3.10

Se V é um espaço vetorial sobre F, um operador linear sobre V é uma transformação linear de V em V.

As transformações lineares em espaços de dimensão finita admitem representação por meio de matrizes. Para tanto, seja V um espaço vetorial com uma base fixa $\beta = \{V_1, V_2, ..., V_n\}$. Para cada elemento $X \in V$, tem-se $X = c_1 V_1 + c_2 V_2 + ... + c_n V_n$, os escalares $c_1, c_2, ..., c_n$ são chamados de coordenadas de X em relação à base β. O vetor coluna dos coeficientes, representado pela matriz $X_\beta = [c_1, c_2, ..., c_n]^T$, é chamado de matriz coordenada de X em relação à base β. É evidente que, se uma base diferente é escolhida, as coordenadas e a matriz coordenada de X mudam.

Seja W um espaço vetorial com uma base fixa $\beta' = \{W_1, W_2 ... W_m\}$ e $T: V \to W$ uma transformação linear, então se tem:

$$\begin{cases} T(V_1) = a_{11} W_1 + a_{12} W_2 ... + a_{1m} W_m \\ T(V_2) = a_{21} W_2 + a_{22} W_2 ... + a_{2m} W_m \\ \vdots \\ T(V_n) = a_{n1} W_1 + a_{n2} W_2 ... + a_{nm} W_m \end{cases} \quad (3.6)$$

Logo, em relação à base β', as matrizes coordenadas dos vetores $T(V_1), T(V_2),...,T(V_n)$ são $[T(V_1)]_{\beta'} = [a_{11},...,a_{1m}]^T, [T(V_2)]_{\beta'} = [a_{21},...,a_{2m}]^T,...,[T(V_n)]_{\beta'} = [a_{n1},...,a_{nm}]^T$. A matriz de T em relação às bases β e β', indicada por $[T]_\beta^{\beta'}$, é a matriz cuja j-ésima coluna é a matriz coordenada do vetor $T(V_j)$ na base β. Então,

$$[T]_\beta^{\beta'} = \begin{bmatrix} a_{11} & a_{21} & \cdots & a_{n1} \\ a_{12} & a_{22} & \cdots & a_{n2} \\ \vdots & \vdots & & \vdots \\ a_{1m} & a_{2m} & \cdots & a_{mn} \end{bmatrix},$$

que é a matriz transposta da matriz de coeficientes na equação (3.6).

Assim, fixadas as bases β em V e β' em W, a cada transformação linear $T: V \to W$ corresponde uma única matriz $[T]_\beta^{\beta'}$. No caso de a transformação ser um operador linear, a matriz de T será denominada simplesmente a matriz de T em relação à base β e indicada por $[T]_\beta$.

Exemplo 3.5

a) Seja T o operador linear no $\mathbb{R}^2$ definido por $T(x,y) = (4x - 2y, 2x + y)$. Calculando a matriz de T na base $\beta = \{V_1 = (1,1); V_2 = (-1,0)\}$, tem-se:

$$T(V_1) = T(1,1) = (2,3) = 3(1,1) + (-1,0) = 3V_1 + V_2$$
$$T(V_2) = T(-1,0) = (-4,-2) = -2(1,1) + 2(-1,0) = -2V_1 + 2V_2.$$

Portanto,
$$[T]_\beta = \begin{bmatrix} 3 & -2 \\ 1 & 2 \end{bmatrix}.$$

b) Considere o espaço vetorial $\mathbb{R}^2$ com base $\beta = \{V_1 = (1,0), V_2 = (0,1)\}$. A transformação linear T_θ definida por $T_\theta(x,y) = (x\cos\theta - y\,\text{sen}\,\theta, x\,\text{sen}\,\theta + y\cos\theta)$ é chamada de rotação de um ângulo θ, $0 \leq \theta < 2\pi$ rad. Nesse caso, tem-se:

$$T_\theta(V_1) = T_\theta(1,0) = (\cos\theta, \text{sen}\,\theta) = \cos\theta(1,0) + \text{sen}\,\theta(0,1)$$
$$T_\theta(V_2) = T_\theta(1,0) = (-\text{sen}\,\theta, \cos\theta) = -\text{sen}\,\theta(1,0) + \cos\theta(0,1).$$

Portanto,
$$[T_\theta]_\beta = \begin{bmatrix} \cos\theta & -\text{sen}\,\theta \\ \text{sen}\,\theta & \cos\theta \end{bmatrix}.$$

A matriz $[T_\theta]_\beta$ é a matriz de rotação no plano. Observe que é uma matriz ortogonal. Geometricamente, $T_\theta(V)$ é a imagem de $V \in \mathbb{R}^2$ sob a rotação de um ângulo θ, como mostra a Figura 3.2.

Figura 3.2 Matriz de rotação no plano.

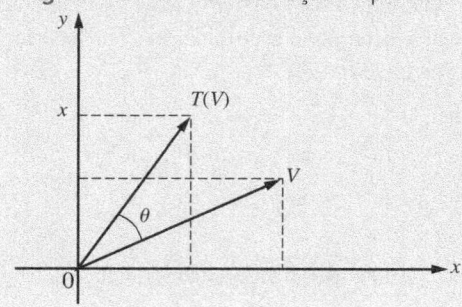

Teorema 3.2

Sejam V, o espaço vetorial sobre F, e $X \in V$, e T uma transformação sobre V. Se $[X]_\beta$ e $[T(X)]_\beta$ indicam, respectivamente, as matrizes coordenadas de X e $T(X)$ em uma base $\beta = \{V_1, ..., V_n\}$ de V, então $[T(X)]_\beta = [T]_\beta [X]_\beta$.

Anteriormente, viu-se que a matriz que representa um operador linear T sobre V, espaço vetorial sobre F, depende da base escolhida para V.

Suponha que se deseje trocar a base do espaço vetorial V sobre F de $\beta = \{V_1, V_2, \ldots, V_n\}$ para $\beta' = \{V_1', V_2', \ldots, V_n'\}$. Como todos os vetores da base β' pertencem a V, eles podem ser escritos de maneira única em termos da base β.

$$\begin{cases} V_1' = m_{11}V_1 + m_{12}V_2 + \ldots + m_{1n}V_n \\ V_2' = m_{21}V_1 + m_{22}V_2 + \ldots + m_{2n}V_n \\ \vdots \\ V_n' = m_{n1}V_1 + m_{n2}V_2 + \ldots + m_{nn}V_n. \end{cases} \quad (3.7)$$

As matrizes coordenadas de $V_1', V_2', \ldots, V_n'$ em relação à base original são:

$$[V_1']_\beta = [m_{11} m_{12} \ldots m_{1n}]^T, \, [V_2']_\beta = [m_{21} m_{22} \ldots m_{2n}]^T, \ldots, [V_n']_\beta = [m_{n1} m_{n2} \ldots m_{nn}]^T$$

DEFINIÇÃO 3.11

Sejam $\beta = \{V_1, V_2, \ldots V_n\}$ e $\beta' = \{V_1', V_2', \ldots, V_n'\}$ bases de um espaço vetorial sobre F. A matriz mudança de base de β para β', indicada por M, é aquela cuja j-ésima coluna é a matriz coordenada do vetor V na base β. Então,

$$M = \begin{bmatrix} m_{11} & m_{21} & \ldots & m_{n1} \\ m_{12} & m_{22} & \ldots & m_{n2} \\ \vdots & \vdots & & \vdots \\ m_{1n} & m_{2n} & \ldots & m_{nn} \end{bmatrix}, \quad (3.8)$$

que é a matriz transposta da matriz dos coeficientes da equação (3.7).

Teorema 3.3

Seja M a matriz mudança de base de $\beta = \{V_1, V_2, \ldots V_n\}$ para $\beta' = \{V_1', V_2', \ldots V_n'\}$ no espaço vetorial V sobre F. Então, (a) M é inversível e, (b) para todo vetor $X \in V$, $[X]_\beta = M[X]_{\beta'}$, daí $[X]_{\beta'} = M^{-1}[X]_\beta$.

Teorema 3.4

Seja M a matriz mudança de base $\beta = \{V_1, V_2, \ldots V_n\}$ para $\beta' = \{V_1', V_2', \ldots V_n'\}$ no espaço vetorial V sobre F. Então, para todo operador linear T sobre V, $[T]_{\beta'} = M^{-1}[T]_\beta M$.

DEFINIÇÃO 3.12

Duas matrizes $A, B \in \mathbb{C}[n,n]$ são ditas similares se existe uma matriz M inversível, tal que

$$B = M^{-1}AM. \quad (3.9)$$

3.2.3 Norma de vetores e norma de matrizes

Na Definição 3.3, foi vista a definição da norma euclidiana para um vetor, a qual nos fornece uma forma de medir o comprimento do vetor. Existem outras maneiras de efetuar uma "medida da grandeza" de um vetor ou matriz. Introduz-se, a seguir, o conceito geral de normas de vetores e, depois, de matrizes.

DEFINIÇÃO 3.13

Seja V um espaço vetorial sobre F. Uma norma em V é uma função real de V em $\mathbb{R}$, tal que $X \in V \to \|X\| \in \mathbb{R}$, e, para quaisquer que sejam $X, Y \in V$ e para todo escalar $c \in F$, tem-se:

a) $\|X\| \geq 0$ (positividade); $\|X\| = 0$ se, e somente se, $X = 0$ (separação);

b) $\|cX\| = |c|\|X\|$ (homogeneidade), e

c) $\|X + Y\| \leq \|X\| + \|Y\|$ (desigualdade triangular).

Além da norma euclidiana, outras normas usadas são:

Norma um:
$$\|X\|_1 = \sum_{i=1}^{n} |x_i|, \tag{3.10}$$

Norma do máximo:
$$\|X\|_\infty = \max_{1 \leq i \leq n} |x_i|. \tag{3.11}$$

Essas duas normas e a norma euclidiana são casos particulares da norma:
$$\|X\|_p = \left(\sum_{i=1}^{n} |x_i|^p\right)^{1/p}, \tag{3.12}$$

onde $p = 1$ para a norma um, $p = 2$ para a norma euclidiana e $p \to \infty$ para a norma do máximo.

Exemplo 3.6

Considere o vetor $X = (1, 0, -1, 2)$, então, $\|X\|_1 = 4$; $\|X\|_2 = \sqrt{6}$; $\|X\|_\infty = 2$. Com o objetivo de fornecer uma representação geométrica para essas normas, considere o conjunto
$$S_p = \{X \in \mathbb{R}^2; \|X\|_p = 1\}; p = 1, 2, \infty.$$

A Figura 3.3 ilustra as "bolas unitárias", ou seja, bolas de centro em $(0,0)$ e raio 1, que correspondem às normas definidas em $\mathbb{R}^2$ nos casos notáveis $p = 1, p = 2, p \to \infty$.

Figura 3.3 Norma $p = 1, 2, \infty$.

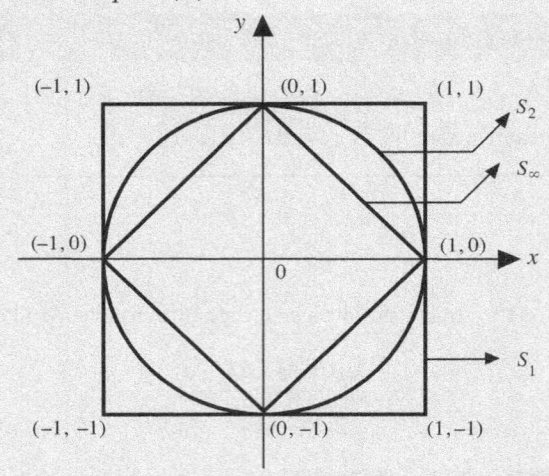

O quadrado de vértices $(1, 1), (-1, 1), (-1, -1), (1, -1)$ corresponde a S_∞, ou seja, à "bola unitária" dada por $\|X\|_\infty \leq 1$. O disco de centro na origem e raio 1 corresponde à "bola unitária" $\|X\|_2 \leq 1$; S_2. E o quadrado de vértices $(1, 0), (0, 1), (-1, 0), (0, -1)$ corresponde a S_1 ou seja, à "bola unitária" dada por $\|X\|_1 \leq 1$.

As normas euclidiana, a um (equação (3.10)) e a do máximo (equação (3.11)) para vetores no $\mathbb{R}^2$ se relacionam da seguinte maneira:

$$\|X\|_\infty \leq \|X\|_1 \leq n\|X\|_\infty \tag{3.13}$$

$$\|X\|_\infty \leq \|X\|_2 \leq n^{1/2}\|X\|_\infty, \tag{3.14}$$

que indica equivalência entre as normas.

Como se observa, a norma euclidiana fornece o comprimento de um vetor. Logo, a norma um e a do máximo fornecem também alguma medida de comprimento de vetor.

DEFINIÇÃO 3.14

Uma sequência de vetores $\{X_1, X_2, \ldots, X_n\}$ em F^n é dita convergente para um vetor X se, e somente se,

$$\lim_{n \to \infty} \|X_n - X\| = 0. \tag{3.15}$$

Observação:

Analogamente ao que se viu na Definição 2.1, se

$$\lim_{n \to \infty} \frac{\|X_{n+1} - X\|}{\|X_n - X\|^p} = C \neq 0, \tag{3.16}$$

diz-se que a sequência de vetores converge com ordem p.

DEFINIÇÃO 3.15

A norma de uma matriz $A \in \mathbb{C}[m,n]$ é uma função real $A \in \mathbb{C}[m,n] \to \|A\| \in \mathbb{R}$, tal que quaisquer $A, B \in \mathbb{C}[m,n]$ e para todo escalar $c \in F$ as seguintes condições são satisfeitas:

a) $\|A\| \geq 0$ e $\|A\| = 0$, se, e somente se, $A = O$;

b) $\|cA\| = |c|\|A\|$;

c) $\|A + B\| \leq \|A\| + \|B\|$, e

d) $\|AB\| \leq \|A\|\|B\|$.

DEFINIÇÃO 3.16

Uma norma matricial é dita associada a uma norma vetorial se, para toda matriz $A \in \mathbb{C}[n,n]$ e todo vetor $X \in \mathbb{C}^n$, vale

$$\|AX\| \leq \|A\|\|X\|.$$

Para qualquer norma de vetor, existe uma norma matricial associada. De fato, escolhida uma norma $\|X\|$ vetorial, a norma matricial a ela associada pode ser definida por:

$$\|A\| = \max_{x \neq 0} \frac{\|AX\|}{\|X\|}. \tag{3.17}$$

As normas matriciais usuais são:
Norma euclidiana:

$$\|A\|_E = \left[\sum_{j=1}^{n}\sum_{i=1}^{n}|a_{ij}|^2\right]^{1/2}. \tag{3.18}$$

Norma um:

$$\|A\|_1 = \sum_{i=1}^{n}|a_{ij}|, \ 1 \leq j \leq n. \tag{3.19}$$

Norma do máximo:

$$\|A\|_\infty = \max_{1 \leq i \leq n}\sum_{j=1}^{n}|a_{ij}|. \tag{3.20}$$

No Quadro 3.1, mostram-se a norma vetorial e a norma matricial associada.

Quadro 3.1 Norma matricial associada à norma vetorial.

Norma de vetor	Norma de matriz
$\|X\|_1 = \sum_{i=1}^{n}|X_i|$	$\|A\|_1 = \sum_{i=1}^{n}|a_{ij}|, \ 1 \leq j \leq n$
$\|X\|_\infty = \max_{1 \leq i \leq n}|X_i|$	$\|A\|_\infty = \max_{1 \leq i \leq n}\sum_{j=1}^{n}|a_{ij}|$

DEFINIÇÃO 3.17

Uma sequência de matrizes $\{A_n\}_{n=1}^{\infty}$ converge para uma matriz A se, e somente se,

$$\lim_{n \to \infty}\|A_n - A\| = 0. \tag{3.21}$$

3.3 Sistemas de equações lineares

Um sistema de equações lineares com m equações e n incógnitas é geralmente escrito na forma:

$$\begin{cases} a_{11}x_1 + a_{12}x_2 + \ldots + a_{1n}x_n = b_1 \\ a_{21}x_1 + a_{22}x_2 + \ldots + a_{2n}x_n = b_2 \\ \vdots \quad \vdots \quad \quad \vdots \quad \quad \vdots \\ a_{m1}x_1 + a_{m2}x_2 + \ldots + a_{mn}x_n = b_m, \end{cases} \tag{3.22}$$

onde $a_{ij}, b_i, i = 1,2,\ldots m, j = 1,2,\ldots n$ pertencem a F. Toda n-upla $(x_1, x_2, \ldots, x_n)$ de elementos de F que satisfaz a cada uma das equações de (3.22) é dita uma solução do sistema. Se $b_1 = b_2 = \ldots = b_m = 0$, diz-se que o sistema é homogêneo. Em notação matricial, a equação (3.22) pode ser assim escrita:

onde
$$AX = B, \quad (3.23)$$

$$A = \begin{bmatrix} a_{11} & a_{12} & \cdots & a_{1n} \\ a_{21} & a_{22} & \cdots & a_{2n} \\ \vdots & \vdots & \vdots & \vdots \\ a_{m1} & a_{m2} & \cdots & a_{mn} \end{bmatrix}, X = \begin{bmatrix} x_1 \\ x_2 \\ \vdots \\ x_n \end{bmatrix}, B = \begin{bmatrix} b_1 \\ b_2 \\ \vdots \\ b_m \end{bmatrix}.$$

O sistema (3.22) pode ter uma única solução, ou pode acontecer de ele ter infinitas soluções. Ocorrendo essas duas situações, o sistema será dito possível ou consistente. No caso de o sistema não possuir solução, será dito impossível ou inconsistente.

Supondo que $A \in \mathbb{C}[m,n]$ e $B \in \mathbb{C}^m$, quanto a existência e unicidade de solução para o sistema (3.22), é possível mostrar que:

a) O sistema tem solução se, e somente se, o posto da matriz A for igual ao posto da matriz aumentada $[A|B]$.

b) Se os postos das matrizes mencionadas no item anterior são iguais a $r = n$, então a solução da equação (3.22) é única.

c) Se os postos das matrizes A e $[A|B]$ são iguais a $r < n$, então a equação (3.22) tem infinitas soluções e, nesse caso, podem-se escolher n-r incógnitas e determinar as outras r incógnitas em função das escolhidas.

Neste capítulo, apresentam-se métodos numéricos para sistemas de equações lineares em que $m = n$. Para esse tipo de sistema, tem-se o seguinte resultado (ATKINSON, 1978):

Teorema 3.5

Sejam $A \in \mathbb{C}[n,n]$ e o espaço vetorial $V = \mathbb{C}^n$, então as seguintes afirmações são equivalentes:

a) $AX = B$ tem uma única solução $X \in V$ para cada $B \in V$;

b) $AX = 0$ implica $X = 0$;

c) A^{-1} existe;

d) $\det A \neq 0$, e

e) posto de $A = n$.

Observação:
No caso em que $\det A = 0$, o sistema é denominado singular e tem infinitas soluções ou é inconsistente. Se $\det A \neq 0$, o sistema é dito regular (não singular) e tem solução única.

Convém ressaltar que, na prática, os sistemas de equações lineares podem ser de grande porte. Por exemplo, conforme exemplo retirado de Huebner (1963), a análise da estrutura de uma aeronave por meio do método de elementos finitos conduz a sistemas lineares de grande porte. As subestruturas A, B, C e D da aeronave (Figura 3.4) são discretizadas por elementos finitos, como mostra a Figura 3.5, conduzindo a subsistemas de cerca de mil a 6 mil equações e incógnitas.

Figura 3.4 Subestruturas de uma aeronave.

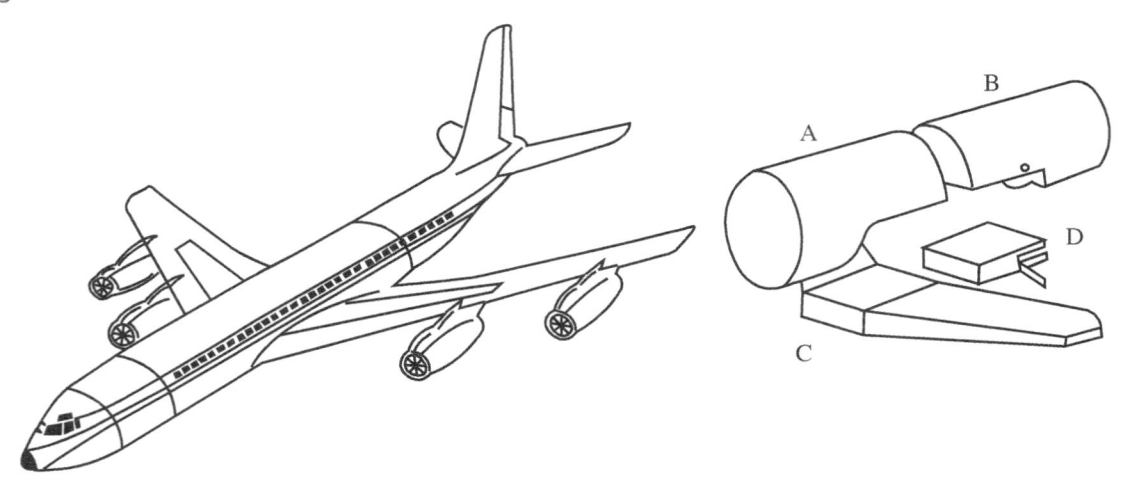

Figura 3.5 Discretização das subestruturas por elementos finitos.

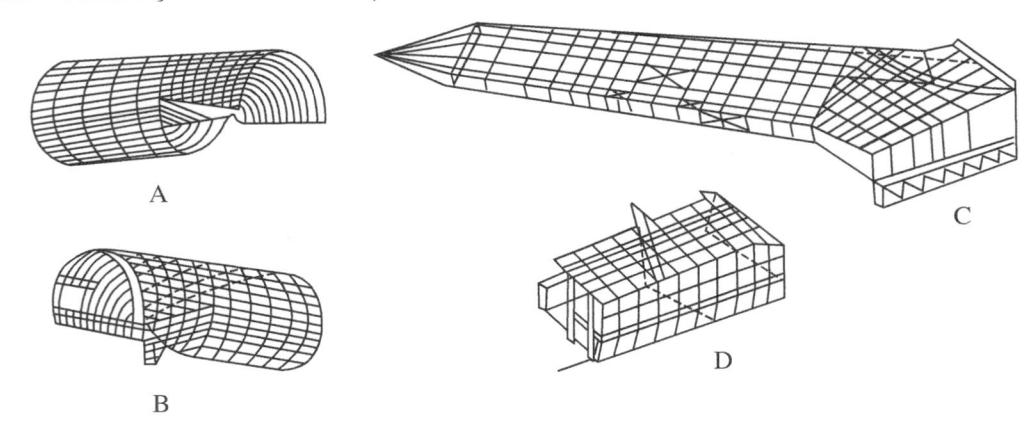

3.3.1 Métodos numéricos para a solução de sistemas de equações lineares

De maneira geral, os métodos numéricos para resolver sistemas de equações lineares são agrupados em métodos diretos, iterativos e de otimização. Na escolha de determinado método para resolver o sistema (3.22), dois aspectos são importantes:

a) a propagação dos erros de arredondamento, isto é, a estabilidade numérica do método, com relação à sua sensibilidade à acumulação de erros de arredondamento, e

b) a questão do armazenamento da matriz A deve estar de acordo com a sua estrutura.

Métodos diretos

Diz-se que um método é direto quando, na ausência de erros de arredondamento, determina-se a solução exata do sistema por meio de um número finito de passos previamente conhecidos. O custo computacional em termos de tempo de processamento em um método direto pode ser estimado por meio do número de operações que ele envolve.

Regra de Cramer

É o método no qual a incógnita $x_i, i = 1, 2, \ldots, n$ é dada por $x_i = \det D_i / \det A$, onde $\det A$ é o determinante da matriz dos coeficientes do sistema (3.22) com $m = n$ e $\det D_i$ é o determinante da matriz dos coeficientes quando se substitui a coluna i pelo vetor constante do sistema.

O número de operações que esse método envolve é da ordem de $n!$. Assim, praticamente é impossível o seu uso, a menos que o sistema tenha poucas equações e incógnitas. De fato, por exemplo, para um sistema onde $n = 50$, seriam necessárias 10^{64} operações. Supondo que uma operação possa ser realizada e 10^{-12} segundos, seriam necessários 3×10^{42} anos para resolver o sistema!!!

Método de eliminação de Gauss

A ideia fundamental desse método é transformar o sistema (3.22), com $m = n$, por meio de operações elementares em matrizes, em um sistema cuja matriz dos coeficientes seja triangular superior. Os coeficientes a_{ij} com $i > j$ são transformados por meio do seguinte algoritmo:

1. Faz-se $a_{ij}^{(1)} = a_{ij}$, $1 \le i \le n$ e $1 \le j \le n+1$, com $a_{i,n+1} = b_i$;
2. Para $k = 1, 2, \ldots, n-1$, $i = k+1, k+2, \ldots, n$ e $j = k+1, k+2, \ldots, n+1$, calcula-se:

$$m_{ik} = \frac{a_{ik}^{(k)}}{a_{kk}^{(k)}}, a_{kk}^{(k)} \ne 0 \qquad (3.24)$$

$$a_{ij}^{(k+1)} = a_{ij}^{(k)} - m_{ik} a_{kj}^{(k)}. \qquad (3.25)$$

Após $n - 1$ passos, a matriz dos coeficientes, aumentada do vetor constante, passa a ter estrutura triangular:

$$\begin{bmatrix} a_{11}^{(1)} & a_{12}^{(1)} & a_{13}^{(1)} & \cdots & a_{1n}^{(1)} & a_{1,n+1}^{(1)} \\ & a_{22}^{(2)} & a_{23}^{(2)} & \cdots & a_{2n}^{(2)} & a_{2,n+1}^{(2)} \\ & & a_{33}^{(3)} & \cdots & a_{3n}^{(3)} & a_{3,n+1}^{(3)} \\ & \text{Elementos} & & & \vdots & \vdots \\ & \text{nulos} & & & a_{nn}^{(n)} & a_{n,n+1}^{(n)} \end{bmatrix}$$

ficando, portanto, eliminados os coeficientes que estão abaixo da diagonal principal.

3. Para $i = n, n-1, \ldots, 1$, obtêm-se as incógnitas $x_n, x_{n-1}, \ldots, x_1$ por meio de

$$x_i = \frac{a_{i,n+1}^{(i)} - \sum_{k=i+1}^{n} a_{ik}^{(i)} x_k}{a_{ii}^{(i)}}, \quad i = n, n-1, \ldots, 1. \qquad (3.26)$$

Exemplo 3.7

Resolva o sistema de equações lineares pelo método de eliminação de Gauss, efetuando os cálculos com três casas decimais:

$$\begin{cases} 10x_1 + 5x_2 - x_3 + x_4 = 2 \\ 2x_1 + 10x_2 - 2x_3 - x_4 = -26 \\ -x_1 - 2x_2 + 10x_3 + 2x_4 = 20 \\ x_1 + 3x_2 + 2x_3 + 10x_4 = -25. \end{cases}$$

Esquema prático para os cálculos.

Quadro 3.2 Exemplo do método de eliminação de Gauss.

	$a_{11}^{(1)}$	$a_{12}^{(1)}$	$a_{13}^{(1)}$	$a_{14}^{(1)}$	$a_{15}^{(1)}$	10	5	-1	1	2
	$a_{21}^{(1)}$	$a_{22}^{(1)}$	$a_{23}^{(1)}$	$a_{24}^{(1)}$	$a_{25}^{(1)}$	2	10	-2	-1	-26
	$a_{31}^{(1)}$	$a_{32}^{(1)}$	$a_{33}^{(1)}$	$a_{34}^{(1)}$	$a_{35}^{(1)}$	-1	-2	10	2	20
	$a_{41}^{(1)}$	$a_{42}^{(1)}$	$a_{43}^{(1)}$	$a_{44}^{(1)}$	$a_{45}^{(1)}$	1	3	2	10	-25
$k=1$	m_{21}	$a_{22}^{(2)}$	$a_{23}^{(2)}$	$a_{24}^{(2)}$	$a_{25}^{(2)}$	0,2	9	$-1,8$	$-1,2$	$-26,4$
	m_{31}	$a_{32}^{(2)}$	$a_{33}^{(2)}$	$a_{34}^{(2)}$	$a_{35}^{(2)}$	0,1	$-1,5$	9,9	2,1	20,2
	m_{41}	$a_{42}^{(2)}$	$a_{43}^{(2)}$	$a_{44}^{(2)}$	$a_{45}^{(2)}$	0,1	2,5	2,1	9,9	$-25,2$
$k=2$		m_{32}	$a_{33}^{(3)}$	$a_{34}^{(3)}$	$a_{35}^{(3)}$		$-0,167$	9,599	1,9	15,791
		m_{42}	$a_{43}^{(3)}$	$a_{44}^{(3)}$	$a_{45}^{(3)}$		0,278	2,6	10,234	$-17,861$
$k=3$			m_{43}	$a_{44}^{(4)}$	$a_{45}^{(4)}$			0,271	9,719	$-22,140$

Resolvendo-se o sistema triangular, obtêm-se: $x_4 = -2,278$; $x_3 = 2,096$; $x_2 = -2,27$; $x_1 = 2,046$.

O número total de operações envolvidas no método de eliminação de Gauss é igual a $(4n^3 + 9n^2 - 7n)/6$ (ver exercício 5). Se o sistema tiver 50 equações $n = 50$, é preciso realizar 87.025 operações. E, supondo-se que uma operação em determinada máquina possa ser efetuada em 10^{-12} segundos, o tempo de processamento para resolver o sistema será de aproximadamente $8,7 \times 10^{-8}$ segundos. A viabilidade de utilização desse método fica assim evidenciada.

No algoritmo do método de eliminação de Gauss, é necessário que $a_{kk}^{(k)} \neq 0$. Esse elemento é denominado elemento pivô. Se ocorrer que $a_{kk}^{(k)} = 0$, antes de se dar sequência ao método, deve-se efetuar a troca da linha k por outra abaixo dela, de modo que o elemento que fará o papel do pivô seja não nulo. Ou seja, deve-se trocar a linha k com alguma linha r, $k < r \leq n$, tal que $a_{rk}^{(k)} \neq 0$, e então dar continuidade ao método.

Considere o sistema de equações lineares:

$$\begin{cases} 0,000100x + y = 1 \\ x + y = 2, \end{cases} \quad (3.27)$$

cuja solução é $x = 1,00010$; $y = 0,99990$. Resolvendo-se esse sistema por meio do método de eliminação de Gauss e efetuando-se os cálculos com três casas decimais, obtém-se $y = 1,000$ e $y = 0,000$ (!!!), que não é nem aproximação para a solução do sistema dado. Se esse sistema for resolvido trocando-se a segunda linha pela primeira e efetuando-se os cálculos com três casas decimais, obtém-se $y = 1,000$ e $x = 1,000$, que é uma boa aproximação para o sistema dado.

Para assegurar a estabilidade numérica no método de eliminação de Gauss, frequentemente é necessário trocar linhas e/ou colunas não somente quando o pivô é nulo, mas também quando ele é próximo de zero. Ou, o que é mais comum, deve-se a cada passo procurar levar para a k-ésima linha e a k-ésima coluna, para ser o pivô, o elemento de maior valor absoluto. Esse procedimento de trocas de linhas e colunas denomina-se pivotação e pode ser efetuado por meio de duas estratégias, a saber:

Pivotação parcial: nesse caso, o elemento pivô deve ser escolhido da seguinte forma. Determina-se o máximo dentre os elementos do conjunto $\{|a_{ik}^{(k)}|, k \leq i \leq n\}$. Sendo r a linha em que se encontra tal máximo, troca-se a linha k pela linha r, tendo-se, então, que $a_{kk}^{(k)} = a_{rk}^{(k)}$.

Pivotação total: o elemento pivô deve ser escolhido da seguinte forma. Determina-se o elemento máximo dentre os elementos do conjunto $\{|a_{ij}^{(k)}|, k \leq i, j \leq n\}$. Sendo r a linha e s a coluna, em que se encontra tal máximo troca-se a linha i pela r e a coluna j pela s, tendo-se, então, que $a_{kk}^{(k)} = a_{rs}^{(k)}$.

No exemplo anterior, foi visto que, quando a estratégia de pivotação é usada, os erros de arredondamento que ocorrem no decorrer dos cálculos são desprezíveis. Intuitivamente se pode dizer que o erro de arredondamento é minimizado quando o elemento pivô é o maior possível em módulo. Com base na teoria de erros, pode-se mostrar que o erro de arredondamento diminui quando a estratégia de pivotação é usada (ver WILKINSON, 1963).

Na prática, salvo raríssimas exceções, é usada somente a pivotação parcial, tendo em vista que é de fácil manuseio, acarreta menor tempo de processamento e garante a estabilidade numérica do método.

> **Observação:**
> Se, $a_{kk}^{(k)} = a_{k+1,k}^{(k)} = \ldots = a_{n,k}^{(k)} = 0$, então a matriz dos coeficientes é singular, o sistema é consistente com infinitas soluções ou inconsistente e a aplicação do método de eliminação de Gauss deve ser interrompida.

Considere agora o sistema de equações lineares:

$$\begin{cases} x + 10000y = 10000 \\ x + 0,0001y = 1, \end{cases} \quad (3.28)$$

cuja solução correta até a terceira casa decimal é $x = y = 0,999$. Resolvendo-se a equação (3.28) por eliminação de Gauss, utilizando-se pivotação parcial e efetuando-se os cálculos com três casas decimais, obtêm-se $y = 1,000$ e $x = 0,000$ (!!!).

Se a primeira equação dentro da equação (3.28) é multiplicada por 10^{-4}, obtém-se o sistema equivalente

$$\begin{cases} 0,0001x + y = 1 \\ x + 0,0001y = 1. \end{cases} \quad (3.29)$$

Resolvendo a equação (3.29) por Gauss, com pivotação parcial, e efetuando os cálculos com três casas decimais, obtemos $x = y = 1,000$.

Na prática, as incógnitas x_i, $1 \leq i \leq n$, na equação (3.22), frequentemente são quantidades físicas, como deslocamentos, tensões e forças, e em geral as ordens de grandeza dessas quantidades são distintas. Isso pode influenciar a precisão dos resultados obtidos da solução do sistema. Para alguns sistemas, é conveniente efetuar uma mudança nas unidades dessas quantidades, tornando-os mais equilibrados. Essa mudança de unidades corresponde a um escalonamento do sistema.

Dessa forma, se os elementos da matriz dos coeficientes forem de ordens de grandeza muito distintas, é provável que ocorra a propagação de erros de arredondamento durante a resolução. Para evitar isso, a matriz A pode ser escalonada até que seus elementos fiquem mais uniformes, isto é, todos fiquem mais ou menos com mesma ordem de grandeza. Esse escalonamento é feito multiplicando-se linhas e colunas por constantes convenientes. Experiências computacionais têm mostrado que se minimiza o erro de arredondamento quando os elementos da matriz dos coeficientes são aproximadamente iguais em magnitude.

Alguns pontos necessitam de destaque para que o processo de escalonamento seja entendido e surta o efeito esperado na precisão dos resultados obtidos por eliminação gaussiana.

a) Matricialmente, o escalonamento equivale a transformar o sistema $AX = B$ em $CY = D$, onde

   $C = D1AD2$, $D = D1B$, $X = D2Y$, sendo $D1$ e $D2$ matrizes diagonais, denotadas por

   $D1 = diag(\alpha_1, \alpha_2, \ldots, \alpha_n)$; $D2 = diag(\beta_1, \beta_2, \ldots, \beta_n)$ onde $\alpha_1, \alpha_2, \ldots, \alpha_n$; $\beta_1, \beta_2, \ldots, \beta_n$ são as constantes de escalonamento.

b) Optando por um escalonamento por linhas, uma maneira usual de efetuá-lo é tal que os elementos da matriz escalonada satisfaçam

$$\max_{1 \leq j \leq n} |c_{ij}| \approx 1, i = 1, 2, \ldots, n. \quad (3.30)$$

Isso pode ser feito tomando-se

$$S_i = \max_{1 \le j \le n} |a_{ij}| \tag{3.31}$$

e calculando-se

$$c_{ij} = \frac{a_{ij}}{S_i}. \tag{3.32}$$

Na equação (3.32) é introduzido erro de arredondamento. Dessa forma, no método de eliminação de Gauss, deve-se combinar o escalonamento com a estratégia de pivotação, e, nesse sentido, recomenda-se que seja usada a pivotação parcial e que as equações sejam equilibradas antes da eliminação. Sendo assim, no passo k do escalonamento resulta a matriz com os elementos

$$\frac{|a_{ij}^{(k)}|}{S_i^{(k)}}, k \le i, j \le n, S_i^{(k)} = \max_{k \le j \le n} |a_{ij}^{(k)}|.$$

Escolhe-se como elemento pivô no passo k da eliminação o elemento

$$a_{kk}^{(k)} = \max_{k \le i \le n} \frac{|a_{ik}^{(k)}|}{S_i^{(k)}}. \tag{3.33}$$

Exemplo 3.8

Considere o sistema de equações lineares

$$\begin{cases} x_1 + 4x_2 + 52x_3 = 57 \\ 22x_1 + 110x_2 - 3x_3 = 134 \\ 22x_1 + 2x_2 + 14x_3 = 38, \end{cases}$$

cuja solução exata é $x_1 = x_2 = x_3 = 1$. Resolvendo-se esse sistema por eliminação de Gauss, sem utilizar a estratégia de pivotação e escalonamento, e efetuando-se o cálculo com duas casas decimais, obtêm-se: $x_1 = 4,50$; $x_2 = 0,00$ e $x_3 = 1,01$ (!!!). Escalonando e utilizando pivotação parcial, resulta em:

$a_{11}^{(1)}$	$a_{12}^{(1)}$	$a_{13}^{(1)}$	$a_{14}^{(1)}$	1	0,009	0,64	1,73
$a_{21}^{(1)}$	$a_{22}^{(1)}$	$a_{23}^{(1)}$	$a_{24}^{(1)}$	0,25	1	−0,03	1,22
$a_{31}^{(1)}$	$a_{32}^{(1)}$	$a_{33}^{(1)}$	$a_{34}^{(1)}$	0,02	0,08	1	1,10
m_{21}	$a_{22}^{(2)}$	$a_{23}^{(2)}$	$a_{24}^{(2)}$	0,25	0,98	−0,19	0,79
m_{31}	$a_{32}^{(2)}$	$a_{33}^{(2)}$	$a_{34}^{(2)}$	0,02	0,08	0,99	1,07
	m_{32}	$a_{33}^{(3)}$	$a_{34}^{(3)}$		0,08	1,01	1,01

então, $x_3 = x_2 = x_1 = 1,00$.

O escalonamento e a pivotação não devem ser entendidos como regras sem exceção, mas sim como alternativas a que se pode recorrer para controlar os erros de arredondamento.

> **Observação:**
> Uma variante do método de eliminação de Gauss é o método de Gauss-Jordan, que transforma a matriz dos coeficientes em uma matriz diagonal. Nesse caso, o algoritmo para o método fica:
>
> 1. Para $k = 1, 2, 3, \ldots, n-1$, calcula-se
>
> $$\left\{ \begin{array}{l} a_{kj}^{(k+1)} = a_{kj}^{(k)} / a_{kk}^{(k)}, \; j = k, k+1, \ldots, n+1 \\ \text{e} \\ \left. \begin{array}{l} a_{ij}^{(k+1)} = a_{ij}^{(k)} - a_{ik}^{(k)} a_{kj}^{(k+1)} \\ j = k, k+1, \ldots, n+1 \end{array} \right\}; \; i = 1, 2, \ldots, n; \; i \neq k \end{array} \right\}.$$
>
> 2. A solução do sistema é
>
> $$x_i = a_{i, n+1}^{(n+1)}, i = 1, 2, \ldots, n.$$
>
> Esse método requer $(n^2(n+1))/2 \approx n^3/2$ multiplicações e divisões, isto é, 50% mais que no método de eliminação de Gauss. Devido a isso, ele é pouco usado. Uma vantagem particular desse método é que, no cálculo da solução da equação $AX = I, X = A^{-1}$ em um esquema de programação, são usadas apenas $n(n+1)$ posições de memória, menos que o normal, ou seja, $2n^2$ posições. Escalonamento e pivotação devem ser usados nesse método.

Decomposição LU

Por meio da eliminação gaussiana, os sistemas $AX_1 = B_1; AX_2 = B_2; \ldots; AX_p = B_p$ podem ser resolvidos simultaneamente. Entretanto, em diversas situações, os vetores constantes não são conhecidos desde o início, por exemplo, ao se resolver $AX_1 = B_1$ e $AX_2 = B_2$, onde B_2 é alguma função de X_1. A eliminação deveria ser feita em ambos os casos. Logo, uma alternativa é proceder como segue.

Suponha que seja possível decompor a matriz A em duas matrizes: uma triangular inferior, $L = [m_{ij}]$, e uma triangular superior, $U = [u_{ij}]$, tal que

$$A = LU. \tag{3.34}$$

Então, a equação (3.23) com $m = n$ em notação matricial é equivalente ao sistema $(LU) = B$, que pode ser decomposto em dois sistemas triangulares:

$$LY = B \text{ e } UX = Y. \tag{3.35}$$

Dessa forma, de posse de L e U, a solução da equação (3.23) é imediata, pois

$$y_i = \frac{b_i - \sum_{k=1}^{i-1} m_{ik} y_k}{m_{ii}}, i = 1, \ldots, n, \tag{3.36}$$

$$x_i = \frac{y_i - \sum_{k=i+1}^{n} u_{ik} x_k}{u_{ii}}, i = n, n-1, \ldots, 1. \tag{3.37}$$

Duas questões aparecem: a existência da decomposição LU e como realizá-la. O teorema a seguir fornece uma condição suficiente para a existência de L e U (DAHLQUIST; BJÖRCK, 1974).

Teorema 3.6

Sejam A uma matriz $n \times n$ e A_k a matriz $k \times k$ formada pela intersecção das primeiras k linhas e colunas em A. Se $\det(A_k) \neq 0$, $k = 1, 2, \ldots, n-1$, então existe uma única matriz triangular inferior $L = [m_{ij}]$ com $m_{ii} = 1$, $i = 1, 2, \ldots, n$ e uma única matriz triangular superior $U = [u_{ij}]$, tal que $LU = A$.

A questão agora é como obter L e U. Nesse sentido, inicialmente, mostra-se que existe uma equivalência entre a eliminação gaussiana e a decomposição LU, onde $L = [m_{ik}]$, $i \geq k$, $m_{ii} = 1$ e $U = [a_{kj}^{(k)}]$, $k \leq j$, ou seja, os elementos de L são os multiplicadores e os de U são os elementos da forma triangular final. Sendo assim, por eliminação gaussiana para obter L, preservam-se os m_{ik}, e o efeito da eliminação fica assim esboçado:

$$\begin{bmatrix} a_{11} & a_{12} & a_{13} & \cdots & a_{1n} \\ a_{21} & a_{22} & a_{23} & \cdots & a_{2n} \\ a_{31} & a_{32} & a_{33} & \cdots & a_{3n} \\ \vdots & & & & \\ a_{n1} & a_{n2} & a_{n3} & \cdots & a_{nn} \end{bmatrix} \Rightarrow \begin{bmatrix} u_{11} & u_{12} & u_{13} & \cdots & u_{1n} \\ m_{21} & u_{22} & u_{23} & \cdots & u_{2n} \\ m_{31} & m_{32} & u_{33} & \cdots & u_{3n} \\ \vdots & & & & \\ m_{n1} & m_{n2} & m_{n3} & \cdots & u_{nn} \end{bmatrix}.$$

Teorema 3.7

Sejam L e U matrizes triangulares inferior e superior, respectivamente, definidas como acima, isto é, resultantes do método de eliminação de Gauss, para a solução de $AX = B$. Então, $A = LU$.

Exemplo 3.9

Para o exemplo 3.7, as matrizes L e U são:

$$L = \begin{bmatrix} 1 & & & \\ 0,2 & 1 & & \\ -0,1 & -0,167 & 1 & \\ 0,1 & 0,278 & 0,271 & 1 \end{bmatrix}; \quad U = \begin{bmatrix} 10 & 5 & -1 & 1 \\ & 9 & -1,8 & -1,2 \\ & & 9,599 & 1,9 \\ & & & 9,719 \end{bmatrix}.$$

Por meio dos esquemas compactos de eliminação, obtêm-se os elementos de L e U diretamente, sem o uso do procedimento de eliminação de Gauss. Apresentam-se três métodos para o cálculo dessas matrizes.

Observe que na eliminação gaussiana no passo k, a k-ésima coluna de L e a k-ésima linha de U são determinadas. Em um método compacto, os elementos da matriz A permanecem inalterados.

Da equação matricial $A = LU$, tem-se:

$$a_{ij} - \sum_{p=1}^{r} m_{ip} u_{pj}, \quad r = \min(i, j). \tag{3.38}$$

Para o passo k, pode-se escrever

$$a_{kj} = \sum_{p=1}^{k} m_{kp} u_{pj}, \quad j \geq k, \tag{3.39}$$

$$a_{ik} = \sum_{p=1}^{k} m_{ip} u_{pk}, \ i > k. \tag{3.40}$$

Se for colocado $m_{ii} = 1$, $i = 1,2,\ldots,n$, fazendo $k = 1,2,\ldots,n$, então os elementos $u_{kk}, u_{k,k+1},\ldots,u_{k,n}$ e $m_{k+1,k}, m_{k+2,k},\ldots,m_{n,k}$ são obtidos nessa ordem, respectivamente, das equações (3.39) e (3.40).

$$\begin{cases} u_{kj} = a_{kj} - \sum_{p=1}^{k-1} m_{kp} u_{pj}; \ j = k, k+1,\ldots,n \\ m_{ik} = \dfrac{a_{ik} - \sum_{p=1}^{k-1} m_{ip} u_{pk}}{u_{kk}}; \ i = k+1, k+2,\ldots,n. \end{cases} \tag{3.41}$$

Essa maneira de obter os elementos de L e U denomina-se **método de Doolittle**.

Agora, se for colocado $u_{kk} = 1$, $k = 1,2\ldots,n$, obtém-se um método diferente, chamado **método de Crout**. Nesse caso, as equações para o passo $k = 1,2,\ldots,n$ ficam

$$\begin{cases} m_{ik} = a_{ik} - \sum_{p=1}^{k-1} m_{ip} u_{pk}; \ i = k, k+1,\ldots,n \\ u_{kj} = \dfrac{a_{kj} - \sum_{p=1}^{k-1} m_{kp} u_{pj}}{m_{kk}}; \ j = k+1, k+2,\ldots,n. \end{cases} \tag{3.42}$$

Exemplo 3.10

Efetuando os cálculos com cinco casas decimais, resolva o sistema de equações lineares pelo método de Crout.

$$\begin{cases} 5x_1 - x_2 + x_3 = 10 \\ 2x_1 + 4x_2 = 12 \\ x_1 + x_2 + 5x_3 = -1. \end{cases}$$

Usando-se a equação (3.42), obtêm-se:

$$L = \begin{bmatrix} 5 & & \\ 2 & 4{,}40000 & \\ 1 & 1{,}20000 & 4{,}90909 \end{bmatrix}; \ U = \begin{bmatrix} 1 & -0{,}20000 & 0{,}20000 \\ & 1 & -0{,}09091 \\ & & 1 \end{bmatrix}.$$

Resolvendo o sistema $LY = B$, vêm $y_1 = 2$, $y_2 = 1{,}81818$ e $y_3 = -1{,}0556$. Resolvendo-se o sistema $UX = Y$, obtém-se $x_1 = 2{,}55556$, $x_2 = 1{,}72222$ e $x_3 = -1{,}0556$.

Até o momento, não foi usada nesses métodos a estratégia de pivotação. Entretanto, para garantir a estabilidade numérica, é necessária uma estratégia de pivotação, que pode ser a parcial.

Apresenta-se, a seguir, o modo como é feita a pivotação parcial no método de Doolittle, pois para o método de Crout ela é feita de maneira análoga.

No método de Doolittle, $u_{kk} \neq 0$, caso contrário não é possível dar continuidade ao método. Então, o elemento-chave nesse método é o u_{kk}, que a cada passo k deve ser escolhido de forma conveniente, a fim de minimizar o erro de arredondamento cometido no decorrer dos cálculos.

A cada passo k, a pivotação deve ser efetuada da seguinte forma:

1. Calcula-se

$$u_{kk}^{(1)} = a_{kk} - \sum_{p=1}^{k-1} m_{kp} u_{pk}$$

$$u_{kk}^{(2)} = a_{k+1,k} - \sum_{p=1}^{k-1} m_{k+1,p} u_{pk}$$

$$\vdots$$

$$u_{kk}^{(n-k+1)} = a_{nk} - \sum_{p=1}^{k-1} m_{np} u_{pk}.$$

2. Determina-se máx $\{|u_{kk}^{(s)}|, 1 \leq s \leq n-k+1\} = u_{kk}^{(r)}$, onde r indica a posição em que se encontra o máximo desse conjunto em valor absoluto.
3. Troca-se na matriz A, aumentada do vetor constante B, A_u, e, na matriz L, a k-ésima linha pela $(k+r-1)$-ésima linha, dando continuidade ao método.

Exemplo 3.11

Efetuando os cálculos com três casas decimais, resolva o sistema de equações lineares pelo método de Doolittle com pivotação parcial:

$$\begin{cases} 4x_1 + 2x_2 - x_3 + x_4 = 6 \\ 8x_1 + 4x_2 + 2x_3 - 2x_4 = 10 \\ x_1 + 4x_2 + 2x_3 - 2x_4 = 3 \\ 2x_1 + x_2 - 2x_3 + 6x_4 = 8. \end{cases}$$

A matriz dos coeficientes aumentada do vetor constante desse sistema, trocando-se a segunda linha com a primeira, é:

$$A_u = \begin{bmatrix} 8 & 4 & 2 & -2 & |10 \\ 4 & 2 & -1 & 1 & | 6 \\ 1 & 4 & 2 & -2 & | 3 \\ 2 & 1 & -2 & 6 & | 8 \end{bmatrix}.$$

Para $k = 1$; $j = 1,2,3,4$; $i = 2,3,4$, tem-se que:

$u_{11} = 8$; $u_{12} = 4$; $u_{13} = 2$; $u_{14} = -2$; $m_{21} = 0,5$; $m_{31} = 0,125$; $m_{41} = 0,25$.

Para $k = 2$; $j = 2,3,4$; $i = 3,4$. O primeiro elemento a ser calculado é o u_{22}. Os candidatos a u_{22} são:

$$u_{22}^{(1)} = a_{22} - m_{21} u_{12} = 0$$

$$u_{22}^{(2)} = a_{32} - m_{31} u_{12} = 3,5$$

$$u_{22}^{(3)} = a_{42} - m_{41} u_{12} = 0;$$

então, $u_{22} = u_{22}^{(2)} = 3,5$, e deve-se trocar em A, e L a segunda linha com a terceira, resultando em:

$$A_u = \begin{bmatrix} 8 & 4 & 2 & -2 & |10 \\ 1 & 4 & 2 & -2 & |3 \\ 4 & 2 & -1 & 1 & |6 \\ 2 & 1 & -2 & 6 & |8 \end{bmatrix}.$$

Para $k = 3$, $j = 3$ e $i = 4$, têm-se:

$m_{11} = 1$; $m_{21} = 0,125$; $m_{32} = 0,5$; $m_{41} = 0,125$; $a_{23} - m_{21} u_{13} = 1,75$; $u_{24} = a_{24} - m_{21} u_{14} = -1,75$; $m_{32} = (a_{32} - m_{31})/u_{22} = 0$; $m_{42} = (a_{42} - m_{41} u_{12})/u_{22} = 0$.

Assim,

$$u_{33}^{(1)} = a_{33} - m_{31}u_{13} - m_{32}u_{23} = -2$$
$$u_{33}^{(2)} = a_{43} - m_{41}u_{13} - m_{42}u_{23} = -2,5.$$

Portanto, $u_{33} = u_{33}^{(2)} = -2,5$, e deve-se trocar em A_u, e L a terceira linha com a quarta, obtendo-se

$$A_u = \begin{bmatrix} 8 & 4 & 2 & -2 & |10 \\ 1 & 4 & 2 & -2 & |3 \\ 2 & 1 & -2 & 6 & |8 \\ 4 & 2 & -1 & 1 & |6 \end{bmatrix}.$$

Para $k = 4$ e $j = 4$, têm-se

$m_{11} = 1$; $u_{21} = 0,125$; $m_{31} = 0,25$; $m_{41} = 0,5$; $m_{22} = 1$; $m_{32} = 0$; $m_{42} = 0$;

$u_{34} = a_{34} - m_{31}u_{14} - m_{32}u_{24} = 6,5$;

$m_{43} = (a_{42} - m_{41}u_{13})/u_{33} = 0,8$ e

$u_{44} = a_{44} - m_{41}u_{14} - m_{42}u_{24} - m_{43}u_{34} = -3,2.$

Então,

$$L = \begin{bmatrix} 1 & & & \\ 0,125 & 1 & & \\ 0,25 & 0 & 1 & \\ 0,5 & 0 & 0,8 & 1 \end{bmatrix}; U = \begin{bmatrix} 8 & 4 & 2 & -2 \\ & 3,5 & 1,75 & -1,75 \\ & & -2,5 & 6,5 \\ & & & -3,2 \end{bmatrix}.$$

Resolvendo-se o sistema $LY = B$, obtêm-se $y_1 = 10$; $y_2 = 1,75$; $y_3 = 5,5$; $y_4 = -3,4$.
Resolvendo se o sistema $UX = Y$, obtêm-se $x_1 = 1$; $x_2 = 1,75$; $x_3 = 0,5625$; $x_4 = 1,0625$.

Método de Cholesky

Para matrizes simétricas definidas positivas, o esquema compacto se torna atrativo, pois não é preciso utilizar nem estratégia de pivotação nem escalonamento. Nesse caso, tem-se que (ver exercício 25):

$$U = L^T. \tag{3.43}$$

Sendo assim, $u_{kk} = m_{kk}$; $u_{pk} = m_{kp}$ e as fórmulas (3.41) podem ser modificadas para:

$$\begin{cases} m_{kk} = \left(a_{kk} - \sum_{p=1}^{k-1} m_{kp}^2\right)^{1/2} \\ m_{ik} = \dfrac{a_{ik} - \sum_{p=1}^{k-1} m_{ip}m_{kp}}{m_{kk}}, i = k+1,\ldots,n \end{cases} k = 1,2,\ldots n, \tag{3.44}$$

que é o *método de Cholesky*.

> **Observação:**
> O número de operações que os métodos de Doolittle e Crout envolvem é equivalente ao número de operações envolvidas no método de eliminação de Gauss. No método de Cholesky, o número de operações (multiplicações e divisões) é aproximadamente igual a $(1/6)n^3$, isto é, aproximadamente a metade de $((1/3)n^3)$, que é requerida na decomposição usual; além disso, requer somente $n(n+1)/2$ posições de memória para a matriz L, menos do que as n^2 localizações da decomposição usual.

Método de correção residual

Os erros de arredondamento, mesmo com pivotação ou outras estratégias, têm influência nos resultados. Então, obtida a solução, pode-se melhorá-la por meio de uma técnica denominada método de correção residual, que reduz os erros de arredondamento, podendo até permitir uma solução razoável a alguns sistemas mal condicionados. O conceito de sistemas mal condicionados será abordado na sequência.

O método consiste no seguinte: seja $\hat{X} \equiv X^{(0)}$ uma solução aproximada da equação (3.23), com $m = n$ obtida por decomposição LU ou por eliminação gaussiana. Assim,

$$AX^{(0)} = B^{(0)}. \tag{3.45}$$

Então

$$A(X - X^{(0)}) = B - B^{(0)}.$$

Denominando $e^{(0)} = X - X^{(0)}$ e $R^{(0)} = B - B^{(0)}$, tem-se

$$Ae^{(0)} = R^{(0)}. \tag{3.46}$$

Resolvendo-se a equação (3.46) por decomposição LU ou pelo método de eliminação de Gauss, obtém-se $\hat{e}^{(0)}$, e uma nova aproximação para a solução do sistema, X, é $X^{(1)} = X^{(0)} + \hat{e}^{(0)}$. Esse procedimento pode ser repetido, calculando-se $X^{(2)}$, $X^{(3)}$,... até que o erro de arredondamento seja suficientemente pequeno. O número de operações envolvidas no cálculo de $X^{(1)}$, $X^{(2)}$,... é inexpressivo quando comparado com o número de operações para obter $X^{(0)}$, tendo em vista que a decomposição LU já está feita. De maneira geral, o método consiste na sequência de passos a seguir.

Se $X^{(0)}$ é uma aproximação para a solução da equação (3.23) com $m = n$, obtida por decomposição LU ou por eliminação gaussiana, então, para $k = 0, 1, 2, \ldots$, calcula-se:

1. $AX^{(k)} = B^{(k)}$;
2. $R^{(k)} = B - B^{(k)}$;
3. resolve-se o sistema $Ae^{(k)} = R^{(k)}$, e
4. $X \approx X^{(k+1)} = X^{(k)} + \hat{e}^{(k)}$.

O processo é continuado até que todos os elementos de $e^{(k)}$ em valor absoluto sejam menores que $0,5 \times 10^{-t}$.

Exemplo 3.12

A solução do sistema de equações lineares $AX = B$, onde A é uma matriz de Hilbert 3 x 3 (ver exercício 24), ou seja,

$$A = \begin{bmatrix} 1,0000 & 0,5000 & 0,3333 \\ 0,5000 & 0,3333 & 0,2500 \\ 0,3333 & 0,2500 & 0,2000 \end{bmatrix}; B = [1\ 0\ 0]^T,$$

com quatro dígitos, é $X = [9,062;\ -36,32;\ 30,30]^T$. Pelo método de eliminação de Gauss com pivotação parcial, obtém-se $X^{(0)} = [9,190;\ -37,04;\ 31,00]^T$. Calculando-se o resíduo $R^{(0)}$ em dupla precisão e arredondando-se para quatro dígitos significativos, tem-se $R^{(0)} = [-0,002300;\ 0,0004320;\ -0,003027]^T$. Resolvendo o sistema $Ae^{(0)} = R^{(0)}$ com a decomposição LU já efetuada, resulta em $\hat{e}^{(0)} = [-0,1309;\ 0,7320;\ 0,7122]^T$. Portanto, $X^{(1)} = [9,059; -36,31;\ 30,29]^T$. Repetindo essas operações, vêm:

$$R^{(1)} = [0,0003430;\ 0,0001230;\ 0,0001353]^T;\ \hat{e}^{(1)} = [0,002792;\ -0,01349;\ 0,01289]^T;$$

$$X^{(2)} = [9,062;\ -36,32;\ 30,3]^T,\ \text{que é a solução do sistema.}$$

Análise de erro nos métodos diretos

Para a análise de erro cometido no cálculo da solução da equação (3.23) com $m = n$, inicialmente se examina a estabilidade da solução X relativa a pequenas pertubações no lado direito B. Sendo assim, considere o sistema perturbado

$$A\tilde{X} = B + R. \tag{3.47}$$

Seja $E = \tilde{X} - X$. Subtraindo-se a equação (3.23) da Equação (3.47), obtém-se

$$AE = R, \text{ portanto, } E = A^{-1}R. \tag{3.48}$$

Para se analisar a estabilidade da Equação (3.23), analisa-se a quantidade

$$\frac{\|E\|}{\|X\|} \div \frac{\|R\|}{\|B\|}, \tag{3.49}$$

onde as componentes de $R \in \mathbb{R}^n$ são pequenas quando comparadas com as de B.

Da equação (3.48), tomando-se a norma, tem-se

$$\|R\| \le \|A\|\|E\|; \ \|E\| \le \|A^{-1}\|\|R\|.$$

Dividindo-se a primeira desigualdade por $\|A\|\|X\|$ e a segunda por $\|X\|$, tem-se

$$\frac{\|R\|}{\|A\|\|X\|} \le \frac{\|E\|}{\|X\|} \le \frac{\|A^{-1}\|\|R\|}{\|X\|},$$

onde a norma matricial é a norma induzida pela norma vetorial. Usando-se as desigualdades

$$\|B\| \le \|A\|\|X\|; \ \|X\| \le \|A^{-1}\|\|B\|,$$

obtém-se

$$\frac{1}{\|A\|\|A^{-1}\|}\frac{\|R\|}{\|B\|} \le \frac{\|E\|}{\|X\|} \le \|A\|\|A^{-1}\|\frac{\|R\|}{\|B\|}. \tag{3.50}$$

Comparando-se a equação (3.50) com a equação (3.49), introduz-se a definição de número de condicionamento de uma matriz A, denotado por $cond(A)$, como:

$$cond(A) = \|A\|\|A^{-1}\|. \tag{3.51}$$

A quantidade (3.51) varia de acordo com a norma usada, mas $cond(A) \ge 1$, pois

$$cond(A) = \|A\|\|A^{-1}\| \ge \|AA^{-1}\| = \|I\| = 1.$$

Se $cond(A) \approx 1$, então, observando-se a equação (3.50), pode-se ver que pequenas perturbações em B conduzem a pequenas perturbações em X, e o Sistema (3.23) é dito ser bem-condicionado. Mas, se $cond(A) \gg 1$, então a equação (3.50) sugere que pequenas perturbações relativas em B conduzem a grandes perturbações relativas em X, e o eistema (3.23) é dito ser mal condicionado.

Exemplo 3.13

Considere o sistema de equações lineares:

$$\begin{cases} 7x_1 + 10x_2 = 1 \\ 5x_1 + 7x_2 = 0{,}7 \end{cases},$$

cuja solução é $x^1 = 0$ e $x^2 = 0{,}1$. Então,

$$A = \begin{bmatrix} 7 & 11 \\ 5 & 7 \end{bmatrix}; \ A^{-1} = \begin{bmatrix} -7 & 10 \\ 5 & -7 \end{bmatrix}.$$

> Nesse caso, tem-se:
>
> $$cond\,(A)_1 = cond\,(A)_\infty = 289, cond\,(A)_2 \approx 223.$$
>
> Com esses números de condicionamento, conclui-se que o sistema pode ser mal condicionado, isto é, o sistema pode ser sensível a pequenas perturbações introduzidas no vetor constante B. De fato, considere o sistema perturbado
>
> $$\begin{cases} 7\tilde{x}_1 + 10\tilde{x}_2 = 1{,}01 \\ 5\tilde{x}_1 + 7\tilde{x}_2 = 0{,}69 \end{cases},$$
>
> que tem como solução $\tilde{x}_1 = -0{,}17$ e $\tilde{x}_2 = 0{,}22$. A variação na solução pode ser considerada grande quando comparada com a variação do vetor B. Logo, esse sistema é mal condicionado.

Como foi visto em (3.51), o número $cond(A)$ varia de acordo com a norma escolhida. Uma maneira de definir esse número para ele ficar igual ao menor limite superior para a norma é por meio de autovalores e autovetores. Esse assunto será retomado no Item 3.4.2 deste capítulo para concluir a análise de erro de arredondamento nos métodos diretos.

Inversão de matrizes

Antes de prosseguir com a apresentação de métodos numéricos para resolver sistemas de equações lineares, aborda-se o problema do cálculo da matriz inversa, A^{-1}, de uma matriz A, $n \times n$, não singular ($\det A \neq 0$).

Da Definição 3.5, sabe-se que $AA^{-1} = A^{-1}A = I$. Se for colocado $X = A^{-1}$, tem-se $AX = I$ ou $AX_p = e_p; p = 1,2,\ldots,n$, onde X_p é a p-ésima coluna da matriz X e e_p é a p-ésima coluna da matriz I. Então, as colunas de A^{-1} são as soluções dos sistemas de equações lineares, $AX_p = e_p$. Logo, o método de eliminação de Gauss pode ser usado no cálculo de A^{-1}, aplicando-o à matriz $[A \mid I]$ de ordem $n \times 2n$, ou seja, à matriz dos coeficientes aumentada da matriz identidade. O algoritmo para o método de eliminação de Gauss, nesse caso, é o mesmo, apenas $j = k+1, k+2,\ldots,2n$ nas equações (3.24) e (3.25). A solução dos n sistemas de equações lineares triangulares resultante da aplicação de eliminação em $[A \mid I]$ são as colunas da matriz A^{-1}.

Outra maneira de calcular A^{-1} é por meio da decomposição LU. Se a decomposição LU da matriz é conhecida, então se calcula A^{-1} como $A^{-1} = (LU)^{-1} = U^{-1}L^{-1}$. A matriz inversa da matriz L é também uma matriz triangular inferior. Colocando $Y = L^{-1}$, as colunas Y_j de Y satisfazem $LY_j = e, j = 1,2,3\ldots,n$. Então, os elementos de L^{-1} são determinados, resolvendo-se os n sistemas triangulares que têm, como solução,

$$y_{ij} = \frac{\delta_{ij} - \sum_{k=j}^{i-1} m_{ik} y_{kj}}{m_{ii}}, \; i = j, j+1,\ldots,n, \tag{3.52}$$

onde

$$\delta_{ij} = \begin{cases} 1 & \text{se } i = j \\ 0 & \text{se } i \neq j. \end{cases}$$

Analogamente, $Z = U^{-1}$ é uma matriz triangular superior com elementos calculados por meio de

$$z_{ij} = \frac{\delta_{ij} - \sum_{k=i+1}^{j} u_{ik} z_{kj}}{u_{ii}}, \; i = j, j-1,\ldots,1. \tag{3.53}$$

Exemplo 3.14

Calcule A^{-1} por eliminação gaussiana e por decomposição LU, onde

$$A = \begin{bmatrix} 2 & 1 & 2 \\ 1 & 2 & 3 \\ 4 & 1 & 2 \end{bmatrix}.$$

Por eliminação gaussiana:

$a_{11}^{(1)}$	$a_{12}^{(1)}$	$a_{13}^{(1)}$	$a_{14}^{(1)}$	$a_{15}^{(1)}$	$a_{16}^{(1)}$	2	1	2	1	0	0
$a_{21}^{(1)}$	$a_{22}^{(1)}$	$a_{23}^{(1)}$	$a_{24}^{(1)}$	$a_{25}^{(1)}$	$a_{26}^{(1)}$	1	2	3	0	1	0
$a_{31}^{(1)}$	$a_{32}^{(1)}$	$a_{33}^{(1)}$	$a_{34}^{(1)}$	$a_{35}^{(1)}$	$a_{36}^{(1)}$	4	1	2	0	0	1
m_{21}	$a_{22}^{(2)}$	$a_{23}^{(2)}$	$a_{24}^{(2)}$	$a_{25}^{(2)}$	$a_{26}^{(2)}$	0,5	1,5	2	−0,5	1	0
m_{31}	$a_{32}^{(2)}$	$a_{33}^{(2)}$	$a_{34}^{(2)}$	$a_{35}^{(2)}$	$a_{36}^{(2)}$	2	−1	−2	−2	0	1
	m_{32}	$a_{33}^{(3)}$	$a_{34}^{(2)}$	$a_{35}^{(2)}$	$a_{36}^{(2)}$		−0,67	−0,67	−2,33	−0,67	1
x_1	x_2	x_3				−0,5	−4,97	3,48			
y_1	y_2	y_3				0	2	−1			
z_1	z_2	z_3				0,5	2	−1,5			

A matriz A^{-1} é

$$A^{-1} = \begin{bmatrix} -0,5 & 0 & 0,5 \\ -4,97 & 2 & 2 \\ 3,48 & -1 & -1,5 \end{bmatrix}.$$

Por decomposição LU, da eliminação gaussiana tem-se que

$$L = \begin{bmatrix} 1 & & \\ 0,5 & 1 & \\ 2 & -0,670 & 1 \end{bmatrix}; \quad U = \begin{bmatrix} 2 & 1 & 2 \\ & 1,5 & 2 \\ & & -0,67 \end{bmatrix}.$$

Usando-se a equação (3.52), obtém-se

$$L^{-1} = \begin{bmatrix} 1 & & \\ -0,5 & 1 & \\ -2,34 & 0,67 & 1 \end{bmatrix}$$

e, por meio da equação (3.53), calcula-se

$$U^{-1} = \begin{bmatrix} 0,5 & -0,34 & 0,5 \\ & 0,67 & 2 \\ & & -1,5 \end{bmatrix}.$$

A matriz inversa A^{-1} é dada pelo produto da matriz L^{-1} com a matriz U^{-1}. Logo,

$$A^{-1} = U^{-1}L^{-1} = \begin{bmatrix} -0,5 & 0 & 0,5 \\ -5,02 & 2,01 & 2 \\ 3,51 & -1 & -1,5 \end{bmatrix}.$$

Métodos iterativos

Apresentam-se, a seguir, métodos iterativos para a solução da equação (3.22), com $m = n$, os quais possuem características idênticas às dos métodos iterativos apresentados anteriormente para a solução de equação não linear a uma variável, $f(x) = 0$. Sendo assim, os elementos constituintes desses métodos são: tentativa inicial $x^{(0)}$ para a solução da equação (3.22); equação de iteração do tipo $X = \Phi(X)$, e teste de parada. Abordam-se, nesta seção, três métodos iterativos.

Método de Jacobi

Supondo que $a_{ii} \neq 0$; $i = 1, 2, \ldots, n$, o método consiste em reescrever a equação (3.22) com $m = n$ na seguinte forma:

$$x_i = \frac{b_i - \sum_{\substack{j=1 \\ j \neq i}}^{n} a_{ij} x_j}{a_{ii}}, \quad i = 1, 2, \ldots, n. \tag{3.54}$$

Sendo $X^{(0)} = [x_1^{(0)}, x_2^{(0)}, \ldots, x_n^{(0)}]^T$ uma tentativa inicial para a solução do sistema de equações lineares, para $k = 0, 1, 2, \ldots$, calcula-se a sequência de aproximações para a solução X

$$\{X^{(k+1)}\}, \ X^{(k+1)} = [x_1^{(k+1)}, x_1^{(k+1)}, \ldots, x_n^{(k+1)}]^T$$

por meio de

$$x_i^{(k+1)} = \frac{b_i - \sum_{\substack{j=1 \\ j \neq i}}^{n} a_{ij} x_j^{(k)}}{a_{ii}}, \quad i = 1, 2, \ldots, n;\ k \geq 0 \tag{3.55}$$

até que um teste de parada seja satisfeito. Os testes de parada mais usuais são:

$$\left\| X^{(k+1)} - X^{(k)} \right\| < \varepsilon \quad \text{ou} \quad \frac{\left\| X^{(k+1)} - X^{(k)} \right\|}{\left\| X^{(k+1)} \right\|} < \varepsilon,$$

onde ε é uma tolerância estabelecida *a priori*.

Exemplo 3.15

Efetuando os cálculos com três casas decimais, determine a solução do sistema de equações lineares $AX = B$ por meio do método de Jacobi, onde

$$A = \begin{bmatrix} 8 & 1 & -1 \\ 1 & -7 & 2 \\ 2 & 1 & 9 \end{bmatrix}, B = \begin{bmatrix} 8 \\ -4 \\ 12 \end{bmatrix}.$$

Nesse caso, tem-se

$$\begin{cases} x_1^{(k+1)} = 1 - 0{,}125 x_2^{(k)} + 0{,}125 x_3^{(k)} \\ x_2^{(k+1)} = 0{,}571 + 0{,}143 x_1^{(k)} + 0{,}286 x_3^{(k)} \\ x_3^{(k+1)} = 1{,}333 - 0{,}222 x_1^{(k)} - 0{,}111 x_2^{(k)}, \end{cases}$$

e os resultados são mostrados no Quadro 3.3.

Quadro 3.3 Resultados de aplicação do método de Jacobi.

k	0	1	2	3	4	5	6	7
$x_1^{(k)}$	0	1,000	1,095	0,095	0,093	1,002	1,001	1,000
$x_2^{(k)}$	0	0,571	1,095	1,026	0,090	0,098	1,001	1,000
$x_3^{(k)}$	0	1,333	1,048	0,969	1,000	1,004	1,001	1,000

Método de Gauss-Seidel

Esse método inicialmente consiste em reescrever a equação (3.22) na forma da equação (3.54). Com a tentativa inicial $X^{(0)}$, calcula-se a sequência de aproximações $\{X^{(k+1)}\}, k = 0,1,2,\ldots$, para a solução, agora por meio de

$$x_i^{(k+1)} = \frac{b_i - \sum_{j=1}^{i-1} a_{ij} x_j^{(k+1)} - \sum_{j=i+1}^{n} a_{ij} x_j^{(k)}}{a_{ii}}, \; i = 1,2,\ldots,n; \; k \geq 0. \tag{3.56}$$

O teste de parada pode ser um dos citados antes.

Exemplo 3.16

Resolva o sistema dado no exemplo 3.15, por meio do método de Gauss-Seidel, efetuando-se os cálculos com três casas decimais.

Conforme a equação (3.56), tem-se

$$\begin{cases} x_1^{(k+1)} = 1 - 0,125 x_2^{(k)} + 0,125 x_3^{(k)} \\ x_2^{(k+1)} = 0,571 + 0,143 x_1^{(k+1)} + 0,286 x_3^{(k)} \\ x_3^{(k+1)} = 1,333 - 0,222 x_1^{(k+1)} - 0,111 x_2^{(k+1)} . \end{cases}$$

Os resultados são os mostrados no Quadro 3.4.

Quadro 3.4 Resultados de aplicação do método de Gauss-Seidel.

k	0	1	2	3	4	5
$x_1^{(k)}$	0	1,000	1,041	0,997	1,001	1,000
$x_2^{(k)}$	0	0,714	1,014	0,996	1,000	1,000
$x_3^{(k)}$	0	1,032	0,990	1,002	1,000	1,000

Convém observar que, no método de Jacobi, $X^{(k+1)}$ é totalmente determinado, usando-se as componentes de $X^{(k)}$. No método de Gauss-Seidel, $X^{(k+1)}$ é determinado, utilizando-se as componentes de $X^{(k)}$ e as de $X^{(k+1)}$ já determinadas, com a vantagem de não exigir o armazenamento simultâneo dos dois vetores $X^{(k)}$ e $X^{(k+1)}$ em cada passo e, em geral, convergir mais rapidamente que o método de Jacobi, como se constata nos exemplos dados e na análise de sua convergência que será feita adiante.

Método de sobrerrelaxação

Esse método é concebido por meio de uma modificação no método de Gauss-Seidel, com o objetivo de acelerar a convergência da sequência de aproximações para a solução X.

Observe que a equação (3.56) pode ser escrita na forma

$$x_i^{(k+1)} = x^{(k)} + r_i^{(k)}, \; i = 1,2,\ldots,n, \tag{3.57}$$

onde $r_i^{(k)}$ é o resíduo na i-ésima equação

$$r_i^{(k)} = \frac{b_i - \sum_{j=1}^{i-1} a_{ij} x_j^{(k+1)} - \sum_{j=i}^{n} a_{ij} x_j^{(k)}}{a_{ii}}, \; i = 1,2,\ldots,n,$$

Então, é possível modificar o método de Gauss-Seidel para

$$x_i^{(k+1)} = x_i^{(k)} + w r_i^{(k)}, \tag{3.58}$$

onde w é um parâmetro de correção, escolhido convenientemente a fim de acelerar a convergência. Se $w = 1$, o método é o de Gauss-Seidel. Quando do estudo de autovalores e autovetores no Teorema 3.17, mostra-se que $0 < w < 2$ para que o método da sobrerrelaxação seja convergente. O algoritmo para o método fica:

$$x_i^{(k+1)} = (1-w) x_i^{(k)} + w \left(\frac{b_i - \sum_{j=1}^{i-1} a_{ij} x_j^{(k+1)} - \sum_{j=i+1}^{n} a_{ij} x_j^{(k)}}{a_{ii}} \right), \tag{3.59}$$

para $i = 1,2,\ldots,n$; $k = 0,1,2,\ldots$, onde $0 < w < 2$ e $X^{(0)} = [x_1^{(0)}, x_2^{(0)}, \ldots, x_n^{(0)}]^T$ é a tentativa inicial para a solução do sistema. O parâmetro w deve ser entendido como uma correção que se faz ao resíduo $b - AX^{(k)}$ e devido a isso o método é chamado de sobrerrelaxação.

Exemplo 3.17

Resolva o sistema dado no exemplo 3.15 pelo método de sobrerrelaxação, efetuando os cálculos com três casas decimais. Tome $w = 0{,}82$.

De acordo com a equação (3.59), tem-se

$$\begin{cases} x_1^{(k+1)} = 0{,}18 x_1^{(k)} + 0{,}82(1 - 0{,}125 x_2^{(k)}) + 0{,}125 x_3^{(k)} \\ x_2^{(k+1)} = 0{,}18 x_2^{(k)} + 0{,}82(0{,}571 + 0{,}143 x_1^{(k+1)}) + 0{,}286 x_3^{(k)} \\ x_3^{(k+1)} = 0{,}18 x_3^{(k)} + 0{,}82(1{,}333 - 0{,}222 x_1^{(k+1)}) - 0{,}111 x_2^{(k+1)}, \end{cases}$$

e os resultados são mostrados no Quadro 3.5.

Quadro 3.5 Resultados de aplicação do método de sobrerrelaxação.

k	0	1	2	3	4	5
$x_1^{(k)}$	0	0,820	1,001	1,010	1,003	1,000
$x_2^{(k)}$	0	0,564	0,896	0,980	0,996	0,999
$x_3^{(k)}$	0	0,892	0,990	0,991	0,999	0,999

O cálculo do w ótimo em geral é difícil. Somente para determinadas classes de matrizes, é possível encontrar explicitamente o valor de w ótimo (DAHLQUIST; BJÖRCK, 1974).

Discute-se agora a convergência dos métodos iterativos, ou seja, quando o método converge. E, se converge, como converge?

> **Teorema 3.8**
>
> 1) Considere o sistema (3.23) com $m = n$. Se a matriz dos coeficientes A do sistema (3.23) é estritamente diagonal dominante, então, qualquer que seja a tentativa inicial $X^{(0)}$, tanto o método de Jacobi como o de Gauss-Seidel convergem.
>
> 2) Se A é uma matriz diagonal dominante e se o sistema é irredutível, então, para qualquer tentativa inicial, tanto o método de Jacobi como o de Gauss-Seidel convergem.
>
> 3) Se A é uma matriz positiva definida positiva, então o método de Gauss-Seidel converge, independentemente da tentativa inicial.

> **Observação:**
>
> a) Um sistema é dito redutível quando é possível trabalhar com um número menor de equações que o número dado no sistema original e, consequentemente, determinar a solução do sistema para algumas incógnitas. Quando isso não é possível, o sistema é irredutível. Condições necessárias e suficientes para a convergência dos métodos iterativos para resolver a equação (3.23) com $m = n$ serão estabelecidas no Item 3.4.2.
>
> b) O erro de arredondamento cometido nos métodos iterativos é aquele unicamente cometido na última iteração. Isso se deve ao fato de que sempre é usada a matriz dos coeficientes original, e utiliza-se o último valor calculado como tentativa inicial. É de esperar, então, que o erro de arredondamento nos métodos iterativos seja um problema menos severo que nos métodos diretos.

Métodos de otimização

Nesta seção, apresentam-se dois métodos de otimização para encontrar a solução do sistema (3.23) com $m = n$: o método de gradientes puros e o de gradientes conjugados. Inicia-se considerando o problema de determinar o mínimo do seguinte funcional:

$$F(X) = \frac{1}{2}(AX, X) - (B, X), \qquad (3.60)$$

ou seja, de calcular o

$$\min_{X \in \mathbb{R}^n} F(X),$$

onde A é uma matriz $n \times n$ simétrica definida positiva. Uma condição necessária e suficiente para a existência do mínimo na equação (3.60) é que $AX - B = \mathbf{0}$, ou seja,

$$\nabla(F(X)) = \mathbf{0}, \quad (\nabla(F(X)) \equiv \text{gradiente de } F(X)).$$

Então, minimizar a equação (3.60) é equivalente a resolver o sistema de equações lineares (3.23).

Tanto o método de gradientes puros como o de gradientes conjugados são métodos iterativos de descida, que geram os pontos $X_1, X_2, \ldots$, do $\mathbb{R}^n$ segundo a expressão:

$$X_{k+1} = X_k + t_k d_k, \ k = 0,1,2,\ldots \qquad (3.61)$$

onde:

- d_k: representa uma direção em $\mathbb{R}^n$ que conduz ao mínimo de F definida na equação (3.60);
- t_k: o passo na direção d_k;
- $F(X_{k+1}) < F(X_k)$.

A ideia básica nesses métodos é idêntica à do método de gradientes puros para o cálculo de raízes das equações polinomiais visto no Capítulo 2.

Método de gradientes puros

Nesse método, a cada passo toma-se o sentido contrário ao do gradiente de $F(X)$, $(-\nabla(F(X_k))$, determinando-se o passo t_k de tal maneira que na direção d_k o funcional seja minimizado, isto é, $F(X_{k+1}) < F(X_k)$.

Denominando-se $g_k = \nabla(F(X_k))$, tem-se

$$\left.\begin{array}{l} g_k = AX_k - B \\ d_k = -g_k \end{array}\right\}; \ k = 0, 1, 2, \cdots.$$

Para determinar t_k, calcula-se:

$$F(X_k + t_k d_k) = \frac{1}{2}(A(X_k + t_k d_k),(X_k + t_k d_k)) - (B,(X_k + t_k d_k)),$$

ou

$$F(X_k + t_k d_k) = F(X_k) + t_k(g_k, d_k) + \frac{1}{2} t_k^2 (A_k d_k, d_k).$$

Derivando em relação a t_k, vem

$$\frac{\partial F}{\partial t_k} = (g_k, d_k) + t_k (A d_k, d_k). \qquad (3.62)$$

Igualando a equação (3.62) a zero, pois deseja-se que, na direção d_k, X_{k+1} seja ponto de mínimo, tem-se

$$t_k = -\frac{(g_k, d_k)}{(Ag_k, g_k)},$$

ou seja,

$$t_k = \frac{(g_k, g_k)}{(Ag_k, g_k)}.$$

Então,

$$X_{k+1} = X_k + [(g_k, g_k)/(Ag_k, g_k)](-g_k) \qquad (3.63)$$

É fácil mostrar que $F(X_{k+1}) < F(X_k)$, o que assegura a convergência do método para qualquer tentativa inicial X_0. Para sistemas mal condicionados, a convergência pode ser lenta, pois, nesse caso, as curvas de nível estão alongadas e o sentido contrário à direção do gradiente pode ser muito diferente da direção do mínimo de $F(X)$.

Um algoritmo para o método fica:

1. Escolhe-se $X_0 \in \mathbb{R}^n$ como uma tentativa inicial para a solução da equação (3.22) com $m = n$.
2. Para $k = 0, 1, 2,\ldots$, calcula-se:

$$d_k = -g_k = B - AX_k,$$
$$t_k = (g_k, g_k)/(Ag_k, g_k),$$
$$X_{k+1} = X_k + t_k d_k.$$

3. O processo continua até que $\|X_{k+1} - X_k\| < \varepsilon$ ou $\|g_{k+1}\| < \varepsilon$, onde ε é uma tolerância suficientemente pequena.

Exemplo 3.18

Resolva o sistema de equações lineares por meio do método de gradientes puros.

$$\begin{cases} 10x_1 + x_3 = 11 \\ + 10x_2 - x_3 = 9 \\ x_1 - x_2 + 10x_3 = 10 \end{cases}$$

Seja $X = (0, 0, 0)^T$ a tentativa inicial para a solução do sistema; usando-se o algoritmo do método de gradientes puros, obtêm-se os seguintes resultados, conforme o Quadro 3.6.

Quadro 3.6 Exemplo de aplicação do método de gradientes puros.

k	X_k^T	d_k^T	t_k	X_{k+1}^T
0	(0, 0, 0)	(11, 9, 10)	0,0987	(1,0857; 0,8883; 0,9870)
1	(1,0857; 0,8883; 0,9870)	(−0,8440; 1,1040; −0,0674)	0,0987	(1,0024; 0,9972; 0,9803)
2	(1,0024; 0,9972; 0,9803)	(−0,0043; 0,0083; 0,1918)	0,1009	(1,0020; 0,9980; 0,9997)
3	(1,0020; 0,9980; 0,9997)	(−0,0197; 0,0197; −0,0010)	0,1009	(1,0000; 1,0000; 0,9996)

Método de gradientes conjugados

Nesse método, a cada passo, a direção d_k é calculada levando-se em conta não apenas o sentido contrário da direção de g_k, como no método anterior, mas também todo o conjunto de informações disponíveis até o $k$ésimo passo. Ao atingir o k-ésimo passo, têm-se acumuladas as informações:

$$\{d_0, d_1, d_2, \ldots, d_{k-1}, g_0, g_1, \ldots, g_k\}. \tag{3.64}$$

Sejam S_k o subespaço de $\mathbb{R}^n$ gerado pelo Conjunto (3.64) de vetores e V_k o conjunto $\{X_k\} \cup S_k$, que contém o ponto X_k.

O cálculo de d_k é feito com base no seguinte: para $k = 0$, $d_0 = -g_0$ e para $k > 0$, d_k é tomado como um elemento do subespaço S_k. Então, d_k é uma combinação linear dos gradientes $g_0, g_1, \ldots g_k$ ou seja, S_k coincide com o subespaço gerado pelos gradientes $g_0, g_1, \ldots g_k$. A direção d_k deve ser tal que, se $X_{k+1} = X_k + t_k d_k$ for tomado como ponto ótimo na direção d_k (admitindo, portanto, pesquisa unidimensional exata), esse ponto será também ótimo em todo o conjunto V_k. Em outras palavras, $d_k \in S_k$ deve ser escolhido de tal forma que a restrição de F a V_k seja mínima no ponto X_{k+1}. Note que, em princípio, esse método é tão eficiente quanto o de gradientes puros.

Seja $k > 0$. Existe um ponto ótimo em V_k. De fato, se $X \in V_k$, então

$$X = X_k + \sum_{i=0}^{k} \alpha_i g_i.$$

Logo,

$$F(X) = F(X_k + \sum_{i=0}^{k}(\alpha_i g_i) = G(\alpha_0, \alpha_1, \ldots \alpha_k).$$

Note que G é uma função quadrática nas variáveis $\alpha_0, \alpha_1, \ldots, \alpha_k$ e limitada inferiormente. Assim, de acordo com a teoria das funções quadráticas, existe um mínimo para G em $\mathbb{R}^{k+1}$ e, portanto, para F em V_k.

Deseja-se que X_{k+1} seja esse ponto de mínimo. Assim sendo, X_{k+1} será também ponto de mínimo para F, quando restrito a qualquer direção $v \in V_k$. Portanto,

$$0 = \frac{\partial F(X_{k+1})}{\partial v} = (g_{k+1}, v), \forall v \in S_k$$

em particular, para $v = g_i$, resulta em

$$(g_{k+1}, g_i) = 0, \ i = 0, 1, \ldots, k \cdot \tag{3.65}$$

A propriedade (3.65) justifica a denominação do método.

Por outro lado, tem-se que as direções são A-conjugadas, isto é, $(Ad_k, d_i) = 0, \ i = 0, 1, \ldots, k$. De fato,

$$g_Y - g_X = A(Y - X)$$
$$g_Y = g_X + A(Y - X).$$

Para $Y = K_{k+1}$ e $X = X_k$, essa relação se torna

$$g_{k+1} - g_k = A(X_{k+1} - X_k).$$

Como $X_{k+1} - X = t_k d_k$, então

$$g_{k+1} - g_k = t_k A d_k. \tag{3.66}$$

Calculando o produto interno dos termos da equação (3.66) por d_i, $i = 0, 1, 2, \ldots, k-1$, obtém-se

$$(g_{k+1} - g_k, d_i) = t_k (Ad_k, d_i); \ i < k.$$

Como d_i é uma combinação linear de $g_0, g_1, \ldots g_i$ e $(g_{k+1}, g_i) = 0$, tem-se

$$d_i = \sum_{i=0}^{k-1} \alpha_i g_i \ e \ \left(g_{k+1}, \sum_{i=0}^{k-1} \alpha_i g_i\right) - \left(g_k, \sum_{i=0}^{k-1} \alpha_i g_i\right) = 0 \cdot$$

Logo, com $t_k \neq 0$, vem

$$(Ad_k, d_i) = 0; i = 0, 1, \ldots, k-1. \tag{3.67}$$

Mostra-se agora que o produto de cada direção d_k pelos gradientes $g_i, i = 0, 1, \ldots, k$ é invariante, ou seja, (d_k, g_i) = constante, $0 \leq i \leq k$. Da equação (3.67), d_k e g_i, $i = 0, 1, \ldots, k-1$ são A-conjugadas. Lembrando que A é simétrica, então $(Ad_k, d_i) = (d_k, Ad_i)$. Portanto,

$$t_i(d_k, Ad_i) = (d_k, A(X_{i+1} - X_i)) = 0, \ i = 0, 1, \ldots, k,$$

isto é, $(d_k, g_{i+1} - g_i) = 0, i = 0, 1, \ldots, k - 1$, ou $(d_k, g_{i+1}) - (d_k, g_i) = 0$ e, consequentemente, (d_k, g_i) = constante, $i = 0, 1, 2, \ldots, k$.

Uma expressão recorrente para $d_k (k > 0)$

Da invariância e da ortogonalidade dos gradientes, tem-se:

$$\text{constante} = K = (d_k, g_k) = \left(\sum_{j=0}^{k} \beta_j g_j, g_i\right) = \beta_i \|g_i\|^2; \ i = 0, 1, \ldots, k$$

e

$$\beta_i = \frac{K}{\|g_i\|^2}.$$

Logo,

$$d_k = K \sum_{i=0}^{k} \frac{g_i}{\|g_i\|^2},$$

sendo o valor da constante K irrelevante. Então, pode-se escrever

$$d_k = -\|g_k\|^2 \sum_{i=0}^{k} \frac{g_i}{\|g_i\|^2},$$

ou

$$d_k = -g_k + \frac{\|g_k\|^2}{\|g_{k-1}\|^2} \left(-\|g_{k-1}\|^2 \sum_{i=0}^{k-1} \frac{g_i}{\|g_i\|^2}\right),$$

$$d_k = -g_k + \frac{\|g_k\|^2}{\|g_{k-1}\|^2} d_{k-1}.$$

ou ainda

$$d_k = -g_k + e_{k-1} d_{k-1}, \qquad (3.68)$$

onde

$$e_{k-1} = \frac{\|g_k\|^2}{\|g_{k-1}\|^2} = \frac{(g_k, g_k)}{(g_{k-1}, g_{k-1})}$$

$$d_k = -\|g_k\|^2 \sum_{i=0}^{k} \frac{g_i}{\|g_i\|^2}.$$

Cálculo do passo t_k

O valor de t_k é calculado como no método de gradientes puros, ou seja, realizando-se pesquisa unidimensional exata, do que resulta

$$t_k = -\frac{(g_k, g_k)}{(Ad_k, d_k)}$$

ou

$$t_k = \frac{(g_k, g_k)}{(Ad_k, d_k)}, \qquad (3.69)$$

uma vez que

$$(g_k, d_k) = \left(g_k, -g_k + \frac{\|g_k\|^2}{\|g_{k-1}\|^2} d_{k-1} \right) = -(g_k, g_k).$$

Desse modo, um algoritmo para o método fica:

1. Escolhe-se $X_0 \in \mathbb{R}^n$ como uma tentativa inicial para a solução da equação (3.23) com $m = n$.
2. Calcula-se:

$$\begin{cases} d_0 = g_0 = B - AX_0 \\ t_0 = \frac{(g_0, g_0)}{(Ad_0, d_0)}. \end{cases}$$

3. Para $k = 1, 2, 3, \ldots$, calcula-se:

$$X_k = X_{k-1} + t_{k-1} d_{k-1}$$
$$g_k = AX_k - B$$
$$e_{k-1} = \frac{(g_k, g_k)}{(g_{k-1}, g_{k-1})}.$$

4. O processo continua até que $\|X_k - X_{k-1}\| < \varepsilon$ ou $\|g_k\| < \varepsilon$, com ε suficientemente pequeno.

Propriedade do método de gradientes conjugados

Uma propriedade do método de gradientes conjugados que o torna mais eficiente que o método de gradientes puros é que ele converge com um número de iterações não superior a $n + 1$, quando aplicado na minimização de um funcional definido em $\mathbb{R}^n$. De fato, sendo os gradientes mutuamente ortogonais, ou algum deles é zero (e então terá terminado o processo), ou eles são linearmente independentes, o que evidentemente ocorrerá enquanto k for menor ou igual a n. Teoricamente, isso significa que, se o sistema tem n equações, com no máximo n iterações, obtém-se a solução exata do sistema. Nos métodos iterativos, em geral, com a aritmética de precisão finita, o número de iterações necessárias para se ter a solução com a precisão desejada não é conhecido previamente e pode ser superior a n. Isso é um atrativo do método de gradientes conjugados.

Exemplo 3.19

Resolva o sistema de equações lineares do exemplo 3.18 pelo método de gradientes conjugados, tomando-se $X_0 = [0,0,0]^T$. Usando-se o algoritmo, obtêm-se os resultados, conforme mostra o Quadro 3.7.

Quadro 3.7 Exemplo de aplicação do método de gradientes conjugados.

k	X_k^T	d_k^T	t_k	X_{k+1}^T
0	(0,0,0)	(11, 9, 10)	0,0987	(1,0857; 0,8883; 0,9870)
1	(1,0857; 0,8883; 0,9870)	(−0,7994; 1,1409; −0,0264)	0,0992	(1,0064; 1,0015; 0,9844)
2		(−0,0592; −0,0152; 0,1507)	0,970	(1,0007; 1,0000; 0,9990)

Sistemas esparsos de equações lineares

Com frequência, na prática, depara-se com sistemas esparsos de equações lineares. Na resolução por computador de sistemas esparsos de equações lineares de ordem elevada, um dos aspectos mais importantes é o problema de armazenamento da matriz dos coeficientes. É óbvio que, para uma matriz esparsa, quanto mais elementos nulos não forem armazenados, maior será a economia de memória. Essa economia pode, entretanto, resultar em sobrecarga de processamento, pois algumas vezes os elementos não nulos dependerão de referência e acesso mais elaborados.

Para o armazenamento dessas matrizes, dispõe-se de diversos esquemas. O problema consiste em escolher o esquema mais econômico para uma solução eficiente do sistema, por determinado método.

Armazenamento bidimensional da banda: matrizes não simétricas

Se a matriz é do tipo banda, onde l_b é pequena em comparação com n (ordem da matriz), é conveniente armazenar apenas os elementos da banda da matriz, pois isso propicia significativa economia de memória. De fato, por exemplo, se a matriz é tridiagonal de ordem 100, em vez de se armazenarem 10^4 elementos, que é o número de elementos da matriz, armazenam-se apenas 300 em uma matriz de ordem 100 x 3. De maneira geral, em vez de se armazenarem $n \times n$ elementos, armazenam-se $n \times l_b$ elementos.

Ficam então as perguntas: como é possível armazenar apenas os elementos da banda da matriz? E como os métodos numéricos são adaptados a esse esquema de armazenamento? Para mostrar isso, considere o caso particular em que A, matriz dos coeficientes na equação (3.23), é tridiagonal, isto é, tem a seguinte estrutura:

$$A = \begin{bmatrix} a_{11} & a_{12} & & & & \\ a_{21} & a_{22} & a_{23} & & & \\ & a_{32} & a_{33} & a_{34} & & \\ & & \ddots & \ddots & \ddots & \\ & & & & & a_{n-1,n} \\ & & & & a_{n,n-1} & a_{n,n} \end{bmatrix}$$

Figura 3.6 (a) e (b) Matriz tridiagonal: armazenamento normal.

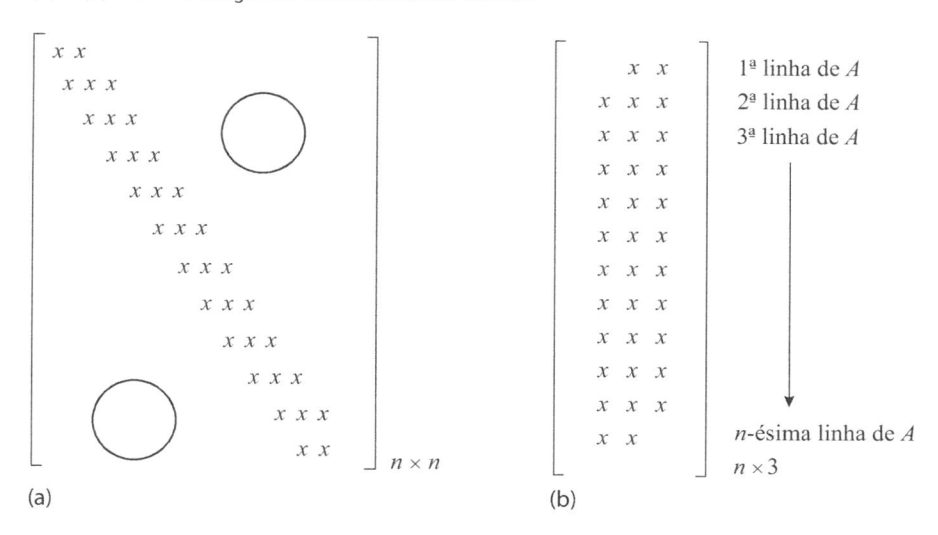

$$
\text{(a)} \quad \begin{bmatrix} x\,x & & & & & \\ x\,x\,x & & & & & \\ & x\,x\,x & & & & \\ & & x\,x\,x & & & \\ & & & x\,x\,x & & \\ & & & & x\,x\,x & \\ & & & & & x\,x\,x \\ & & & & & & x\,x\,x \\ & & & & & & & x\,x\,x \\ & & & & & & & & x\,x\,x \\ & & & & & & & & & x\,x \end{bmatrix}_{n \times n}
$$

$$
\text{(b)} \quad \begin{bmatrix} x & x & \\ x & x & x \\ x & x & x \\ x & x & x \\ x & x & x \\ x & x & x \\ x & x & x \\ x & x & x \\ x & x & x \\ x & x & \end{bmatrix} \begin{array}{l} 1^{\underline{a}}\text{ linha de } A \\ 2^{\underline{a}}\text{ linha de } A \\ 3^{\underline{a}}\text{ linha de } A \\ \\ \\ \\ \\ \\ \\ n\text{-ésima linha de } A \\ n \times 3 \end{array}
$$

As linhas da matriz dos coeficientes podem ficar sequencialmente armazenadas em uma matriz de ordem $n \times 3$. A diagonal principal fica correspondendo à $2^{\underline{a}}$ coluna, e as diagonais secundárias abaixo e acima da principal correspondem à $1^{\underline{a}}$ e à $3^{\underline{a}}$ colunas, respectivamente.

A adaptação do método de eliminação de Gauss para sistemas tridiagonais, a fim de que operações desnecessárias não sejam realizadas, fica:

$$
\begin{cases} k = 1, 2, \ldots, n-1 \\ m_{k+1,k} = \dfrac{a_{k+1,k}}{a_{kk}} \\ a_{k+1,k+1} = a_{k+1,k+1} - m_{k+1,k}\, a_{k,k+1} \\ b_{k+1} = b_{k+1} - m_{k+1,k}\, b_k. \end{cases} \tag{3.70}
$$

Supondo agora que os elementos da banda de A estejam armazenados em uma matriz C de ordem $n \times 3$ e dispostos conforme a Figura 3.6(b), então um algoritmo do método de eliminação para esse tipo de armazenamento pode ser

$$
\begin{cases} k = 1, 2, \ldots, n-1 \\ m_{k+1} = \dfrac{c_{k+1,1}}{c_{k,2}} \\ c_{k+1,2} = c_{k+1,2} - m_{k+1}\, c_{k,3} \\ b_{k+1} = b_{k+1} - m_{k+1}\, b_k. \end{cases} \tag{3.71}
$$

A solução do sistema triangular é dada por:

$$
\begin{cases} x_n = \dfrac{b_n}{c_{n,2}} \\ x_i = \dfrac{b_i - c_{i,3}\, x_{i+1}}{c_{i,2}},\ i = n-1, \ldots, 1. \end{cases} \tag{3.72}
$$

Isso que foi feito para um sistema tridiagonal pode ser feito para quaisquer sistemas com a largura de banda l_b. Outros métodos também podem ser adaptados, armazenando apenas os elementos da banda.

Caso a matriz dos coeficientes seja simétrica, é possível desenvolver esquemas e adaptar métodos em que a parte simétrica da banda não seja armazenada e, nesse caso, a economia de memória seja ainda maior.

Armazenamento unidimensional da banda: matrizes não simétricas

Nesse caso, em vez de os elementos da banda da matriz dos coeficientes estarem armazenados em uma matriz de ordem $n \times l_b$, eles são armazenados em um vetor, daí o nome armazenamento unidimensional.

Para verificar como isso pode ser feito, suponha que se deseje resolver a equação (3.23) pelo método de eliminação de Gauss, com matriz dos coeficientes tridiagonal não simétrica, e que os elementos da banda estejam armazenados em um vetor.

Figura 3.7 (a) Matriz tridiagonal: armazenamento normal, e (b) armazenamento unidimensional.

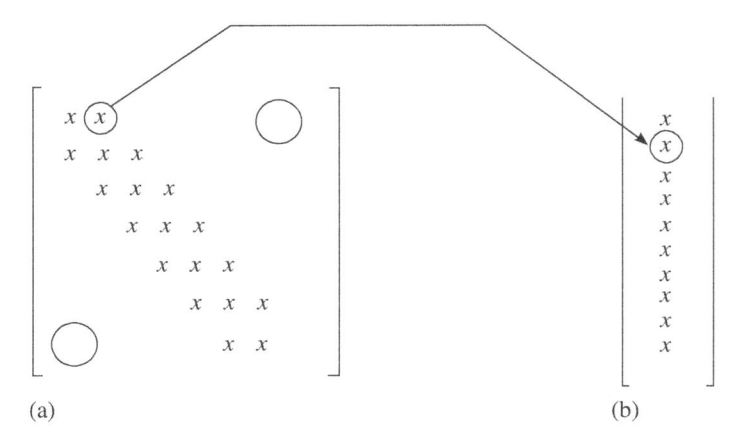

Denominando $V = \begin{bmatrix} v_1, v_2, v_3, \ldots, v_{3n-2} \end{bmatrix}^T$ o vetor onde os elementos da banda estão armazenados sequencialmente por linhas, observe que os elementos da diagonal principal da matriz dos coeficientes correspondem em V aos elementos v_{3k-2}, $k = 1, 2, \ldots, n-1$, e os das diagonais abaixo e acima da principal correspondem respectivamente em V aos elementos v_{3k}, k_{3k+1}; $k = 1, 2, \ldots, n-1$. Então, o algoritmo indicial fica

$$\begin{cases} k = 1, 2, \ldots, n-1 \\ m_{k+1} = \dfrac{v_{3k}}{v_{3k-2}} \\ v_{3k+1} = v_{3k+1} - m_{k+1} v_{3k-1}. \end{cases} \quad (3.73)$$

O sistema triangular resultante da eliminação pode ser resolvido por meio de

$$\begin{cases} x_n = \dfrac{b_n}{v_{3n-2}} \\ x_i = \dfrac{b_i - v_{3i-1} x_{i+1}}{v_{3i-2}}, \ i = n-1, n-2, \ldots, 1. \end{cases} \quad (3.74)$$

Seguindo raciocínio análogo, outros métodos para resolver sistemas lineares, em que a matriz dos coeficientes é do tipo banda com armazenamento unidimensional, podem ser adaptados, a fim de que operações desnecessárias não sejam realizadas, propiciando economia e redução do tempo de processamento.

Armazenamento unidimensional da banda: matrizes simétricas

Esse tipo de armazenamento é possível de ser adotado se a matriz é simétrica e se o método numérico a ser usado na resolução do sistema permite que se armazenem, na banda, somente os elementos da faixa, ou seja, parte da matriz composta dos elementos da banda sem os elementos simétricos. Dependendo da largura l_f mínima de diagonais secundárias, a economia de memória poderá ser significativa. Inicialmente, apresentam-se alguns esquemas de armazenamento unidimensional da faixa, para depois se proceder à adaptação dos métodos numéricos para tais esquemas de armazenamento.

Esquema 1: armazenamento de matriz tridiagonal

Seja A uma matriz tridiagonal. Armazenando-se sequencialmente por linhas os elementos da faixa de A num vetor V, tem-se

$$V = \left[a_{11}^1 \ a_{12}^2 \ a_{22}^3 \ a_{23}^4 \ a_{33}^5 \ a_{34}^6 \ \ldots \ a_{n-1,n}^{2n-3} \ a_{nn}^{2n-2} \right]^T,$$

onde os sobrescritos nos a_{ij} indicam a posição desse elemento no vetor V. A dimensão de V é $2n-1$, e para localizar o elemento a_{ij} no vetor V basta realizar a operação $i + j - 1$. Esquemas semelhantes a esse podem ser obtidos no caso de A ser pentadiagonal, septadiagonal etc.

Esquema 2: armazenamento da faixa para qualquer largura de faixa

Nesse esquema, a faixa de A será armazenada por linhas em um vetor V, conforme indicado na Figura 3.8.

Figura 3.8 (a) e (b) Faixa ou semibanda superior.

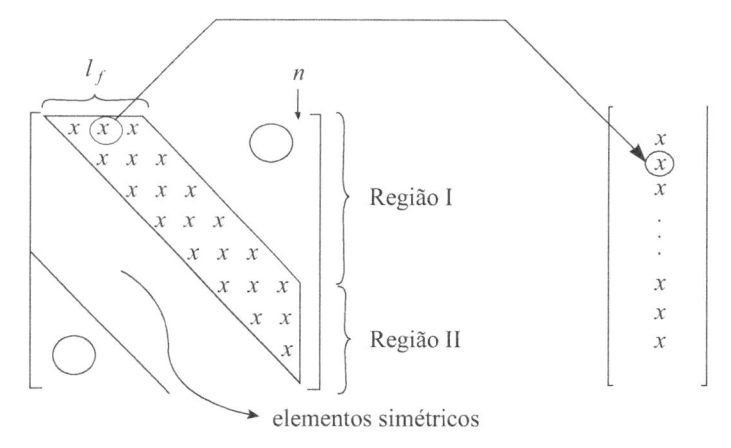

Armazenando-se por linhas os elementos da faixa em v, referenciam-se os elementos da faixa dentro do vetor V por meio de uma função que depende de i, j, n e l_f. Para isso, considera-se a parte inteira, $pi(\delta)$, da expressão

$$\delta = (l_f + i - 2)/n, \tag{3.75}$$

onde

$$pi(\delta) = \begin{cases} 0 \text{ se } i \in \text{região I} \\ 1 \text{ se } i \in \text{região II}. \end{cases}$$

Definindo-se por i_e a variável que indica a posição do elemento a_{ij} no vetor V, tem-se

$$i_e = (i-1)l_f + j - i + 1 - (i - n + l_f - 2)(i - n + l_f - 1)(pi(\delta))/2. \tag{3.76}$$

Esquema 3: armazenamento da faixa da matriz de banda variável

Esse esquema é proposto por Jennings e Tuff (1971) e consiste em armazenar de cada linha da matriz somente os elementos entre o primeiro não nulo e o elemento da diagonal principal. As linhas são armazenadas sequencialmente no vetor V, e é utilizado um vetor de endereços S que contém as posições dos elementos da diagonal no vetor V. A posição do elemento a_{ij} no vetor V é calculada por meio de

$$S_i - i + j. \tag{3.77}$$

O índice coluna do primeiro elemento não nulo de uma linha k, $k \neq 1$, é dado por

$$k - |S_k - S_{k-1}| + 1. \tag{3.78}$$

É óbvio que nesse esquema o número de posições de armazenamento não dependerá somente do número de elementos não nulos da matriz, mas também da configuração desses elementos na matriz.

Nesse caso, o número de elementos da banda é dado por

$$n_b = ((1 - e_1)n^2 / (1 - e_2), \tag{3.79}$$

onde e_1 e e_2 são índices de esparsidade da matriz ou da banda, isto é, a porcentagem de coeficientes nulos dentro da matriz e da banda, respectivamente. O número de elementos da faixa será $(n_b + n)/2$. Além disso, o vetor de endereços ocupa n posições, então o número de posições de armazenamento será

$$\frac{n_b + n}{2} + n = \frac{(1 - e_1)n^2 + 3n(1 - e_2)}{2(1 - e_2)}. \tag{3.80}$$

Esquema 4: armazenamento exclusivo dos elementos não nulos da banda-matriz com estrutura definida

A matriz dos coeficientes pode ser também esparsa no interior de sua banda. A economia de memória torna-se ainda mais significativa se os elementos nulos da faixa não são armazenados. Considere uma matriz que tenha estrutura como a da Figura 3.9.

O Quadro 3.8 mostra quanto é economizado de memória se forem armazenados da faixa apenas os elementos não nulos indicados por x, em vez de todos os elementos da faixa.

Quadro 3.8 Economia de memória para matriz com a estrutura da Figura 3.9.

n	% de economia de memória
25	44,4444
81	68,2353
289	82,8282
1.089	91,0407
4.225	95,4193
10.000	95,4193

Figura 3.9 Matriz esparsa com uma faixa de elementos nulos no interior da faixa.

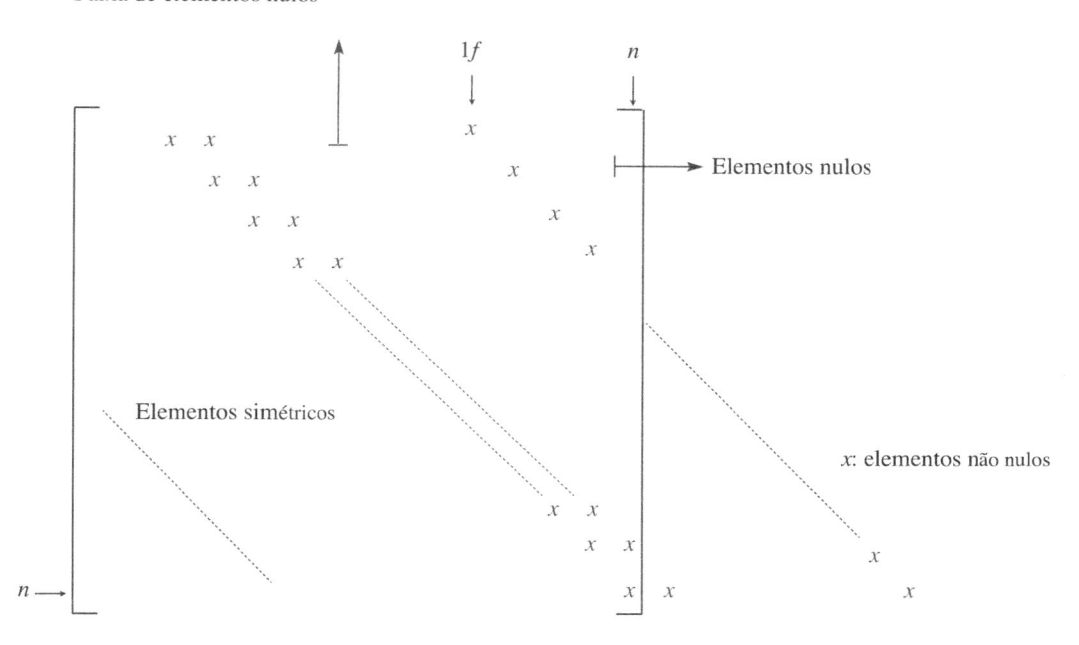

Observe que, quando $n=10.000$, a matriz terá 10^8 elementos. Se $l_f=100$, a sua faixa terá 1.009.950 elementos e a quantidade de elementos armazenados será igual a 30.000.

Armazenando os elementos não nulos da faixa por linhas, a Figura 3.10 mostra a disposição deles no vetor V e o elemento a_{ij} pode ser referenciado no vetor V em k_1 com as seguintes instruções:

$$\text{Se } (j-i) \leq 1,$$
$$\text{então } k_1 = j + 2(i-1);$$
$$\text{senão } k_1 = 3i,$$
$$V_{k_1} = a_{ij}.$$

Figura 3.10 Disposição dos elementos não nulos da faixa da matriz no vetor V.

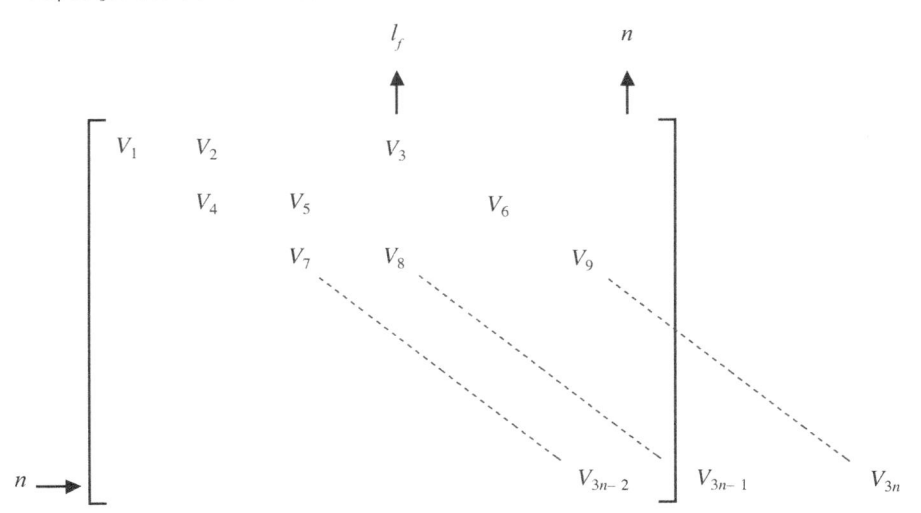

Se a matriz tem uma estrutura similar à da Figura 3.10, então, sem grandes dificuldades, é possível obter um esquema para referenciar os elementos da matriz dos coeficientes no vetor V.

Esquema 5: armazenamento exclusivo dos elementos não nulos da matriz-matriz com estrutura não definida

Quando a matriz é esparsa, mas não tem uma estrutura definida, pode-se recorrer ao esquema de armazenamento a seguir. Para cada elemento não nulo da matriz, guarda-se o índice da linha e da coluna. Armazenando-se a matriz por linhas, esses índices podem ser desprezados. Forma-se, então, um vetor com os elementos não nulos, sendo cada linha da matriz demarcada nesse vetor por um zero. Forma-se também um vetor auxiliar de índices das colunas nas posições correspondentes aos respectivos elementos não nulos. Nesse vetor auxiliar, nas posições correspondentes aos zeros demarcados no vetor de valores, indica-se o número de elementos da linha correspondente. Tem-se, assim,

$$\text{Vetor de valores: } \left[0 \mid 1^{\text{a}} \text{ linha} \mid 0 \mid 2^{\text{a}} \text{ linha} \mid ... \mid 0 \mid n\text{-ésima linha} \right]$$

$$\text{Vetor auxiliar: } \left[m_1 \mid j_1^1, j_2^1, ..., j_{m_1}^1 \mid m_2 \mid j_1^2, j_2^2, ..., j_{m_2}^2 \mid ... \mid m_n \mid j_1^n, j_2^n, ..., j_{m_n}^n \right],$$

onde $m_1, m_2, ..., m_n$ indicam o número de elementos da 1ª, 2ª, ..., n-ésima linha, respectivamente, e $j_1^p, j_2^p, ..., j_{m(.)}^p$, $p = 1, 2, ..., n$ representam o índice das colunas correspondentes aos elementos da p-ésima linha.

Nesse caso, a dimensão fica

$$\text{Vetor de valores: } ((1 - e_1)n^2 + n)/2 + n, \tag{3.81}$$

onde a primeira parcela corresponde aos elementos não nulos da faixa, e a segunda, aos n zeros demarcadores colocados no vetor de valores. Por sua vez, tem-se:

$$\text{Vetor auxiliar: } ((1 - e_1)n^2 + n)/2 + n. \tag{3.82}$$

Sendo assim, o número total de posições de armazenamento é

$$(1 - e_1)n^2 + 3n. \tag{3.83}$$

De posse dos esquemas de armazenamento, o passo seguinte é adaptar os métodos numéricos a esses esquemas. A seguir, adapta-se o método de Cholesky para sistemas tridiagonais ao Esquema 1 de armazenamento unidimensional e o método dos gradientes conjugados aos esquemas 4 e 5 de armazenamento.

Método de Cholesky adaptado ao Esquema 1 de armazenamento

Adaptando-se o método de Cholesky para matrizes tridiagonais, tem-se o seguinte algoritmo

$$\begin{aligned}
& m_{11} = (a_{11})^{1/2}; \ m_{21} = a_{21}/m_{11} = a_{12}/m_{11} \\
& k = 2, 3, ..., n-1 \\
& m_{kk} = (a_{kk} - m_{k,k-1}^2)^{1/2} \\
& m_{k+1,k} = \frac{a_{k+1,k}}{m_{kk}} = \frac{a_{k+1,k}}{m_{kk}} \\
& m_{nn} = (a_{nn} - m_{n,n-1}^2)^{1/2}.
\end{aligned} \tag{3.84}$$

Supondo agora que os elementos da matriz A estejam armazenados vetorialmente em V, conforme o Esquema 1, e que os elementos de L sejam armazenados na forma

$$V = \left[m_{11}^1 \ m_{21}^2 \ m_{22}^3 \ m_{32}^4 \ ... \ m_{n-1,n}^{2n-3} \ m_{n,n-1}^{2n-1} \ m_{nn}^{2n-1} \right],$$

onde o sobrescrito indica a posição do elemento da matriz L no vetor V, então o método de Cholesky fica sendo

$$\begin{cases} m_1 = (v_1)^{1/2}; \; m_2 = v_2/m_1 \\ k = 2, 3, ..., n-1 \\ m_{2k-1} = (v_{2k-1} - m_{2k-2}^2)^{1/2} \\ m_{2k+2} = \dfrac{v_{2k}}{m_{2k-1}} \\ m_{2n-1} = (a_{2n-1} - m_{2n-2}^2)^{1/2}. \end{cases} \quad (3.85)$$

As resoluções dos sistemas triangulares $LY = B$ e $UX = Y$ são obtidas, respectivamente, por meio de

$$\begin{cases} y_1 = b_1/m_1 \\ y_i = \dfrac{b_i - m_{2i-2} y_{i-1}}{m_{2i-1}}, \; i = 2, 3, ..., n \end{cases} \qquad \begin{cases} x_n = b_n/m_{2n-1} \\ x_i = \dfrac{b_i - m_{2i} x_{i+1}}{m_{2i-1}}, \; i = n-1, ..., 1. \end{cases}$$

Método de gradientes conjugados adaptado ao Esquema 4 de armazenamento

A adaptação desse método para o algoritmo apresentado no Item 3.3.1 incide somente sobre o produto da matriz A, com armazenamento unidimensional no vetor V, pelo vetor X_k e no cálculo de d_k. Então, o algoritmo para o método é o que já foi apresentado, sendo o produto $Z = AX$ calculado por meio do seguinte algoritmo:

1. $k = n - l_f + 1$
2. $\text{ind}_1 = 1$
3. $z_i = 0, \; i = 1, 2, ..., n$
4. Para $i = 1, 2, ..., n-1$, execute
    4.1 $\text{ind}_2 = \text{ind}_1$
    4.2 $z_i = z_i + v_{\text{ind}_2} x_i$
    4.3 $\text{ind}_2 = \text{ind}_2 + 1$
    4.4 $z_i = z_i + 3 v_{\text{ind}_2} x_{i+1}$
    4.5 $\text{ind}_1 = \text{ind}_{1+3}$
5. $\text{ind}_1 = 2$
6. Para $i = 2, ..., n$, execute
    6.1 $\text{ind}_2 = \text{ind}_1$
    6.2 $z_i = z_i + v_{\text{ind}_2} X_{i-1}$
    6.3 $\text{ind}_1 = \text{ind}_{1+3}$
7. $\text{ind}_1 = 3$
8. Para $i = 1, ..., k$, execute
    8.1 $\text{ind}_2 = \text{ind}_1$
    8.2 $j = l_{f+i-1}$
    8.3 $z_i = z_i + v_{\text{ind}_2} X_j$
    8.4 $z_j = z_j + v_{\text{ind}_2} X_i$
    8.5 $\text{ind}_1 = \text{ind}_{1+3}$
9. $z_n = z_n + z_{3n-2} X_n$

> **Observação:**
> Para adaptar o método de gradientes conjugados com o esquema de armazenamento unidimensional 5, basta adaptar a maneira de fazer o produto da matriz dos coeficientes armazenada em V por X_k e o modo de calcular d_k.

Indicativos computacionais: sistema de equações lineares

Ao resolver o sistema (3.22) com $m = n$, a preocupação não deve ser apenas resolvê-lo, mas fazer "bem", essa resolução, ou seja, deve-se fazer uma combinação que aproveite ao máximo as características do sistema no que concerne à estrutura da matriz A, as vantagens do método para cada tipo de sistema, assim como as vantagens da máquina a ser usada.

Para afirmar que o sistema (3.22) é de pequeno, médio ou grande porte, é necessário ter em mente algum referencial. A ideia de pequeno, médio e grande, em muitas situações, é relativa. O referencial a ser tomado deve ser a capacidade da máquina que será usada para a resolução do sistema.

Um sistema com 100 equações e 100 incógnitas pode ser de pequeno porte para determinada máquina, de grande porte para outra ou até mesmo ser impossível de ser resolvido por uma terceira. Quando há disponibilidade de informações como as que constam no Quadro 3.9, em que a máquina levou 3,07 segundos para resolver um sistema com 81 equações, conclui-se que, para essa máquina, esse é um sistema de pequeno porte.

A questão é como aproveitar ao máximo e com eficiência a máquina disponível para resolver um sistema. Por exemplo, se a matriz A for esparsa, é claro que, se for possível resolver o sistema por meio de um método que permita o armazenamento apenas dos elementos não nulos de A, a economia de memória será significativa e o sistema poderá ser resolvido por meio de outras máquinas que *a priori* não o resolveriam, caso todos os elementos de A tivessem que ser armazenados.

Outro aspecto a considerar é que, além das limitações de máquina, existem as limitações inerentes a cada método. Por exemplo, o método de gradientes conjugados pode ser usado se A for uma matriz simétrica, definida positiva. O mesmo acontece com o método de Cholesky. A utilização do método de eliminação de Gauss, que, teoricamente, fornece a solução exata, pode ser catastrófica se o sistema for mal condicionado. Isso se deve à propagação dos erros de arredondamento. O método iterativo de Gauss-Seidel somente converge para determinados tipos de sistemas de equações. É impossível usar a regra de Cramer para resolver sistemas, a menos que o sistema seja de poucas equações.

Desse modo, cada método tem as suas vantagens e desvantagens, e a decisão de qual deve ser usado depende do problema particular a ser resolvido.

Tendo-se em mente esses fatos, fazem-se as seguintes considerações:

1) Tratando-se de sistemas de equações lineares de grande porte, cuja matriz dos coeficientes é simétrica, definida positiva e esparsa, é fundamental, do ponto de vista computacional, o uso de armazenamento unidimensional para a matriz dos coeficientes. Se a matriz tem estrutura determinada, é possível o desenvolvimento de esquemas específicos para cada estrutura. Por exemplo, no caso da matriz tridiagonal, o Esquema 1 é mais eficiente que o Esquema 2. Uma comparação entre os esquemas 3 e 5 no que concerne ao uso de memória resulta no que segue. O gasto de armazenamento do Esquema 3 dado na equação (3.80) depende de e_1, e_2 e n. Habitualmente, n e e_1 são conhecidos. Então, no Esquema 3, *a priori*, é difícil prever a necessidade de memória. Já o Esquema 5 depende apenas de e_1 e n (ver a equação (3.82)). De acordo com as equações (3.80) e (3.83), o esquema de armazenamento unidimensional 5 será mais vantajoso quando

$$\frac{(1-e_1)n^2 + 3n(1-e_2)}{2(1-e_2)} > (1-e_1)n^2 + 3n,$$

isto é,

$$e_2 > \frac{(1-e_1)n^2 + 3n}{2(1-e_1)n^2 + 3n}. \tag{3.86}$$

Da desigualdade (3.86), conclui-se que o Esquema 5 supera o Esquema 3 quando o índice de esparsidade da banda (e_2) supera 50%.

Entre os métodos iterativos, diretos e de otimização, para resolver sistemas de equações lineares esparsos de grande porte, com esquema de armazenamento unidimensional, o método mais eficiente é o de gradientes conjugados, devido aos seguintes fatos:

a) é fácil de ser implementado computacionalmente;

b) permite o armazenamento somente dos elementos não nulos da matriz dos coeficientes;

c) é um método que demanda menor tempo de processamento. A título de informação, calcula-se o tempo de processamento para se obter a solução da equação (3.22), onde A tem estrutura como a indicada na Figura 3.9, pelo método de gradientes com o esquema de armazenamento unidimensional 4. Os resultados obtidos são mostrados no Quadro 3.9, onde n representa o número de equações do sistema e t representa o tempo gasto em segundos para resolver o sistema. O Quadro 3.9 dá uma ideia acerca da eficiência do **método de gradientes conjugados quanto ao tempo de processamento** (SPERANDIO, 1981), e

d) teoricamente, o método converge para a solução do sistema em até n iterações e, quando a matriz é esparsa, o número de iterações é bem menor que n. De fato, empiricamente se determinou que o número de iterações, utilizando-se o teste de parada $\|g_k\| < \varepsilon$, fica em torno de $1/2 \ln(n\sqrt{n})$, portanto, uma quantidade menor que n. Os resultados obtidos experimentalmente via computador para atingir a precisão $\varepsilon = 10^{-4}$ são mostrados no Quadro 3.9, onde n é a dimensão do sistema, e nit, o número de iterações para atingir a precisão ε (SPERANDIO, 1981).

Quadro 3.9 Número de iterações – método de gradientes conjugados.

n	9	24	49	81	169	289	625	1089	2401	4225
nit	4	9	15	24	38	51	77	108	160	223

2) No caso de a matriz dos coeficientes não apresentar características especiais, um caminho para obter a solução do sistema é a utilização do método de eliminação de Gauss com pivotação parcial e escalonamento. Após a análise dos resultados, se for o caso, aplica-se a técnica de refinamento de solução. Equivalentemente, outro caminho é a utilização dos métodos de Doolittle e Crout com pivotação parcial.

3) Se a matriz é densa, satisfazendo alguma condição suficiente de convergência que possibilite a aplicação do método de Gauss-Seidel, então é preferível a sua utilização à do método de eliminação de Gauss, já que na eliminação gaussiana para n suficientemente grande se têm $2n^3/3$ operações, enquanto em Gauss-Seidel têm-se $2n^2$ operações por iterações. Assim, se o número de iterações for inferior a $n/3$, Gauss-Seidel requererá menos operações aritméticas.

4) Se a matriz dos coeficientes é densa, simétrica e definida positiva, os métodos indicados são de Cholesky, gradientes puros ou gradientes conjugados – ste último pelas vantagens citadas anteriormente, e o método de Cholesky por não necessitar de pivotação e envolver um número de operações menor que o de outros métodos diretos.

5) Para sistemas esparsos, entre os métodos de eliminação e os métodos iterativos, quando possível, são preferíveis os métodos iterativos, visto que a eliminação normalmente produz um sistema triangular que pode se tornar não esparso no interior de sua banda.

6) A vantagem computacional do método de Gauss-Seidel sobre o de Jacobi é a economia de memória, pois no método de Jacobi é preciso conhecer todo o vetor $X^{(k)}$ para calcular cada componente de $X^{(k+1)}$. Isso significa que, para executar o algoritmo na máquina, é preciso armazenar em memória simultaneamente dois vetores durante os cálculos.

3.4 Cálculo de autovalores e autovetores

O problema de cálculo de autovalores e autovetores aparece em muitas áreas das ciências e da tecnologia, sob diversas denominações, sendo usuais as seguintes: análise espectral de operadores e análise dinâmica de sistemas. A primeira é mais referenciada nos textos matemáticos, e a segunda, nos textos de física e de engenharia.

Como exemplo de problemas físicos cuja modelagem conduz ao problema de autovalores e autovetores, podem-se citar os seguintes:

a) Determinação de frequências naturais e modos de vibração de sistemas estruturais, como os de reatores nucleares, edifícios altos e flexíveis, plataformas *off-shore* e turbinas.

b) Análise de estabilidade de sistemas estruturais de aeronaves, submarinos, colunas e hastes pela determinação de cargas-limite.

c) Análise multivariada.

> **DEFINIÇÃO 3.18**
>
> Um vetor $X \neq 0$ e um escalar λ são, respectivamente autovetor, e autovalor de uma matriz A de ordem $n \times n$ se a seguinte equação for satisfeita:
>
> $$AX = \lambda X \quad (3.87)$$
>
> Diz-se, nesse caso, que X é autovetor de A associado ao autovalor λ.

De acordo com essa definição, toda combinação linear de autovetor é também autovetor de A, pois

$$A(cX) = c(AX) = c\lambda X = \lambda(cX),$$

onde c é uma escalar.

A equação (3.87) pode ser reescrita na forma

$$(A - \lambda I)X = 0, \quad (3.88)$$

que é um sistema de equações lineares homogêneo. Ele terá solução não trivial se, e somente se, o determinante da matriz dos coeficientes for nulo, isto é,

$$P_A = \det(A - \lambda I) = 0. \quad (3.89)$$

A equação (3.89) é chamada de *equação característica* de A, e $P_A(\lambda)$ é o *polinômio característico* de ordem n em λ.

As raízes de $P_A(\lambda) = 0$ são os autovalores da matriz A, e as soluções do sistema (3.88) correspondente a cada um dos autovalores são os autovetores associados aos respectivos autovalores.

No caso geral, as raízes da equação (3.89) podem ser distintas ou repetidas, reais ou complexas.

Se o polinômio característico da matriz A possui n autovalores distintos, a cada autovalor está associado um autovetor e eles são linearmente independentes.

> **Exemplo 3.20**
>
> Seja:
>
> $$A = \begin{bmatrix} 2 & 1 \\ 1 & 2 \end{bmatrix},$$
>
> então $\det(A - \lambda I) = 0 \Rightarrow \lambda^2 - 4\lambda + 3 = 0$, tendo como raízes: $\lambda_1 = 3$ e $\lambda_2 = 1$.
>
> Para $\lambda = \lambda_1$, resolvendo $(A - \lambda_1 I)X_1 = 0$, tem-se $X_1 = \begin{bmatrix} x_1, & x_1 \end{bmatrix}^T$. Para $\lambda = \lambda_2$, resolvendo $(A - \lambda_2 I)X_2 = 0$, tem-se $X_2 = \begin{bmatrix} x_2, & x_2 \end{bmatrix}^T$. X_1 é o autovetor de A associado ao autovalor λ_1, e X_2 é o autovetor de A associado ao autovalor λ_2.

3.4.1. Aspectos teóricos

Teorema 3.9

Se A é uma matriz real e simétrica, todos os autovalores e autovetores são reais e os autovetores associados a autovalores distintos são ortogonais.

Teorema 3.10

Seja A uma matriz real, então,
1) Se λ é autovalor complexo de A, $\overline{\lambda}$ também é autovalor de A.
2) Se λ é autovalor complexo de A e X é autovetor associado a λ, X é complexo.
3) Se λ é autovalor real de A, existirá, associado a λ, um autovetor real.
4) Se X é um autovetor complexo associado a um autovalor complexo λ, $\overline{X}$ é um autovetor complexo associado ao autovalor $\overline{\lambda}$.

DEFINIÇÃO 3.19

Um sistema de autovetores de uma matriz A, $n \times n$, é dito completo quando A possui n autovetores linearmente independentes em correspondência aos autovalores, isto é, os autovetores de A formam uma base para o espaço de dimensão n.

Teorema 3.11 (Gerschgorin)

Seja $A = \left[a_{ij} \right]$, $A \in \mathbb{C}\left[n, n \right]$ e
$$r_i = \sum_{\substack{k=1 \\ k \neq i}}^{n} |a_{ik}|, i = 1, ..., n.$$
Então, todos os autovalores λ de A se encontram na união dos discos definidos no plano complexo por
$$|z - a_{ii}| \leq r_i, i = 1, 2, ..., n.$$

Em consequência, se a união de m discos $|\lambda - a_{ii}| \leq r_i$, $1 \leq i \leq m$ é disjunta da união dos $(n - m)$ discos restantes, então essa união contém m autovalores da matriz A.

Exemplo 3.21

Seja:
$$A = \begin{bmatrix} 3 & 0 & 1 \\ 1 & 2 & 1 \\ 0 & 3 & 5 \end{bmatrix}.$$
Então os autovalores de A, $\lambda_i (i = 1, 2, 3)$ se encontram na união dos discos $|\lambda - 3| \leq 1$; $|\lambda - 2| \leq 2$; $|\lambda - 5| \leq 3$.

Teorema 3.12

Se duas matrizes A e B são similares, então elas possuem os mesmos autovalores.

Teorema 3.13

Seja A uma matriz arbitrária, cujos autovalores são todos distintos, então existe uma transformação de similaridade U, tal que

$$U^{-1}AU = D,$$

onde D é uma matriz diagonal, cujos elementos da diagonal são os autovalores de A.

Teorema 3.14

Para uma matriz arbitrária A, existe uma transformação unitária, isto é, $\bar{Q} = Q^{-1}$, tal que

$$Q^*AT,$$

onde T é uma matriz triangular.

Em consequência, se A é simétrica, então existe uma matriz ortogonal, Q, tal que

$$Q^TAQ = D, \tag{3.90}$$

onde D é matriz, conforme indicado no Teorema 3.13.

Do Teorema 3.13, tem-se que os elementos da diagonal de D são os autovalores de A. Agora, da equação (3.90) e da ortogonalidade de Q, tem-se

$$AQ = QD. \tag{3.91}$$

Logo, as colunas de Q são os autovetores de A.

DEFINIÇÃO 3.20

Sejam $\lambda_i = 1, 2, \ldots, n$ os autovalores da matriz A, $n \times n$, então $\rho(A) = \max|\lambda_i|$ é denominado raio espectral de A.

DEFINIÇÃO 3.21

Uma norma de uma matriz A denominada *norma espectral*, denotada por $\|A\|_2$, é assim definida:

$$\|A\|_2 = \max_{1 \leq i \leq n}\left\{\sqrt{\lambda_i}\right\}, \tag{3.92}$$

onde λ_i são os autovalores da matriz A^*A.

A norma espectral de matriz está associada à norma vetorial euclidiana.

> **DEFINIÇÃO 3.22**
>
> Seja $A \in \mathbb{R}[n.n]$. Então $tr(A) = \sum_{i=1}^{n} a_{ii}$ – é chamado traço de A.

Teorema 3.15

Sejam $\lambda_i = 1, 2, \ldots, n$ nos autovalores de $A \in \mathbb{R}[n, n]$ então

$$\sum_{i=1}^{n} \lambda_i = tr(A) \text{ e } \prod_{i=1}^{n} \lambda_i = \det(A).$$

3.4.2 Análise complementar de erro e convergência de métodos para a solução de sistemas lineares

Seja $A \in \mathbb{C}[n, n]$, então, para qualquer norma de matrizes, tem-se que

$$\rho(A) \le \|A\|. \tag{3.93}$$

De fato, seja $\|\cdot\|$ a norma matricial induzida pela norma vetorial $\|\cdot\|_v$, λ um autovalor de A, tal que $|\lambda| = \rho(A)$, e X um autovetor associado, tal que $\|\cdot\|_v = 1$. Então,

$$\rho(A) = |\lambda| = \|\lambda X\|_v = \|AX\|_v \le \|A\| \|X\|_v = \|A\|.$$

Das equações (3.51) e (3.93), tem-se:

$$\text{cond}(A) \ge \rho(A)\rho(A^{-1}).$$

Como os autovalores de A^{-1} são os inversos dos autovalores de A (ver exercício 22), vem

$$\text{cond } A \ge \frac{\max_{\lambda \in \sigma(A)} |\lambda|}{\min_{\lambda \in \sigma(A)} |\lambda|} = \text{cond}(A)_*, \tag{3.94}$$

onde $\sigma(A)$ denota o conjunto de todos os autovalores de A. A expressão (3.94) fornece uma definição de condicionamento da matriz A que independe das normas empregadas.

Com base nos números de condicionamento $\text{cond}(A)$ e $\text{cond}(A)$, tem-se um indicativo do condicionamento do sistema de equações lineares. Por exemplo, se $\text{cond}(A)$ é grande*, o sistema (3.22) com $m = n$ será mal condicionado. Com efeito, sejam $\lambda_e = \min_{\lambda \in \sigma(A)} |\lambda|$, $\lambda_m = \max_{\lambda \in \sigma(A)} |\lambda|$ e X_e, X_m os correspondentes autovetores, com $\|X_e\| = \|X_m\| = 1$. Então, o sistema $AX = \lambda_m X_m$, tem como solução $X = X_m$, e o sistema perturbado, conforme definido na equação (3.47),

$$A\tilde{X} = \lambda_m X_m + \lambda_e X_e = \lambda_m \left[X_m + \frac{1}{\text{cond}(A)_*} X_e \right], \tag{3.95}$$

tem como solução $\tilde{X} = X_m + X_e$. Se $\text{cond}(A)_*$ é grande, então o lado direito da equação (3.95) tem somente uma pequena perturbação relativa em B. Mas $R = \lambda_e X_e$ e $B = \lambda_m X_m$, então $\|R\|_\infty = \|\lambda_e\|$ é $\|B\|_\infty = \|\lambda_m\|$. Portanto,

$$\frac{\|R\|_\infty}{\|B\|_\infty} = \frac{1}{\text{cond}(A)_*}, \tag{3.96}$$

que induz na solução uma grande perturbação relativa, pois
$$\frac{\|\widetilde{X}-X\|_\infty}{\|\widetilde{X}\|} = \frac{\|X_e\|_\infty}{\|X_m\|} = 1.$$

Quando o número de condicionamento cresce por um fator de 10, é possível que um dígito ou menos de precisão seja atingido na solução. Isso pode ser justificado com base na análise a seguir. Suponha que os cálculos sejam efetuados com t-casas decimais de precisão e que

$$\frac{\|R\|}{\|B\|} = 0{,}5 \times 10^{-t}. \tag{3.97}$$

Supondo ainda que o erro relativo em B, como na equação (3.96), conduza a uma precisão de s-casas decimais na solução, isto é,

$$\frac{\|E\|}{\|X\|} = 0{,}5 \times 10^{-s}. \tag{3.98}$$

Substituindo-se as equações (3.97) e (3.98) pela equação (3.50), obtém-se uma estimativa para o número de casas decimais corretas presentes na solução

$$s \geq t - \log_{10}\left[\text{cond}(A)\right], \tag{3.99}$$

o que justifica a afirmação feita antes, completando a análise de erro dos métodos diretos para a solução de $XA = B$.

Exemplo 3.22

Seja $AX = B$, onde:

$$A = \begin{bmatrix} 4{,}855 & -4 & 1 & 0 \\ -4 & 5{,}855 & -4 & 1 \\ 1 & -4 & 5{,}855 & -4 \\ 0 & 1 & -4 & 4{,}855 \end{bmatrix}.$$

O maior autovalor da matriz é 12,9452, e o menor, 0,000898. Então, cond(A) = 14.415,6 $\log_{10}\left[\text{cond}(A)\right] = 4{,}15883$. Logo, o número de dígitos precisos, na solução, quando cinco dígitos aritméticos são usados, é $s \geq 5 - 4{,}16$, ou seja, espera-se nenhum ou um dígito preciso. Realmente, resolvendo-se o sistema $AX = B$, com $B = \begin{bmatrix} 1 & 0 & 0 & 0 \end{bmatrix}^T$, pelo método de eliminação de Gauss, efetuando-se os cálculos com cinco dígitos, obtém-se $\widetilde{X} = \begin{bmatrix} 187{,}85; & 303{,}58; & 303{,}36; & 187{,}42 \end{bmatrix}^T$, enquanto a solução exata do sistema com dez casas decimais é $X = \begin{bmatrix} 154{,}1575917; & 249{,}6720838; & 248{,}7432279; & 153{,}7262257 \end{bmatrix}^T$.

Observação:
Podem ocorrer sistemas que não são mal condicionados na prática, mas possuem número de condicionamento grande. Por exemplo, seja um sistema em que

$$A = \begin{bmatrix} 1 & 0 \\ 0 & 10^{-10} \end{bmatrix},$$

portanto cond(A) = 10^{10}, mas o sistema não é mal condicionado. Então, o número de condicionamento deve ser entendido como uma previsão de mal condicionamento, e não como uma regra em que um número de condicionamento grande sempre implicará um sistema mal condicionado.

Para obter uma condição necessária e suficiente de convergência dos métodos iterativos de Jacobi, Gauss-Seidel e sobrerrelaxação, primeiro observe que eles podem ser escritos na forma geral:

$$X^{(k+1)} = CX^{(k)} + E;\ k = 0,1,2,\ldots, \qquad (3.100)$$

onde $C \in \mathbb{C}[n,n]$, $E \in \mathbb{C}^n$, sendo, portanto, métodos iterativos estacionários. De fato, se a matriz A é regular, A admite uma decomposição da forma

$$A = D(L + I + U), \qquad (3.101)$$

onde

- D: matriz diagonal, com $d_{ii} = a_{ii}$;
- L: matriz estritamente triangular inferior;
- U: matriz estritamente triangular superior;
- I: matriz identidade.

Identificando-se os métodos iterativos abordados para resolver a equação (3.23) com a forma (3.100), para o método de Jacobi, tem-se

$$X^{(k+1)} = -(L+U)X^{(k)} + D^{-1}B. \qquad (3.102)$$

Então,

$$C = -(L+U)\ \text{e}\ E = D^{-1}B.$$

Para o método de Gauss-Seidel, é fácil notar que

$$X^{(k+1)} = -LX^{(k+1)} - UX^{(k)} + D^{-1}B. \qquad (3.103)$$

Da equação (3.103), pode-se escrever que

$$X^{(k+1)} = -(I+L)^{-1}UX^{(k)} + D^{-1}B.$$

Portanto,

$$C = -(I+L)^{-1}U\ \text{e}\ E = (I+L)^{-1}D^{-1}B.$$

Para o método da sobrerrelaxação sucessiva, tem-se

$$X^{(k+1)} = X^{(k)} + w(D^{-1}B - LX^{(k+1)} - UX^{(k)} - IX^{(k)}), \qquad (3.104)$$

que pode ser escrita como

$$X^{(k+1)} = (I+wL)^{-1}\left[(1-w)I - wU\right]X^{(k)} + (I-wL)^{-1}wB^{-1}B.$$

Então,

$$C = (I+wL)^{-1}\left[(1-w)I - wU\right]\ \text{e}\ E = (I-wL)^{-1}wB^{-1}B.$$

A análise segue, subtraindo-se da equação (3.100) a equação $X = CX + E$. Então, o erro na $(k+1)$-ésima iteração é

$$X^{(k+1)} - X = C(X^{(k)} - X) = \ldots = C^{k+1}(X^{(0)} - X). \qquad (3.105)$$

Sejam $\lambda_1, \lambda_2, \ldots, \lambda_n$ autovalores de A e $X_1, X_2, \ldots, X_n$, os autovetores associados. Supondo que os autovetores sejam linearmente independentes, o erro inicial, $X^{(0)} - X$, pode ser escrito na forma

$$X^{(0)} - X = \alpha_1 X_1 + \alpha_2 X_2 + \ldots + \alpha_n X_n;$$

então,

$$X^{(k+1)} - X = \alpha_1 \lambda_1^k X_1 + \alpha_2 \lambda_2^k X_2 + \ldots + \alpha_n \lambda_n^k X_n. \tag{3.106}$$

Da equação (3.106) segue que o método iterativo na equação (3.100) é convergente, qualquer que seja a tentativa inicial, se, e somente se, $|\lambda_i| < 1$, $i = 1, 2, \ldots, n$. Em vista disso, tem-se o teorema a seguir (DAHLQUIST; BJÖRK, 1974).

Teorema 3.16

Uma condição necessária e suficiente para que o método iterativo estacionário na equação (3.100) seja convergente, qualquer que seja a tentativa inicial $X^{(0)}$, é que

$$\rho(C) < 1.$$

Na prática, os autovalores de C não são conhecidos, então fica difícil o uso da condição dada no Teorema 3.16. Da equação (3.105), tem-se $\|X^{(k)} - X\| \leq \|C^k\| \|X^{(0)} - X\| \leq \|C\|^k \|X^{(0)} - \|$.

Logo, uma condição suficiente para a convergência da equação (3.100) é que $\|C\| < 1$.

Teorema 3.17

Se $\rho(C_w) \geq |w - a|$, onde $C_w = (I + wL)[(1-w)I - wU]$ é a matriz de iteração do método da sobrerrelaxação sucessiva, então esse método converge se $0 < w < 2$.

Até o presente momento foi visto em que condições o método iterativo na equação (3.100) converge. Se converge, a preocupação seguinte é: como converge? Isto é, converge com que velocidade? Da equação (3.100) tem-se que:

$$\|X^{(k+1)} - X\| \leq \|C\| \|X^{(k)} - X\|, \tag{3.107}$$

sendo $\|C\| < 1$. Seja $\beta = \|C\|$, então $\|X^{(k+1)} - X\| \leq \beta \|X^{(k)} - X\|$, e a convergência da equação (3.100) é linear. Evidentemente, quanto menor for o valor de β, maior será a velocidade de convergência do método.

Da equação (3.105), pode-se escrever que $X^{(k+1)} - X^{(k)} = C(X^{(k)} - X^{(k-1)})$, $k \geq 0$; então, para k suficientemente grande, tem-se

$$\beta \approx \frac{\|X^{(k+1)} - X^{(k)}\|}{\|X^{(k)} - X^{(k-1)}\|}. \tag{3.108}$$

Para dar uma estimativa para o erro em $X^{(k+1)}$, basta observar que

$$X^{(k+1)} - X = C(X^{(k+1)} - X^{(k)}) + C(X^{(k+1)} - X)$$

e, portanto,

$$\|X^{(k+1)} - X\| \leq \frac{\beta}{1 - \beta} \|X^{(k+1)} - X^k\|. \tag{3.109}$$

Então, se $\beta \leq 1/2$, $\|X^{(k+1)} - X\| \leq \|X^{(k+1)} - X^{(k)}\|$, e somente nesse caso $\|X^{(k+1)} - X^{(k)}\|$ é uma cota superior para $\|X^{(k+1)} - X\|$.

Outro aspecto a considerar é o que segue. Suponha que se deseje reduzir o erro inicial por um fator ε. Nesse caso, quantas iterações devem ser realizadas? O problema é encontrar o valor de k, tal que

$$\|X^{(k)} - X\| \leq \varepsilon \|X^{(0)} - X\|. \tag{3.110}$$

Da equação (3.105), tem-se que $\|X^{(k)} - X\| \leq \beta^k \|X^{(0)} - X\|$, então se procura o menor valor de k, tal que

$$\beta^k < \varepsilon.$$

Resolvendo isso, vem

$$k \geq \frac{-\ln\varepsilon}{R(\beta)} = k^*, \text{ com } R(\beta) = -\ln\beta. \tag{3.111}$$

Observação:

Viu-se que o método iterativo $X^{(k+1)} = CX^{(k)} + E$, em geral, converge linearmente e que determinado método converge mais rapidamente que outro quando a sua constante assintótica do erro, β, é menor que a do outro. Por exemplo, para o sistema

$$\begin{cases} 3x_1 + x_2 + x_3 = 5 \\ x_1 + 2x_2 = 3 \\ x_1 + 0,5x_2 + 2x_3 = 6, \end{cases}$$

tem-se que $\beta = \rho(C_J) \approx 0,63$ e $\beta = \rho(C_{GS}) \approx 0,29$, então o método de Gauss-Seidel converge assintoticamente mais rápido que o método de Jacobi. Não se pode concluir, todavia, que o método de Jacobi é sempre inferior ao de Gauss-Seidel. De fato, seja $AX = B$, com

$$A = \begin{bmatrix} 1 & 2 & -2 \\ 1 & 1 & 1 \\ 2 & 2 & 1 \end{bmatrix}.$$

Então, $\beta = \rho(C_J) = 0$ e $\beta = \rho(C_{GS}) = 2$. Logo, o método de Jacobi converge, e o de Gauss-Seidel, diverge.

3.4.3 Métodos numéricos para o cálculo de autovalores e autovetores

Método da potência

Esse método determina o maior autovalor em valor absoluto e o correspondente autovetor. Admitindo que a matriz A, $n \times n$ tenha n autovetores linearmente independentes e um único autovalor dominante, isto é, $|\lambda_1| > |\lambda_2| \geq |\lambda_3| \geq \cdots \geq |\lambda_n|$, e sendo $X_1, X_2, \ldots X_n$ os autovetores de A associados aos autovalores $\lambda_1, \lambda_2, \ldots, \lambda_n$ e $Z_0 \in \mathbb{R}^n$, então

$$Z_0 = \alpha_1 X_1 + \alpha_2 X_2 + \ldots \alpha_n X_n, \ \alpha_i \in \mathbb{R}, i = 1, 2, \ldots, n. \tag{3.112}$$

Aplicando a matriz A repetidamente ao vetor Z_0, resulta em:

$$Z_1 = AZ_0 = \alpha_1 X_1 + \alpha_2 X_2 + \ldots + \alpha_n X_n$$
$$= \alpha_1 \lambda_1 X_1 + \alpha_2 \lambda_2 X_2 + \ldots + \alpha_n \lambda_n X_n$$
$$= \lambda_1 \left[\alpha_1 X_1 + \alpha_2 \frac{\lambda_2}{\lambda_1} X_2 + \ldots + \alpha_n \frac{\lambda_n}{\lambda_1} X_n \right]$$
$$Z_2 = AZ_1 = \lambda_1^2 \left[\alpha_1 X_1 + \alpha_2 \left(\frac{\lambda_2}{\lambda_1}\right)^2 X_2 + \ldots + \alpha_n \left(\frac{\lambda_n}{\lambda_1}\right)^2 X_n \right]$$
$$\vdots$$
$$Z_k = AZ_{k-1} = \lambda_1^k \left[\alpha_1 X_1 + \alpha_2 \left(\frac{\lambda_2}{\lambda_1}\right)^k X_2 + \ldots + \alpha_n \left(\frac{\lambda_n}{\lambda_1}\right)^k X_n \right].$$

Como $\lambda_j / \lambda_1 < 1, j = 2, 3, \ldots n$, a direção de Z_k tende para a direção de X_1, desde que $\alpha_1 \neq 0$. O quociente

$$\lambda_1^{(k)} = \frac{Z_k^T A Z_k}{Z_k^T Z_k}, \qquad (3.113)$$

denominado *quociente de Rayleigh* de Z_k, tenderá a λ_1.

Na prática, visto que $\lambda_1^{(k)}$ frequentemente tende a zero ou se torna muito grande, é necessári escalonar a sequência $\{Z_k\}$. Isso pode ser feito usando, em lugar de $\{Z_k\}$, uma sequência $\{Y_k\}$, tal que $\|Y_k\|_2 = 1$, obtida a partir de $Y_k = Z_k / \|Z_k\|_2$. Então, $Z_{k+1} = AY_k, k = 0,1,2,\ldots$, e, portanto,

$$\lambda_1^{(k)} = \frac{Y_k^T A Y_k}{Y_k^T Y_k} = Y_k^T Z_{k+1}.$$

O algoritmo para o método da potência fica:

1. É fornecido um vetor inicial Z_0.
2. Para $k = 0,1,2,\ldots$, calcula-se

$$Y_k = \frac{Z_k}{\|Z_k\|_2}, Z_{k+1} = AY_k; \ \lambda_1^{(k)} = Y_k^T Z_{k+1}.$$

3. O processo continua até que

$$\left| \frac{\lambda_1^{(k+1)} - \lambda_1^{(k)}}{\lambda_1^{(k+1)}} \right| < \varepsilon \ \text{ou} \ \left| \lambda_1^{(k+1)} - \lambda_1^{(k)} \right| < \varepsilon,$$

onde ε é uma tolerância, ou seja, um erro permitido para o cálculo de λ_1. Alcançada essa tolerância, o autovetor será Y_k e o autovalor, $\lambda_1^{(k)}$.

Exemplo 3.23

Escolhendo $Z_0 = \begin{bmatrix} 1 & 1 & 1 \end{bmatrix}^T$, calcule o autovalor dominante da matriz A, corretamente, até a terceira casa decimal por meio do método da potência.

$$A = \begin{bmatrix} 4 & 1 & -1 \\ 1 & 4 & 1 \\ -1 & 1 & 4 \end{bmatrix}.$$

Os resultados obtidos são mostrados no Quadro 3.10. O autovalor dominante com três casas decimais é 4,999 e o autovetor associado é o vetor $\begin{bmatrix} 0{,}4135; \ 0{,}8112; \ 0{,}4135 \end{bmatrix}^T$.

Quadro 3.10 Resumo dos cálculos – aplicação do método da potência.

k	Y_k	Z_{k+1}	$\lambda_1^{(k)}$
0	$(0,5774;\ 0,5774;\ 0,5774)^T$	$(2,3096;\ 3,4644;\ 2,3096)^T$	4,6675
1	$(0,4851;\ 0,7276;\ 0,4851)^T$	$(2,1829;\ 3,8806;\ 2,1829)^T$	4,9414
2	$(0,4402;\ 0,7826;\ 0,4402)^T$	$(2,1032;\ 4,0108;\ 2,1032)^T$	4,9905
3	$(0,4212;\ 0,8032;\ 0,4212)^T$	$(2,0668;\ 4,0552;\ 2,0668)^T$	4,9982
4	$(0,4135;\ 0,8112;\ 0,4135)^T$	$(2,0517;\ 4,0718;\ 2,0517)^T$	4,9998

Observação:

a) O método da potência converge linearmente e a velocidade de convergência depende da razão λ_2/λ_1. De fato, $\lambda_1^{(k)}$, pode ser calculado também por

$$\lambda_1^{(k)} = \frac{z_i^{(k+1)}}{z_i^{(k)}}$$

ou seja,

$$\lambda_1^{(k)} = \lambda_1 \frac{\left[\alpha_1 x_1 + \sum_{j=2}^{n}\left(\frac{\lambda_j}{\lambda_1}\right)^{k+1} \alpha_j x_j\right]_i}{\left[\alpha_1 x_1 + \sum_{j=2}^{n}\left(\frac{\lambda_j}{\lambda_1}\right)^{k} \alpha_j x_j\right]_i},$$

onde $[.]_i$ denota a i-ésima coordenada de um vetor.

Para k suficientemente grande, $(\lambda_2/\lambda_1)^k$ é muito pequeno, então,

$$\lambda_1^{(k)} = \lambda_1\left[1+O\left(\left(\frac{\lambda_2}{\lambda_1}\right)^k\right)\right].$$

Portanto,

$$\frac{\left|\lambda_1^{(k+1)} - \lambda_1\right|}{\left|\lambda_1^k - \lambda_1\right|} = O\left(\left|\frac{\lambda_2}{\lambda_1}\right|\right).$$

o que mostra que o método da potência converge linearmente.

Quando a matriz A é simétrica, o método da potência converge quadraticamente (ISAACSON; KELLER, 1966). Devido ao fato de a convergência no método da potência ser lenta, foram desenvolvidas técnicas para acelerar a sua velocidade de convergência. O método de Aitken, visto no Capítulo 2 (Exercício 22), pode ser usado para acelerar a convergência da sequência $\{\lambda_1^{(k)}\}$. Outras técnicas de aceleração da convergência do método da potência podem ser encontradas em Wilkinson (1965) e Isaacson e Keller (1966).

b) Uma alternativa para determinar os demais autovalores e autovetores é realizar a deflação na matriz A, obtendo-se assim uma matriz com os autovalores e autovetores restantes (WILKINSON, 1965). Esse processo em geral é instável, conforme também se verifica na resolução de equações polinomiais.

O método da potência pode ser usado para determinar o menor autovalor em valor absoluto e o menor autovalor relativo, desde que seja observado o que segue:

1) Se λ é autovalor de A, então $\lambda - a, a \in \mathbb{R}$ é autovalor $(A - aI)$.
2) Se λ é autovalor de A, então λ^{-1} é autovalor de A^{-1}
3) Se A^{-1} é o maior autovalor em valor absoluto de A e λ^* é o menor autovalor relativo de A, então $\lambda^* = \lambda_a + \lambda$, onde λ_a é o maior autovalor em valor absoluto de $(A - aI)$.
4) Se λ^* é o menor autovalor em valor absoluto de A, então $\lambda^* = \lambda_a + \lambda^{**}$, onde λ^{**} é o maior autovalor em valor absoluto de A^{-1}.

O método da potência converge mesmo quando A não tem um conjunto completo de autovetores linearmente independentes (ou ainda, A não é diagonalizável). Porém, nesse caso, a convergência se verifica com uma velocidade ainda menor.

Métodos baseados em transformações similares

Essa classe de métodos consiste em gerar matrizes U ortogonais, tal que a transformação similar $B = U^{-1}AU$ conduza a uma matriz diagonal ou que tenha uma estrutura que permita, de modo mais fácil, a determinação de autovalores e autovetores. As transformações utilizadas na prática são principalmente de dois tipos: rotações e reflexões planas.

Uma rotação plana no plano (p, q) é definida por uma matriz $R_{pq}(\phi)$, $|\phi| \leq \pi$, que é igual à matriz identidade, exceto pelos elementos $r_{pp} = r_{qq} = \cos\phi$, $r_{pq} = -r_{qp} = \text{sen}\phi$. É conveniente notar que $R_{pq}^{-1}(\phi) = R_{pq}^T(\phi) = R_{pq}(-\phi)$.

Dada uma matriz A, no produto $A' = AR_{pq}(\phi)$ somente os elementos nas colunas p e q mudarão. Logo,

$$\left.\begin{array}{l} a'_{ij} = a_{ij} \text{ se } j \neq p \text{ e } j \neq q \text{ e} \\ a'_{ip} = a_{ip}\cos\phi - a_{iq}\text{sen}\phi \\ a'_{iq} = a_{ip}\text{sen}\phi + a_{iq}\cos\phi \end{array}\right\}, i = 1, 2, \ldots, n.$$

Da mesma maneira, na transformação similar

$$A'' = R_{pq}(-\phi)AR_{pq}(\phi) = R_{pq}(-\phi)A',$$

somente as linhas p e q mudarão. Logo,

$$\left.\begin{array}{l} a''_{ij} = a'_{ij} \text{ se } i \neq p \text{ e } i \neq q \text{ e} \\ a''_{pj} = a'_{pj}\cos\phi - a'_{qj}\text{sen}\phi \\ a''_{qj} = a'_{qj}\text{sen}\phi + a'_{qj}\cos\phi \end{array}\right\}, j = 1, 2, \ldots n.$$

O segundo tipo de transformação é a de reflexão, que usa matrizes ortogonais da forma:

$$P(W) = I - \alpha WW^T, \ \alpha = \frac{2}{W^TW},$$

onde W é um vetor arbitrário. Essa matriz $P(W)$ assim definida recebe o nome de matriz de reflexão, porque o vetor $P(W)V$ é a reflexão do vetor V no plano no qual W é ortogonal.

Suponha que $n = 2$ e W e V sejam vetores arbitrários. A Figura 3.11 fornece a interpretação geométrica da reflexão do vetor V.

Figura 3.11 Reflexão no plano.

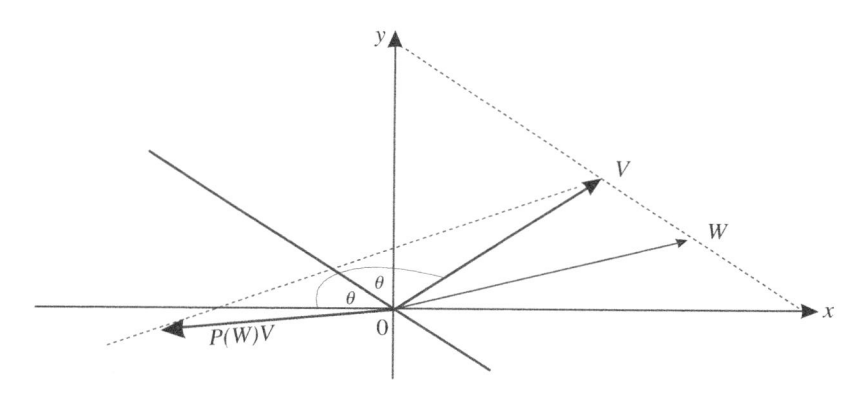

Observe que o comprimento do vetor $P(W)V$ é igual ao comprimento do vetor V. Se $W^TW = 1$, então, $P(W) = 1 - 2WW^T$. Note que $P(W)$ é simétrica e ortogonal, ou seja, $P(W) = P^T(W) = P^{-1}(W)$.

Formando o produto $A' = P(W)A$, cada coluna é transformada independentemente por $a'_k = (I - \alpha WW^T)a_k = a_k - \alpha(W^T a_k)W$. Da mesma forma, na multiplicação $A' = AP(W)$, as linhas são transformadas independentemente.

Método de Jacobi para a determinação de autovalores e autovetores

O método de Jacobi aplicável a matrizes simétricas utiliza transformações similares sucessivas que são rotações planas para diagonalizar a matriz A, fazendo

$$A = A_1; \quad A_{k+1} = R_{pq}(-\phi) A_k R_{pq}(\phi), k = 1, 2, \ldots \tag{3.114}$$

No passo k, toma-se $a_{pq} \in A_k$, o maior elemento em valor absoluto de A_k e escolhe-se o ângulo ϕ, de tal forma que a transformação similar reduza esse elemento a zero, ou seja, $a_{pq}^{(k+1)} \in A_{k+1}$ é igual a zero.

Com efeito,

$$a_{pq}^{(k+1)} = 0 = (a_{pp}^{(k)} - a_{qq}^{(k)})\cos\phi \operatorname{sen}\phi + a_{pq}^{(k)}(\cos^2\phi - \operatorname{sen}^2\phi),$$

resultando em

$$\operatorname{tg}2\phi = \frac{-2a_{pq}^{(k)}}{a_{pp}^{(k)} - a_{qq}^{(k)}}, \quad |\phi| \leq \pi/4,$$

a partir do que se calcula

$$\cos 2\phi = \frac{|a_{pp}^{(k)} - a_{qq}^{(k)}|}{\sqrt{(a_{pp}^{(k)} - a_{qq}^{(k)})^2 + 4(a_{pq}^{(k)})^2}}$$

e

$$\operatorname{sen}\phi = (\text{sinal da } \operatorname{tg}2\phi)\sqrt{\frac{1-\cos 2\phi}{2}}, \quad \cos\phi = \sqrt{\frac{1+\cos 2\phi}{2}}.$$

Sejam $c = \cos\phi$ e $s = \operatorname{sen}\phi$ e sejam definidos

$$r = \frac{s}{1+c}, \quad t = \frac{s}{c},$$

então os elementos transformados são assim calculados:

$$\begin{cases} a_{pp}^{(k+1)} = a_{pp}^{(k)} - ta_{pq}^{(k)} \\ a_{qq}^{(k+1)} = a_{pp}^{(k)} + ta_{pq}^{(k)} \\ a_{ip}^{(k+1)} = a_{pi}^{(k+1)} = a_{pi}^{(k)} - s(a_{qi}^{(k)} + ra_{pi}^{(k)}) \\ a_{iq}^{(k+1)} = a_{qi}^{(k+1)} = a_{qi}^{(k)} - s(a_{pi}^{(k)} + ra_{qi}^{(k)}) \end{cases} i \neq p, i \neq q, \qquad (3.115)$$

permanecendo os demais elementos inalterados.

É conveniente notar que um elemento anulado pode se tomar não nulo novamente. O processo deve continuar até que todos os elementos fora da diagonal principal sejam menores que uma tolerância estabelecida previamente. Quando isso ocorre, os elementos da diagonal aproximam os autovalores de A, isto é, quando $k \to \infty, A_{k+1} \to D = diag(\lambda_1, \lambda_2 \ldots \lambda_n)$.

Os autovetores são determinados por

$$X_k = Q_1 Q_2 \ldots Q_K = X_{K-1} Q_K, k = 1, 2, \ldots,$$

onde Q_k é a matriz de rotação usada para anular o elemento $a_{pq}^{(k)} = a_{qp}^{(k)}$. Então, X_k tenderá para a matriz dos autovetores $X = [X_1, X_2, \ldots, X_n]$, sendo $X_i, i = 1, 2, \ldots, n$, no autovetor associado ao autovalor λ_i, pois, de acordo com a equação (3.91), $AQ = QD$, sendo $Q = Q_1 Q_2 \ldots Q_k$.

Exemplo 3.24

Determine pelo método de Jacobi os autovalores e autovetores da matriz

$$A = \begin{bmatrix} 1 & 2 & 1 \\ 2 & 1 & 1 \\ 1 & 1 & 1 \end{bmatrix}.$$

$$A_1 = \begin{bmatrix} a_{11}^{(1)} & a_{12}^{(1)} & a_{13}^{(1)} \\ a_{21}^{(1)} & a_{22}^{(1)} & a_{23}^{(1)} \\ a_{31}^{(1)} & a_{32}^{(1)} & a_{33}^{(1)} \end{bmatrix} = \begin{bmatrix} 1 & 2 & 1 \\ 2 & 1 & 1 \\ 1 & 1 & 1 \end{bmatrix}.$$

a) $k = 1$, anulação de $a_{12}^{(1)}$ e $a_{21}^{(1)}$, então e $q = 2$

$$\mathrm{tg}\, 2\phi = -\frac{2a_{12}^{(1)}}{a_{11}^{(1)} - a_{22}^{(1)}} \Rightarrow \text{sinal da tg}\, 2\phi = -; \cos 2\phi = \frac{|a_{11}^{(1)} - a_{22}^{(1)}|}{\sqrt{(a_{11}^{(1)} - a_{22}^{(1)}) + 4(a_{12}^{(1)})^2}} = 0;$$

$\operatorname{sen}\phi = -0{,}70711; \cos\phi = 0{,}70711; c = 0{,}70711; s = -0{,}70711; r = -0{,}41421; t = -1.$

Cálculo da matriz A_2:

$$A_2 = R_{12}(-\phi) A_1 R_{12}(\phi)$$

$$Q_1 = R_{12}(\phi) = \begin{bmatrix} 0{,}70711 & -0{,}70711 & 0 \\ 0{,}70711 & 0{,}70711 & 0 \\ 0 & 0 & 1 \end{bmatrix}; R_{12}(-\phi) = R_{12}^{-1}(\phi) = R_{12}^{T}(\phi)$$

$$a_{11}^{(2)} = a_{11}^{(1)} - ta_{12}^{(1)} = 1 - (-1)2 = 3,00000$$

$$a_{22}^{(2)} = a_{22}^{(1)} + ta_{22}^{(1)}1 + (-1)2 = -1,00000$$

$$a_{ip}^{(2)} = a_{pi}^{(1)} = a_{pi}^{(1)} - s(a_{qi}^{(1)} + ra_{pi}^{(1)}); \ i = 1,2,3; \ i \neq 1 \ e \ i \neq 2$$

$$a_{31}^{(2)} = a_{13}^{(1)} = a_{31}^{(1)} - s(a_{32}^{(1)} + ra_{13}^{(1)}) = 1 - (0,70711)(1 + (-0,41421)1) = 1,41421$$

$$a_{iq}^{(2)} = a_{qi}^{(1)} = a_{qi}^{(1)} + s(a_{pi}^{(1)} - ra_{qi}^{(1)}); \ i = 1,2,3; \ i \neq 1 \ e \ i \neq 2$$

$$a_{32}^{(2)} = a_{23}^{(1)} = a_{23}^{(1)} + s(a_{13}^{(1)} - ra_{23}^{(1)}) = 1 + (0,70711)(1 - (0,41421)1) = 0,00000$$

$$A_2 = \begin{bmatrix} a_{11}^{(2)} & a_{12}^{(2)} & a_{13}^{(2)} \\ a_{21}^{(2)} & a_{22}^{(2)} & a_{23}^{(2)} \\ a_{31}^{(2)} & a_{32}^{(2)} & a_{33}^{(2)} \end{bmatrix} = \begin{bmatrix} 3,00000 & 0 & 1,41422 \\ 0 & -1,00000 & 0,00000 \\ 1,41422 & 0,00000 & 1,00000 \end{bmatrix}.$$

b) $k = 2$ anulação de $a_{13}^{(2)}$ e $a_{31}^{(2)}$, então $p = 1$ e $q = 3$.

$$\text{tg}2\phi = -\frac{2a_{13}^{(2)}}{a_{11}^{(2)} - a_{33}^{(2)}} \Rightarrow \text{sinal da tg}2\phi = -; \ \cos 2\phi = \frac{|a_{11}^{(2)} - a_{33}^{(2)}|}{\sqrt{(a_{11}^{(2)} - a_{33}^{(2)}) + 4(a_{13}^{(2)})^2}} = 0,57734;$$

sen$\phi = -0,45970$; cos$\phi = 0,88807$; $c = 0,88807$; $s = -0,45970$; $r = 0,24348$; $t = -0,51764$.

Cálculo da matriz A_3:

$$A_3 = R_{13}(-\phi)A_1R_{13}(\phi)$$

$$Q_2 = R_{13}(\phi) = \begin{bmatrix} 0,88807 & 0 & -0,45970 \\ 0 & 1 & 0 \\ 0,45970 & 0 & 0,88807 \end{bmatrix}; \ R_{13}(-\phi) = R_{13}^{-1}(\phi) = R_{13}^T(\phi)$$

$$a_{11}^{(3)} = a_{11}^{(2)} - ta_{13}^{(2)} = 3 - (-0,51764)(1,41422) = 3,73206$$

$$a_{33}^{(3)} = a_{33}^{(2)} + ta_{13}^{(2)} = 1 + (0,51764)(1,41422) = 0,26794$$

$$a_{12}^{(3)} = a_{21}^{(2)} - ta_{12}^{(2)} - s(a_{32}^{(2)} + ra_{12}^{(2)}) = 0 - (0,45970)(0,00000) + (-0,24348)0) = 0,00000$$

$$a_{23}^{(3)} = a_{32}^{(3)} - a_{32}^{(2)} + s(a_{12}^{(2)} + ra_{32}^{(2)}) = 0,00000 + (0,45970)[0 - (-0,24348)0,00000] = 0,00000$$

$$A_3 = \begin{bmatrix} a_{11}^{(3)} & a_{12}^{(3)} & a_{13}^{(3)} \\ a_{21}^{(3)} & a_{22}^{(3)} & a_{23}^{(3)} \\ a_{31}^{(3)} & a_{32}^{(3)} & a_{33}^{(3)} \end{bmatrix} = \begin{bmatrix} 3,73206 & 0 & 0 \\ 0 & -1 & 0 \\ 0 & 0 & 0,26794 \end{bmatrix}.$$

Logo, os autovalores da matriz A são $\lambda_1 = 3,373206$; $\lambda_2 = -1$; $\lambda_3 = 0,26794$. As colunas da matriz

$$X = Q_1Q_2$$

são os autovetores correspondentes. Efetuando-se, então, o produto $X = Q_1Q_2$, obtêm-se os autovetores

$$X_1 = [0,62796 \ 0,62796 \ 0,45970]^T,$$

$$X_2 = [0,70711 \ 0,707111 \ 0]^T \ e$$

$$X_3 = [-0,32506 \ -0,32506 \ 0,88807]^T.$$

Se a anulação for feita em ordem cíclica, dada pelos índices $(1,2),(1,3),\ldots,(1,n),(2,4),\ldots,(2,n),(3,4),\ldots,(n-1,n)$, conforme Isaacson e Keller (1966), o método de Jacobi converge quadraticamente. Esse método tem uma boa eficiência para matrizes de grande porte, pois nem sempre a redução da matriz dada à forma diagonal é possível por um número finito de transformações similares.

Muitos métodos de determinação de autovalores e autovetores começam transformando a matriz A em uma forma que tenha uma estrutura mais tratável que A e os mesmos autovalores e autovetores, que podemos obter por meio de um número finito de passos, de maneira mais fácil.

No caso de uma matriz simétrica, uma forma conveniente é obter a forma simétrica tridiagonal. E, para matrizes não simétricas, uma forma conveniente é a quase-triangular ou forma de Hessemberg, isto é, uma matriz H com a estrutura

$$H = \begin{bmatrix} h_{11} & h_{12} & \cdots & & \cdots & h_{1n} \\ h_{21} & h_{22} & \cdots & & \cdots & h_{2n} \\ & h_{32} & h_{33} & & \cdots & h_{3n} \\ & & \ddots & \ddots & & \vdots \\ \bigcirc & & & h_{n-n1} & & h_{nn} \end{bmatrix}.$$

Givens propôs a redução de matrizes simétricas a uma forma tridiagonal por uma sequência finita de rotações planas $((n-1)(n-2)/2$ rotações$)$. Householder propôs a redução de matrizes arbitrárias a uma forma quase-triangular por meio de reflexões planas $(n-2$ reflexões$)$. Para mostrar isso, a seguir se apresenta o método de Householder.

Método de Householder

Neste método, a matriz A, não simétrica, é reduzida a uma forma de Hessemberg por $(n-2)$ reflexões planas:

$$A_{k+1} = P_k^T(W_k)A_k P_k(W_k); \; k = 1, 2, \ldots, n-2, \tag{3.116}$$

Com $A_1 = A$ e

$$P_k(W_k) = I - \frac{2}{W_k^T W_k} W_k W_k^T. \tag{3.117}$$

Assim sendo, é necessário encontrar W_k para definir $P_k(W_k)$. Para $k = 1$, tem-se

$$A_2 = P_1^T(W_1)AP(W_1), \tag{3.118}$$

$$P_1(W_1) = I - \frac{2}{W_1^T W_1} W_1 W_1^T \tag{3.119}$$

Para realizar esses cálculos, é conveniente fazer a partição das matrizes na seguinte forma:

$$A_1 = \left[\begin{array}{c|c} a_{11} & b_1^T \\ \hline C_1 & \overline{A}_1 \end{array}\right]; \quad P_1 = \left[\begin{array}{c|c} 1 & 0 \\ \hline 0 & \overline{P}_1 \end{array}\right]; \quad W_1 = \left[\begin{array}{c} 0 \\ \hline \overline{W}_1 \end{array}\right];$$

onde $\overline{A}_1, \overline{P}_1$ e $\overline{W}_1$ são de ordem $n-1$. No caso geral para o passo k, têm-se matrizes de ordem $n-k$.

Realizando-se a multiplicação indicada na equação (3.118), vem

$$A_2 = \left[\begin{array}{c|c} a_{11} & b_1^T \overline{P}_1 \\ \hline \overline{P}_1^T C_1 & \overline{P}_1^T \overline{A}_1 \overline{P}_1 \end{array}\right];$$

A condição que deve ser imposta é que a primeira coluna e a primeira linha de A_2 estejam na forma quase-triangular:

$$A_2 = \begin{bmatrix} a_{11} & x & x & \cdots & x \\ x & & & & \\ 0 & & & & \\ 0 & & & \overline{A}_2 & \\ \vdots & & & & \\ 0 & & & & \end{bmatrix},$$

onde x indica elementos não nulos e $\overline{A}_2 = \overline{P}_1^T \overline{A}_1 \overline{P}_1$.

A forma de A_2 pode ser alcançada pela reflexão $\bar{P}_1$ aplicada ao vetor C_1 de A_1, transformando-o em um vetor que tem somente a sua primeira coordenada não nula. O comprimento do novo vetor deve ser o mesmo que o de C_1. Então, W pode ser determinado da condição

$$(I = \theta \bar{W}_1 \bar{W}_1^T) C_1 = \pm \|C_1\|_2 e_1, \qquad (3.120)$$

onde $e_1 = [1\ 0\ 0\ 0\ldots 0]^T$, e o sinal "+" ou "−" pode ser escolhido para aumentar a estabilidade numérica. Como é necessária apenas a direção de $\bar{W}_1$, uma solução para a equação (3.120) é

$$W_1 = C_1 + \text{sinal}\,(a_{21}) \|C_1\|_2 e_1.$$

No passo seguinte, isto é, para $k = 2$, proceda na matriz $\bar{A}_2$ como na matriz $\bar{A}_1$, e assim sucessivamente.

Exemplo 3.25

Reduza a matriz A à forma quase-triangular, sendo

$$A = \begin{bmatrix} 2 & 1 & 3 \\ 3 & 1 & 4 \\ -1 & 2 & 5 \end{bmatrix}$$

Para $k = 1$

$$A_1 = \begin{bmatrix} 2 & 1 & 3 \\ 3 & 1 & 4 \\ -1 & 2 & 5 \end{bmatrix}; \quad A_1 = \begin{bmatrix} 2 & 0 & 0 \\ 0 & & \\ 0 & \bar{P}_1 & \end{bmatrix}; \quad W_1 = \begin{bmatrix} 0 \\ \bar{W}_1 \end{bmatrix}$$

$$\bar{W}_1 = \begin{bmatrix} 3 \\ -1 \end{bmatrix} + 3{,}1623 \begin{bmatrix} 1 \\ 0 \end{bmatrix} = \begin{bmatrix} 6{,}1623 \\ -1 \end{bmatrix}; \quad \theta = \frac{2}{\bar{W}_1^T \bar{W}_1} = 0{,}0513;$$

$$\bar{P}_1 = \begin{bmatrix} 1 & 0 \\ 1 & 1 \end{bmatrix} - 0{,}513 \begin{bmatrix} 6{,}1623 \\ -1 \end{bmatrix} [6{,}1623 - 1] = \begin{bmatrix} 0{,}9481 & 0{,}3161 \\ 0{,}3161 & 0{,}9487 \end{bmatrix};$$

$$A_2 = \begin{bmatrix} 2 & 0{,}8531 & 3{,}1622 \\ -3{,}1604 & -0{,}69968 & -2{,}19829 \\ 0 & -0{,}19952 & 6{,}39938 \end{bmatrix}.$$

No caso de a matriz A ser simétrica, obtêm-se o seguinte:

$$A_1 = A \begin{bmatrix} a_{11} & b_1^T \\ b_1 & \bar{A}_1 \end{bmatrix}; \quad P_1 = \begin{bmatrix} 1 & 0 \\ 0 & \bar{P}_1 \end{bmatrix}; \quad W_1 = \begin{bmatrix} 0 \\ \bar{W}_1 \end{bmatrix} e\ A_2$$

ficaria sendo

$$A_2 = \begin{bmatrix} a_{11} & x & 0 & 0 & \cdots & 0 \\ x & & & & & \\ 0 & & & \bar{A}_2 & & \\ 0 & & & & & \\ \vdots & & & & & \\ 0 & & & & & \end{bmatrix}.$$

Consequentemente, após $(n - 2)$ transformações, a matriz A estaria reduzida a uma forma tridiagonal.

Exemplo 3.26

Reduza A à forma quase-triangular, sendo

$$A = \begin{bmatrix} 5 & -4 & 1 & 0 \\ -4 & 6 & -4 & 1 \\ 1 & -4 & 6 & -4 \\ 0 & 1 & -4 & 5 \end{bmatrix}.$$

$$\overline{W} = \begin{bmatrix} -4 \\ 1 \\ 0 \end{bmatrix} - 4{,}12311 \begin{bmatrix} 1 \\ 0 \\ 0 \end{bmatrix} = \begin{bmatrix} -8{,}12311 \\ 1 \\ 0 \end{bmatrix}; \quad W_1 \begin{bmatrix} 0 \\ -8{,}12311 \\ 1 \\ 0 \end{bmatrix}; \quad \theta = 0{,}0298576;$$

$$\overline{P}_1 = \begin{bmatrix} 1 & 0 & 0 \\ 0 & 1 & 0 \\ 0 & 0 & 1 \end{bmatrix} - \theta \begin{bmatrix} -8{,}12311 \\ 1 \\ 0 \end{bmatrix} [-8{,}12311 \ 1 \ 0] = \begin{bmatrix} 0{,}9701 & 0{,}2425 & 0 \\ 0{,}2425 & 0{,}9701 & 0 \\ 0 & 0 & 1 \end{bmatrix};$$

$$P_1 = \begin{bmatrix} 1 & 0 & 0 & 0 \\ 0 & -0{,}9701 & 0{,}2425 & 0 \\ 0 & 0{,}2425 & 0{,}9701 & 0 \\ 0 & 0 & 0 & 1 \end{bmatrix};$$

$$A_2 = \begin{bmatrix} 5 & 4{,}1230 & 0 & 0 \\ 4{,}1230 & 7{,}8823 & 3{,}5294 & -1{,}9405 \\ 0 & 3{,}5294 & 4{,}1177 & -3{,}6380 \\ 0 & -1{,}9403 & -3{,}6380 & 5 \end{bmatrix}.$$

$$\overline{W}_2 = \begin{bmatrix} 3{,}5294 \\ -1{,}9403 \end{bmatrix} + 4{,}0276 \begin{bmatrix} 1 \\ 0 \end{bmatrix} = \begin{bmatrix} 7{,}5570 \\ -1{,}9403 \end{bmatrix}; \quad W_2 = \begin{bmatrix} 0 \\ 0 \\ 7{,}5570 \\ -1{,}9403 \end{bmatrix}; \quad \theta_2 = 0{,}03286;$$

$$\overline{P}_2 = \begin{bmatrix} 1 & 0 \\ 0 & 1 \end{bmatrix} - \theta_2 \begin{bmatrix} 7{,}5570 \\ -1{,}9403 \end{bmatrix} [7{,}5570 \ -1{,}9403] = \begin{bmatrix} -0{,}8763 & 0{,}4817 \\ 0{,}4817 & 0{,}8763 \end{bmatrix};$$

$$P_2 = \begin{bmatrix} 1 & 0 & 0 & 0 \\ 0 & 1 & 0 & 0 \\ 0 & 0 & -0{,}8453 & 0{,}4817 \\ 0 & 0 & 0{,}4817 & 0{,}8763 \end{bmatrix}; \quad A_3 = \begin{bmatrix} 5 & 4{,}1230 & 0 & 0 \\ 4{,}1230 & 7{,}8823 & -4{,}0276 & 0 \\ 0 & -4{,}0276 & 7{,}3941 & 2{,}3219 \\ 0 & 0 & 2{,}3219 & 1{,}7236 \end{bmatrix}$$

Observe que as matrizes A_1, A_2 e A_3 são simétricas. Após a redução de A para a forma quase-triangular ou tridiagonal, aplica-se um algoritmo denominado QR para determinar os autovalores e os autovetores de A. Esse procedimento tem bom desempenho na prática.

Método iterativo QR

A ideia fundamental desse método é decompor a matriz A na forma

$$A = QR, \qquad (3.121)$$

onde Q é uma matriz ortogonal e R é uma matriz triangular superior.

Da equação (3.121), tem-se que

$$RQ = Q^T A Q \qquad (3.122)$$

Assim, ao se calcular RQ, realiza-se uma transformação similar em A. Para se reduzir A, aplicam-se rotações planas, isto é,

$$R_{n,n-1}(\phi) \ldots R_{31}^T(\phi) R_{21}^T(\phi) A = R, \qquad (3.123)$$

onde a matriz R_{ij} é escolhida para anular o elemento na posição (i, j) de A.

Correspondentemente, em vista das equações (3.121) e (3.122),

$$Q = R_{21}(\phi) R_{32}(\phi) \ldots R_{n,n-1}(\phi). \qquad (3.124)$$

A equação (3.121) fornece o método iterativo

$$A_k = Q_k R_k;\ A_1 = A;$$

então,

$$A_{k+1} = R_k Q_k,\ k \geq 0, \qquad (3.125)$$

onde $A_{k+1} \to U$ é uma matriz triangular superior e $Q_1 Q_2 \ldots Q_{k-1} \to X_k$; $k \to \infty$; X_k é a matriz dos autovetores, que podem estar em ordem distinta dos autovalores.

Um resultado de convergência para uma classe de matrizes reais que possuem um autovalor dominante é fornecido pelo teorema a seguir (ISAACSON; KELLER, 1966).

Teorema 3.18

Seja A uma matriz real de ordem $n \times n$ com autovalores $\{\lambda_i\}$ satisfazendo $|\lambda_1| > |\lambda_2| > \ldots > |\lambda_n| > 0$, então as iterações A_{k+1} do método QR, definidas na equação (3.125), convergem para uma matriz triangular superior, com os autovalores $\{\lambda_i\}$ na diagonal. Se A é simétrica, a sequência $\{A_k\}$ converge para uma matriz diagonal.

O método QR deve ser aplicado, a menos que A seja de "pequeno porte", após a aplicação do método de Householder, pois o método para matrizes densas pode ser exaustivo, ou seja, pode consumir muito tempo de processamento.

Método da iteração inversa para a determinação de autovetores

Um dos métodos mais eficientes para o cálculo de autovetores de uma matriz é o método da iteração inversa. Para simplificar a análise desse método, seja A uma matriz diagonalizável, isto é, existe a transformação de similaridade $U^{-1} = AU = D$.

Denotando as colunas de U por $X_1, X_2, \ldots, X_n$, então

$$AX_i = \lambda_i X_i, \ i=1,2,\ldots,n \qquad (3.126)$$

Sem perda de generalidade, pode-se assumir que $\|X_i\|_\infty = 1$ para todo X_i. Seja λ uma aproximação para um autovalor λ_m simples de A. Dada uma tentativa inicial $Z^{(0)}$, definem-se $\{W^{(k)}\}$ e $\{Z^{(k)}\}$, para $k \geq 0$, por meio de

$$(A - \lambda I)W^{(k+1)} = Z^{(k)}; \ Z^{(k+1)} = \frac{W^{(k+1)}}{\|W^{(k+1)}\|_\infty}. \qquad (3.127)$$

Convém observar que a equação (3.127) é o método da potência com $(A - \lambda I)^{-1}$ no lugar de A.

Para que o Método (3.127) possa ser desenvolvido, $A - \lambda I$ não deve ser singular. Então, λ não pode ser exatamente λ_m, e sim uma aproximação de λ_m.

Seja $Z^{(0)} = \sum_{i=1}^n \alpha_i X_i$, e suponha que $\alpha_m \neq 0$. Em analogia com o método da potência, tem-se

$$Z^{(k)} = \frac{(A - \lambda I)^{-1} Z^{(0)}}{\|(A - \lambda I)^{-k} Z^{(0)}\|_\infty} ; \qquad (3.128)$$

então,

$$(A - \lambda I)^{-k} Z^{(0)} = \sum_{i=1}^n \alpha_i \left(\frac{1}{\lambda_i - \lambda}\right)^k X_i. \qquad (3.129)$$

Seja $\lambda_m - \lambda = \varepsilon$, e suponha que $|\lambda_i - \lambda| \geq c > 0, i = 1,\ldots n, i \neq m$. Das equações (3.128) e (3.129), tem-se

$$Z^{(k)} = \frac{\tau_k X_m + \varepsilon^k \sum_{i \neq 1} \left(\frac{\alpha_i}{\alpha_i}\right)\left(\frac{1}{\lambda_i - \lambda}\right)^k X_i}{\left\|X_m + \varepsilon^k \sum_{i \neq 1} \left(\frac{\alpha_i}{\alpha_m}\right)\left(\frac{1}{\lambda_i - \lambda}\right)^k X_i\right\|} \qquad (3.130)$$

para algum $|\tau_k| = 1$. Se $|\varepsilon| < c$, então,

$$\left\|\varepsilon^k \sum_{i \neq m}\left(\frac{\alpha_i}{\alpha_m}\right)\left(\frac{1}{\lambda_i - \lambda}\right)^k X_i\right\| \leq \left(\frac{\varepsilon}{c}\right)^k \sum_{i \neq m}\left|\frac{\alpha_i}{\alpha_m}\right|, \qquad (3.131)$$

sendo que essa quantidade converge para zero quando $k \to +\infty$.

Logo, das equações (3.130) e (3.131), pode-se dizer que $Z^{(k)}$ converge para X_m quando $k \to +\infty$. A convergência é linear com velocidade de convergência, dependendo da razão $|\varepsilon / c|$. Na prática, $|\varepsilon|$ é bem pequeno, e $|\varepsilon / c|$, sendo pequeno, significa convergência rápida, o que torna esse método superior ao da potência.

Implementação numérica do método da iteração inversa

Na implementação numérica da equação (3.127), inicialmente se fatora $A - \lambda I$ na forma LU, então $A - \lambda I = LU$ sem usar pivotação. Em cada iteração, para se obter $Z^{(k+1)}$, resolvem-se os sistemas

$$LY^{(k+1)} = Z^{(k)}, \ UW^{(k+1)} = Y^{k+1} \qquad (3.132)$$

e faz-se

$$Z^{(k+1)} = \frac{W^{(k+1)}}{\|W^{(k+1)}\|_\infty}, \ k = 0,1,2,\ldots$$

Como $A - \lambda I$ possui determinante próximo de zero, o último elemento da diagonal de U deverá ser próximo de zero. Desse modo, podem-se utilizar duas estratégias: caso o último elemento da diagonal de U seja nulo, deve-se trocá-lo por um número pequeno ou, então, trocar A e recalcular L e U.

Para a tentativa inicial $Z^{(0)}$, Wilkinson (1965) sugere:

$$Z^{(0)} = Le, \quad e = (1,1,\ldots,1)^T, \tag{3.133}$$

e dessa maneira se tem

$$Y^{(1)} = e; \quad UW^{(k+1)} = e.$$

A Escolha (3.133) é devida ao fato de que α_m é não nulo e não é pequeno. Mas, se ele for pequeno, o método em geral convergirá rapidamente. Por exemplo, suponha que algum ou todos os valores de α_i / α_m na equação (3.131) sejam da ordem de 10^4 e $|\varepsilon/c| = 10^{-5}$, um valor que aparece em muitos casos. Então, o lado direito da Desigualdade (3.131) fica $(10^5)k \, n 10^4$, que deverá decrescer rapidamente quando k crescer.

Obtido o autovetor, o autovalor associado pode ser calculado pelo quociente de Rayleigh dado na equação (3.113).

Exemplo 3.27

Pelo método da iteração inversa, determine o autovetor X_3 associado ao autovalor, da matriz

$$A = \begin{bmatrix} 2 & 1 & 0 \\ 1 & 3 & 1 \\ 0 & 1 & 4 \end{bmatrix}.$$

Seja $\lambda = 1,2679 \approx \lambda_3 = 3 - \sqrt{3}$. Para esse caso, tem-se que

$$L = \begin{bmatrix} 1 & & \\ 1,3659 & 1 & \\ 0 & 2,7310 & 1 \end{bmatrix}; \quad U = \begin{bmatrix} 0,7321 & 1 & 0 \\ & 0,3662 & 1 \\ & & 0,0011 \end{bmatrix}.$$

Usando-se $Y^{(1)} = [1;1;1]^T$ e o algoritmo das equações (3.127) e (3.132), obtêm-se os seguintes resultados:

$$W^{(1)} = [3385,2; -2477,3; 908,20]^T;$$
$$Z^{(1)} = [1,0000; -0,73180; 0,26828]^T;$$
$$W^{(2)} = [20345; -14894; 5451,9]^T, e$$
$$Z^{(2)} = [1,0000; -0,73207; 0,26797]^T.$$

Como $Z^{(3)} = Z^{(2)}$ com cinco casas decimais corretas, então

$$X_3 \approx [1,0000; -0,73205; 0,26795]^T.$$

3.5 Exercícios

1. Por meio do método de eliminação de Gauss, resolva o sistema:

$$\begin{cases} x_1 + 2x_2 + 3x_3 + 4x_4 + 5x_5 = 2 \\ 2x_1 + 3x_2 + 7x_3 + 10x_4 + 13x_5 = 2 \\ 3x_1 + 5x_2 + 11x_3 + 16x_4 + 21x_5 = 17 \\ 2x_1 - 7x_2 + 7x_3 + 7x_4 + 2x_5 = 57 \\ x_1 + 4x_2 + 5x_3 + 3x_4 + 10x_5 = 7. \end{cases}$$

2. Utilizando a estratégia de pivotação parcial e retendo durante a eliminação de Gauss cinco casas decimais, resolva o seguinte sistema:

$$\begin{cases} 0{,}8754x_1 + 3{,}0081x_2 + 0{,}9358x_3 + 1{,}1080x_4 = 0{,}8472 \\ 2{,}4579x_1 - 0{,}8758x_2 + 1{,}1516x_3 - 4{,}5148x_4 = 1{,}1221 \\ 5{,}2350x_1 - 0{,}8473x_2 - 2{,}3582x_3 + 1{,}1419x_4 = 2{,}5078 \\ 2{,}1015x_1 + 8{,}1083x_2 - 1{,}3232x_3 + 2{,}1548x_4 = -6{,}4984. \end{cases}$$

3.
   a) Adapte o método de eliminação de Gauss para resolver sistemas de equações lineares, cuja matriz dos coeficientes é pentadiagonal, para que operações desnecessárias não sejam realizadas.

   b) Utilizando os resultados obtidos em (a), adapte o método supondo que a matriz dos coeficientes seja armazenada sequencialmente por linhas em um vetor.

4. Por meio do método de eliminação de Gauss com o menor esforço, resolva os seguintes sistemas:

$$\begin{cases} x - y = 1 \\ x + y + z = 0 \\ y - z = 0; \end{cases} \quad \begin{cases} x - y = 0 \\ x + y + z = 1 \\ y - z = 0; \end{cases} \quad \begin{cases} x - y = 0 \\ x + y + z = 0 \\ y - z = 1. \end{cases}$$

5. Mostre que o número de operações envolvidas no método de eliminação de Gauss para um sistema com n equações e n incógnitas é igual a $(4n^3 + 9n^2 - 7n)/6$.

6. Por eliminação de Gauss, resolva o sistema:

$$\begin{cases} 2x - y + 0{,}5z = 2 \\ -x + 0{,}5y - 0{,}25z = 1 \\ x + 2y - 5z = 2. \end{cases}$$

7. Resolva os sistemas a seguir, retendo nas operações três casas decimais pelos métodos de eliminação de Gauss, Doolittle e Crout. Adote a pivotação parcial e, depois, faça sem pivotação. Compare os resultados.

$$\begin{cases} x+2y+3z+4v=20 \\ 3x+2y+8z+4v=26 \\ 2x+y+9z+7v=10 \\ 4x+2y-8z-4v=2; \end{cases} \quad \begin{cases} 2x+10y-6z+4u+8v=8 \\ -3x-12y-9z+6u+3v=3 \\ -x+y-34z+15u+18v=29 \\ 5x+26y-19z+25u+36v=23 \end{cases}$$

$$\begin{cases} -3x_1+6x_2+4x_3+7x_4=30 \\ 4x_1-7x_2+3x_3-2x_4=-22 \\ 2x_1-9x_2+x_3+x_4=-12 \\ 3x_1+2x_2+5x_3+4x_4=3. \end{cases}$$

8. Empregando o método de Cholesky e de gradientes conjugados, resolva os seguintes sistemas:

$$\begin{bmatrix} 1 & 2 & -1 & 0 & 0 & 0 \\ 2 & 8 & 4 & -2 & 0 & 0 \\ -1 & 4 & 19 & 9 & -3 & 0 \\ 0 & -2 & 9 & 26 & 5 & -3 \\ 0 & 0 & -3 & 5 & 14 & 1 \\ 0 & 0 & 0 & 14 & 1 & 6 \end{bmatrix} \begin{bmatrix} x_1 \\ x_2 \\ x_3 \\ x_4 \\ x_5 \\ x_6 \end{bmatrix} = \begin{bmatrix} -2 \\ -10 \\ 35 \\ 47 \\ -34 \\ 3 \end{bmatrix}; \quad \begin{bmatrix} 6 & 2 & 1 & -1 \\ 2 & 4 & 1 & 0 \\ 1 & 1 & 4 & -1 \\ -1 & 0 & -1 & 2 \end{bmatrix} \begin{bmatrix} x_1 \\ x_2 \\ x_3 \\ x_4 \end{bmatrix} = \begin{bmatrix} 3,632 \\ 5,401 \\ 6,732 \\ 1,502 \end{bmatrix}.$$

9. Resolva por Gauss-Seidel, Jacobi e sobrerrelaxação os seguintes sistemas:

$$\begin{cases} x_1+10x_2+x_3=10 \\ 2x_1+20x_2+x_4=10 \\ 3x_2+30x_5+3x_6=0 \\ 10x_1+x_2-x_6=5 \\ 2x_4-2x_5+20x_6=5 \\ x_3+10x_4+x_5=0; \end{cases} \quad \begin{cases} 10x_1-x_2=9 \\ -x_1+10x_2+2x_3=7 \\ 4x_2+10x_3=6. \end{cases}$$

10. Calcule a inversa das matrizes a seguir, empregando a decomposição LU.

$$\begin{bmatrix} 2 & -1 & -6 & 3 \\ 7 & -4 & 2 & -15 \\ 1 & -2 & -4 & 9 \\ 1 & -1 & 2 & -6 \end{bmatrix}; \quad \begin{bmatrix} 1 & 3 & 4 \\ 2 & 1 & 0 \\ 0 & 3 & 2 \end{bmatrix}.$$

11. Use o método de Cholesky para calcular a matriz L triangular inferior, tal que $A = LL^T$, onde

$$A = \begin{bmatrix} 2,25 & -3,0 & 4,5 \\ -3,0 & 5,0 & -10,0 \\ 4,5 & -10,0 & 34,0 \end{bmatrix}.$$

12. Adapte os métodos de Doolittle, Crout e Gauss-Seidel para resolver sistemas lineares cuja matriz dos coeficientes é tridiagonal, para que operações desnecessárias não sejam realizadas e para que seja utilizado armazenamento unidimensional da matriz dos coeficientes.

13. Por meio do método de gradientes conjugados, resolva o sistema:

$$\begin{cases} 2x_1 - x_2 & = 1 \\ -x_1 + 2x_2 - x_3 & = 1 \\ -x_2 + 2x_3 - x_4 & = 1 \\ -x_3 + 2x_4 - x_5 & = 1 \\ -x_4 + 2x_5 - x_5 & = 1 \\ -x_5 + 2x_6 & = 1. \end{cases}$$

14. Efetuando os cálculos com pelo menos três casas decimais, calcule a inversa da matriz A por eliminação de Gauss:

$$A = \begin{bmatrix} 2 & -1 & -6 & 3 \\ 7 & -4 & 2 & -15 \\ 1 & -2 & -4 & 9 \\ 1 & -1 & 2 & -6 \end{bmatrix}.$$

15. Utilizando o método de Cholesky, resolva os sistemas de equações lineares com o menor esforço computacional possível.

$$\begin{cases} 4x_1 + x_2 & = 11 \\ x_1 + 4x_2 + x_3 & = 19 \\ x_2 + 4x_3 + 4x_4 & = 24 \\ x_3 + 4x_4 & = 9; \end{cases} \quad \begin{cases} 4y_1 + y_2 & = x_1 \\ y_1 + 4y_2 + y_3 & = x_2 \\ y_2 + 4y_3 + y_4 = x_3 \\ y_3 + 4y_4 = x_4. \end{cases}$$

16. Resolva o sistema a seguir pelo método de Gauss-Seidel.

$$\begin{cases} x_1 & = 2 \\ x_1 + 4x_2 & = 4 \\ x_1 + x_3 + y_4 = 2 \\ x_3 + x_4 = 2. \end{cases}$$

Os coeficientes nessas equações satisfazem as desigualdades exigidas para convergência? Por que o processo diverge? Qual é a solução desse sistema?

17. Por meio do método de Gauss-Seidel, resolva o sistema:

$$\begin{cases} x_1 + 10x_2 + x_3 & = 10 \\ 2x_1 + 20x_3 + x_4 & = 10 \\ + 3x_2 + 30x_5 + 3x_6 = 0 \\ 10x_1 + x_2 - x_6 & = 5 \\ + 2x_4 - 2x_5 + 20x_6 = 5 \\ + x_3 + 10x_4 - x_5 & = 0. \end{cases}$$

18. Determine o maior e o menor autovalor em valor absoluto e os autovetores associados da matriz A, sendo:

$$A = \begin{bmatrix} 1 & 2 & -2 & 5 \\ 3 & 12 & 3 & 4 \\ 3 & 13 & 0 & 7 \\ 2 & 11 & 2 & 2 \end{bmatrix}.$$

19. Determine os autovalores e os autovetores das matrizes a seguir por meio do método de Jacobi, retendo pelo menos quatro casas decimais, sendo:

$$A = \begin{bmatrix} 1 & 2 & 4 \\ 2 & -3 & 0 \\ 4 & 0 & 5 \end{bmatrix}; B = \begin{bmatrix} 5 & 1 & 2 & 1 \\ 1 & 4 & 1 & 1 \\ 2 & 1 & 3 & 4 \\ 1 & 1 & 4 & 4 \end{bmatrix}.$$

20. Por meio do uso dos métodos de Householder, iterativo QR e de iteração inversa, determine os autovalores e os autovetores da matriz dada no exercício 18.

21. Conhecendo o maior autovalor da matriz A do exercício 18, $\lambda = 18,904545$, determine o menor autovalor relativo de A.

22.
   a) Mostre que, se λ é autovalor de A, então $\lambda - a$ é autovalor de $(A - aI)$, $a \in \mathbb{R}$.

   b) Mostre que, se λ é autovalor de A, então λ^{-1} é autovalor de A^{-1}.

23. Mostre que, se A e B são matrizes similares, então elas têm os mesmos autovalores.

24. Seja $H^{(n)}$ uma matriz $n \times n$ definida por

$$H^{(n)}_{ij} = \frac{1}{i+j-1}; 1 \leq i, j \leq n,$$

que é chamada de matriz de Hilbert. Determine $[H^4]^{-1}$.

25. Seja A uma matriz simétrica definida positiva. Mostre que existe uma única matriz triangular superior L com elementos positivos na diagonal principal, tal que $A = L^T L$.

4 SISTEMAS DE EQUAÇÕES NÃO LINEARES

4.1 Introdução

Alguns métodos, como os que vimos no Capítulo 2, para a solução de equações a uma variável podem ser generalizados para sistemas de equações não lineares. Em geral, um sistema não linear com n equações e n incógnitas pode ser apresentado na forma

$$\begin{cases} f_1(x_1, x_2, \ldots, x_n) = 0 \\ f_2(x_1, x_2, \ldots, x_n) = 0 \\ \vdots \\ f_n(x_1, x_2, \ldots, x_n) = 0, \end{cases} \quad (4.1)$$

ou na forma vetorial

$$F(X) = \mathbf{0}, \quad (4.2)$$

onde $X = [x_1, x_2, \ldots, x_n]^T$ é o vetor de incógnitas, $F(X) = [f_1(X), f_2(X), \ldots, f_n(X)]^T$ e $\mathbf{0}$ o vetor nulo de $\mathbb{R}^n$. A seguir, apresentam-se os métodos empregados com mais frequência para resolver esse tipo de sistema.

4.2 Método das aproximações sucessivas (MAS)

Com a ideia apresentada no caso de uma equação, o método para um sistema de equações consiste em reescrever a equação (4.1) na forma

$$\begin{cases} x_1 = \phi_1(x_1, x_2, \ldots, x_n) \\ x_2 = \phi_2(x_1, x_2, \ldots, x_n) \\ \vdots \\ x_n = \phi_n(x_1, x_2, \ldots, x_n), \end{cases} \quad (4.3)$$

onde as aproximações para a solução são atualizadas por meio do seguinte sistema recorrente:

$$\begin{cases} x_1^{(k+1)} = \phi_1(x_1^{(k)}, x_2^{(k)}, \ldots, x_n^{(k)}) \\ x_2^{(k+1)} = \phi_2(x_1^{(k)}, x_2^{(k)}, \ldots, x_n^{(k)}) \\ \vdots \\ x_1^{(k+1)} = \phi_n(x_1^{(k)}, x_2^{(k)}, \ldots, x_n^{(k)}) \end{cases} \quad (4.4)$$

ou vetorialmente

$$X^{(k+1)} = \phi(X^{(k)}), \ k = 0, 1, 2 \ldots, \quad (4.5)$$

sendo $X^{(k+1)} = [x_1^{(k+1)}, x_2^{(k+1)}, \ldots, x_n^{(k+1)}]^T$ e $\phi(X^{(k)}) = [\phi_1(X^{(k)}), \phi_2(X^{(k)}), \ldots, \phi_n(X^{(k)})]^T$, que usa atualização do tipo Jacobi (ORTEGA; RHEINBOLDT, 1970).

De maneira análoga ao caso de uma equação, a atualização pode ser feita ocupando as variáveis já atualizadas na própria iteração corrente, resultando em um esquema de atualização do tipo Gauss-Seidel na forma (ORTEGA; RHEINBOLDT, 1970)

$$\begin{cases} x_1^{(k+1)} = \phi_1(x_1^{(k)}, x_2^{(k)}, \ldots, x_n^{(k)}) \\ x_2^{(k+1)} = \phi_2(x_1^{(k+1)}, x_2^{(k)}, \ldots, x_n^{(k)}) \\ \vdots \\ x_i^{(k+1)} = \phi_i(x_1^{(k+1)}, x_2^{(k+1)}, \ldots, x_{i-1}^{(k+1)}, x_i^{(k)}, \ldots, x_n^{(k)}) \\ \vdots \\ x_n^{(k+1)} = \phi_n(x_1^{(k+1)}, x_2^{(k+1)}, \ldots, x_{n-1}^{(k+1)}, x_n^{(k)}). \end{cases} \quad (4.6)$$

Uma condição suficiente para a convergência do método é similar à que foi estabelecida no Teorema 2.1, representado neste capítulo como Teorema 4.1.

Teorema 4.1

Seja $\alpha = [\alpha_1, \alpha_2, \ldots, \alpha_n]^T$ uma solução para a equação (4.1), então $\alpha = \phi(\alpha)$. Suponha que as derivadas parciais

$$d_{ij}(X) = \frac{\partial \Phi_i(X)}{\partial x_j}, \quad 1 \le i, j \le n \quad (4.7)$$

existam para $X \in B_\rho^n$, onde $B_\rho^n = \{X \in \mathbb{R}^n ; \|X - \alpha\| < \rho\}$. A matriz na equação (4.7) com elementos $d_{ij}(X)$, com n linhas e n colunas, é denominada por $J(X)$. Então, uma condição suficiente para que o método iterativo (4.4) seja convergente para todo $X^{(0)} \in B_\rho^n$ é que (DAHLQUIST; BJORK, 1974):

$$\|J(X)\| \le m < 1, \, X \in B_\rho^n \quad (4.8)$$

A condição (4.8) implica que $\|\phi(X) - \phi(Y)\| \le m < \|X - Y\|$, para todo $X, Y \in B_\rho^n$ e, nesse caso, diz-se que a função ϕ é uma contração.

Uma condição necessária para que a equação (4.4) seja convergente é que o raio espectral da matriz $J(\alpha)$ seja menor ou igual a 1. A razão de convergência depende linearmente de m, pois

$$\|X^{(k+1)} - \alpha\| = \|\phi(X^{(k)}) - \phi(\alpha)\| \le m \|X^{(k)} - \alpha\|, \, k = 0, 1, 2, \ldots$$

Observação:

Em muitas aplicações, há a necessidade de se resolver um sistema da forma

$$X = A + h\phi(X),$$

onde A é um vetor constante, h é um parâmetro, $0 < h \ll 1$. Se $\phi(X)$ tem derivadas parciais limitadas, o critério (4.8) será satisfeito para h suficientemente pequeno. Nesse caso, o método iterativo fica

$$X^{(k+1)} = A + h\phi(X^{(k)}) \quad (4.9)$$

Exemplo 4.1

Determine a solução real do sistema de equações abaixo utilizando o MAS.

$$\begin{cases} 3x_1^2 + x_2 = 3,5 \\ x_1 + x_2^3 = 1,625. \end{cases}$$

Reescrevendo o sistema na forma $X = \Phi(X)$, vem

$$\begin{cases} x_1 = [(3,5-x_2)/3]^{1/2} \\ x_2 = (1,625-x_1)^{1/3}. \end{cases}$$

Fazendo $\phi_1(x_1,x_2) = [(3,5-x_2)/3]^{1/2}$, $\phi_2(x_1,x_2) = (1,625-x_1)^{1/3}$, a matriz $J(X)$ fica:

$$J(X) = \begin{bmatrix} 0 & \dfrac{-1}{6[(3,5-x_2)/3]^{1/2}} \\ \dfrac{-1}{3(1,625-x)^{2/3}} & 0 \end{bmatrix}.$$

No $\mathbb{R}^2$, por vezes é possível, com base em considerações geométricas, estabelecer uma vizinhança para a solução, onde se verifica que $\left\| J(X) \right\|_\infty = \max_{1 \le i \le n} \sum_{j=1}^n d_{ij} < 1$ para qualquer X nessa vizinhança. Assim, a equação (4.8) garante a convergência do método. De fato, tomando $x_1^{(0)} = 0,8$ e $x_2^{(0)} = 0,8$, obtêm-se os resultados mostrados no Quadro 4.1.

Quadro 4.1 Método das aproximações sucessivas para sistemas não lineares.

k	$x_1^{(k)}$	$x_2^{(k)}$
0	0,800000	0,800000
1	0,948683	0,937889
2	0,924141	0,877775
3	0,934920	0,888267
4	0,933048	0,883690
5	0,933865	0,884488
6	0,933722	0,884140
7	0,933784	0,884201
8	0,933777	0,884177
9	0,933778	0,884177
10	0,933778	0,884177

4.3 Método de Newton-Raphson (MNR)

A equação de recorrência desse método é obtida procedendo-se de maneira análoga à empregada para a equação de recorrência do MNR para uma equação.

Assim sendo, desenvolve-se a função F da equação (4.2) em série de Taylor em torno de $X^{(k)}$, ou seja,

$$F(X) = F(X^{(k)}) + F'(X^{(k)})(X - X^{(k)}) + O[\left\| X - X^{(k)} \right\|^2], \tag{4.10}$$

onde $F'(X)$ é uma matriz $n \times n$ com elementos $f_{ij}(X) = \partial f_i(X)/\partial x_j, 1 \le i,j \le n$, denominada matriz jacobiana, e $O[\left\| X - X^{(k)} \right\|^2]$ é o termo de erro da série.

Da equação (4.10) escreve-se

$$X = X^{(k)} F'(X^{(k)})^{-1} F(X^{(k)}) - F'(X^{(k)})^{-1} O[\left\| X - X^{(k)} \right\|^2,$$

ou seja,

$$X \approx X^{(k)} - F'(X^{(k)})^{-1} F(X^{(k)}),$$

que sugere a seguinte fórmula de recorrência:

$$X^{(k-1)} = X^{(k)} - F'(X^{(k)})^{-1} F(X^{(k)}),$$

ou, ainda,

$$F'(X^{(k)})[X^{(k+1)} - X^{(k)}] = -F(X^{(k)}), \quad (4.11)$$

que é a fórmula de recorrência do MNR. Na equação (4.11), tem-se um sistema de equações lineares nas incógnitas $\delta^{(k+1)} = X^{(k-1)} - X^{(k)}$, e, se $F'(X^{(k)})$ for regular, ele poderá ser resolvido pelos métodos apresentados no Capítulo 3, obtendo-se, assim, $X^{(k+1)} = X^{(k)} + \delta^{(k+1)}$.

Exemplo 4.2

Pelo MNR, determine uma solução do sistema de equações

$$\begin{cases} x_1^2 + x_2^2 + x_3^2 = 9 \\ x_1 x_2 x_3 = 1 \\ x_1 + x_2 - x_3^2 = 0. \end{cases}$$

Denominando $f_1(x_1, x_2, x_3) = x_1^2 + x_2^2 + x_3^2 - 9$; $f_2(x_1, x_2, x_3) = x_1 x_2 x_3 - 1$; $f_3(x_1, x_2, x_3) = x_1 + x_2 - x_3^2$, a matriz jacobiana fica

$$F'(X) = \begin{bmatrix} 2x_1 & 2x_2 & 2x_3 \\ x_2 x_3 & x_1 x_3 & x_1 x_2 \\ 1 & 1 & -2x_3 \end{bmatrix},$$

e o vetor constante do sistema de equações lineares é

$$-F(X) = [-x_1^2 - x_2^2 - x_3^2 + 9, \quad -x_1 x_2 x_3 + 1, \quad -x_1 - x_2 + x_3^2]^T$$

Tomando $x_1^{(0)} = 0{,}7$; $x_2^{(0)} = 1{,}5$; $x_3^{(0)} = 1{,}5$, obtêm-se os resultados mostrados no Quadro 4.2.

Quadro 4.2 Exemplo de aplicação do MNR.

k	$x_1^{(k)}$	$x_2^{(k)}$	$x_3^{(k)}$
0	0,700000	1,500000	1,500000
1	0,424148	3,189489	1,671780
2	0,106745	2,620491	1,653557
3	0,235906	2,498341	1,653518
4	0,242725	2,491397	1,653518
5	0,242746	2,491376	1,653518
6	0,242746	2,491376	1,653518
7	0,242746	2,491376	1,653518

Portanto, a solução correta com cinco casas decimais é

$$x_1 = 0{,}242746; \; x_2 = 2{,}491376; \; x_3 = 1{,}653518.$$

Exemplo 4.3

Determine a solução do sistema de equações dado no exemplo 4.1, pelo MNR. Nesse caso, tem-se

$$F'(X) = \begin{bmatrix} 6x_1 & 1 \\ 1 & 3x_1^2 \end{bmatrix}; -F(X) = \begin{Bmatrix} -3x_1^2 - x_2 + 3,5 \\ -x_1 - x_2^3 + 1,625 \end{Bmatrix}.$$

Tomando $x_1^{(0)} = x_2^{(0)} = 0,8$, obtêm-se os resultados constantes no Quadro 4.3.

Quadro 4.3 Exemplo de aplicação do MNR.

k	$x_1^{(k)}$	$x_2^{(k)}$
0	0,800000	0,800000
1	0,944182	0,887926
2	0,9338370	0,884168
3	0,933778	0,884177
4	0,933778	0,884177

O MNR, mesmo para sistema de equações, tem convergência quadrática. Em cada passo ele requer a solução de um sistema de equações lineares. Isso, para *n* grande, pode se constituir em dificuldade. Acrescido a isso, também a cada passo as n^2 derivadas de $F'(X)$ necessitam ser calculadas, o que, do ponto de vista computacional, torna-se impraticável, a menos que as funções sejam simples, e o sistema, pequeno. Uma alternativa para reduzir o esforço para calcular $F'(X^{(k)})$ é mantê-la fixa durante *m* iterações e só depois recalculá-la, ou seja,

$$F'(X^{(p)})[X^{(k+1)} - X^{(k)}] = -F(X^{(k)}), \ k = p, p+1, \ldots, p+m \tag{4.12}$$

sendo *m*, na prática, cerca de cinco iterações.

A equação recorrente (4.12) constitui-se no MNR modificado (DALHQUIST; BJÖRK, 1974).

Exemplo 4.4

Determine a solução do sistema de equações dado no exemplo 4.1 pelo método de Newton-Raphson modificado (MNRM), mantendo a matriz dos coeficientes dos sistemas de equações lineares igual a:

$$F'(X^{(0)}) = \begin{bmatrix} 6x_1^{(0)} & 1 \\ 1 & 3x_2^{(0)} \end{bmatrix}.$$

Com isso, obtêm-se os resultados mostrados no Quadro 4.4.

Quadro 4.4 MNR modificado.

k	$x_1^{(k)}$	$x_2^{(k)}$
0	0,948182	0,887926
1	0,928569	0,882254
2	0,936205	0,885062
3	0,932606	0,883747
4	0,934353	0,884381
5	0,933511	0,884079
6	0,933905	0,884224
7	0,933717	0,884155
8	0,933764	0,884172
9	0,933784	0,884179
10	0,933775	0,884176
11	0,933779	0,884178
12	0,933777	0,884177
13	0,933778	0,884177
14	0,933778	0,884177

4.4 Método de Newton-Raphson Discretizado (MNRD)

O MNRD consiste em aproximar numericamente as n^2 derivadas da matriz $F'(X)$. Uma aproximação usada com frequência é:

$$\frac{\partial f_i(X)}{\partial x_j} \approx \Delta_{ij}(X,H) = \frac{f_i(X+h_j e_j) - f_i(X)}{h_j},$$

onde e_j é o vetor unitário cuja j-ésima coordenada é igual a 1 e as demais coordenadas são nulas, e $h_j \neq 0, j = 1,2,\ldots,n$ são componentes dados de um vetor de passo incremental H.

Denominando $D(X, H)$ a matriz $n \times n$, com elementos $\Delta_{ij}(X, H)$, obtém-se o método de Newton-Raphson discretizado:

$$D\left(X^{(k)}, H\right)[X^{(k+1)} - X^{(k)}] = -F\left(X^{(k)}\right) \tag{4.13}$$

> **Observação:**
> Esse método é tal que a $F(X)$, a cada passo, é calculada em $n+1$ pontos: $X^{(k)}, X^{(k)} + h_1 e_1, \ldots, X^{(k)} + h_n e_n$. Então, em cada sistema a ser resolvido, deve-se verificar se isso implica mais trabalho que o cálculo das derivadas $\partial f_i / \partial f_j$ ou não. Essa verificação possibilita uma comparação entre o MNR e o MNRD. É possível mostrar que a ordem de convergência do MNRD é a mesma que a do método da secante para $n = 1$, ou seja, 1,618..., com o vetor H sendo dado, segundo Ortega e Rheinboldt (1970), por
>
> $$h_j = x_j^{(k-1)} - x_j^{(k)}, j = 1,2,\ldots,n,\ k \geq 1.$$

Exemplo 4.5

Determine a solução do sistema de equações dado no exemplo 4.1, tomando $X^{(0)} = [0{,}8\ \ 0{,}8]^T$. Nesse caso, tem-se:

$$F'(x) = \begin{bmatrix} \dfrac{f_1(x_1+h_1, x_2) - f_1(x_1,x_2)}{h_1} & \dfrac{f_1(x_1, x_2+h_2) - f_1(x_1,x_2)}{h_2} \\ \dfrac{f_2(x_1+h_1, x_2) - f_2(x_1,x_2)}{h_1} & \dfrac{f_2(x_1, x_2+h_2) - f_2(x_1,x_2)}{h_2} \end{bmatrix}.$$

Inicialmente, escolheu-se $h_1 = h_2 = 0{,}1$ e, depois, $h_1 = x_1^{(k-1)} - x_1^{(k)}$, $h_2 = x_2^{(k-1)} - x_2^{(k)}$; $k \geq 1$. Os resultados obtidos são os mostrados no Quadro 4.5.

Quadro 4.5 Exemplo de aplicação do MNRD.

k	$x_1^{(k)}$	$x_2^{(k)}$
0	0,800000	0,800000
1	0,937042	0,881087
2	0,934067	0,884176
3	0,933778	0,884176
4	0,933778	0,884177
5	0,933778	0,884177

4.5 Método de Steffensen (MST)

Se na equação (4.13) for tomado $h_j = f_j(X^{(k)})$, os elementos $\Delta_{ij}(X, H)$ da matriz $D(X^{(k)}, H)$ serão assim calculados:

$$\frac{\partial f_i(X)}{\partial x_i} \approx \Delta_{ij}(X,H) = \frac{f_i(X + f_j(X)e_j) - f_i(X)}{f_j(X)}.$$

Esse método também requer o cálculo de $F(X)$ em $n + 1$ pontos:

$$X^{(k)}, X^{(k)} + f_1(X^{(k)})e_1, \ldots, X^{(k)} + f_n(X^{(k)})e_n.$$

Logo, ele é análogo ao MNRD, porém tem ordem de convergência igual a 2 (ORTEGA; RHEINBOLDT, 1970).

Exemplo 4.6

Determine a solução do sistema dado no exemplo 4.1 pelo método de Steffensen. Nesse caso, a matriz dos coeficientes do sistema de equações lineares fica:

$$F'(x) = \begin{bmatrix} \dfrac{f_1(x_1 + f_1(x_1,x_2), x_2) - f_1(x_1,x_2)}{f_1(x_1,x_2)} & \dfrac{f_1(x_1, x_2 + f_2(x_1,x_2)) - f_1(x_1,x_2)}{f_2(x_1,x_2)} \\ \dfrac{f_2(x_1 + f_1(x_1,x_2), x_2) - f_2(x_1,x_2)}{f_1(x_1,x_2)} & \dfrac{f_2(x_1, x_2 + f_2(x_1,x_2)) - f_2(x_1,x_2)}{f_2(x_1,x_2)} \end{bmatrix}.$$

ou seja,

$$F'(x) = \begin{bmatrix} \dfrac{3(x_1 + 3x_1^2 + x_2 - 3,5)^2 - 3x_1^2}{3x_1^2 + x_2 - 3,5} & 1 \\ 1 & \dfrac{(x_2 + x_1 + x_2^3 - 1,625)^3 - x_2^3}{x_1 + x_2^2 - 1,625} \end{bmatrix}.$$

Tomando $x_1^{(0)} = x_2^{(0)} = 0,8$, obtêm-se os resultados apresentados no Quadro 4.6.

Quadro 4.6 Exemplo de aplicação do MST.

k	$x_1^{(k)}$	$x_2^{(k)}$
0	0,800000	0,800000
1	0,118998	0,856540
2	0,948665	0,878071
3	0,933778	0,884176
4	0,934526	0,883892
5	0,933780	0,884177
6	0,933778	0,884177

4.6 Exercícios

1. Considere os seguintes sistemas:

$$\begin{cases} x^2 + y^2 + z^3 = 9 \\ xyz = 1 \\ x + y - z^2 = 0 \end{cases} ; \quad \begin{cases} x^3 + 3y^2 = 21 \\ x^2 + 2y^2 = 0 \end{cases}.$$

a) Resolva os sistemas dados usando o MAS, com atualização do tipo Jacobi nas iterações, para obter precisão até a terceira casa decimal.

b) Resolva os sistemas dados usando o MAS, com atualização do tipo Gauss-Seidel nas iterações, para obter precisão até a terceira casa decimal.

2. Resolva o sistema
$$\begin{cases} x^2 + xy^3 = 9 \\ 3x^2y - y^3 = 4 \end{cases}$$
pelo método de Newton-Raphson para obter precisão até a quarta casa decimal. Use cada uma das seguintes tentativas iniciais:

a) $(x_0, y_0) = (1,2, \ 2,5)$;

b) $(x_0, y_0) = (-2, \ 2,5)$;

c) $(x_0, y_0) = (-1,2, 2,5)$;

d) $(x_0, y_0) = (2, \ -2,5)$.

Observação: para qual raiz o método converge; o número de iterações, e a rapidez de convergência.

3. Resolva pelo MNR, para obter precisão até a terceira casa decimal, os seguintes sistemas:

a) $\begin{cases} \dfrac{1}{2}sen(x_1,x_2) - \dfrac{x_2}{4\pi} - \dfrac{x_1}{2} = 0 \\ \left(1 - \dfrac{1}{4\pi}\right)(e^{2x_1} - e) + \dfrac{ex_2}{\pi} - 2ex_1 = 0. \end{cases}$

b) $\begin{cases} x^3 + 3y^2 - 20,92 = 0 \\ 2x + 2y - 1,958 = 0. \end{cases}$

c) $\begin{cases} 2x + 4y^2 - 16,74 = 0. \end{cases}$

4. Resolva pelo MNR discretizado, para obter precisão até a terceira casa decimal, os sistemas dados no exercício 3.

5. Dado o sistema de equações
$$\begin{cases} x^2 + y^2 = 2 \\ -e^x + y = 0 \end{cases},$$
com $x, y \in \mathbb{R}$, faça o seguinte:

a) determine o número de soluções do sistema;

b) encontre uma solução $X = (x, y)$, tal que $x > 0$ e $y > 0$, pelo método de aproximações sucessivas com atualização do tipo Gauss-Seidel.

6. Dado o sistema de equações:
$$\begin{cases} y - senx = 0 \\ y - e^{-x} = 0 \end{cases},$$
discuta a convergência do MAS, para encontrar sua solução.

7. Resolva o sistema dado no exercício 6, com precisão até a terceira casa decimal, usando os seguintes métodos:

a) método de Steffensen;

b) método de Newton-Raphson, atualizando a matriz jacobiana de três em três iterações.

5 INTERPOLAÇÃO E APROXIMAÇÃO DE FUNÇÕES A UMA VARIÁVEL REAL

5.1 Introdução

Neste capítulo, abordam-se aspectos básicos da teoria de interpolação e aproximação de funções a uma variável real. Os problemas de interpolação e aproximação aqui estudados surgem ao se aproximar uma função f por outra função g mais apropriada aos usos que dela se deseja fazer. Isso é escrito assim:

$$f(x) \approx g(x) \tag{5.1}$$

Diversos são os motivos que impelem essa aproximação. Mas, pelos resultados teóricos e práticos advindos, dois deles são mais relevantes e surgem das seguintes questões:

a) Como substituir a função f, de difícil manuseio ou avaliação, por uma função g de tratamento mais simples.

b) Como avaliar quantitativamente valores funcionais de uma função f, sendo conhecido apenas um pequeno número de valores funcionais em argumentos denominados pontos-base, na forma $(x_i, f(x_i))$, $0 \leq i \leq n$, isto é, deseja-se construir uma função, denominada interpolante, que forneça uma estimativa ao valor de $f(x)$, sendo $x \neq x_i$, $0 \leq i \leq n$.

As funções interpolantes mais comuns são formadas por combinação linear de funções simples, escolhidas de uma classe de funções $\{g_i\}_{i=0}^{n}$, ou seja,

$$g(x) = a_0 g_0(x) + a_1 g_1(x) + \ldots + a_n g_n(x). \tag{5.2}$$

Dentre as classes mais usadas se encontram os monômios $\{x^k\}_{k=0}^{n}$, as funções trigonométricas $\{\operatorname{sen} kx, \cos kx\}_{k=0}^{n}$, e as exponenciais $\{e^{b_k x}\}_{k=0}^{n}$.

Assim sendo, combinando monômios até a ordem n, obtém-se interpolantes denominadas polinômios de ordem menor ou igual a n, ou seja,

$$f(x) = g(x) = a_0 x + a_1 x + a_2 x^2 + \ldots + a_n x^n; \tag{5.3}$$

combinando funções trigonométricas, tem-se interpolantes na forma

$$f(x) \approx g(x) = a_0 + a_1 \cos x + a_2 \cos 2x + \ldots + a_n \cos nx + b_1 \operatorname{sen} x + b_2 \operatorname{sen} 2x + \ldots + b_n \operatorname{sen} nx; \tag{5.4}$$

por sua vez, as interpolações exponenciais são da forma

$$f(x) \approx g(x) = a_0 e^{b_0 x} + a_1 e^{b_1 x^2} + \ldots + a_n e^{b_n x^{n+1}}. \tag{5.5}$$

Como se nota nas equações (5.3) a (5.5), para que g fique completamente definida, falta determinar os coeficientes presentes nessas expressões, sendo esse um dos objetivos da teoria de interpolação.

As interpolantes polinomiais são as mais populares não só por suas propriedades algébricas, mas sobretudo pela justificativa fornecida pelo teorema de aproximação de Weirstrass, enunciado adiante, que de fato garante a existência de um polinômio capaz de aproximar a função f tão bem quanto se queira (RUDIN, 1971).

Teorema 5.1 (Weirstrass)

Se f é uma função contínua em um intervalo fechado $[a, b]$, então, dado $\varepsilon > 0$, existe alguma polinomial de ordem n, P_n com $n = n(\varepsilon)$, tal que

$$|f(x) - P_n(x)| < \varepsilon, \text{ para } x \in [a, b]. \tag{5.6}$$

Apesar de justificar a existência da interpolante polinomial, esse teorema não é construtivo, isto é, não fornece modos ou critérios para se obter a interpolante polinomial, cuja existência é garantida.

A seguir, são apresentados os procedimentos mais usuais na geração de interpolantes polinomiais na forma

$$f(x) \approx P_n(x) = \sum_{i=0}^{n} a_i x^i \tag{5.7}$$

como se pode ver em Carnahan et al. (1969).

5.2 Interpolação polinomial

Selecionada uma interpolante polinomial de ordem n como a expressa na equação (5.7), para defini-la completamente é preciso determinar os coeficientes a_i, $0 \leq i \leq n$. Para isso, deve-se escolher um critério para ajustá-la aos dados.

Sendo disponíveis os pontos-base $(x_i, f(x_i))$, $0 \leq i \leq n$, um critério muito empregado para determinar os coeficientes de P_n é exigir que

$$P_n(x_i) = f(x_i), \, 0 \leq i \leq n, \tag{5.8}$$

ou seja, nos pontos-base o valor da interpolante polinomial é igual ao valor da função a ser interpolada.

Explicitamente o sistema (5.8), na forma matricial, fica:

$$\begin{bmatrix} 1 & x_0 & \cdots & x_0^n \\ 1 & x_1 & \cdots & x_1^n \\ 1 & x_2 & \cdots & x_2^n \\ \vdots & & & \\ 1 & x_n & \cdots & x_n^n \end{bmatrix} \begin{bmatrix} a_0 \\ a_1 \\ a_2 \\ \vdots \\ a_n \end{bmatrix} = \begin{bmatrix} f(x_0) \\ f(x_1) \\ f(x_2) \\ \vdots \\ f(x_n) \end{bmatrix}, \tag{5.9}$$

que é um sistema linear de $n + 1$ equações a $n + 1$ incógnitas $[a_0, a_1, a_2, \ldots, a_n]^T$. A matriz dos coeficientes é uma matriz de Vandermonde de ordem $n + 1$, sendo uma de suas propriedades o fato de seu determinante ser diferente de zero sempre que $x_i \neq x_j$ para todo $i \neq j$ (HOFFMAN; KUNZE, 1970). Assim, dados $n + 1$ pontos-base distintos, existe uma única interpolante polinomial de ordem n, denominada polinomial interpoladora que satisfaz o critério (5.8).

Aparentemente, a questão de encontrar os coeficientes está resolvida, bastando para isso resolver o sistema linear (5.9), o que pode ser feito por um dos métodos vistos no Capítulo 3, apesar das dificuldades que isso possa representar quando n for grande. Mas, assim procedendo, o erro de truncamento proveniente da aproximação não fica estabelecido, inviabilizando esse procedimento.

Na sequência, são descritas maneiras alternativas de geração de polinomiais interpoladoras, sem a necessidade de resolver o sistema (5.9), que levam as expressões do erro de truncamento nas correspondentes interpolações. Um conjunto de polinomiais interpoladoras com os correspondentes termos de erro formam um conjunto de fórmulas de interpolação.

As fórmulas de interpolação, segundo o espaçamento das abscissas dos pontos-base, podem ser classificadas como mostra a Figura 5.1.

Figura 5.1 Tipos de fórmulas de interpolação.

$$\text{Fórmulas de interpolação} \begin{cases} \text{Aplicáveis a pontos-base arbitrariamente espaçados} \begin{cases} \text{Diferenças Divididas Finitas} \\ \text{Polinômios de Lagrange} \end{cases} \\ \text{Aplicáveis a pontos-base igualmente espaçados} \begin{cases} \text{Diferenças finitas:} \\ \text{progressiva} \\ \text{retroativa e} \\ \text{central} \end{cases} \end{cases}$$

5.2.1 Interpolação polinomial por diferenças divididas finitas (DDF)

Considere uma função f, contínua em um intervalo $a \leq x \leq b$ e suficientemente derivável em $a < x < b$, sendo $x \neq x_0$ para dar sentido matemático ao desenvolvimento que segue.

DEFINIÇÃO 5.1

A diferença dividida finita de primeira ordem de uma função f, em relação aos argumentos x, x_0, denotada por $f[x, x_0]$, é definida por

$$f[x, x_0] := \frac{f(x) - f(x_0)}{x - x_0}. \tag{5.10}$$

Convém notar que a equação (5.10) é uma aproximação para a primeira derivada de f em x_0, isto é, $f'(x_0)$. Dessa forma, é natural a extensão do conceito de DDF para ordens superiores em analogia com o que existe entre DDF e derivada de primeira ordem.

Para isso, suponha que sejam disponíveis $n + 1$ pontos-base distintos, $(x_i, f(x_i))$, $0 \leq i \leq n$. Como em Carnahan et al. (1969), as DDFs de ordens superiores são definidas como mostra o Quadro 5.1.

Adiante, será fornecida a relação entre DDF e derivadas de ordens superiores.

Quadro 5.1 Diferenças divididas finitas.

Ordem	DDF	Valor
0	$f[x_0]$	$f(x_0)$
1	$f[x_1, x_0]$	$\dfrac{f(x_1) - f(x_0)}{x_1 - x_0}$
2	$f[x_2, x_1, x_0]$	$\dfrac{f[x_2, x_1] - f[x_1, x_0]}{x_2 - x_0}$
3	$f[x_3, x_2, x_1, x_0]$	$\dfrac{f[x_3, x_2, x_1] - f[x_2, x_1, x_0]}{x_3 - x_0}$
⋮	⋮	⋮
n	$f[x_n, x_{n-1}, \ldots, x_1, x_0]$	$\dfrac{f[x_n, x_{n-1}, \ldots, x_1] - f[x_{n-1}, x_{n-2}, \ldots, x_0]}{x_n - x_0}$

A partir da equação (5.10) e das definições apresentadas no Quadro 5.1, é possível deduzir diversas propriedades das DDFs. Mas as de interesse imediato são as seguintes:

a) Irrelevância da ordem dos argumentos da DDF, isto é,

$$f[x_1, x_0] := \frac{f(x_1) - f(x_0)}{x_1 - x_0} = \frac{f(x_0) - f(x_1)}{x_0 - x_1} =: f[x_0, x_1]. \tag{5.11}$$

Por indução, demonstra-se que

$$f[x_n, x_{n-1}, \ldots, x_1, x_0] = f[x_{\alpha_0}, x_{\alpha_1}, \ldots, x_{\alpha_n}], \tag{5.12}$$

onde $\alpha_0, \alpha_1, \alpha_2, \ldots \alpha_n$ é qualquer permutação do inteiro $n, n-1, \ldots, 2, 1, 0$.

b) Forma simétrica da DDF, isto é,

$$f[x_1, x_0] = f[x_0, x_1] = \frac{f(x_1)}{x_1 - x_0} + \frac{f(x_0)}{x_0 - x_1} \tag{5.13}$$

Por indução e manipulações algébricas nas diferenças, demonstra-se que

$$f[x_n, x_{n-1}, \ldots, x_1, x_0] = \sum_{i=0}^{n} \frac{f(x_i)}{\prod_{\substack{k=0 \\ k \neq i}}^{n} (x_i - x_k)}, \tag{5.14}$$

que é a forma simétrica geral das DDFs.

A geração das polinomiais interpoladoras de ordem n, de DDF, é feita com base em considerações geométricas e indução, como segue.

Interpolação linear

Como primeiro problema, considere o de interpolar uma função f, **linear, definida em** $x_0 \leq x \leq x_1$, conhecendo-se apenas os pontos-base $(x_0, f(x_0))$ e $(x_1, f(x_1))$ por uma polinomial interpoladora de ordem $n = 1$, P_1, como mostra a Figura 5.2.

Como nesse caso a função f é idêntica a P_1 em $x_0 \leq x \leq x_1$, constata-se, geometricamente, que

$$f[x, x_0] = f[x_1, x_0], \tag{5.15}$$

substituindo a equação (5.10) no lado esquerdo da equação (5.15), vem:

$$\frac{f(x) - f(x_0)}{x - x_0} := f[x_1, x_0],$$

Figura 5.2 Interpolação linear, sendo f linear.

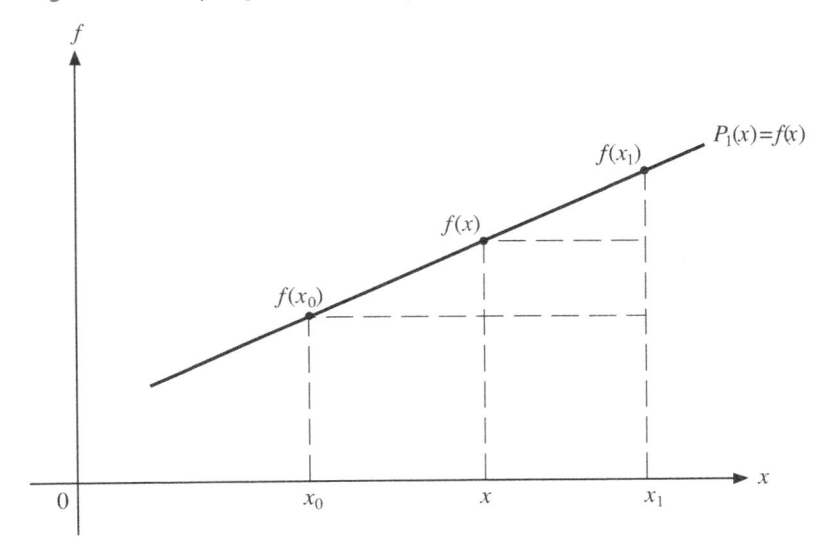

ou seja,

$$f(x) = f(x_0) + (x - x_0) f[x_1, x_0] \tag{5.16}$$
$$= P_1(x).$$

Convém notar que o lado direito da equação (5.16) é um polinômio de primeira ordem e que todos os seus fatores e elementos são conhecidos ou podem ser calculados. Logo, o valor de f em um ponto x, $x_0 \leq x \leq x_1$, pode ser diretamente calculado pela equação (5.16). Além disso, P_1 é a polinomial interpoladora de ordem 1, da equação (5.16) resulta que

$$P_1(x_0) = f(x_0) + (x_0 - x_0) f[x_1, x_0] = f(x_0)$$

e

$$P_1(x_1) = f(x_0) + (x_1 - x_0) f[x_1, x_0]$$
$$= f(x_0) + (x_1 - x_0) \frac{f(x_1) - f(x_0)}{(x_1 - x_0)}$$
$$= f(x_1).$$

Suponha agora que a função f a ser interpolada não seja linear. Em consequência, a equação (5.15) não se verifica e P_1 é apenas uma aproximação para f, isto é, $f(x) \approx P_1(x)$, $x_0 \leq x \leq x_1$, como ilustrado na Figura 5.3.

Para restabelecer a igualdade, inclui-se um termo de erro, resultando em

$$f(x) = P_1(x) + R_1(x)$$
$$= f(x_0) + (x - x_0) f[x_1, x_0] + R_1(x), \tag{5.17}$$

ou seja,

$$R_1(x) = f(x) - f(x_0) - (x - x_0) f[x_1, x_0]$$
$$= (x - x_0)\{f[x, x_0] - f[x_1, x_0]\} \tag{5.18}$$
$$= (x - x_0)(x - x_1) f[x, x_1, x_0].$$

Figura 5.3 Interpolação linear, sendo f não linear.

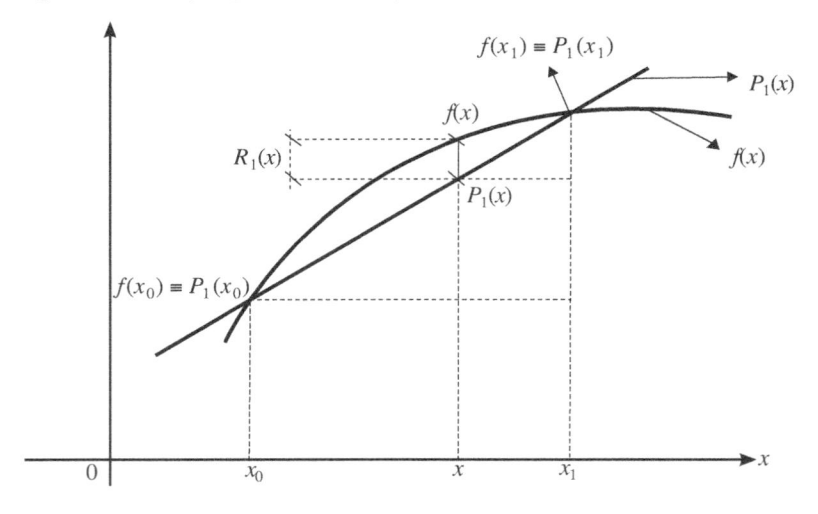

É importante notar na equação (5.18) que $R_1(x)$ não pode ser calculado exatamente por não ser disponível o valor exato de $f(x)$. Entretanto, se houver disponibilidade de mais um ponto-base, $(x_2, f(x_2))$, é possível estimar o erro de interpolação, isto é,

$$R_1(x) \approx (x - x_0)(x - x_1) f[x_2, x_1, x_0] \tag{5.19}$$

Interpolação de ordem superior

Para gerar a polinomial interpoladora de segunda ordem, $n = 2$, usa-se o mesmo procedimento que gerou a de primeira ordem, qual seja, a constância da DDF, agora de segunda ordem, no intervalo de interpolação que inclui o ponto-base adicional $(x_2, f(x_2))$. Isto é, supõe-se que

$$f[x, x_1, x_0] = f[x_2, x_1, x_0] \tag{5.20}$$

resultando em

$$R_1(x) = (x - x_0)(x - x_1) f[x_2, x_1, x_0]$$

e, da equação (5.17),

$$\begin{aligned} f(x) &= f(x_0) + (x - x_0) f[x_1, x_0] + (x - x_0)(x - x_1) f[x_2, x_1, x_0] \\ &= P_2(x), \end{aligned} \tag{5.21}$$

sendo fácil verificar que $P_2(x)$ é a polinomial interpoladora de ordem 2 que passa pelos pontos-base $(x_0, f(x_0))$, $(x_1, f(x_1))$ e $(x_2, f(x_2))$.

Caso a igualdade na equação (5.20) não seja satisfeita, a equação (5.21) é apenas uma aproximação, isto é,

$$f(x) \approx P_2(x), \tag{5.22}$$

como ilustra a Figura 5.4.

Figura 5.4 Interpolação quadrática, sendo f não quadrática.

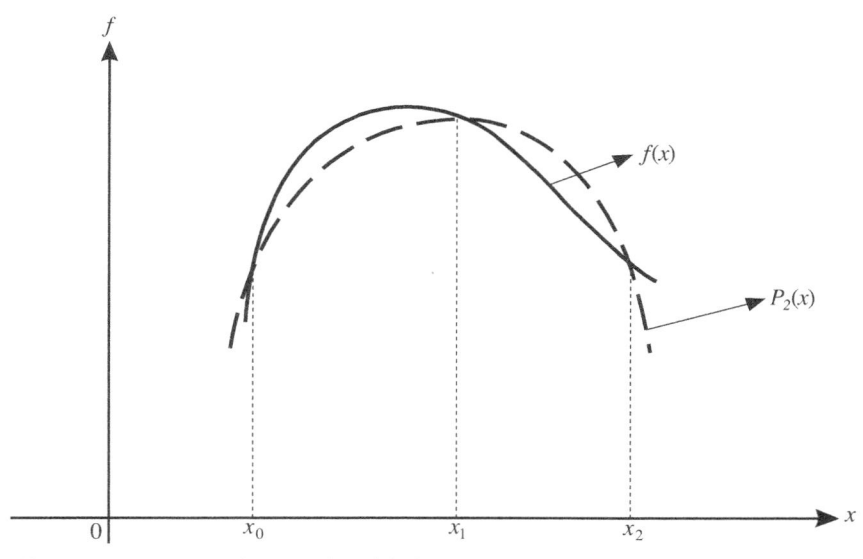

Como no caso linear, para restabelecer a igualdade na equação (5.22), insere-se um termo de erro, $R_2(x)$, resultando em

$$f(x) = P_2(x) + R_2(x), \tag{5.23}$$

obtendo-se assim $R_2(x)$, como segue:

$$\begin{aligned} R_2(x) &= f(x) - P_2(x) \\ &= f(x) - f(x_0) - (x - x_0) f[x_1, x_2] - (x - x_0)(x - x_1) f[x_2, x_1, x_0] \\ &= (x - x_0)\{f[x, x_0] - f[x_1, x_0]\} - (x - x_0)(x - x_1) f[x_2, x_1, x_0] \\ &= (x - x_0)(x - x_1)\{f[x, x_1, x_0] - f[x_2, x_1, x_0]\} \\ &= (x - x_0)(x - x_1)(x - x_2) f[x, x_2, x_1, x_0], \end{aligned} \tag{5.24}$$

onde foram empregadas definições de DDF, suas propriedades e manipulações algébricas simples.

Esses mesmos procedimentos empregados para gerar as polinomiais de ordem 1, depois as de ordem 2, podem ser repetidos para gerar, por indução, a fórmula de interpolação polinomial de ordem n, de DDF, denominada também fórmula fundamental de Newton (CARNAHAN et al., 1969):

$$f(x) = P_n(x) + R_n(x), \tag{5.25}$$

onde P_n, é a polinomial interpoladora de ordem n, de DDF, em relação ao conjunto de pontos-base, distintos, disponíveis, $(x_i, f(x_i))$, $0 \leq i \leq n$ expressa por

$$\begin{aligned}P_n(x) = &\, f(x_0) + (x-x_0)f[x_1,x_0] + (x-x_0)(x-x_1)f[x_2,x_1,x_0] \\ &+ (x-x_0)(x-x_1)(x-x_2)f[x_3,x_2,x_1,x_0] \\ &+ \ldots\ldots\ldots\ldots\ldots\ldots\ldots\ldots\ldots\ldots\ldots\ldots\ldots\ldots \\ &+ (x-x_0)(x-x_1)\ldots(x-x_{n-1})f[x_n,x_{n-1},\ldots,x_1,x_0],\end{aligned} \tag{5.26}$$

e R_n, é o correspondente termo de erro de interpolação expresso por

$$R_n(x) = \left[\prod_{i=0}^{n}(x-x_i)\right] f[x, x_n, x_{n-1}, \ldots, x_1, x_0]. \tag{5.27}$$

Convém constatar nas equações (5.26) e (5.27) o seguinte:

a) a forma hierarquizada da expressão de P_n, isto é, a expressão de P_n, contém todas as polinomiais interpoladoras de ordens inferiores;

b) $R_n(x)$ não pode ser calculado por não existir o valor exato de $f(x)$, que entra no cálculo da DDF que aparece na equação (5.27). Além disso, essa forma não favorece nem a obtenção de limitantes ao termo do erro. Adiante, apresenta-se uma expressão alternativa à equação (5.27), facilitando, sob certas condições, tal limitação; e

c) a referência à abscissa x_0 deve ser entendida como a abscissa do primeiro ponto empregado para gerar a polinomial interpoladora.

Exemplo 5.1

Dados os pontos-base
(0;0); (0,1;0,09983); (0,2;0,10867); (0,3;0,29552), e (0,4;0,38941),
referentes à função seno, ou seja, $f(x) = \text{sen } x$, então:

a) interpole sen (0,0625) por meio de uma polinomial interpoladora de quarta ordem; e

b) interpole sen (0,25) por meio de uma polinomial interpoladora quadrática.

Inicialmente, são calculadas as DDFs ordenadas e dispostas conforme mostra o Quadro 5.2. Na sequência, com as DDFs desse quadro, escrevem-se as polinomiais desejadas.

Para o Item (a), tem-se que

$$\begin{aligned}\text{sen } x \approx P_4(x) = &\, f(x_0) + (x-xl)f[x_1,x_0] \\ &+ (x-x_0)(x-x_1)f[x_2,x_1,x_0] \\ &+ (x-x_0)(x-x_1)(x-x_2)f[x_3,x_2,x_1,x_0] \\ &+ (x-x_0)(x-x_1)(x-x_2)(x-x_3)f[x_4,x_3,x_2,x_1,x_0];\end{aligned}$$

então,

$$\text{sen}(0,0625) \approx P_4(0,0625) = 0 + 0,0625(0,99830)$$
$$+ 0,0625(0,0625 - 0,1)(-0,04950)$$
$$+ 0,0625(0,0625 - 0,1)(0,0625 - 0,2)(-0,16667)$$
$$+ 0,0625(0,0625 - 0,1)(0,0625 - 0,2)(0,0625 - 0,3)(0,01250),$$

ou seja,
$$\text{sen}(0,0625) \approx P_4(0,0625) = 0,0625$$

Para o item (b):
$$\text{sen } x \approx P_2(x) = f(x_2) + (x - x_2)f[x_3, x_2]$$
$$+ (x - x_2)(x - x_3)f[x_4, x_3, x_2];$$

então,
$$\text{sen}(0,25) \approx P_2(0,25) = 0,19867 + (0,25 - 0,2)(0,96850)$$
$$+ (0,25 - 0,2)(0,25 - 0,3)(-0,148000),$$

ou seja,
$$\text{sen}(0,25) \approx P_2(0,25) = 0,24747.$$

Quadro 5.2 Diferenças divididas finitas.

i	x_i	$f(x_i)$	$f_1[\ ]$	$f_2[\ ]$	$f_3[\ ]$	$f_4[\ ]$
0	0	0,00000				
			0,99830			
1	0,1	0,09983		-0,04950		
			0,98840		-0,16667	
2	0,2	0,19867		-0,09950		0,01250
			0,96850		-0,16167	
3	0,3	0,29552		-0,14800		
			0,93890			
4	0,4	0,38941				

Na tentativa de ter acesso ao erro de interpolação, reescreve-se a fórmula de Newton, expressa nas equações (5.25)-(5.27), na forma

$$f(x) = P_n(x) + \left[\prod_{i=0}^{n}(x - x_i)\right]G(x), \quad (5.28)$$

onde $G(x)$ é a DDF de ordem $n + 1$, desconhecida, em relação aos argumentos $x, x_0, x_1, \ldots x_n$.

É imediato verificar que, nos pontos-base $(x_i, f(x_i))$, $0 \leq i \leq n$, o termo relativo ao erro é nulo, isto é, $R_n(x_i) = 0$. Mas, em geral, $R_n(x_i) \neq 0$. A partir disso, constrói-se uma função Q, definida por

$$Q(t) = f(t) - \left\{P_n(t) + \left[\prod_{i=0}^{n}(t - x_i)\right]G(x)\right\}, \quad (5.29)$$

que se anula $n + 2$ vezes no intervalo de interpolação, sendo $n + 1$ vezes em $t = x_i$, $0 \leq i \leq n$, e mais uma vez em $t = x$.

Aplicando o teorema de Rolle (LEITHOLD, 1990) à função Q, tem-se que Q' se anula pelo menos $n + 1$ vezes, e assim sucessivamente, até $Q^{(n+1)}$, que se anula pelo menos uma vez no intervalo contendo os pontos-base de interpolação. Seja $t = \xi$ uma abscissa em que $Q^{(n+1)}$ se anula.

Derivando a equação (5.29) $n + 1$ vezes em relação à variável t, obtém-se

$$Q^{(n+1)}(t) = f^{(n+1)}(t) - (n+1)!G(x),$$

que no ponto $t = \xi$ fica

$$G(x) = \frac{f^{(n+1)}(\xi)}{(n+1)!}, \xi \in \text{(ao intervalo de interpolação)}. \tag{5.30}$$

Substituindo a equação (5.30) na equação (5.27), o termo do erro fica

$$R_n(x) = \left[\prod_{i=0}^{n}(x - x_i)\right]\frac{f^{(n+1)}(\xi)}{(n+1)!}, \xi \in \text{(ao intervalo de interpolação)}, \tag{5.31}$$

que é uma expressão alternativa à equação (5.27).

Esse resultado prova o seguinte teorema:

Teorema 5.2

Sejam $f \in \mathscr{C}^{n+1}[a, b]$ e P_n a polinomial interpoladora, de ordem n, de DDF, interpolando f em $a \equiv x_0 < x_1 < x_2 < \ldots < x_n \equiv b$. Então, para cada $x \in [a, b]$, existe $\xi \in (a, b)$, tal que

$$R_n(x) = \prod_{i=0}^{n}(x - x_i)\frac{f^{(n+1)}(\xi)}{(n+1)!}, \xi \in (a,b). \tag{5.32}$$

Observação:

$\mathscr{C}^{n+1}[a, b]$ representa o espaço das funções com derivadas até ordem $n + 1$ contínuas no intervalo $[a, b]$. A expressão (5.32) possibilita a delimitação do erro de interpolação quando a função f é conhecida e satisfaz as condições descritas no Teorema 5.2.

Exemplo 5.2

Delimite o erro de interpolação do item (b) do exemplo 5.1. No caso em consideração, o termo do erro é

$$R_2(x) = (x - x_2)(x - x_3)(x - x_4)\frac{f'''(\xi)}{3!}, \xi \in (x_2, x_4),$$

ou seja,

$$R_2(x) = (x - 0,2)(x - 0,3)(x - 0,4)\frac{(-\cos\xi)}{3!}, \xi \in (0,2 \ 0,4) \equiv I,$$

ou

$$R_2(0,25) = 41,76(10^{-6})(-\cos\xi), \xi \in (0,2, 0,4) \equiv I,$$

ou

$$|R_2(0,25)| = 41,76 \cdot 10^{-6}|\cos\xi| \leq 0,000042\, M,$$

onde

$$M = \max_{X \in I}|\cos x| = \cos(0,2) = 0,98006658.$$

Logo,

$$|R_2(0,25)| \leq 0,000041163.$$

De modo geral, se na expressão (5.32) for definido

$$h = \max_{0 \leq i \leq n-1}|x_{i+1} - x_i| \tag{5.33}$$

e

$$M = \max_{t \in [a,b]} \left| f^{(n+1)}(t) \right|,$$ (5.34)

obtém-se

$$\left| R_n(x) \right| \leq \frac{h^{(n+1)}}{4(n+1)} M,$$ (5.35)

que é um delimitante para o erro de interpolação (ver exercício 10).

Relação entre diferença dividida finita e derivada

Com certa frequência, aparece a necessidade de se aproximarem derivadas de funções. Uma das maneiras, quando se tem pontos-base arbitrariamente espaçados, $x_0 < x_1 < \ldots < x_n$, é empregar DDF, como se constata na sequência.

Primeiro, nota-se da equação (5.32) que os pontos-base são zeros da função R_n, que supostamente tem derivadas contínuas até ordem n. Assim sendo, aplicando sucessivamente o teorema de Rolle, conclui-se que $R_n^{(n)}$ se anula pelo menos uma vez no menor intervalo que contém os pontos-base e o argumento da interpolação. Seja ξ a abscissa onde $R_n^{(n)}$ é zero.

Com efeito, derivando a equação (5.25) n vezes, vem

$$f^{(n)}(x) = n! f[x_n, x_{n-1}, \ldots, x_1, x_0] + R_n^{(n)}(x),$$

que, calculada em $x = \xi$, resulta em

$$f[x_n, x_{n-1}, \ldots, x_1, x_0] = \frac{f^{(n)}(\xi)}{n!}, \ \xi \in (x_0, x_n),$$ (5.36)

que relaciona DDF e derivada.

5.2.2 Interpolação polinomial de Lagrange

No contexto de pontos-base com espaçamentos arbitrários, outra maneira de gerar polinomiais interpoladoras de ordem n é usar a base lagrangiana, formada pelas polinomiais $\{L_i^n\}_{i=0}^n$ **definidas por**

$$L_i^n(x) = \prod_{\substack{k=0 \\ k \neq i}}^{n} \frac{(x - x_k)}{(x_i - x_k)}, \ 0 \leq i \leq n,$$ (5.37)

Sendo x_k, $0 \leq k \leq n$, abscissas de $n+1$ pontos-base distintos disponíveis $(x_i, f(x_i))$.

Dessa forma, a polinomial interpoladora de ordem n, que passa pelos pontos-base $(x_i, f(x_i))$, $0 \leq i \leq n$, é expressa por

$$P_n(x) = \sum_{i=0}^{n} L_i^n(x) f(x_i).$$ (5.38)

De fato, a expressão (5.38) é uma polinomial de ordem n. Além disso, tem-se que

$$P_n(x_i) = f(x_i), \ 0 \leq i \leq n,$$ (5.39)

já que

$$L_i^n(x_k) = \delta_{ki}, \ 0 \leq i, k \leq n,$$ (5.40)

onde δ_{ki} é símbolo de Kronecker, definido por

$$\delta_{ki} = \begin{cases} 1, & \text{se } k = i \\ 0, & \text{se } k \neq i. \end{cases}$$ (5.41)

A unicidade da polinomial interpoladora de Lagrange de ordem n, expressa na equação (5.38), advém da técnica usual, que supõe a existência de outra polinomial de ordem menor ou igual a n, Q_n, que satisfaz o critério de interpolação como na equação (5.39). Dessa forma, a função T definida por

$$T(x) = P_n(x) - Q_n(x)$$

é uma polinomial de ordem menor ou igual a n e, ainda,

$$\begin{aligned}T(x_i) &= P_n(x_i) - Q_n(x_i)\\ &= f(x_i) - Q_n(x_i)\\ &= 0.\end{aligned} \quad (5.42)$$

Da equação (5.42), conclui-se que T tem $n + 1$ zeros. Ora, isso é uma contradição. Logo, $Q_n(x) = P_n(x)$, isto é, P_n é única.

Exemplo 5.3

Dada a tabela de valores funcionais,

i	0	1	2	3
x_i	−1	1	2	3
$f(x_i)$	1	3	−1	−4

obtenha a polinomial interpoladora de Lagrange que passa pelos pontos-base disponíveis. Nesse caso,

$$P_3(x) = \sum_{i=0}^{3} L_i^3(x) f(x_i),$$

Sendo

$$L_0^3(x) = \frac{(x-x_1)(x-x_2)(x-x_3)}{(x_0-x_1)(x_0-x_2)(x_0-x_3)} = \frac{(x-1)(x-2)(x-3)}{24}$$

$$L_1^3(x) = \frac{(x-x_0)(x-x_2)(x-x_3)}{(x_1-x_0)(x_1-x_2)(x_2-x_3)} = \frac{(x+1)(x-2)(x-3)}{4}$$

$$L_2^3(x) = \frac{(x-x_0)(x-x_1)(x-x_3)}{(x_2-x_0)(x_2-x_1)(x_2-x_3)} = \frac{(x+1)(x-1)(x-3)}{-3}$$

$$L_3^3(x) = \frac{(x-x_0)(x-x_1)(x-x_2)}{(x_3-x_0)(x_3-x_1)(x_3-x_2)} = \frac{(x+1)(x-1)(x-2)}{8}.$$

Então,

$$P_3(x) = \frac{13}{24}x^3 - \frac{11}{4}x^2 + \frac{11}{24}x + \frac{27}{4}.$$

Observação:

As polinomiais interpoladoras de ordem n de Lagrange e de diferenças divididas finitas serão idênticas se os pontos-base forem os mesmos para ambas as polinomiais. Assim sendo, o termo do erro na equação (5.32) continua válido na interpolação de Lagrange.

5.2.3 Interpolação polinomial: pontos-base igualmente espaçados

Quando os pontos-base são igualmente espaçados, é possível aproveitar essa estrutura de dados para obter fórmulas de interpolação polinomial mais simples de serem manipuladas e implementadas computacionalmente.

Para isso, inicialmente são definidos três operadores lineares, que, por envolverem diferenças e não serem infinitesimais, são denominados operadores de diferenças finitas. No que se segue, f é uma função contínua em todo o intervalo de interesse.

Diferença finita progressiva, $\Delta(.)$

> **DEFINIÇÃO 5.2**
>
> A diferença finita progressiva, de primeira ordem, de uma função f, em um argumento x, referente a um passo h, é definida por
>
> $$\Delta f(x) := f(x+h) - f(x). \tag{5.43}$$

Da equação (5.43), verifica-se que $\Delta(.)$ é um operador linear, pois

$$\begin{aligned}\Delta(f+g)(x) &:= (f+g)(x+h) - (f+g)(x) \\ &= f(x+h) + g(x+h) - f(x) - g(x) \\ &= (x+h) - f(x) + g(x+h) - g(x) \\ &:= \Delta f(x) + \Delta g(x),\end{aligned} \tag{5.44}$$

e

$$\begin{aligned}\Delta(\alpha f)(x) &= (\alpha f)(x+h) - (\alpha f)(x) \\ &= \alpha f(x+h) - \alpha f(x) \\ &= \alpha[f(x+h) - f(x)] \\ &:= \alpha \Delta f(x).\end{aligned} \tag{5.45}$$

As diferenças finitas progressivas de ordens superiores são definidas recursivamente como nas derivadas, isto é, a diferença finita progressiva de ordem 2 assim denotada, $\Delta^2(.)$, é definida por

$$\Delta^2 f(x) := \Delta(\Delta f(x)), \tag{5.46}$$

e assim sucessivamente, até a ordem n,

$$\begin{aligned}\Delta^3 f(x) &:= \Delta(\Delta^2 f(x)), \\ &\vdots \\ \Delta^n f(x) &:= \Delta(\Delta^{(n-1)} f(x)).\end{aligned} \tag{5.47}$$

> **Observação:**
> As diferenças finitas progressivas em outros textos são denominadas diferenças finitas para a frente ou, ainda, diferenças finitas descendentes.

Diferença finita central, $\delta(.)$

DEFINIÇÃO 5.3

A diferença finita central, de primeira ordem, de uma função f, em um argumento x, referente a um passo h, é definida por

$$\delta f(x) := f\left(x+\frac{h}{2}\right) - f\left(x-\frac{h}{2}\right). \tag{5.48}$$

Novamente, é fácil demonstrar que esse operador é linear (ver exercício 22).
As diferenças de ordens superiores, como antes, também são definidas recursivamente, até a ordem n,

$$\begin{aligned} \delta^2 f(x) &:= \delta(\delta f(x)), \\ &\vdots \\ \delta^n f(x) &:= \delta(\delta^{(n-1)} f(x)). \end{aligned} \tag{5.49}$$

Observação:
As diferenças finitas centrais de ordens ímpares não podem ser calculadas quando se dispõe apenas de valores funcionais tabelados por envolverem valores funcionais em abscissas intermediárias às dos pontos-base. Já as diferenças finitas centrais de ordens pares são perfeitamente calculáveis mesmo dispondo só de pontos-base com abscissas igualmente espaçadas.

Exemplo 5.4

Sejam os pontos-base, igualmente espaçados, $x_i = x_0 + ih$, $0 \leq i \leq 4$, como na tabela a seguir,

i	0	1	2	3	4
x_i	x_0	x_1	x_2	x_3	x_4
$f(x_i)$	$f(x_0)$	$f(x_1)$	$f(x_2)$	$f(x_3)$	$f(x_4)$

calcule $\delta f(x_1)$ e $\delta^2 f(x_1)$.
Então, pelas definições, tem-se

$$\delta f(x_1) := f\left(x_1 + \frac{h}{2}\right) - f\left(x_1 - \frac{h}{2}\right) \text{ (impossível de se obter o valor)}.$$

Entretanto,

$$\begin{aligned} \delta^2(f(x_1)) &:= \delta(\delta f(x_1)) = \delta\left(f\left(x_1 + \frac{h}{2}\right) - f\left(x_1 - \frac{h}{2}\right)\right) \\ &:= \delta f\left(x_1 + \frac{h}{2}\right) - \delta f\left(x_1 - \frac{h}{2}\right) \\ &:= f\left(x_1 + \frac{h}{2} + \frac{h}{2}\right) - f\left(x_1 + \frac{h}{2} - \frac{h}{2}\right) - \left[f\left(x_1 - \frac{h}{2} + \frac{h}{2}\right) - f\left(x_1 - \frac{h}{2} - \frac{h}{2}\right)\right] \\ &:= f(x_1 + h) - 2f(x_1) + f(x_1 - h) \\ &:= f(x_2) - 2f(x_1) + f(x_0). \end{aligned}$$

Diferença finita retroativa, $\nabla(.)$

DEFINIÇÃO 5.4

A diferença finita retroativa, de primeira ordem, de uma função f, em um argumento x, referente a um passo h, é definida por

$$\nabla f(x) := f(x) - f(x - h). \tag{5.50}$$

O operador $\nabla(.)$ também é linear (ver exercício 23) e as diferenças de ordens superiores são definidas recursivamente; assim:

$$\begin{aligned}\nabla^2 f(x) &:= \nabla(\nabla f(x)), \\ &\vdots \\ \nabla^n f(x) &:= \nabla(\nabla^{n-1} f(x)).\end{aligned} \tag{5.51}$$

Relação entre diferenças divididas finitas e diferenças finitas

Diferenças finitas progressivas

Fazendo $\Delta^0 f(x) = f(x)$, para diferenças de primeira ordem, tem-se

$$f[x_1, x_0] := \frac{f(x_1) - f(x_0)}{x_1 - x_0} = \frac{f(x_0 + h)}{h} = \frac{\Delta f(x_0)}{h}.$$

Por indução, supondo-se que essa relação seja verdadeira para todas as diferenças finitas progressivas até a ordem $n \leq k$, pode-se escrever

$$f[x_k, x_{k-1}, \ldots, x_1, x_0] = \frac{\Delta^k f(x_0)}{k! h^k}. \tag{5.52}$$

Pela definição de DDF de ordem superior, tem-se que

$$f[x_{k+1}, x_k, x_{k-1}, \ldots, x_1, x_0] = \frac{f[x_{k+1}, x_k, \ldots, x_1] - f[x_k, x_{k-1}, \ldots, x_0]}{x_{k+1} - x_0}. \tag{5.53}$$

Mas, da equação (5.52), obtêm-se

$$f[x_{k+1}, x_k, \ldots, x_1] = \frac{\Delta^k f(x_1)}{k! h^k} \tag{5.54}$$

e

$$f[x_k, x_{k-1}, \ldots, x_0] = \frac{\Delta^k f(x_0)}{k! h^k} \tag{5.55}$$

Substituindo as equações (5.54) e (5.55) na equação (5.53) e tendo em vista que $x_{k+1} - x_0 = (k+1)h$, chega-se a

$$f[x_{k+1}, x_k, x_{k-1}, \ldots, x_1, x_0] = \frac{\Delta^{k+1} f(x_0)}{(k+1)! h^{k+1}}, \tag{5.56}$$

que completa o argumento indutivo e mostra a relação entre DDF e diferenças finitas progressivas.

Diferenças finitas centrais

Calculando as diferenças finitas centrais de ordens ímpares em abscissas intermediárias às dos pontos-base e as de ordens pares nos próprios pontos-base, para $n = 1$, $n = 2$, tem-se que

$$f[x_1,x_0] := \frac{f(x_1)-f(x_0)}{x_1-x_0} = \frac{\delta f(x_0+h/2)}{h} \tag{5.57}$$

e

$$\begin{aligned} f[x_2,x_1,x_0] &:= \frac{f[x_2,x_1]-f[x_1,x_0]}{x_2-x_0} \\ &:= \frac{f[x_1,x_2]-f[x_0,x_1]}{2h} \\ &:= \frac{\delta f(x_1+h/2)-\delta f(x_1-h/2)}{2h^2} \\ &:= \frac{\delta^2(x_1)}{2h^2}, \end{aligned} \tag{5.58}$$

sendo que na equação (5.57) e, de modo geral, nas diferenças finitas de ordens ímpares, foi tomado x_0 como abscissa de referência e a de um ponto adiante. No caso de se considerar um ponto atrás, a relação ficaria

$$f[x_{-1},x_0] := \frac{\delta f(x_0+h/2)}{h}. \tag{5.59}$$

Na equação (5.58) e de modo geral nas diferenças finitas de ordens pares, foi tomado x_1 como abscissa de referência, para se ter a de um ponto adiante e a de outro atrás.

Com esse entendimento, pode-se demonstrar por indução (ver exercício 24) que, para n ímpar,

$$f[x_n,x_{n-1},\ldots,x_1,x_0] := \frac{\delta^n f(x_{\alpha_0}+h/2)}{n!h^n}. \tag{5.60}$$

onde x_{α_0} é a abscissa anterior à abscissa média e, para n par,

$$f[x_n,x_{n-1},\ldots,x_1,x_0] := \frac{\delta^n f(x_{\alpha_0})}{n!h^n}. \tag{5.61}$$

onde x_{α_0} é a abscissa média.

Diferenças finitas retroativas

Com diferenças finitas retroativas, tem-se

$$\begin{aligned} f[x_n,x_{n-1}] &:= \frac{f(x_n)-f(x_{n-1})}{x_n-x_{n-1}} \\ &:= \frac{\nabla f(x_n)}{h}, \end{aligned} \tag{5.62}$$

e a expressão geral, obtida por indução, fica (ver exercício 25)

$$f[x_n,x_{n-1},\ldots,x_1,x_0] := \frac{\nabla^n f(x_n)}{n!h^n}. \tag{5.63}$$

Polinomial interpoladora de diferenças finitas progressivas

Considere os pontos-base $(x_i, f(x_i))$, $0 \le i \le n$, naturalmente ordenados, em que o espaçamento das abscissas consecutivas é h, isto é, $x_{i+1} - x_i = h$, $0 \le i \le n-1$. Assim sendo, a polinomial interpoladora de ordem n, de diferenças divididas finitas, é

$$P_n(x) = f(x_0) + (x-x_0)f[x_1,x_0] + (x-x_0)(x-x_1)f[x_2,x_1,x_0]$$
$$+ (x-x_0)(x-x_1)(x-x_2)f[x_3,x_2,x_1,x_0]$$
$$+ \dots\dots\dots\dots\dots\dots\dots\dots\dots\dots\dots\dots\dots\dots\dots\dots\dots$$
$$+ (x-x_0)(x-x_1)\dots(x-x_{n-1})f[x_n,x_{n-1},\dots,x_1,x_0].$$
(5.64)

Com a finalidade de simplificar a expressão de $P_n(x)$, na equação (5.64) troca-se a variável x por α, assim relacionadas:

$$x - x_0 = \alpha h \tag{5.65}$$

A partir da equação (5.65), obtém-se diretamente

$$\begin{aligned} x - x_1 &= x - (x_0 + h) = h(\alpha - 1) \\ x - x_2 &= h(\alpha - 2) \\ &\vdots \qquad \vdots \\ x - x_{n-1} &= h[\alpha - (n-1)] \\ x - x_n &= h(\alpha - n). \end{aligned} \tag{5.66}$$

Substituindo as equações (5.65) e (5.66) e a relação entre DDF e diferença finita progressiva expressa nas equações (5.55) e (5.64), após simplificações, chega-se a

$$P_n(x_0 + \alpha h) = f(x_0) + \alpha \Delta f(x_0) + \alpha(\alpha-1)\frac{\Delta^2 f(x_0)}{2!} + \dots + \alpha(\alpha-1)\dots(\alpha-n+1)\frac{\Delta^n f(x_0)}{n!}, \tag{5.67}$$

que é a polinomial interpoladora de ordem n, de diferenças finitas progressivas, tendo x_0 por abscissa inicial na interpolação.

A correspondente expressão para o erro de truncamento de interpolação pela equação (5.67) é obtida diretamente, substituindo as equações (5.65) e (5.66) na equação (5.32), resultando

$$R_n(x_0 + \alpha h) = h^{(n+1)}\alpha(\alpha-1)(\alpha-2)\dots(\alpha-n)\frac{f^{(n+1)}(\xi)}{(n+1)!}, \; \xi \in (x_0, x_n). \tag{5.68}$$

Polinomial interpoladora de diferenças finitas retroativas

Nesse caso, toma-se x_n por abscissa inicial na interpolação, e a polinomial interpoladora de ordem n, de diferenças divididas finitas, fica

$$P_n(x) = f(x_n) + (x-x_n)f[x_n,x_{n-1}] + (x-x_n)(x-x_{n-1})f[x_n,x_{n-1},x_{n-2}]$$
$$+ (x-x_n)(x-x_{n-1})f(x-x_{n-2})[x_n,x_{n-1},x_{n-2},x_{n-3}]$$
$$+ \dots\dots\dots\dots\dots\dots\dots\dots\dots\dots\dots\dots\dots\dots\dots\dots$$
$$+ (x-x_n)(x-x_{n-1})\dots(x-x_1)f[x_n,x_{n-1},\dots x_1, x_0].$$
(5.69)

Agora, para simplificar a equação (5.69), faz-se a seguinte troca de variável:

$$x - x_n = \alpha h \tag{5.70}$$

e a partir disso se obtém

$$\begin{aligned} x - x_{n-1} &= x - (x_n - h) = h(\alpha + 1), \\ x - x_{n-2} &= h(\alpha + 2), \\ &\vdots \\ x - x_1 &= h[\alpha + (n-1)], \\ x - x_0 &= h(\alpha + n). \end{aligned} \tag{5.71}$$

Usando as equações (5.70) e (5.71) e a relação entre diferença dividida finita e diferença finita retroativa expressa na equação (5.63) e substituindo na equação (5.69), obtém-se

$$P_n(x_n+\alpha h)= f(x_n)+\alpha\nabla f(x_n)+\alpha(\alpha+1)\frac{\nabla^2 f(x_n)}{2!}+\ldots\alpha(\alpha+1)(\alpha+2)\ldots(\alpha+n-1)\frac{\nabla^n f(x_n)}{n!}, \qquad (5.72)$$

que é a polinomial interpoladora, de ordem n, de diferenças finitas retroativas, tendo x_n por abscissa inicial na interpolação.

A correspondente expressão do erro de truncamento na interpolação é obtida substituindo-se as equações (5.70) e (5.71) na equação (5.32), ou seja,

$$R_n(x_n+\alpha h)= h^{(n+1)}\alpha(\alpha+1)\alpha(\alpha+2)\ldots(\alpha+n)\frac{f^{(n+1)}(\xi)}{(n+1)}, \xi\in(x_0,x_n). \qquad (5.73)$$

Polinomial interpoladora de diferenças finitas centrais

Nesse caso, para fazer interpolação em um argumento próximo a x_0 (ponto inicial), geralmente são envolvidos pontos-base cujas abscissas são distribuídas simetricamente em torno de x_0. Assim sendo, considere os pontos-base, numerados na forma simétrica $\ldots x_{-2}, x_{-1}, x_0, x_1, x_2, \ldots$, e x podendo estar em $[x_{-1},x_0]$ ou $[x_0,x_1]$, como mostra o Quadro 5.3.

Quadro 5.3 Diferenças finitas centrais: caminhos de interpolação.

i	x_i	$f(x_i)$	δ	δ^2	δ^3	δ^4
⋮	⋮	⋮				
-2	x_{-2}	$f(x_{-2})$				
			$\delta f(x_{-1}-h/2)$			
-1	x_{-1}	$f(x_{-1})$		$\delta^2 f(x_{-1})$		
			$\delta f(x_0-h/2)$		$\delta^3 f(x_0-h/2)$	
0	x_0	$f(x_0)$		$\delta^2 f(x_0)$		$\delta^4 f(x_0)$
			$\delta f(x_0+h/2)$		$\delta^3 f(x_0+h/2)$	
1	x_1	$f(x_1)$		$\delta^2 f(x_1)$		
			$\delta f(x_1+h/2)$			
2	x_2	$f(x_2)$				
⋮	⋮					

Como é possível notar no Quadro 5.3, se o argumento x está adiante ou atrás de certa abscissa, por exemplo, x_0, dois caminhos de interpolação são possíveis. Os caminhos em setas cheias e tracejadas geram as formulações denominadas Gauss retroativa e Gauss progressiva, respectivamente.

Formulação de Gauss progressiva

Do Quadro 5.3, nota-se que o caminho em seta tracejada usa os pontos-base na seguinte ordem:

$$(x_0,f(x_0)),(x_1,f(x_1)),(x_{-1},f(x_{-1})),(x_2,f(x_2)),(x_{-2},f(x_{-2})),\ldots$$

A polinomial interpoladora de diferenças divididas finitas, que passa por esses pontos-base, por exemplo, uma P_4, e o correspondente termo do erro de interpolação ficam

$$\begin{aligned}P_4(x)=&\,f(x_0)+(x-x_0)f[x_1,x_0]+(x-x_0)(x-x_1)f[x_{-1},x_1,x_0]\\&+(x-x_0)(x-x_1)(x-x_{-1})f[x_2,x_{-1},x_1,x_0]\\&+(x-x_0)(x-x_1)(x-x_{-1})(x-x_2)f[x_{-2},x_2,x_{-1},x_1,x_0]\end{aligned} \qquad (5.74)$$

e

$$R_4(x) = (x-x_0)(x-x_1)(x-x_{-1})(x-x_2)(x-x_{-2})\frac{f^{(v)}(\xi)}{5!}, \ \xi \in (x_{-2}, x_2). \tag{5.75}$$

Fazendo a troca da variável (5.65) e usando a relação entre diferença dividida finita e diferença finita central expressa nas equações (5.60) e (5.61), as fórmulas (5.74) e (5.75) se tornam

$$P_4(x_0+\alpha h) = f(x_0) + \alpha \delta(x_0+h/2) + \alpha(\alpha-1)\frac{\delta^2 f(x_0)}{2!} \\ + \alpha(\alpha-1)(\alpha+1)\frac{\delta^3 f(x_0+h/2)}{3!} + \alpha(\alpha-1)(\alpha+1)(\alpha-2)\frac{\delta^4 f(x_0)}{4!}, \tag{5.76}$$

que é a polinomial interpoladora de ordem 4, de diferenças finitas centrais, formulação Gauss progressiva. O correspondente termo do erro de truncamento fica

$$R_4(x_0+\alpha h) = h^5 \alpha(\alpha-1)(\alpha+1)(\alpha-2)(\alpha+2)\frac{f^{(v)}(\xi)}{5!}, \ \xi \in (x_{-2}, x_2). \tag{5.77}$$

A polinomial interpoladora de ordem n qualquer, bem como o termo do erro, é escrita de maneira análoga à exemplificada nas expressões de ordem $n = 4$, mas não são aqui apresentadas.

Formulação de Gauss retroativa

Nesse caso, do Quadro 5.3 tem-se que o caminho em seta cheia é formado pelos pontos-base tomados na seguinte ordem:

$$(x_0, f(x_0)), (x_{-1}, f(x_{-1})), (x_1, f(x_1)), (x_{-2}, f(x_{-2})), (x_2, f(x_2)), \ldots$$

isto é, tomam-se sucessivamente um ponto de trás e um ponto adiante ao ponto inicial.

Assim, procedendo como na formulação progressiva, chega-se a (ver exercício 26)

$$P_4(x_0+\alpha h) = f(x_0) + \alpha \delta f(x_0+h/2) + \alpha(\alpha+1)\frac{\delta^2 f(x_0)}{2!} + \\ \alpha(\alpha+1)(\alpha-1)\frac{\delta^3 f(x_0+h/2)}{3!} + \alpha(\alpha+1)(\alpha-1)(\alpha+2)\frac{\delta^4 f(x_0)}{4!}, \tag{5.78}$$

e

$$R_4(x_0+\alpha h) = h^5 \alpha(\alpha+1)(\alpha-1)(\alpha+2)(\alpha-2)\frac{f^{(v)}(\xi)}{5!}, \ \xi \in (x_{-2}, x_2). \tag{5.79}$$

que são respectivamente a polinomial interpoladora, de ordem $n = 4$, e o erro de truncamento na interpolação, de diferenças finitas centrais, formulação Gauss retroativa.

Exemplo 5.5

No Quadro 5.4, têm-se os valores funcionais da função f, definida por $f(x) = x^2 + \cos x$, e as diferenças finitas até a ordem $n = 3$.

Quadro 5.4 Pontos-base e diferenças finitas.

x_i	$f(x_i)$	DF_1	DF_2	DF_3
0	1,00000			
		0,03141		
0,25	1,03141		0,06476	
		0,09617		0,00568
0,50	1,12758		0,07044	
		0,16661		0,00906
0,75	1,29419		0,07950	
		0,24611		0,01191
1,00	1,54030		0,09141	
		0,33752		0,01399
1,25	1,87782		0,10540	
		0,44292		0,01519
1,50	2,32074		0,12059	
		0,56351		0,01550
1,75	2,88425		0,13609	
		0,69960		0,01479
2,00	3,58385		0,15088	
		0,85048		0,01317
2,25	4,43433		0,16405	
		1,01453		0,01076
2,50	5,44886		0,17481	
		1,18934		0,00766
2,75	6,63820		0,18247	
		1,37181		0,00408
3,00	8,01001		0,18655	
		1,55836		0,00026
3,25	9,56837		0,18681	
		1,74517		
3,50	11,31354			

a) Por meio de interpolação linear, aproxime $f(0,18)$. Delimite o erro dessa interpolação. Observe que $x = 0,18 \in [0 \ 0,25]$ e $n = 1$. Iniciando a interpolação em $x_0 = 0$, vem

$$x - x_0 = \alpha h \therefore \alpha = \frac{x - x_0}{h} = \frac{0,18 - 0}{0,25} = 0,72.$$

A expressão de P_1 é

$$P_1(x_0 + \alpha h) = f(x_0) + \alpha \Delta f(x_0),$$
$$P_1(0,18) = 1,00000 + 0,72(0,03141)$$
$$= 1,02262.$$

Por sua vez

$$R_1(x_0 + \alpha h) = h^2 \ \alpha(\alpha - 1) \frac{f''(\xi)}{2!}, \ \xi \in (0, \ 0,25),$$

ou seja,
$$|R_1(x_0+\alpha h)| \le \left|\frac{h^2\alpha(\alpha-1)}{2!}\right| M,$$

onde,
$$M = \max_{t\in[0\ 0,25]}|f''(t)| = \max_{t\in[0\ 0,25]}|2-\cos t| = 2-\cos(0,25) = 1,03109.$$

Logo,
$$|R_1(0,18)| \le 0,00650.$$

b) Por meio de interpolação linear, aproxime $f(1,85)$. Delimite o erro dessa interpolação. Observe que $x = 1,85 \in [1,75\ 2]$; $n = 1$. Escolhendo $x_0 = 1,75$, tem-se $\alpha = 0,4$. Então,
$$f(1,85) \approx P_1(1,85) = f(1,75) + \alpha\Delta f(1,75),$$
$$= 2,88425 + 0,4(0,69960)$$
$$= 3,16409.$$

O erro fica assim delimitado:
$$R_1(1,85) = h^2\alpha(\alpha-1)\frac{f''(\xi)}{2!}, \xi \in (1,75\ 2),$$

ou seja,
$$|R_1(0,185)| \le 0,0075 M,$$

onde
$$M = \max_{t\in[1,75\ 2]}|f''(t)| = \max_{t\in[1,75\ 2]}|2-\cos t| = |2-\cos(2)| = 2,41615.$$

Logo,
$$|R_1(0,185)| \le 0,01812.$$

c) Por meio de interpolação quadrática, aproxime $f(3,35)$. Delimite o erro dessa interpolação. Observe que $x = 3,35 \in [3,25\ 3,50]$; $n = 2$. São necessários três pontos-base. Escolhendo $x_n = 3,35$, convém tomar os seguintes pontos-base: $(3,5\ 11,31353)$, $(3,25\ 9,56837)$ e $(3\ 8,01001)$, e $x - x_n = \alpha \therefore \alpha = -0,6$. A expressão de P_2 é, então:
$$P_2(3,5+\alpha 0,25) = f(3,5) + \alpha\nabla f(3,5) + \alpha(\alpha+1)\frac{\nabla^2 f(3,5)}{2!}.$$

Logo,
$$f(3,35) \approx P_2(3,35) = (11,31354) - 0,6(1,74517) - 0,6(0,4)\frac{0,18681}{2}$$
$$= 10,24402.$$

Por sua vez,
$$R_2(3,5+\alpha h) = h^3\alpha(\alpha+1)(\alpha+2)\frac{f'''(\xi)}{2!}, \xi \in (3\ 3,5),$$

ou seja,
$$|R_2(3,35)| \le 0,000875 M,$$

onde
$$M = \max_{t\in[3\ 3,5]}|f'''(t)| = \max_{t\in[3\ 3,5]}|\operatorname{sen} t| = |\operatorname{sen}(3,5)| = 0,35078.$$

Logo,
$$|R_2(3,35)| \le 0,00031.$$

d) Por meio de uma polinomial de ordem $n = 3$, de diferenças finitas centrais, aproxime $f(1,875)$. Observe que $x = 1,875 \in [1,75 \; 2]$; $n = 3$. São necessários quatro pontos-base. Escolhendo $x_0 = 1,75$, então $\alpha = 0,4$ e é conveniente usar a formulação Gauss progressiva que envolve os seguintes pontos-base: (1,75 2,88425), (2 3,58385), (1,5 2,32074) e (2,25 4,43433).

A expressão de P_3 fica

$$P_3(1,75 + \alpha h) = f(1,75) + \alpha \delta f(1,74 + h/2) + \alpha(\alpha - 1)\frac{\delta^2 f(1,75)}{2!}$$

$$+ \alpha(\alpha - 1)(\alpha + 1)\delta^2 \frac{(1,75 + 0,25/2)}{3!},$$

ou seja,

$$f(1,875) \approx P_3(1,875) = 2,88425 + 0,4(0,69960) + 0,4(-0,6)\frac{0,13609}{2}$$

$$+ 0,4(-0,6)(1,4)\frac{0,0479}{6}$$

$$= 3,14693$$

e) Deseja-se aproximar $f(0,18)$ para que o erro de truncamento seja inferior a $0,5 \cdot 10^{-6}$. Nesse caso, qual deve ser o grau da polinomial de diferenças finitas progressivas? A expressão geral do erro de truncamento é

$$R_n(x_0 + \alpha h) = h^{n+1} \alpha(\alpha - 1)(\alpha - 2)\ldots(\alpha - n)\frac{f^{(n+1)}(\xi)}{(n+1)!},$$

onde $\xi \in$ ao intervalo que engloba os pontos de interpolação. Calculando as derivadas de ordens superiores da função f, vem

$$f(x) = x^2 + \cos x$$
$$f'(x) = 2x + \cos x$$
$$f''(x) = 2 - \cos x$$
$$f'''(x) = \text{sen } x$$
$$f^{iv}(x) = \cos x = \text{sen}(x + \pi/2)$$
$$f^{v}(x) = \cos(x + \pi/2) = \text{sen}(x + 2\pi/2)$$
$$f^{vi}(x) = \cos(x + 2\pi/2) = \text{sen}(x + 3\pi/2)$$
$$\vdots$$
$$f^{(n)}(x) = \text{sen}[x(n-3)\pi/2], \; n \geq 3$$
$$f^{(n+1)}(x) = \text{sen}[x + (n-2)\pi/2].$$

Com isso, $M = \max\limits_{t \in I} \left| f^{(n+1)}(t) \right| \leq 1$, onde I é o intervalo de interpolação.

Por tentativa, calcula-se:

$$|R_1(0,18)| \leq 0,00650$$
$$|R_3(0,18)| \leq 0,0001$$
$$|R_7(0,18)| \leq 0,5 \times 10^{-6}.$$

Logo, o grau da polinomial deve ser no mínimo $n = 7$, com a majoração usada para M.

Estimativa para o erro de truncamento: pontos-base igualmente espaçados

A partir da fórmula de interpolação (5.25) e agora considerando que as abscissas dos pontos-base sejam igualmente espaçadas, isto é, $x_{i+1} - x_i = h$, $0 \leq i \leq n-1$, demonstra-se que (ver exercício 10)

$$\left| f(x) - P_n(x) \right| \leq \frac{M}{4(n+1)} h^{n+1}, \quad M = \max_{t \in [x_0, x_n]} \left| f^{(n+1)}(t) \right|. \tag{5.80}$$

Outras cotas para o erro de truncamento na interpolação podem ser estabelecidas, pela análise do produtório $\prod_{i=0}^{n}(x - x_1)$, que aparece na equação (5.32).

Para isso, define-se a função W_n por

$$W_n(x) = \prod_{i=0}^{n}(x - x_1), \tag{5.81}$$

procurando, em seguida, delimitá-la.

No caso em que $n = 1$, tem-se

$$W_1(x) = (x - x_0)(x - x_1),$$

ou, de modo geral, para a interpolação linear entre duas abscissas quaisquer,

$$W_1(x) = (x - x_i)(x - x_{i+1}), \quad 0 \leq i \leq n-1. \tag{5.82}$$

Então, facilmente se obtém que

$$\max_{x_0 \leq x \leq x_1} \left| W_1(x) \right| = \frac{h^2}{4}$$

e

$$\left| f(x) - P_1(x) \right| \leq \frac{h^2}{8} M. \tag{5.83}$$

No caso em que $n = 2$, interpolação quadrática, W_2 em $[x_{i-1}, x_{i+1}]$ é escrita na forma geral

$$W_2(x) = (x - x_{i-1})(x - x_i)(x - x_{i+1}), \tag{5.84}$$

que pode ser reescrita na forma por meio de uma translação no eixo x a seguir,

$$W_2(x) = (x - h)\,x\,(x + h), \tag{5.85}$$

Com isso, obtém-se

$$\max_{x_1 - \frac{h}{2} \leq x \leq x_1 + \frac{h}{2}} \left| W_2(x) \right| = 0{,}375 h^2 \tag{5.86}$$

$$\max_{x_0 \leq x \leq x_2} \left| W_2(x) \right| = \frac{2\sqrt{3}}{9} h^3 \tag{5.87}$$

e, daí,

$$\left| f(x) - P_2(x) \right| \leq \frac{\sqrt{3}}{27} h^3 M, \tag{5.88}$$

onde

$$M = \max_{t \in [x_{i-1}, x_{i+1}]} \left| f'''(t) \right|.$$

No caso de interpolação cúbica, isto é, $n = 3$, primeiro faz-se uma translação ao longo do eixo x com a finalidade de tornar as abscissas dos pontos-base simétricas em relação à origem, resultando em W_3 na forma

$$W_3(x) = \left(x^2 - \frac{9}{4}h^2\right)\left(x^2 - \frac{1}{4}h^2\right), \quad (5.89)$$

obtendo-se

$$\max_{x \in [x_1, x_2]} |W_3(x)| = \frac{9}{16}h^4. \quad (5.90)$$

$$\max_{x \in [x_0, x_3]} |W_3(x)| = h^4. \quad (5.91)$$

Então na interpolação de $f(x)$ para x o ponto-base devem ser escolhidos tal que $x_1 < x < x_2$. Então pode-se obter que

$$|f(x) - P_3(x)| \leq \frac{3h^4}{128} M, \quad (5.92)$$

onde

$$M = \max_{t \in [x_0, x_3]} |f^{(iv)}(t)|.$$

Esse estudo pode ser feito para $n > 3$, sendo o comportamento de W_n, $n = 1, 2, 3$ e 6 e, mostrado nas figuras 5.5(a) a 5.5(d).

No caso de $n = 6$, pode-se obter que

$$\max_{x_2 \leq x \leq x_4} |W_6(x)| \approx 12{,}36 h^7 \quad (5.93)$$

e

$$\max_{x_0 \leq x \leq x_6} |W_6(x)| \approx 95{,}8 h^7 \quad (5.94)$$

Dos gráficos mostrados nas figuras 5.5(a) e 5.5(b) e das expressões que limitam W_n antes apresentadas, pode-se dizer que o erro de truncamento é minimizado na interpolação com pontos-base igualmente espaçados se as abscissas dos pontos-base forem escolhidas tal que o argumento de interpolação x esteja o mais próximo possível do ponto médio do intervalo de interpolação, $[x_0, x_n]$. As formulações de Gauss de diferenças finitas centrais são, nesse sentido, mais apropriadas.

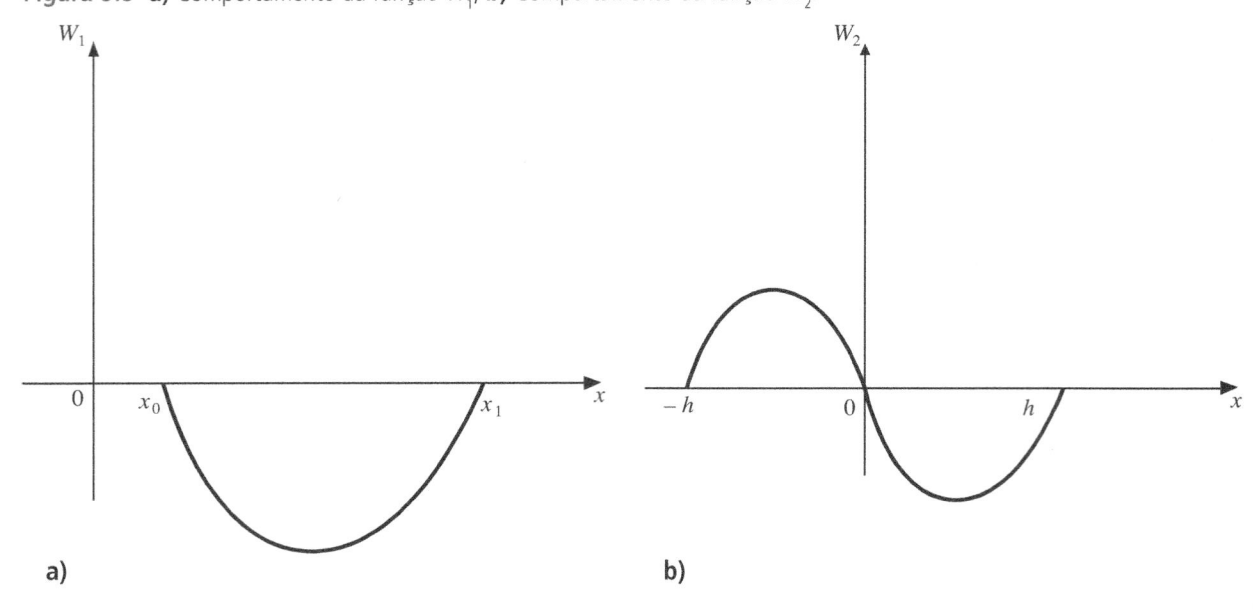

Figura 5.5 a) Comportamento da função W_1; **b)** Comportamento da função W_2.

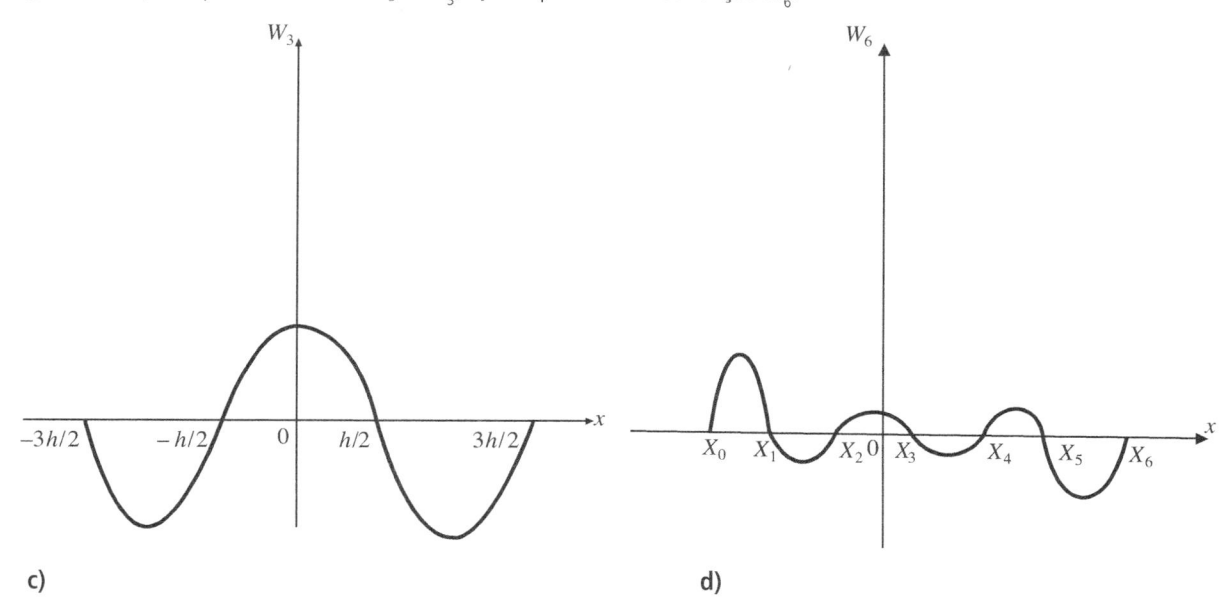

Figura 5.5 c) Comportamento da função W_3; **d)** Comportamento da função W_6.

c)

d)

5.2.4 Interpolação polinomial de Hermite

Todas as interpolações descritas antes são estabelecidas com base, apenas, em valores funcionais de uma função f, isto é, não levam em consideração nenhum outro tipo de informação.

A interpolação de Hermite generaliza as interpolações lagrangianas, utilizando valores de f e de suas derivadas.

Para gerar as polinomiais hermitianas, considere disponíveis um conjunto de abscissas distintas e, associadas a elas, os valores de f e de sua primeira derivada, isto é,

$$f(x_i) = y_i; f'(x_i) = y'_i, 1 \leq i \leq n \tag{5.95}$$

onde x_i são abscissas; y_i são valores de f, e y'_i são valores da derivada de f.

Com as $2n$ informações dadas na equação (5.95), é possível construir uma polinomial interpoladora de Hermite de ordem $2n - 1$, expressa na forma geral por (RALSTON, 1970)

$$H(x) = \sum_{i=1}^{n} y_i h_i(x) + \sum_{i=1}^{n} y'_i \tilde{h}_i(x), \tag{5.96}$$

onde

$$h_i(x) = \left[1 - 2(x - x_i)\frac{dL_i^n(x_i)}{dx}\right][L_i^n(x_i)]^2 \tag{5.97}$$

e

$$\overline{h}_i(x) = (x - x_i)[L_i^n(x)]^2, \tag{5.98}$$

sendo

$$L_i^n(x) = \prod_{\substack{k=1 \\ k \neq i}}^{n} \frac{(x - x_k)}{(x_i - x_k)}.$$

Convém notar que tanto h_i como $\tilde{h}_i$ nas equações (5.97) e (5.98), respectivamente, são funções polinomiais de ordem $2n - 1$. Além disso, para $1 \leq i, j \leq n$, tem-se que

$$h'_i(x_j) = \tilde{h}_i(x_j) = 0$$

e

$$h_i(x_j) = \tilde{h}_i(x_j) = \begin{cases} 0, \text{ se } i \neq j \\ 1, \text{ se } i = j. \end{cases} \quad (5.99)$$

Em vista das propriedades na equação (5.99), a polinomial interpoladora hermitiana expressa na equação (5.96) é tal que

$$H(x_i) = f(x_i); \ H'(x_i) = f'(x_i), \ 1 \leq i \leq n. \quad (5.100)$$

A unicidade dessa polinomial pode ser demonstrada supondo a existência de outra polinomial G, tal que $G(x_i) = f(x_i)$ e $G'(x_i) = f'(x_i)$, $1 \leq i \leq n$, de ordem menor ou igual a $2n - 1$. Assim sendo, formando $E(x) = H(x) - G(x)$, tem-se que

$$E(x_i) = E'(x_i) = 0, \ 0 \leq i \leq n.$$

Mas E, como se constata, é uma polinomial de ordem menor ou igual a $2n - 1$ e possui n raízes nas abscissas x_i, $1 \leq i \leq n$, que são de multiplicidade algébrica 2. Logo, E pode ser fatorada na forma

$$E(x) = Q(x)(x - x_1)^2 (x - x_2)^2 \ldots (x - x_n)^2, \quad (5.101)$$

onde Q é alguma polinomial. Se $Q(x) \neq 0$, a ordem de E é maior ou igual a $2n$, o que é uma contradição. Logo, $E(x) = 0$, implicando a unicidade, isto é, $H = G$.

Exemplo 5.6

Considere o quadro de valores da função ln e de sua derivada $f'(x_i) = y'_i = 1/x_i$

i	x_i	$f(x_i) = y_i$	$f'(x_i) = y'_i = 1/x_i$
1	0,4	−0,916291	2,5
2	0,5	−0,693147	2
3	0,7	−0,356675	1,43
4	0,8	−0,223144	1,25

Calcule ln (0,6) por interpolação hermitiana.

$$H(x) = y_1 h_1(x) + y_2 h_2(x) + y_3 h_3(x) + y_4 h_4(x)$$
$$+ y'_1 \tilde{h}_1(x) + y'_2 \tilde{h}_2(x) + y'_3 \tilde{h}_3(x) + y'_4 \tilde{h}_4(x).$$

Das expressões (5.97) e (5.98), para $n = 4$, tem-se

$$h_1(0,6) = 0,203704; \ \tilde{h}_1 = 0,005555$$
$$h_2(0,6) = 0,296296; \ \tilde{h}_2 = 0,044444$$
$$h_3(0,6) = 0,296296; \ \tilde{h}_3 = 0,044444$$
$$h_4(0,6) = 0,203704; \ \tilde{h}_4 = 0,005555.$$

Portanto,

$$\ln(0,6) \approx H(0,6) = -0,510824.$$

A expressão do erro de truncamento na interpolação hermitiana, denotada por E, pode ser encontrada em Ralston (1970) e é expressa por

$$E(x) = \frac{\left[\prod_{i=1}^{n}(x - x_i)\right]^2}{(2n)!} f^{(2n)}(\xi), \ \xi \in (x_1, x_n). \quad (5.102)$$

É comum gerar polinomiais hermitianas a partir das condições (5.100), formando e resolvendo um sistema de equações lineares. Esse procedimento é mostrado a seguir por meio de um exemplo.

Exemplo 5.7

Aproxime uma função f, definida no intervalo $[-1\ 1]$, conhecendo o seguinte:

i	x_i	$f(x_i) = y_i$	$f'(x_i) = y'_i$
1	-1	1	0
2	1	0	0

Logo, como ao todo são quatro condições, pode-se gerar uma hermitiana de terceira ordem, isto é,

$$H(x) = c_1 + c_2 x + c_3 x^2 + c_4 x^3 \text{ e } H'(x) = c_2 + 2c_3 x + 3c_4 x^2,$$

sendo os coeficientes determinados a partir das Condições (5.100), ou seja,

$$H(-1) = 1 = c_1 - c_2 + c_3 - c_4$$
$$H'(-1) = 0 = c_2 - 2c_3 + 3c_4$$
$$H(1) = 0 = c_1 + c_2 + c_3 + c_4$$
$$H'(1) = 0 = c_2 + 2c_3 + 3c_4.$$

Resolvendo esse sistema, obtêm-se os coeficientes

$$c_1 = \frac{1}{2};\ c_2 = -\frac{3}{4};\ c_3 = 0;\ c_4 \frac{1}{4},$$

que, substituídos na expressão de H, resultam em

$$H(x) = \frac{1}{4}(x^3 - 3x + 2),$$

cujo gráfico está mostrado na Figura 5.6.

Figura 5.6 Hermitiano de ordem 3, com $H(-1) = 1;\ H'(-1) = 0;\ H(1) = 0;\ H'(1) = 0$.

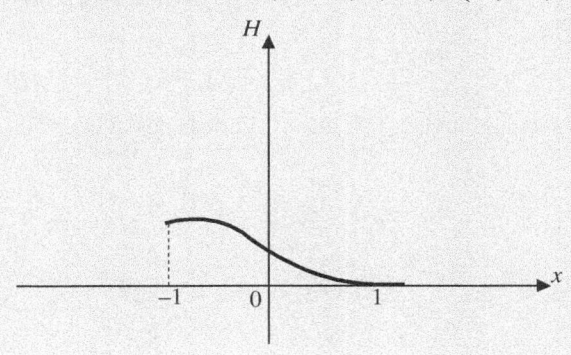

5.2.5 Interpolação polinomial por meio de splines

A interpolação usando *splines* já vem sendo utilizada há algum tempo, mas só no fim da década de 1960 foi feita a formulação matemática desse problema.

Como antes, sejam os pontos-base $(x_i, f(x_i))$, $0 \leq i \leq n$, pontos distintos, sendo

$$a = x_0 < x_1 < x_2 < \ldots < x_n = b,$$

Sejam $y_0, y_1, y_2, \ldots, y_n$, os valores da função f respectivamente nos pontos $x_0, x_1, x_2, \ldots, x_n$.
S é uma *spline* de ordem m em $(-\infty, +\infty)$ se:

a) S é uma polinomial de grau menor ou igual a m em cada subintervalo

$$(-\infty, x_0], [x_0, x_1], \ldots, [x_n, +\infty).$$

b) S^r é uma função contínua em $(-\infty, +\infty)$ para $0 \leq r \leq m-1$.

A derivada de uma função *spline* de ordem m é outra função *spline* de ordem $m - 1$, bem como a sua antiderivada é uma *spline* de ordem $m + 1$.

Com frequência, considera-se o intervalo $[a, b]$ em vez de $(-\infty, +\infty)$.

Splines cúbicas

As funções *splines* cúbicas são as mais usadas por serem funções suaves para o ajuste de dados e porque, na interpolação, não produzem comportamentos com oscilações, o que frequentemente ocorre com as polinomiais interpoladoras de alto grau, acarretando aumento do erro de truncamento. *Splines* cúbicas são funções simples de lidar.

Spline cúbica é uma função S definida em $[a, b]$ que tem as seguintes propriedades:

a) $S(x_r) = y_r$, $0 \leq r \leq n$

b) S', S'' e S''' são funções contínuas em $[a, b]$.

c) Em cada subintervalo $[x_{i+1}, x_i]$, $i = 1, 2, \ldots, n$, S é um polinômio cúbico, isto é,

$$S(x) = a_i + b_i x + c_i x^2 + d_i x^3, \quad x_{i-1} \leq x \leq x_i$$

d) $S^{(j)}(x_i^+) = S^{(j)}(x_i^-)$, $i = 1, 2, 3, \ldots, n-1$, $j = 0, 1, 2$, tendo em vista a condição de continuidade.

Da propriedade (c), têm-se $4n$ coeficientes desconhecidos $\{a_i, b_i, c_i, d_i\}$. Da propriedade (a), têm-se $n + 1$ condições e da propriedade (d), $3(n-1)$ condições que, juntas, fornecem $4n - 2$ condições. Comparando o número de condições com $4n$, que é o número de coeficientes desconhecidos, conclui-se que há pelo menos dois graus de liberdade para a determinação dos coeficientes a_i, b_i, c_i, d_i, $1 \leq i \leq n$.

Anteriormente se fez referência à restrição de S em $[a, b]$, em vez de considerar S definida em $(-\infty, +\infty)$. Em geral isso não é necessário, pois, uma vez expressa a S sobre $[x_0, x_n]$, é fácil construir uma extensão a $(-\infty, +\infty)$; contudo, esta não deverá ser única.

Para construir S, seja

$$\phi_i = S''(x_i), \quad i = 0, 1, \ldots, n.$$

Como S é uma polinomial cúbica em $[x_i, x_{i+1}]$, então S'' é linear nesse intervalo.

Figura 5.7 S'' é linear.

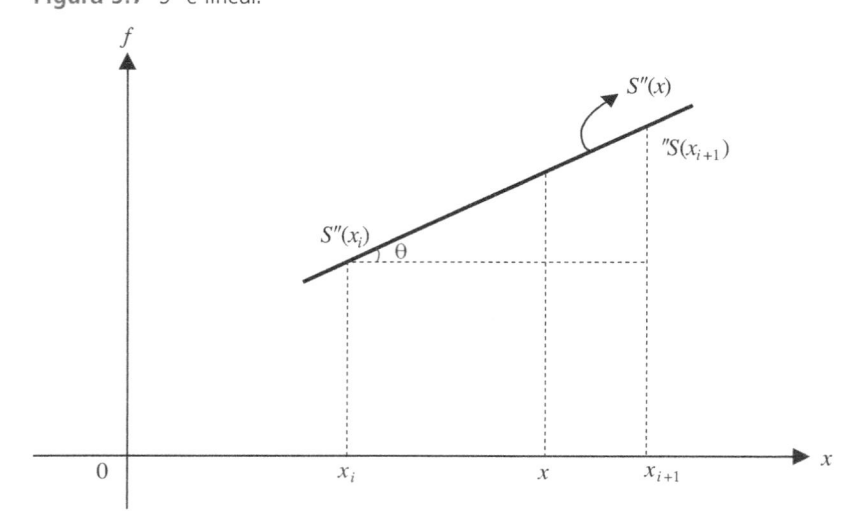

Da Figura 5.7, tem-se:

$$\frac{S''(x) - S''(x_i)}{x - x_i} = \frac{S''(x_{i+1}) - S''(x_i)}{x_{i+1} - x_i},$$

$$S''(x) = \frac{(x - x_i)[S''(x_{i+1}) - S''(x_i)]}{x_{i+1} - x_i} + S''(x_i),$$

ou seja,

$$S''(x) = \frac{(x - x_i)[S''(x_{i+1}) - S''(x_i)] + (x_{i+1} - x_i) - S''(x_i)}{h_i} \quad (5.103)$$

$$S''(x) = \frac{(x_{i+1} - x)\phi_i + (x - x_i)\phi_{i+1}}{h_i}, \quad i = 0, 1, \ldots, n-1,$$

onde $h_i = x_i + 1 - x_i$. S'' **definida pela equação (5.103) é contínua em** $[x_0, x_n]$. Integrando a equação (5.103) duas vezes, tem-se:

$$S'(x) = \frac{1}{2h_i}[-(x_{i+1} - x)^2 \phi_i + (x - x_i)^2 \phi_{i+1}] + [D - C]$$

$$S(x) = \frac{1}{6h_i}[(x_{i+1} - x)^3 \phi_i + (x - x_i)^3 \phi_{i+1}] + [D - C]x + Cx_{i+1} - Dx_i,$$

ou seja,

$$S(x) = \frac{(x_{i+1} - x)^3 \phi_i + (x - x_i)^3 \phi_{i+1}}{6h_i} + C(x_{i+1} - x) + D(x - x_i), \quad (5.104)$$

onde C e D são constantes arbitrárias de integração.

Para $x = x_i$ na equação (5.104), tem-se

$$S(x_i) = \frac{h_i^3 \phi_i}{6h_i} + Ch_i = y_i.$$

Então,

$$C = \frac{y_i}{h_i} - \frac{h_i \phi_i}{6}. \quad (5.105)$$

Para $x = x_{i+1}$ na equação (5.104), tem-se que

$$D = \frac{y_{i+1}}{h_i} - \frac{h_i \phi_{i+1}}{6}.$$

Logo, S fica

$$S(x) = \frac{(x_{i+1} - x)^3 \phi_i + (x - x_i)^3 \phi_{i+1}}{6h_i} + \frac{(x_{i+1} - x)y_i + (x - x_i)y_{i+1}}{h_i}$$

$$- \frac{h_i}{6}[(x_{i+1} - x)\phi_i + (x - x_i)\phi_{i+1}], \quad x_i \leq x \leq x_{i+1}; \; 0 \leq i \leq n-1. \quad (5.106)$$

A equação (5.106) implica a continuidade de S em $[a, b]$ e satisfaz à condição de interpolação $S(x_i) = y_i$, $0 \leq i \leq n$. Para determinar as constantes $\phi_0, \ldots, \phi_n$, exige-se que S' seja contínua em $x_1, x_2, \ldots, x_{n-1}$, isto é,

$$\lim_{x \to x_i^+} S'(x) = \lim_{x \to x_i^-} S'(x), \quad i = 1, 2, \ldots, n-1. \quad (5.107)$$

No intervalo $[x_i, x_{i+1}]$, tem-se

$$S'(x) = \frac{(x_{i+1}-x)^2 \phi_i + (x-x_i)^2 \phi_{i+1}}{2h_i} + \frac{y_{i+1}-y_i}{h_i} - \frac{(\phi_{i+1}-\phi_i)h_i}{6}$$

e, para o intervalo $[x_{i-1}, x_i]$, tem-se

$$S'(x) = \frac{-(x_i-x)^2 \phi_{i-1} + (x-x_{i-1})^2 \phi_i}{2h_{i-1}} + \frac{y_i-y_{i-1}}{h_{i-1}} - \frac{(\phi_i-\phi_{i-1})h_i}{6}$$

Da equação (5.107), com arranjo algébrico, obtém-se

$$\frac{h_{i-1}}{6}\phi_{i-1} + \frac{h_i+h_{i-1}}{3}\phi_i + \frac{h_i}{6}\phi_{i+1} = \frac{y_{i+1}-y_i}{h_i} - \frac{y_i-y_{i-1}}{h_{i-1}},$$

ou seja,

$$h_{i-1}\phi_{i-1} + 2(h_i+h_{i-1})\phi_i + h_i\phi_{i+1} = 6\left(\frac{y_{i+1}-y_i}{h_i} - \frac{y_i-y_{i-1}}{h_{i-1}}\right), \quad i=1,2,\ldots,n. \quad (5.108)$$

Da equação (5.108), tem-se um sistema de equações lineares com $n-1$ equações e $n+1$ incógnitas. Para remover os dois graus de liberdade presentes na equação (5.108), especificam-se condições nos pontos terminais x_0 e x_n. Uma escolha usual das condições nos pontos extremos é

$$\phi_0 = \phi_n = 0. \quad (5.109)$$

Com as condições (5.109), a *spline* cúbica é denominada *spline* cúbica natural e tem a interpretação de que S'' é linear em $(-\infty, x_0]$ e $[x_n + \infty)$.

Para a escolha (5.109), da equação (5.108), tem-se

$$A\Phi = B, \quad (5.110)$$

onde

$$A = \begin{bmatrix} 2(h_0+h_1) & h_1 & & & \\ h_1 & 2(h_1+h_2) & h_2 & & \\ & h_2 & 2(h_3+h_4) & h_3 & \\ & & & \ddots & \\ & & & & 2(h_{n-2}+h_{n-1}) \end{bmatrix},$$

$$\Phi = [\phi_1,\ldots,\phi_{n-1}]^T$$

$$B = [(b_1-b_0),(b_2-b_1),\ldots,(b_{n-1}-b_{n-2})]^T$$

$$b_i = 6\left(\frac{y_{i+1}-y_i}{h_i}\right), \quad 0 \leq i \leq n-1.$$

A matriz A é tridiagonal simétrica definida positiva, e o sistema pode ser resolvido por meio do método de Cholesky dado na equação (3.84).

Exemplo 5.8

Dados os valores funcionais da função $y = 1/x$, calcule $y(1,75)$ por meio da interpolante *spline* cúbica.

i	0	1	2	3	4
x_i	1	1,5	2	2,5	3
y_i	1	2/3	0,5	2/5	1/3

Para esse caso, $n = 4$ e $h_i = x_{i+1} - x_i = 0,5$ para qualquer $0 \leq i \leq 4$; $\phi_0 = \phi_4 = 0$, e o sistema (5.110) fica

$$\begin{bmatrix} 2 & 0,5 & 0 \\ 0,5 & 2 & 0,5 \\ 0 & ,5 & 2 \end{bmatrix} \begin{bmatrix} \phi_1 \\ \phi_2 \\ \phi_3 \end{bmatrix} = \begin{bmatrix} 2 \\ 0,8 \\ 0,4 \end{bmatrix},$$

obtendo-se: $\phi_1 = 0,97333$; $\phi_2 = 0,10667$; $\phi_3 = 0,2$.
Substituindo na equação (5.106) com $i = 1$, pois $1,75 \in [x_1, x_2]$, tem-se $S(1,75) = 0,56646$.
Portanto,

$$y(1,75) \approx 0,56646.$$

Observação:
Para a análise do erro de truncamento, quando a interpolação se dá por meio de *splines* cúbicas, os resultados podem ser vistos em Atkinson (1978) e Hall (1968). Outras condições podem ser impostas aos pontos extremos do intervalo de interpolação a exemplo do que antes foi considerado: $\phi_0 = \phi_4 = 0$, a saber, condições sobre derivadas nos pontos terminais e condições de contorno do tipo periódicas. Para mais detalhes, ver Atkinson (1978).

5.3 Aproximação de função a uma variável real

Nesta seção, são descritos aspectos matemáticos básicos da teoria de aproximação de funções em espaços vetoriais.

O problema de aproximação de funções é formulado com base em argumentos geométricos em espaços de funções, e descreve-se o método dos mínimos quadrados para aproximar funções em espaços de dimensões infinita e finita. Demonstram-se a existência e a unicidade de solução desse problema em termos de existência e unicidade de solução de um sistema denominado equações normais. As dificuldades para resolver as equações normais são tratadas no contexto de polinômios ortogonais. Outros tipos de aproximação também são abordados, mas todos eles são redutíveis ao de ajuste linear.

Ao final desta seção, é apresentada a teoria geral de polinômios ortogonais, sendo enunciado um teorema que fundamenta a existência e a unicidade de famílias de polinômios ortogonais.

Os exercícios propostos são aplicações diretas da teoria, mas auxiliam no entendimento do difícil problema de aproximação de funções.

5.3.1 Conceitos preliminares

Os problemas aqui estão relacionados com estatística matemática e teoria da aproximação.

Esta seção trata principalmente do problema de aproximação linear, isto é, uma função f será aproximada por uma função f^*, expressa por uma combinação linear na forma

$$f^*(x) = \sum_{i=0}^{n} c_i \varphi_i(x), \qquad (5.111)$$

onde φ_i, $0 \leq i \leq n$, são $n + 1$ funções escolhidas apropriadamente e c_i, $0 \leq i \leq n$, são $n + 1$ parâmetros a determinar. Caso $\varphi_i(x) = x^i$, f^* estará na classe de funções polinomiais, onde o conjunto é uma base para as polinomiais de ordem n.

A função f, por sua vez, pode ser conhecida de diferentes maneiras. É comum f ser conhecida por meio de uma tabela de valores funcionais $(x_i, f(x_i))$, $0 \leq 1 \leq m$, onde as $m + 1$ abscissas distintas x_i formam uma malha $G = \{x_i\}_{i=0}^{m}$.

A determinação das constantes c_i da equação (5.111) dá origem a vários critérios e métodos. Para exemplificar, se as constantes são determinadas adotando-se o critério:

$$f^*(x_i) = f(x_i), \ 0 \leq 1 \leq m, \tag{5.112}$$

tem-se o seguinte sistema:

$$\begin{cases} c_0\varphi_0(x_0) + c_1\varphi_1(x_0) + c_1\varphi_2(x_0) + \ldots + c_n\varphi_n(x_0) = f(x_0) \\ c_0\varphi_0(x_1) + c_1\varphi_1(x_1) + c_2\varphi_2(x_1) + \ldots + c_n\varphi_n(x_n) = f(x_1) \\ \vdots \qquad \vdots \qquad \qquad \vdots \qquad \qquad \vdots \\ c_0\varphi_0(x_m) + c_1\varphi_1(x_m) + c_2\varphi_2(x_m) + \ldots + c_n\varphi_n(x_m) = f(x_m). \end{cases} \tag{5.113}$$

Se $m = n$ e as funções φ_i forem linearmente independentes, então a equação (5.113) terá uma única solução. Essa forma de determinar f^* é denominada interpolação, como visto antes, ou colocação. *Se $m > n$*, o sistema (5.113) tem mais equações que incógnitas, sendo chamado de sobredeterminado. Nesse caso, comum na prática, as equações serão satisfeitas apenas aproximadamente. Segundo Dahlquist e Björck (1974), a sobredeterminação é usada para dois diferentes tipos de regularização, a saber:

a) reduzir o efeito de erros aleatórios nos valores das funções; e

b) dar à curva uma forma regular, entre pontos da malha de aproximação, como se pode observar na Figura 5.8.

Figura 5.8 Malha com $m + 1 = 8$ pontos $(x_i, f(x_i))$, sendo f^* linear, ou seja, gerada por $n + 1 = 2$ funções $\varphi_0 = 1$, $\varphi_i = x$.

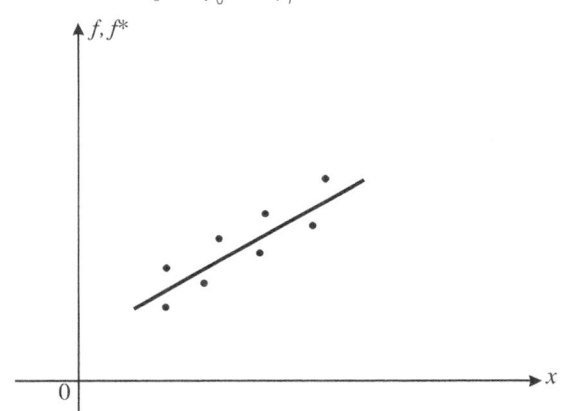

O tratamento de sistemas sobredeterminados empregado neste capítulo é feito pelo método dos mínimos quadrados. A apresentação seguirá argumentos gerais da teoria de aproximação.

Uma primeira ideia útil é a de espaço de funções. Como dito antes, uma função pode ser conhecida por uma tabela de valores funcionais que podem ser arranjados na forma de um vetor do $\mathbb{R}^{n+1}$,

$$[f(x_0), f(x_1), \ldots, f(x_m)]^T. \tag{5.114}$$

Há outras maneiras de representar funções como vetores. No conjunto dos polinômios algébricos de ordem n, por exemplo, um elemento

$$P_n(x) = c_0 + c_1 x + \ldots + c_n x^n \tag{5.115}$$

é determinado por $n + 1$ coeficientes $c_0, c_1, \ldots, c_n$, que também podem ser vistos como coordenadas de um vetor no espaço de funções, de dimensão $n + 1$, dos polinômios de ordem n.

É importante notar que esses espaços são de dimensão finita, pois seus elementos podem ser determinados por um número finito de parâmetros. Entretanto, nem sempre isso funciona. Uma malha com um número finito de pontos não é suficiente para especificar, por exemplo, uma função. Nesse caso, diz-se que o espaço das funções é de dimensão infinita. Todavia, uma função que tem primeira derivada limitada pode ser aproximada com qualquer requisito de precisão, a partir de seus valores em uma malha finita de pontos.

Assim sendo, ao olhar um vetor, na verdade, é possível estar se tratando não mais de um elemento do espaço $\mathbb{R}^n$, e sim de um elemento em um espaço de funções. Portanto, é preciso definir uma métrica capaz de medir comprimentos, distâncias, ângulos, entre outros elementos geométricos em espaços de funções. Nesse sentido, um argumento abrangente é o de norma, definida no Item 2.1 do Capítulo 3.

No espaço das funções contínuas em um intervalo $[a, b]$, as normas mais usuais são:

Norma máxima:

$$\|f\|_\infty = \max_{a \le x \le b} |f(x)|, \tag{5.116}$$

Norma euclidiana:

$$\|f\|_2 = \left[\int_a^b |f(x)|^2 \right]^{1/2}, \tag{5.117}$$

Norma euclidiana ponderada:

$$\|f\|_{2,w} = \left[\int_a^b |f(x)|^2 w(x) dx \right]^{1/2}, \tag{5.118}$$

onde a função w é denominada função peso, suposta contínua e estritamente positiva no intervalo (a, b).

Tanto a norma máxima como a euclidiana são casos especiais de uma família de normas denominadas $L_p[a, b]$, definidas assim:

$$\|f\|_p = \left[\int |f(x)|^p dx \right]^{1/p}; p \ge 1. \tag{5.119}$$

Em uma malha G de pontos, considere o vetor $f = [f(x_0), f(x_1), \ldots, f(x_m)]^T$ e defina

$$\|f\| = \left(\sum_{i=1}^m |f(x_i)|^2 \right)^{1/2}. \tag{5.120}$$

A expressão (5.120) não satisfaz à propriedade $\|f\| = 0$ se, e somente se, $f = 0$, pois f pode ser nula nos pontos da malha G e não ser nula entre os pontos. Por isso, não define uma norma, e sim o que se denomina seminorma de f com respeito ao intervalo $[x_0, x_m]$.

A notação de seminorma será a mesma de norma. Quando não houver dúvida e em casos em que ambas aparecerem, serão usadas as notações $\|\cdot\|$ e $\|\cdot\|_{2,G}$, respectivamente, para norma e seminorma.

Muitos métodos de aproximação são fundamentados na minimização de alguma norma ou seminorma da função erro

$$y = f - f^*, \tag{5.121}$$

onde f^* é construída para aproximar f e tem forma predefinida. Uma primeira questão sobre essa aproximação é ter a noção de sua qualidade em alguma norma. A escolha da norma tem de ser feita na perspectiva da utilidade de f^*. Por exemplo, a norma máxima da função erro na equação (5.121), em um intervalo $[a, b]$, não pode ser empregada se f^* tiver sido construída para inferir valores de f em pontos x afastados do intervalo $[a, b]$. Na escolha da norma ou seminorma, é importante que ela leve em conta os valores da função em um conjunto de pontos que sejam representativos com respeito ao uso de f^*.

5.3.2 Aproximação de funções: problema geométrico em espaço de função

Levando adiante a ideia de que uma função pode ser vista como um vetor, uma função representada por um vetor formado a partir de valores funcionais em uma malha pode ser entendida como um vetor em um espaço cuja dimensão é o número de pontos da malha. Quanto mais pontos, maior é a dimensão do espaço e a função fica mais bem especificada. Continuando a aumentar a dimensão do espaço, pode-se, intuitivamente, considerar uma classe de funções contínuas em um intervalo [a, b] como um espaço de funções.

Dessa forma, considere um conjunto de $n + 1$ funções linearmente independentes φ_i, $0 \leq i \leq n$ gerando um subespaço de dimensão $n + 1$. O problema de aproximação é encontrar, no subespaço gerado por $\{\varphi_i\}_{i=0}^{n}$, um vetor cuja distância em relação à f seja a menor possível.

Quando a norma euclidiana for a escolhida, a solução do problema de aproximação será a generalização do que ocorre geometricamente no $\mathbb{R}^2$ ou $\mathbb{R}^3$, isto é, a menor distância de um ponto a um subespaço linear é o comprimento do vetor que é perpendicular ao subespaço, como ilustrado na Figura 5.9. Portanto, o vetor $f^* - f$ deve ser perpendicular ao subespaço gerado por $\{\varphi_i\}_{i=0}^{m}$ e $f^* = \sum c_j^* \varphi_j$ como a seguir.

Figura 5.9 Problema de aproximação: interpretação geométrica.

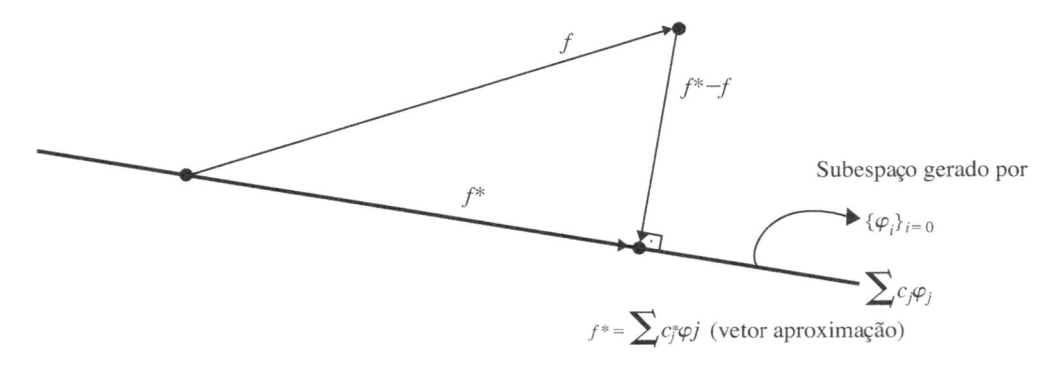

Justamente essa interpretação geométrica leva à solução numérica do problema de aproximação pelo método dos mínimos quadrados.

5.3.3 Aproximação de função pelo método dos mínimos quadrados

Considere uma função contínua f, definida em um intervalo $[a, b]$, para ser aproximada por uma combinação linear

$$f^*(x) = c_0 \varphi_0(x) + c_1 \varphi_1(x) + \ldots + c_n \varphi_n(x) \tag{5.122}$$

de $n + 1$ funções φ_i, $0 \leq i \leq n$, onde os coeficientes c_i, $0 \leq i \leq n$, serão determinados para que a norma euclidiana ponderada do vetor erro $f^* - f$, ou seja,

$$\|f^* - f\|^2 = \int_a^b |f^*(x) - f(x)|^2 w(x) dx, \tag{5.123}$$

no caso contínuo, e

$$\|f^* - f\|^2 = \sum_{i=0}^{m} |f^*(x_i) - f(x_i)|^2 w_i \tag{5.124}$$

o caso discreto, seja a menor possível.

Em termos geométricos, isso significa que os coeficientes c_i, $0 \leq i \leq n$, são determinados para que o vetor erro, $f^* - f$, seja perpendicular ao subespaço gerado por $\{\varphi_i\}_{i=0}^{n}$ como se pode notar na Figura 5.10, onde qualquer outra projeção de f sobre o subespaço gerado por $\{\varphi_i\}_{i=0}^{n}$ forneceria um vetor erro de comprimento maior que o do vetor $f^* - f$. A formalização dessas ideias é apresentada na seção seguinte.

Figua 5.10 Vetor $f^* - f$ de menor comprimento.

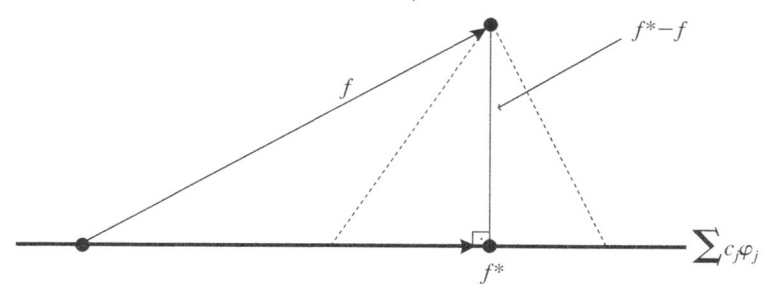

5.3.4 Sistemas ortogonais

Considere um espaço vetorial linear U. Sobre U define-se um funcional linear entre dois elementos do espaço, chamado produto interno, denotado por $(.,.)$, como abaixo.

DEFINIÇÃO 5.5 (PRODUTO INTERNO)

Seja U um espaço vetorial e $f, g \in U$. O produto interno de f e g, (f, g), é um funcional que satisfaz às seguintes propriedades:

a) $(f,g) = (g,f), \forall f, g \in U$.

b) $(c_1 f + c_2 g, \varphi) = c_1(f, \varphi) + c_2(g, \varphi), \forall c_1, c_2 \in \mathbb{R}$ e $\forall f, g, \varphi \in U$.

c) $(f, f) \geq 0, \forall f \in U$.

d) $(f, f) = 0$, se, e somente se, $f = 0$ (vetor nulo do espaço em consideração).

Após essa definição, tem-se que

$$\|f\|^2 = (f, f), \tag{5.125}$$

ou seja, a norma ou seminorma provém de um produto interno. Quando um espaço vetorial é munido de um produto interno, ele é chamado espaço vetorial euclidiano.

DEFINIÇÃO 5.6 (ORTOGONALIDADE)

Duas funções f e g são ditas ortogonais se $(f, g) = 0$. Uma sequência finita ou infinita de funções $\varphi_0, \varphi_1, \ldots, \varphi_n$ forma um sistema ortogonal se

$$(\varphi_i, \varphi_j) = 0, \forall i \neq j \text{ e } \|\varphi_i\| \neq 0, \forall i. \tag{5.126}$$

Se, além disso, $\|\varphi_i\| = 1, \forall i$, então a sequência é chamada de sistema ortonormal.

Como exemplo de sistema ortogonal, considere a sequência de funções definidas em $[0, \pi]$ dada por $\varphi_j(x) = \cos jx, j = 0, 1, 2, \ldots, m$, com o produto interno

$$(f, g) = \int_0^\pi f(x) g(x) dx. \tag{5.127}$$

Nesse caso, tem-se

$$(\varphi_j, \varphi_k) = \int_0^\pi \cos(jx)\cos(kx)dx = \int_0^\pi \frac{1}{2}\{\cos[(j-k)x] + \cos[(j+k)x]\}dx$$

$$= \frac{1}{2}\left[\frac{sen(j-k)x}{(j-k)} + \frac{sen(j+k)x}{(j+k)}\right]_0^\pi, j \neq k$$

$$= 0, j \neq k; 0 \leq j, k \leq m,$$

e, ainda,

$$\|\varphi_0\|^2 = \|1\|^2 = \pi \text{ e } \|\varphi_j\|^2 = \|\cos(jx)\|^2 = \int_0^\pi \cos^2(jx)dx = \frac{\pi}{2}, 1 \leq j \leq m.$$

Convém observar que a sequência poderia ser infinita.

Um segundo exemplo trata do caso discreto, com a mesma sequência do exemplo anterior, sendo:

$$(f, g) = \sum_{l=0}^m f(x_l)(x_l), \ x_l = \left(\frac{2l+1}{m+1}\right)\frac{\pi}{2}, 0 \leq l \leq m. \tag{5.128}$$

Dessa forma, calcula-se:

$$(\varphi_j, \varphi_k) = \sum_{\lambda=0}^m \cos(jx_\lambda)\cos(kx_\lambda) = \frac{1}{2}\sum_{\lambda=0}^m [\cos(j-k)x_\lambda + \cos(j+k)x_\lambda]. \tag{5.129}$$

Portanto,

$$(\varphi_j, \varphi_k) = 0, \forall j \neq k, 0 \leq j, k \leq m,$$

como se pode ver em Dahlquist e Björck (1974).

Adicionalmente, tem-se

$$\|\varphi_j\|^2 = \frac{1}{2}(m+1), 1 \leq j \leq m \text{ e } \|\varphi_0\|^2 = m+1.$$

Logo, a sequência dada, com o produto interno definido na equação (5.128) para o caso discreto, forma um sistema ortogonal.

5.3.5 Solução do problema de aproximação

Representada por f^* a aproximação por mínimos quadrados de f, escrita na forma

$$f^* = \sum_{j=0}^n c_j^* \varphi_j(x), \tag{5.130}$$

deseja-se determinar os coeficientes c_j^*, $0 \leq j \leq n$, para que o vetor erro $f^* - f$ tenha o menor comprimento em dada norma. Equivalentemente, o vetor $f^* - f$ deve ser ortogonal ao subespaço gerado por $\{\varphi_j\}_{j=0}^n$

Para isso, forma-se o vetor $\sum_{j=0}^n c^*\varphi_j(x) - f$, tal que $c_j \neq c_j^*$ para pelo menos um j, escrevendo-o assim:

$$\sum_{j=0}^n c_j\varphi_j(x) - f(x) = \sum_{j=0}^n (c_j - c_j^*)\varphi_j(x) + [f^*(x) - f(x)].$$

Sendo $f^* - f$ ortogonal a todo φ_j, é também ortogonal a $\sum_{j=0}^n (c_j - c_j^*)\varphi_j$ pelas propriedades do produto interno. Então,

$$\left\|\sum_{j=0}^n c_j\varphi_j(x) - f(x)\right\|^2 = \left(\sum_{j=0}^n (c_j - c_j^*)\varphi_j(x) + [f^*(x) - f(x)], \sum_{j=0}^n (c_j - c_j^*)\varphi_j(x) + [f_j^*(x) - f(x)].\right)$$

$$= \left(\sum_{j=0}^n (c_j - c_j^*)\varphi_j(x), \sum_{k=0}^n (c_k - c_k^*) + \varphi_k(x)\right) + 2\left(\sum_{j=0}^n (c_j - c_j^*)\varphi_j(x), [f^*(x) - f(x)].\right)$$

$$+ \left([f^*(x) - f(x)], [f^*(x) - f(x)]\right),$$

ou, ainda, usando as propriedades de produto interno e as condições de ortogonalidade,

$$\left\|\sum_{j=0}^{n} c_j \varphi_j(x) - f(x)\right\|^2 = \left\|\sum_{j=0}^{n} (c_j - c_j^*) \varphi_j(x)\right\|^2 + \left\|f^*(x) - f(x)\right\|^2 > \left\|f^* - f\right\|^2. \tag{5.131}$$

Portanto, o vetor de menor comprimento é o vetor $f^* - f$, que é ortogonal a todas as funções $\{\varphi_i\}_{i=0}^n$. As condições de ortogonalidade são traduzidas por:

$$\left(\sum_{j=0}^{n} c_j^* \varphi_j - f, \varphi_k\right) = 0, \ 0 \le k \le n,$$

que formam um sistema linear:

$$\begin{cases} (\varphi_0, \varphi_0) c_0^* + (\varphi_0, \varphi_1) c_1^* + \ldots + (\varphi_0, \varphi_n) c_n^* = (\varphi_0, f) \\ (\varphi_1, \varphi_0) c_0^* + (\varphi_1, \varphi_1) c_1^* + \ldots + (\varphi_1, \varphi_n) c_n^* = (\varphi_1, f) \\ \vdots \qquad \vdots \qquad \qquad \vdots \\ (\varphi_n, \varphi_0) c_0^* + (\varphi_n, \varphi_1) c_0^* + \ldots + (\varphi_n, \varphi_n) c_n^* = (\varphi_n, f), \end{cases} \tag{5.132}$$

denominado sistema de equações normais.

As condições de existência e unicidade da solução do problema de aproximação obtidas da análise do sistema normal. Supondo que o conjunto $\{\varphi_i\}_{i=0}^n$ é linearmente independente, analisa-se o sistema (5.132) na forma homogênea, isto é,

$$\sum_{j=0}^{n} (\varphi_k, \varphi_j) c_j = 0, \ \ 0 \le k \le n, \tag{5.133}$$

Admita que a equação (5.133) tem solução não trivial, isto é, $c_j \ne 0$ pelo menos para um j. Mas

$$\left\|\sum_{j=0}^{n} c_j \varphi_j\right\|^2 = \left(\sum_{j=0}^{n} c_j \varphi_j, \sum_{k=0}^{n} c_k \varphi_k\right) = \sum_{k=0}^{n} \sum_{j=0}^{n} (\varphi_k, \varphi_j) c_j c_k$$

$$= \sum_{k=0}^{n} \left(\sum_{j=0}^{n} (\varphi_k, \varphi_j) c_j\right) c_k \tag{5.134}$$

$$= \sum_{k=0}^{n} (0) c_k = 0,$$

o que contradiz a hipótese de que $\{\varphi_i\}_{i=0}^n$ é linearmente independente. Logo, o sistema (5.133) tem solução única trivial, e daí as equações normais têm solução única.

No caso de o conjunto $\{\varphi_i\}_{i=0}^n$ formar um sistema ortogonal, o sistema (5.132) é simplificado a:

$$(\varphi_k, \varphi_k) c_k^* = (f, \varphi_k), \ 0 \le k \le n, \tag{5.135}$$

decorrendo imediatamente a existência e a unicidade da solução do problema de aproximação.

5.3.6 Redução ao ajuste linear

Em muitos casos, os dados possuem comportamentos que não estão na forma linear expressa na equação (5.111). Nesses casos, a teoria antes desenvolvida não é diretamente aplicável. Mas existem transformações que levam à forma linear. A seguir, são apresentadas as transformações que ocorrem com maior frequência nos problemas de ajuste de curvas.

A percepção da não linearidade pode ser notada, por exemplo, em um gráfico de valores funcionais dados ou medidos, $(x_i, f(x_i))$, onde a dispersão deles indica comportamento não linear.

Dispersão do tipo: $f(x) \approx \alpha_1 e^{-\alpha_2 x}$, $\alpha_1, \alpha_1 > 0$

Nesse caso, a linearização pode ser feita da seguinte maneira:

$$z = \ln f \approx \ln \alpha_1 - \alpha_2 x. \tag{5.136}$$

Fazendo

$$c_1 \ln \alpha_1, c_2 = -\alpha_2 \text{ e } y = c_1 + c_2 x, \tag{5.137}$$

a equação (5.136) fica

$$\ln f \approx c_1 + c_2 x = y. \tag{5.138}$$

A função y é linear nos parâmetros c_1 e c_2, que podem ser determinados pelo método dos mínimos quadrados, como antes, identificando-se o conjunto $\{\varphi_i\}_{i=0}^{1} = [1, x]$. Os parâmetros originais podem ser obtidos da equação (5.137). Convém observar que o ajuste feito é em $\ln f$ e não diretamente em f, ou seja, c_1 e c_2 na equação (5.138) ajustam por mínimos quadrados $\ln f$, não significando que α_1 e α_2 ajustem f por mínimos quadrados.

Dispersão do tipo: $f(x) \approx \dfrac{1}{\alpha_1 + \alpha_2 x}$

Para se ter um problema linear nos parâmetros, faz-se primeiro

$$z = \frac{1}{f} \approx \alpha_1 + \alpha_2 x. \tag{5.139}$$

Obviamente, os parâmetros α_1 e α_2 ajustam $\dfrac{1}{f}$ e não f por mínimos quadrados.

Dispersão do tipo exponencial: $f(x) \approx \alpha_1 \alpha_2^x$

Supondo $f > 0$, tem-se

$$\ln f \approx \ln \alpha_1 + x \ln \alpha_2 = y \tag{5.140}$$

Fazendo

$$c_1 = \ln \alpha_1, \ c_2 = \ln \alpha_2, \tag{5.141}$$

na equação (5.140), vem:

$$\ln f \approx y = c_1 + c_2 x, \tag{5.142}$$

que é linear nos parâmetros c_1 e c_2 e pode ser ajustado por mínimos quadrados com $\{\varphi_i\}_{i=0}^{n} = \{1, x\}$.

Dispersão do tipo geométrica: $f \approx \alpha_1 x^{\alpha_2}$

Nesse caso, se $f > 0$ e $x > 0$, tem-se

$$\ln f \approx y = \ln \alpha_1 + \alpha_2 \ln x. \tag{5.143}$$

Fazendo

$$c_1 \ln \alpha_1, c_2 = \alpha_2, \tag{5.144}$$

a equação (5.141) se torna

$$\ln f \approx y = c_1 + c_2 x \ln x, \tag{5.145}$$

que é linear em c_1 e c_2. A determinação desses parâmetros pode ser feita por mínimos quadrados, identificando-se para isso o conjunto $\{\varphi_i\}_{i=0}^{n} = \{1, \ln x\}$.

Exemplo 5.9

Considere a função f especificada pelos valores funcionais:

x	12	16	20	30	40
f	1,64	2,72	3,96	7,60	11,96

que é para ser aproximada por $f^* = c_0^* + c_1^* x + c_2^* x^2$.

Identificando esse problema com os elementos da teoria antes descrita, tem-se:

$$(x_i, f(x_i)),\ 0 \le i \le 4 = m,$$

$$\varphi_0(x) = 1,\ \varphi_1(x) = x,\ \varphi_2(x) = x^2,$$

e o produto interno do caso discreto

$$(g, h) = \sum_{\lambda=0}^{m=4} g(x_\lambda) h(x_\lambda).$$

Então, as equações normais ficam

$$\begin{cases} (\varphi_0, \varphi_0) c_0^* + (\varphi_0, \varphi_1) c_1^* + (\varphi_0, \varphi_2) c_2^* = (\varphi_0, f) \\ (\varphi_1, \varphi_0) c_0^* + (\varphi_1, \varphi_1) c_1^* + (\varphi_1, \varphi_2) c_2^* = (\varphi_1, f) \\ (\varphi_2, \varphi_0) c_0^* + (\varphi_2, \varphi_1) c_1^* + (\varphi_2, \varphi_2) c_2^* = (\varphi_2, f). \end{cases}$$

Substituindo os dados numéricos, tem-se como resultado o sistema

$$\begin{bmatrix} 5 & 118 & 3300 \\ 118 & 3300 & 104824 \\ 3300 & 104824 & 3616272 \end{bmatrix} \begin{bmatrix} c_0^* \\ c_1^* \\ c_2^* \end{bmatrix} = \begin{bmatrix} 27,88 \\ 178,24 \\ 28493,48 \end{bmatrix},$$

que, resolvido, fornece:

$$c_0^* = 21,1681;\ c_1^* = -0,3498;\ c_2^* = -0,1112.$$

Logo,

$$f^* = 21,1681 - 0,3498 x - 0,1112 x^2.$$

Quando na aproximação são usadas funções polinomiais, a solução do sistema normal, segundo Fröberg (1966), não é uma tarefa fácil, mesmo para polinomiais de baixa ordem, isto é, n pequeno. Todavia, foi visto que, se o sistema $\{\varphi_i\}_{i=0}^n$ for ortogonal, a solução das equações normais será facilitada. Então, a ideia é empregar polinômios ortogonais nas aproximações. Este é o próximo assunto a ser tratado.

5.3.7 Polinômios ortogonais

Denominam-se polinômios ortogonais os elementos de um conjunto de polinômios, ortogonais entre si em relação a um produto interno e que podem ser gerados por meio de fórmulas recursivas de três termos.

A utilização desses polinômios segundo Dahlquist e Björck (1974), que descrevem um teorema de existência desses polinômios, é frequente nas ciências e na tecnologia por possuírem boas qualidades de convergência, serem de fácil manipulação algébrica e computacional e por fornecerem, em geral, representações bem condicionadas de funções.

Esta seção apresenta apenas duas famílias de polinômios ortogonais, com breve descrição de suas propriedades e exemplos de aplicações.

Polinômios de Legendre

Os polinômios de Legendre são definidos no intervalo referencial [−1, 1] pela fórmula

$$\begin{cases} P_0(x) = 1 \\ P_n(x) = \dfrac{1}{2^n n!} \dfrac{d^n}{dx^n}[(x^2-1)^n], \; n \geq 1, \end{cases} \quad (5.146)$$

onde o índice que aparece em P_n indica a ordem do polinômio.

A partir dessas expressões, é possível demonstrar as seguintes propriedades:

a) Os polinomiais de Legendre são ortogonais em relação ao produto interno usual para funções contínuas no intervalo [−1, 1], $(f,g) = \int_{-1}^{1} f(x)g(x)dx$ tendo-se, então, que

$$(P_n, P_j) = \begin{cases} 0, \text{ se } n \neq j \\ \dfrac{2}{2^{n+1}}, \text{ se } n = j, \end{cases} \quad (5.147)$$

cujo resultado é obtido realizando a integração envolvida no produto interno.

b) As polinomiais de Legendre apresentam a seguinte simetria:

$$P_n(-x) = (-1)^n P_n(x). \quad (5.148)$$

c) A fórmula recursiva de três termos que serve para gerar a família de polinômios de Legendre é

$$\begin{cases} P_0(x) = 1; \; P_1(x) = x \\ P_{n+1}(x) = \left(\dfrac{2n+1}{n+1}\right) x P_n(x) - \dfrac{n}{n+1} P_{n-1}(x), \; n \geq 1. \end{cases} \quad (5.149)$$

d) Para $x \in [-1, 1]$, tem-se que

$$|P_n(x)| \leq 1 \quad (5.150)$$

Na Figura 5.11 são mostrados os polinômios de Legendre até a ordem 3.

Figura 5.11 Polinomiais de Legendre até a ordem $n = 3$.

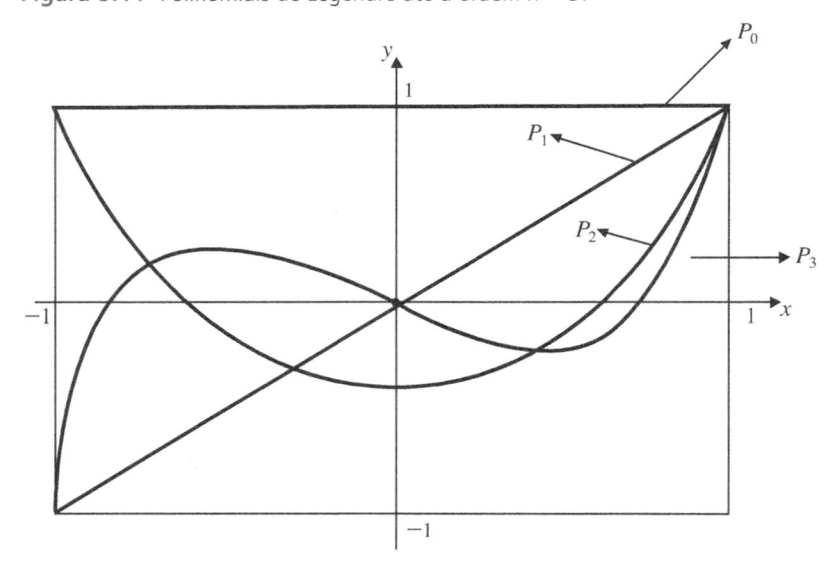

Polinômios de Tchebycheff

A família de polinomiais de Tchebycheff é definida no intervalo [–1, 1] pela fórmula

$$T_n(x) = \cos[n\cos^{-1}(x)], \ n = 0,1,2,\ldots, \tag{5.151}$$

que, escritos na forma usual, ficam

$$T_0(x) = 1$$
$$T_1(x) = x$$
$$T_2(x) = \cos[2\cos^{-1}(x)]$$
$$= 2\cos^2[\cos^{-1}(x)]$$
$$= 2x^2 - 1$$
$$T_3(x) = \cos[3\cos^{-1}(x)]$$
$$= 4\cos^3[\cos^{-1}(x)] - 3\cos[\cos^{-1}(x)]$$
$$= 4x^3 - 3x$$

e assim por diante.

Entre as muitas propriedades dos polinômios de Tchebycheff, são apresentadas as seguintes:

a) A fórmula recursiva de três termos que serve para gerar a família é

$$\begin{cases} T_0(x) = 1; T_1(x) = x \\ T_{n+1}(x) = 2xT_n(x) - T_{n-1}(x), \ n = 1,2,\ldots \end{cases} \tag{5.152}$$

b) O coeficiente do termo de maior potência é dado por

$$A_0 = 1$$
$$A_n = 2^{n-1}, \ n \geq 1. \tag{5.153}$$

c) Os polinômios de Tchebycheff apresentam a seguinte simetria:

$$T_n(-x) = (-1)^n T_n(x). \tag{5.154}$$

d) O polinômio de Tchebycheff de ordem n possui n zeros x_k, $0 \leq k \leq n-1$, em [–1, 1], calculados por

$$x_k = \cos\left[\left(\frac{2k+1}{n}\right)\frac{\pi}{2}\right], \ 0 \leq k \leq n-1 \tag{5.155}$$

e) O polinômio de Tchebycheff de ordem n possui $n + 1$ valores extremos nas abscissas x_k, $0 \leq k \leq n$, calculadas por

$$x_k = \cos\frac{k\pi}{n}, \text{ sendo } T_n(x_k) = (-1)^k, \ 0 \leq k \leq n. \tag{5.156}$$

Essas propriedades, como se nota, podem ser facilmente deduzidas a partir da definição dada na equação (5.151).

f) A família de polinômios de Tchebycheff é ortogonal, no caso contínuo, em relação ao produto interno

$$(f,g) = \int_{-1}^{1} f(x)g(x)\frac{1}{\sqrt{1-x^2}}dx, \tag{5.157}$$

resultando em

$$(T_j, T_k) = \begin{cases} 0, & se\ j \neq k \\ \dfrac{\pi}{2}, & se\ j = k \neq 0 \\ \pi, & se\ j = k = 0, \end{cases} \quad (5.158)$$

pelo cálculo da integral do produto interno fazendo-se a troca de variável $x = \text{sen}(\varphi)$.

g) A família de polinômios de Tchebycheff forma um sistema ortogonal, no caso discreto, em relação ao produto interno

$$(f, g) = \sum_{k=0}^{m} f(x_k) g(x_k), \quad (5.159)$$

onde x_k são as raízes de $T_{m+1}(x) = 0$. Então, para $0 \leq j, k \leq m$, tem-se

$$(T_j, T_k) = \begin{cases} 0, & se\ j \neq k \\ \dfrac{m+1}{2}, & se\ j = k \neq 0 \\ m+1, & se\ j = k = 0. \end{cases} \quad (5.160)$$

h) Entre os polinômios de ordem n, com coeficiente do termo unitário de maior potência, o polinômio $2^{1-n} T_n(x)$ possui a menor norma máxima em $[-1, 1]$, cujo valor é

$$\left\| 2^{1-n} T_n(x) \right\|_\infty = 2^{1-n}. \quad (5.161)$$

Expansão em polinômios de Tchebycheff

Em geral, os problemas envolvem variáveis independentes, em intervalos $[a, b]$, $a, b \in \mathbb{R}$ quaisquer. Nesse caso, o primeiro procedimento é transformar a variável em consideração t em uma nova variável x, definida no intervalo de referência $[-1, 1]$. Isso é feito por meio da seguinte transformação:

$$t = \frac{b-a}{2} x + \frac{a+b}{2}. \quad (5.162)$$

Após isso, escreve-se

$$f(t) = F(x) \approx p(x) = \sum_{j=0}^{m} c_j^* T_j(x), \quad (5.163)$$

sendo os coeficientes calculados com o auxílio da propriedade de ortogonalidade expressa na equação (5.158) ou equação (5.160), conforme o problema seja contínuo ou discreto, respectivamente, resultando diretamente da equação (5.163):

$$c_j^* = \frac{(f, T_j)}{\left\| T_j \right\|^2}, \quad 0 \leq j \leq m \quad (5.164)$$

ou

$$c_j^* = \frac{\sum_{k=0}^{m} f(x_k) T_j(x_k)}{\left\| T_j \right\|^2}, \quad (5.165)$$

onde

$$\|T_0\|^2 = \pi \quad \text{e} \quad \|T_j\|^2 = \frac{\pi}{2}, j > 0$$

ou

$$\|T_0\|^2 = m+1 \quad \text{e} \quad \|T_j\|^2 = \frac{m+1}{2}, j > 0,$$

conforme o problema seja contínuo ou discreto, respectivamente.

Economização de Tchebycheff

Considere o problema de encontrar uma aproximação linear para a função f definida por $f(t) = t^2$, $t \in [1, 2]$. A primeira providência é trocar $t \in [1, 2]$ por $x \in [-1, 1]$, por meio da equação (5.162), resultando em

$$t = \frac{1}{2}x + \frac{2}{3},$$

que leva a função dada para a forma

$$f(t) = t^2 = F(x) = (1,5 + 0,5x)^2$$
$$= 2,25 + 1,5x + 0,25x^2.$$

Essa função em termos de polinômios de Tchebycheff fica

$$F(x) = 2,25 T_0(x) + 1,5 T_1(x) + 0,25 \frac{1}{2}[T_2(x) + T_0(x)]$$
$$= 2,375 T_0(x) + 1,5 T_1(x) + 0,125 T_2(x).$$

A retirada do termo em $T_2(x)$ acarreta um erro de no máximo 1/8 e

$$F(x) \approx P_1(x) = 2,375 + 1,5x \tag{5.166}$$

Na variável original $t \in [1, 2]$, tem-se

$$f(t) \approx 2,375 + 1,5(2t - 3)$$
$$= 2,375 + 3t - 4,5$$
$$= -2,125 + 3t,$$

linearizada e conhecendo-se o erro máximo que a linearização acarreta.

Esse procedimento pode ser generalizado para as funções expandidas em série de potências da variável independente e é conhecido por economização de Tchebycheff.

5.4 Exercícios

1. Dados os valores funcionais de certa função f

x	0,10000	0,70000	1,00000	1,50000	1,90000
$f(x)$	−2,20159	0,68633	2,00000	5,28047	9,40085

   faça o seguinte:

   a) Construa a tabela de DDF.

   b) Calcule $f(0,5)$ por interpolação linear e estime o erro.

   c) Calcule $f(0,85)$ por interpolação quadrática e estime o erro.

   d) Calcule $f(1,7)$ por interpolação cúbica e estime o erro.

2. Dados os valores funcionais

x	0	0,2000	0,30000	0,50000	0,60000	0,80000	1,00000	1,40000	1,50000
$f(x)$	0	0,60667	0,92252	1,60443	1,98064	2,82936	3,84147	6,52945	7,37249

faça o seguinte:

a) Calcule $f(0,32)$ e $f(1,46)$ por interpolação linear e estime o erro.

b) Interpole adequadamente por interpolação de segundo grau e use o polinômio para calcular $f(0,7)$.

c) Sabendo-se que $f(x) = x^3 + 2x + \text{sen } x$, delimite o erro cometido em (b).

d) Supondo que os "*" indiquem DDF, escreva a polinomial interpoladora que usa as DDFs indicadas

i	x_i	$f(x_i)$	$f_1[\ ]$	$f_2[\ ]$	$f_3[\ ]$	$f_4[\ ]$
0	0	0				
1	0,20000	0,60667				
2	0,30000	0,92252				
3	0,50000	1,60443	*	*	*	*
4	0,60000	1,98064				
5	0,80000	2,82936				
6	1,00000	3,84147				

3. Os dados da tabela a seguir representam a velocidade de um móvel em relação ao tempo. Use-os para calcular aproximadamente a velocidade do móvel em $t = 15$.

t (tempo em segundos)	0	10	20	30	40
v (velocidade em m/s)	0	30	75	90	100

4. Considere os valores funcionais

x	0,2000	0,4000	0,6000	0,8000	1,0000	1,2000	1,4000
$f(x)$	126,8094	16,9413	5,7405	2,9363	2,0000	1,5914	1,4280

Agora, faça o seguinte:

a) Calcule $f(0,7)$ por meio de uma $P_2(x)$.

b) Calcule $f(0,32)$ por meio de $P_1(x)$ e estime o erro.

c) Usando diferenças finitas centrais de terceiro grau, calcule $f(0,65)$.

d) Calcule $f(1,1)$ por meio de uma $P_2(x)$ de diferenças finitas retroativas.

e) Sabendo que $f(x) = 1/x^3 + x - \ln x$, delimite o erro cometido em (d).

f) Considerando todos os dados da tabela, escreva as seguintes polinomiais:

   i) de diferenças finitas progressivas; e

   ii) de diferenças finitas retroativas.

   O que você observa?

g) Se $x_0 = 0,8$ e se forem usadas diferenças finitas centrais, escreva a polinomial interpoladora com todos os valores funcionais. Essa polinomial é a mesma que as obtidas em (f)? Justifique.

5. Seja a f abaixo,

x	0	1/6	1/3	1/2	2/3	5/6	1
$f(x)$	1	4	0	−1	2	4	0

a) Usando adequadamente uma $P_2(x)$ de diferenças finitas, calcule $f(5/12)$.

b) Supondo $|f(x)| \leq 10$ em $0 \leq x \leq 1$, determine uma cota superior para o erro cometido em (a).

6. Sabendo que a intensidade do campo elétrico no ar, de um ponto em relação a uma carga puntiforme de 650 stat Coulomb, varia com a distância em centímetros de acordo com a tabela a seguir:

d	5	7,5	10	12,5	15
E	26,00	11,56	6,50	4,16	2,88

calcule a intensidade do campo elétrico em um ponto situado a 8,5 em da carga.

7. O calor específico (c) da água em função da temperatura em °C é:

t	30	35	40
c	0,99826	0,99818	0,99828

Calcule o calor específico para $t = 37,5$ °C.

8. A função $y = e^x$ é tabelada para $x \in [0, 1]$, com $h = 0,01$. Encontre o erro máximo para uma interpolação linear.

9. Suponha que se queira construir uma tabela para a função $y = \log_{10} x$ no intervalo $[0, 10]$ de tal maneira que, ao ser aplicada nessa tabela, a interpolação linear forneça resultados com seis casas decimais corretas. Determine o passo h dessa tabela.

10. Mostre que $|(x-x_0)(x-x_1)\ldots(x-x_n)| \leq (n!h^{n+1})/4$, onde $h = \max |x_{i+1} - x_i|$, $0 \leq i \leq n-1$] e $x \in [x_0, x_n]$. Daí concluir que

$$|f(x) - P_n(x)| \leq \{M/[4(n+1)]\}h^{n+1},$$

onde

$$M = \max_{t \in [x_0, x_n]} |f^{(n+1)}(t)|.$$

11. Usando interpolação inversa, determine uma aproximação para a menor raiz real de

a) $x^3 - 9x + 10 = 0$.

b) $\ln x + 4x - 3 = 0$.

12. As diferenças divididas de ordem n de um polinômio de grau n são constantes e as de ordem $(n+1)$ são nulas. Justifique essa afirmação.

13. Dada a tabela

x	-2	-1	0	1	2	3
$f(x)$	-7	0	1	α	9	28

Determine $f(1)$ sabendo que $f(x)$ é um polinômio de grau 3.

14. Dada a tabela a seguir, de valores de uma função f,

x	0,15	0,17	1,19	0,21	0,23	0,25	0,27	0,29	0,31
$f(x)$	0,1761	0,2304	0,2788	0,3222	0,3617	0,3979	0,4314	0,4624	0,4914

faça o seguinte:

a) Calcule $f(0,20)$ por interpolação linear de Lagrange.

b) Calcule $f(0,22)$ por meio de uma polinomial de terceiro grau de diferenças finitas progressivas.

c) Estime o erro cometido no item (b).

15. Dada a tabela de valores de uma função f:

x	0	1	4
$f(x)$	1	–1	1

    faça o seguinte:

    a) Determine o polinômio (de grau menor ou igual a 2) que passa pelos pontos tabelados.

    b) Calcule $f(3)$ por meio do polinômio obtido em (a).

    c) Sabendo que

    $$\max_{x \in [0,4]} |f'''(x)| = 1,$$

    delimite o erro cometido no Item (b).

16. De uma função contínua f, obteve-se a seguinte tabela:

x	–0,4	–0,2	0	0,2	0,4
$f(x)$	0,67	0,82	1,00	1,22	1,49

    a) Calcule $f(0,1)$ por interpolação linear de Lagrange.

    b) Usando uma polinomial de 3º grau de diferenças finitas para a frente, calcule $f(0,1)$ e estime o erro cometido na aproximação.

    c) Calcule $f(0,25)$ usando uma polinomial de Lagrange do 3º grau.

    d) Calcule $f(0,25)$ usando uma polinomial de DDF do terceiro grau. Justifique a coincidência de resposta com o item (c).

17. Determina-se empiricamente o alongamento de uma mola em milímetros, em função da carga P kgf que sobre ela atua, obtendo-se

x	5	10	15	20	25	30	35	40
P	49	105	172	253	352	473	619	793

    Interpolando adequadamente por meio de polinômios de terceiro grau, encontre as cargas que produzem os seguintes alongamentos na mola:

    a) 12 mm.

    b) 22 mm.

    c) 31 mm.

18. Em uma rodovia federal, medindo-se a posição de um ônibus que partiu do marco zero da rodovia, obtiveram-se as seguintes marcações:

T (min)	60	80	100	120	140	160	180
P (km)	76	95	112	138	151	170	192

    Pede-se o posicionamento do ônibus para os tempos de:

    a) 95 min.

    b) 130 min.

    c) 170 min.

19. Os dados abaixo representam a temperatura t (em °C) e a pressão de vapor do césio, v(kgf/mm²):

t	244	249,5	272	278,4	315	350	397	670
v	0,29	0,31	0,99	1,01	3,18	6,72	15,88	760,0

a) Para avaliar a pressão do vapor em 275 °C, use uma polinomial interpoladora de Lagrange do segundo grau.

b) Para avaliar a pressão do vapor em 400 °C, use uma polinomial interpoladora de Lagrange do terceiro grau.

20. Dada a seguinte tabela de valores de uma função f:

x	0,1	0,2	0,3	0,4	0,5
$f(x)$	0,70010	0,40160	0,10810	−0,10810	−0,43750

e supondo que f seja uma função inversível, calcule a tal que $f(\alpha) = 0$.

21. Demonstre a desigualdade expressa na equação (5.83).
22. Demonstre que o operador de diferença finita central é linear.
23. Demonstre que o operador de diferença finita retroativa é linear.
24. Demonstre as fórmulas (5.60) e (5.61) de relação entre DDF e diferença finita central.
25. Demonstre a relação (5.63).
26. Deduza as fórmulas (5.78) e (5.79).
27. Determine aproximações lineares para a curva $y = e^x$, tais que

   a) a seminorma euclidiana da função erro na malha (−1, −0,5, 0, 0, 5, 1) seja a menor possível; e

   b) a norma euclidiana da função erro no intervalo [−1, 1] seja a menor possível.

28. A intensidade de uma frente de radiação é dada pela expressão $I = I_0 e^{-\alpha t}$. Encontre as constantes I_0 e α usando os seguintes dados:

t	0,2	0,3	0,4	0,5	0,6	0,7
I	3,16	2,38	1,75	1,34	1,00	0,74

29. Os valores funcionais mostrados na tabela a seguir são medidas de uma quantidade $A(t)$ em metros que têm variação periódica no tempo, cujo período é 12 horas. Escolha convenientemente um conjunto de funções $\{\varphi_i(t)\}$ para encontrar uma aproximação periódica para $A(t)$ que ajuste, por mínimos quadrados, os seguintes dados:

t	0	2	4	6	8	10
$A(t)$	1,0	1,6	1,4	0,6	0,2	0,8

30. Determine uma aproximação polinomial para e^x, no intervalo [−1, 1], de menor grau possível e que tenha precisão de no mínimo $0,5 \times 10^{-5}$.

31. Determine uma aproximação da forma

$$\frac{1}{c} = \frac{1}{c_0} + kt,$$

que ajuste por mínimos quadrados os seguintes dados:

t	1	2	3	4	5	7	10
$1/c$	24,7	32,4	38,4	45,0	52,3	65,6	87,6

32. Considere os valores funcionais dados na tabela abaixo e determine as seguintes aproximações para f:

   a) $f^* = a + bx + cx^2$.
   b) $f^* = c_1 + \dfrac{c_2}{x}$.
   c) $f^* = \alpha e^{-bx}$.

   Compare as aproximações pela soma do quadrado dos resíduos:

x	00,5	1	2	4	5
f	15	12	5	2	1

33. Use polinômios ortogonais para determinar uma aproximação linear para a f dada na tabela a seguir.

x	0	1	2	3	4	5	6	7
f	31	9	29	22	130	105	59	99

34. Determine os polinômios ortogonais $f_n(x)$, $n = 0, 1, 2, 3$, com coeficiente unitário de maior potência, em relação à função peso $w(x) = 1 + x^2$, $-1 \leq x \leq 1$.

35. Encontre a aproximação linear de Tchebycheff para $f(x) = 1/(x+3)$, $x \in [-1, 1]$. Estabeleça um limite para o erro de aproximação, na norma do máximo.

36. Determine a equação da parábola no plano xy que passa pela origem, tem eixo vertical e melhor se ajusta aos pontos $(-1, 3)$, $(1, 1)$, $(2, 5)$, no sentido de mínimos quadrados.

6 INTEGRAÇÃO NUMÉRICA

6.1 Introdução

No cálculo diferencial e integral, estuda-se o conceito de integral definida de Riemann, como calculá-la por processos analíticos e o resultado obtido significa área ou volumes de figuras geométricas, dependendo do tipo de integral.

O cálculo de áreas e volumes de figuras geométricas complexas, por meio de áreas e volumes de figuras mais simples, já era usado por Arquimedes (387-212 a.C.). Embora a ideia seja antiga, a formalização matemática da teoria de integração ocorreu somente no século XIX. O conceito de integral aparece, de fato, embrionariamente nos trabalhos de Arquimedes, ao utilizar o método de exaustão criado por Eudóxio (408-355 a.C.), no cálculo de comprimento de curvas, áreas e volumes de figuras geométricas.

Newton (1642-1727) e Leibnitz (1646-1716), atualmente tidos como os inventores do cálculo diferencial e integral, aperfeiçoaram o método de Arquimedes, lançando as bases do cálculo integral. O conceito de integral foi estabelecido em bases rigorosas com os trabalhos de Cauchy (1789-1857) e Riemann (1826-1866), tornando-se um instrumento poderoso na resolução de inúmeros problemas.

Tendo-se em mente o conceito da integral de Riemann, neste capítulo trata-se do estudo de métodos numéricos para calcular a integral definida de uma função, ou seja, apresentam-se métodos numéricos para calcular

$$I = \int_a^b f(x)dx, \qquad (6.1)$$

onde f é uma função de uma variável real, limitada e contínua, exceto possivelmente num número finito de pontos em $[a,b]$. Também se trata do cálculo numérico da equação (6.1), no caso em que o intervalo da integração não é finito, do cálculo numérico de integrais singulares e do cálculo numérico de integrais múltiplas.

Por que integração numérica? Isto é, por que não restringir o cálculo de integrais ao uso das técnicas de integração dadas no cálculo diferencial e integral? A resposta para essa questão tem por base dois fatos:

a) geralmente em problemas envolvendo o cálculo de integrais não se conhece a expressão analítica da função integrando f, mas somente os valores dessa função, o que inviabiliza o uso das técnicas dadas no cálculo diferencial e integral, mas que são os dados necessários para a integração numérica; e

b) mesmo quando se conhece a forma analítica da função integrando, o cálculo da função primitiva pode ser trabalhoso e nem sempre simples. Por exemplo, a integral

$$\int e^{-x^2} dx$$

resulta em uma função que não pode ser expressa em termos de combinações finitas de outras funções algébricas, logarítmicas ou exponenciais.

As fórmulas de integração numérica também são denominadas quadratura numérica devido a razões históricas, pois foi com o problema da quadratura do círculo que Arquimedes fez os primeiros cálculos usando a noção de integral. As fórmulas são concebidas com base na seguinte ideia: escolhe-se uma função que aproxime satisfatoriamente a função integrando f, que seja de fácil manuseio, e resolve-se a integral com essa função, obtendo-se assim fórmulas de integração numérica que envolvem apenas uma combinação de valores da função integrando. As polinomiais interpoladoras vistas no Capítulo 5 podem ser usadas para tais aproximações. Outras classes de funções podem ser usadas para aproximar a função integrando. Este capítulo se restringe às fórmulas que decorrem da aproximação da função integrando ser aproximada por uma polinomial. Essas fórmulas são classificadas em:

a) Fórmulas de Newton-Cotes.

b) Fórmulas obtidas por métodos de extrapolação ao limite.

c) Fórmulas gaussianas de quadratura.

6.2 Integração numérica sobre um intervalo finito

Inicialmente, trata-se do cálculo numérico da equação (6.1), em seguida, dos casos em que o intervalo de integração é infinito, integrais singulares e, posteriormente, a integração de uma função de mais de uma variável sobre intervalos finitos.

6.2.1 Integração de função a uma variável

O problema a ser resolvido é o apresentado na equação (6.1). Nesse caso, a quadratura numérica é definida por

$$I = \int_a^b f(x)\,dx = \sum_{k=0}^{r} w_k f(x_k) + E_{r+1}(f), \tag{6.2}$$

onde w_k são denominados pesos, $f(x_k)$ valores funcionais de f, sendo em número de $r+1$. Os pesos w_k e os pontos de integração x_k, $k = 0,1,2,\ldots, r$ são determinados de tal modo que o erro de truncamento E_{r+1} se anule, se f for um polinômio de grau menor ou igual a certo número natural p.

Fórmulas de Newton-Cotes

As fórmulas de Newton-Cotes são obtidas escolhendo-se os pontos de integração x_k igualmente espaçados, isto é, $x_k = x_0 + kh$, $k = 0,1,\ldots,m$, h espaçamento entre os pontos, determinando-se w_k pela integração do polinômio de interpolação de f nos pontos $(x_k, f(x_k))$, $0 \le k \le m$.

As fórmulas de Newton-Cotes são classificadas, segundo as informações nos extremos do intervalo de integração, em (a) *fórmulas fechadas*, que utilizam os valores de f nos extremos de integração, e (b) *fórmulas abertas*, que não utilizam os valores de f em pelo menos em um dos extremos de integração.

Fórmulas de Newton-Cotes fechadas

Para facilitar a abordagem das fórmulas newtonianas, inicialmente apresentam-se a regra trapezoidal e a regra de Simpson para depois abordar a fórmula geral das regras newtonianas fechadas.

Regra trapezoidal simples

Para o problema (6.1), suponha que a função f seja aproximada por uma polinomial interpoladora de ordem um de diferença finita progressiva, tal que para pontos-base se tenha $x_0 \equiv a$, $x_1 \equiv b$, $h = x_1 - x_0$. Então,

$$I = \int_{a\equiv x_0}^{b\equiv x_1} f(x)\,dx = h\int_0^1 f(x_0+\alpha h)\,d\alpha \approx h\int_0^1 P_1(x_0+\alpha h)\,d\alpha = I_T.$$

Portanto,

$$I_T = h\int_0^1 \left[f(x_0)+\alpha\Delta f(x_0)\right]d\alpha = h\left\{\left[\alpha\right]_0^1 f(x_0) + \left[\frac{\alpha^2}{2}\right]_0^1 \Delta f(x_0)\right\}.$$

Logo,
$$I_T = \frac{h}{2}\left[f(x_0) + f(x_1) \right], \quad (6.3)$$
que é a regra trapezoidal simples.

Se f em $x \in \left[x_0, x_1 \right]$ não é um polinômio de grau um ou menor, então $I \approx I_T$, ou seja, $I = I_T + E_T$, onde

$$\begin{aligned} E_T &= h\int_0^1 R_1(x_0 + \alpha h)\,d\alpha \\ &= h^3 \int_0^1 \alpha(\alpha-1)\frac{f''(\xi)}{2!}d\alpha,\ \xi \in (x_0, x_1). \end{aligned} \quad (6.4)$$

Usando o teorema do valor médio para integrais, tem-se

$$E_T = h^3 \frac{f''(\bar{\xi})}{2!} \int_0^1 \alpha(\alpha-1)\,d\alpha,\ \bar{\xi} \in (x_0, x_1).$$

ou

$$E_T = -\frac{h^3}{12} f''(\bar{\xi}),\ \bar{\xi} \in (x_0, x_1).$$

Então, a regra trapezoidal simples com o termo do erro fica

$$I = \frac{h}{2}\left[f(x_0) + f(x_1) \right] - \frac{h^3}{12} f''(\bar{\xi}),\ \bar{\xi} \in (x_0, x_1). \quad (6.5)$$

Nas equações (6.4) e (6.5), ξ e $\bar{\xi}$ são ambos desconhecidos. A interpretação geométrica para a eegra (6.5) é dada na Figura 6.1.

Figura 6.1 Interpretação geométrica da regra trapezoidal simples.

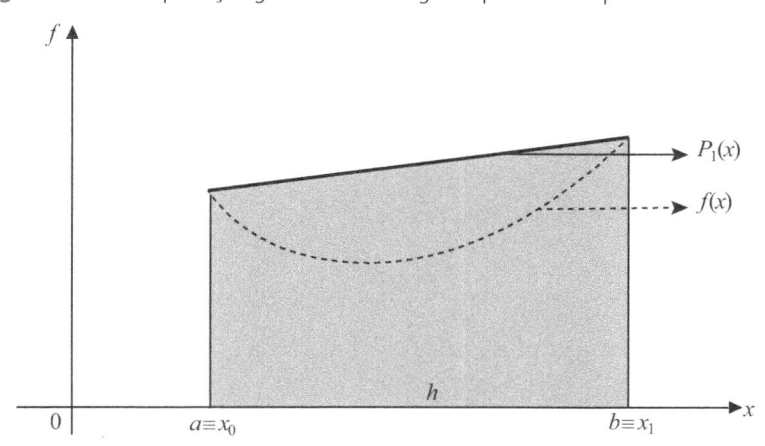

Regra de Simpson simples

Suponha agora que na equação (6.1) a f é aproximada por uma polinomial de grau dois de diferenças finitas progressivas que passa pelos pontos: $(x_0, f(x_0)), (x_1, f(x_1))$ e $(x_2, f(x_2))$, com $a \equiv x_0$, $b \equiv x_2$, $x_k = x_0 + kh$, $k = 0,1,2$; então,

$$I = \int_{a \equiv x_0}^{b \equiv x_2} f(x)dx = h\int_0^1 f(x_0 + \alpha h)d\alpha \approx h\int_0^2 P_2(x_0 + \alpha h)d\alpha = I_s,$$

$$I_s = h\int_0^2 [f(x_0) + \alpha \Delta f(x_0) + \alpha(\alpha-1)\frac{\Delta^2 f(x_0)}{2!}]d\alpha.$$

Integrando, obtém-se

$$I_s = \frac{h}{3}\left[f(x_0) + 4f(x_1) + f(x_2) \right], \quad (6.6)$$

que é a regra de Simpson simples.

Se a f não é um polinômio de grau dois ou menor, então $I \approx I_S$, ou seja, $I = I_S + E_S$, onde

$$E_S = h\int_0^2 R_2(x_0 + \alpha h)\,d\alpha$$

ou

$$E_s = h^4\int_0^2 \alpha(\alpha-1)(\alpha-2)f'''(\xi)\,d\alpha = 0$$

Mas $E_S \neq 0$, a menos que a f seja um polinômio de grau dois ou menor. Então, para obter o termo do erro para a regra de Simpson, deve-se tomar o $R_3(x_0 + ah)$, em vez de $Rz(x_0 + \alpha h)$, conforme demonstra Steffensen (1950). Em vista disso, obtém-se

$$E_s = h^5\int_0^2 \left[\alpha(\alpha-1)(\alpha-2)(\alpha-3)\frac{f^{IV}(\xi)}{4!}\right]d\alpha = -\frac{h^5}{90}f^{IV}(\bar{\xi}),\ \bar{\xi} \in (a,b). \tag{6.7}$$

Então, a regra de Simpson com o termo do erro é

$$I = \frac{h}{3}\left[f(x_0) + 4f(x_1) + f(x_2)\right] - \frac{h^5}{90}f^{IV}(\bar{\xi}),\ \bar{\xi} \in (a,b). \tag{6.8}$$

> **Observação:**
> A equação (6.6) é a equação (1.3) citada no Capítulo 1 e sua interpretação geométrica é dada na Figura 1.2.

Seguindo procedimento idêntico, outras fórmulas fechadas podem ser obtidas. De maneira geral a aproximação para a equação (6.1) pode ser dada por:

$$I = \int_{a \equiv x_0}^{b \equiv x_m} f(x)\,dx \approx \int_{a \equiv x_0}^{b \equiv x_m} P_n(x)\,dx = h\int_0^{\bar{\alpha}} P_n(x_0 + \alpha h)\,d\alpha, \tag{6.9}$$

onde f é interpolada pela polinomial de grau n, P_n de diferenças progressivas, com pontos bases $x_k = x_0 + kh$, $k = 0,1,\ldots,n$, isto é, igualmente espaçados de h. Então,

$$I \approx h\int_0^{\bar{\alpha}}\left[f(x_0) + \alpha\Delta f(x_0) + \alpha(\alpha-1)\frac{\Delta^2 f(x_0)}{2!} + \ldots + \alpha(\alpha-1)\ldots(\alpha-n+1)\frac{\Delta^n f(x_0)}{n!}\right]d\alpha, \tag{6.10}$$

onde $\bar{\alpha} = (b - x_0)/h$. Resolvendo a integral na equação (6.10), vem

$$I \approx h\left[\bar{\alpha}f(x_0) + \frac{\bar{\alpha}^2}{2}\Delta f(x_0) + \left(\frac{\bar{\alpha}^3}{6} - \frac{\bar{\alpha}^2}{4}\right)\Delta^2 f(x_0) + \left(\frac{\bar{\alpha}^4}{24} - \frac{\bar{\alpha}^3}{6} + \frac{\bar{\alpha}^2}{6}\right)\Delta^3 f(x_0) + \right.$$
$$\left. \left(\frac{\bar{\alpha}^5}{120} - \frac{\bar{\alpha}^4}{16} + \frac{11\bar{\alpha}^3}{72} - \frac{\bar{\alpha}^2}{8}\right)\Delta^4 f(x_0) + \ldots\right], \tag{6.11}$$

O erro cometido na aproximação na equação (6.9) é dado por

$$h\int_0^{\bar{\alpha}} R_n(x_0 + \alpha h)\,d\alpha = h^{n+2}\int_0^{\bar{\alpha}}\left[\alpha(\alpha-1)(\alpha-2)\ldots(\alpha-n)\frac{f^{n+1}(\bar{\xi})}{(n+1)!}\right]d\alpha,\ \bar{\xi} \in (a,b). \tag{6.12}$$

As equações (6.11) e (6.12) descrevem uma família de fórmulas fechadas de integração. Se b é escolhido de tal forma que coincida com um dos pontos-base, por exemplo, $b = x_m$, então o intervalo de integração $[a,b]$ é dividido em m subintervalos e $\bar{\alpha}$ nas equações (6.11) e (6.12) assume o valor m.

Observe que a regra trapezoidal vem das equações (6.11) e (6.12) quando $\bar{\alpha} = m = n = 1$. Para obter fórmulas similares de integração que utilizam subintervalos com $m = 2,3,4$ ou mais, basta tomar $\bar{\alpha} = 2,3,4$ etc. na equação (6.11). A escolha de n permanece aberta; uma escolha natural é $n = \bar{\alpha}$, uma vez que os pontos exteriores ao intervalo de integração não podem ser usados para determinar a polinomial interpoladora.

Quando $\bar{\alpha}$ é um número inteiro par, isto é, quando o intervalo de integração é subdividido em um número par de subintervalos de amplitude h, o coeficiente $\Delta^{\bar{\alpha}+1} f(x_0)$ é nulo. Por exemplo, para $\bar{\alpha} = 2$ da equação (6.11), tem-se

$$\int_{x_0}^{x_2} f(x)\,dx \approx h\left[2f(x_0) + 2\Delta f(x_0) + \frac{1}{3}\Delta^2 f(x_0) + 0\Delta^3 f(x_0) - \frac{1}{90}\Delta^4 f(x_0) + \ldots \right]. \tag{6.13}$$

Se $n = 2$ na equação (6.13), tem-se a regra de Simpson (equação 6.6). Devido ao fato de o coeficiente de $\Delta^3 f(x_0)$ ser nulo, o termo do erro para a regra de Simpson não pode ser obtido para $n = 2$, mas sim para $n = 3$.

Para $b = x_n, \bar{\alpha} = n = 1,2,3,4,5,6$, têm-se as seguintes fórmulas:

$\bar{\alpha} = 1$: regra trapezoidal (equação (6.5)).
$\bar{\alpha} = 2$: regra de Simpson (equação (6.8)).
$\bar{\alpha} = 3$: regra 3/8 de Simpson dada a seguir:

$$I = \int_{a \equiv x_0}^{b \equiv x_3} f(x)\,dx = \frac{3h}{8}\left[f(x_0) + 3f(x_1) + 3f(x_2) + f(x_3) \right] - \frac{3h^5}{80} f^{(4)}(\bar{\xi}), \bar{\xi} \in (a,b). \tag{6.14}$$

$\bar{\alpha} = 4$:

$$I = \int_{a \equiv x_0}^{b \equiv x_4} f(x)\,dx = \frac{2h}{45}\left[7f(x_0) + 32f(x_1) + 12f(x_2) + 32f(x_3) + 7f(x_4) \right] - \frac{8h^7}{945} f^{(6)}(\bar{\xi}), \bar{\xi} \in (a,b). \tag{6.15}$$

$\bar{\alpha} = 5$:

$$I = \int_{a \equiv x_0}^{b \equiv x_5} f(x)\,dx = \frac{5h}{288}\left[19f(x_0) + 75f(x_1) + 50f(x_2) + 50f(x_3) + 75f(x_4) + 19f(x_5) \right]$$
$$- \frac{275h^7}{12096} f^{(6)}(\bar{\xi}), \bar{\xi} \in (a,b). \tag{6.16}$$

$\bar{\alpha} = 6$:

$$I = \int_{a \equiv x_0}^{b \equiv x_6} f(x)\,dx = \frac{h}{140}\left[41f(x_0) + 216f(x_1) + 27f(x_2) + \right.$$
$$\left. 272f(x_3) + 27f(x_4) + 216f(x_5) + 41f(x_6) \right] - \frac{9h^9}{1400} f^{(8)}(\bar{\xi}), \bar{\xi} \in (a,b). \tag{6.17}$$

Observe que, quando $\bar{\alpha}$ é par, as fórmulas são exatas se f for um polinômio de grau $\bar{\alpha}+1$ ou menor, e quando $\bar{\alpha}$ é ímpar, as fórmulas são exatas se f for um polinômio de ordem $\bar{\alpha}$ ou menor. Para todos os valores pares de $\bar{\alpha}$, o coeficiente $\Delta^{\bar{\alpha}+1} f(x_0)$ na equação (6.11) assume o valor zero. Então, em tais casos, o termo do erro envolve derivada de ordem $\bar{\alpha}+2$ em vez de ordem $\bar{\alpha}+1$, conforme se esperava. Por essa razão, as fórmulas com $\bar{\alpha}$ par são mais usadas que as fórmulas com $\bar{\alpha}$ ímpar.

Uma interpretação geométrica da fórmula dada na equação (6.15) é ilustrada na Figura 6.2.

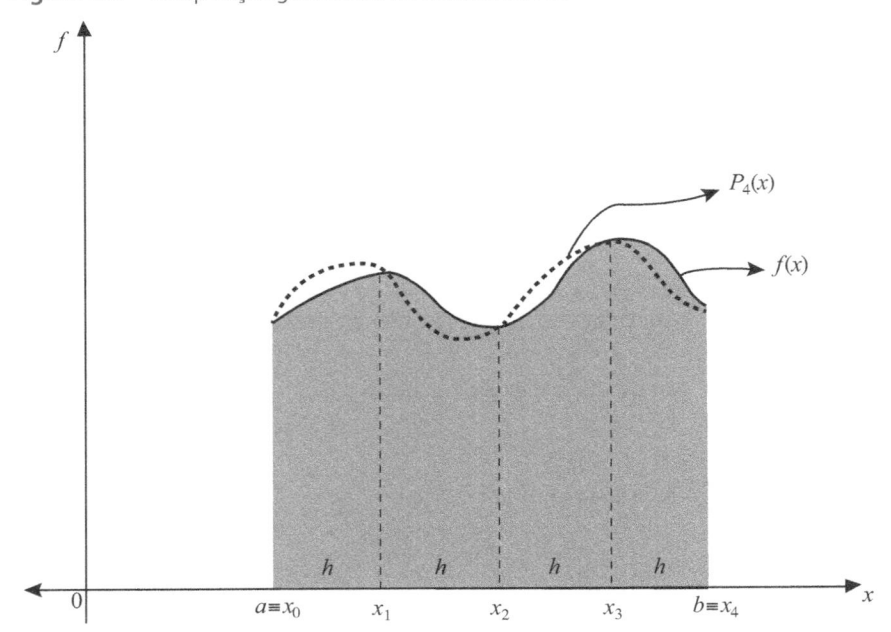

Figura 6.2 Interpolação geométrica da fórmula (6.15).

Fórmulas de Newton-Cotes abertas

Agora, estabelecem-se fórmulas newtonianas de integração numérica em que um ou ambos os extremos de integração não são pontos-base. O caso mais simples a considerar é quando, para o problema (6.1), a função integrando f é aproximada pela função constante que passa pelo ponto $(x_1, f(x_1))$, sendo $a \equiv x_0 = x_1 + h$ e $b = x_2 = x_1 - h$. Nesse caso, tem-se

$$I = \int_{a \equiv x_0}^{b \equiv x_2} f(x)dx \approx \int_{x_0}^{x_2} P_0(x)dx = h\int_0^2 P_0(x_0 + \alpha h)d\alpha = 2hf(x_1). \tag{6.18}$$

Geometricamente, a Figura 6.3 ilustra a equação (6.18).

Para restabelecer a igualdade na equação (6.18), introduz-se o termo do erro. Então,

$$I = 2hf(x_1) + h^2\int_0^2 (\alpha - 1)f'(\xi)d\alpha.$$

Mas

$$h^2\int_0^2 (\alpha - 1)f'(\xi)d\alpha = 0$$

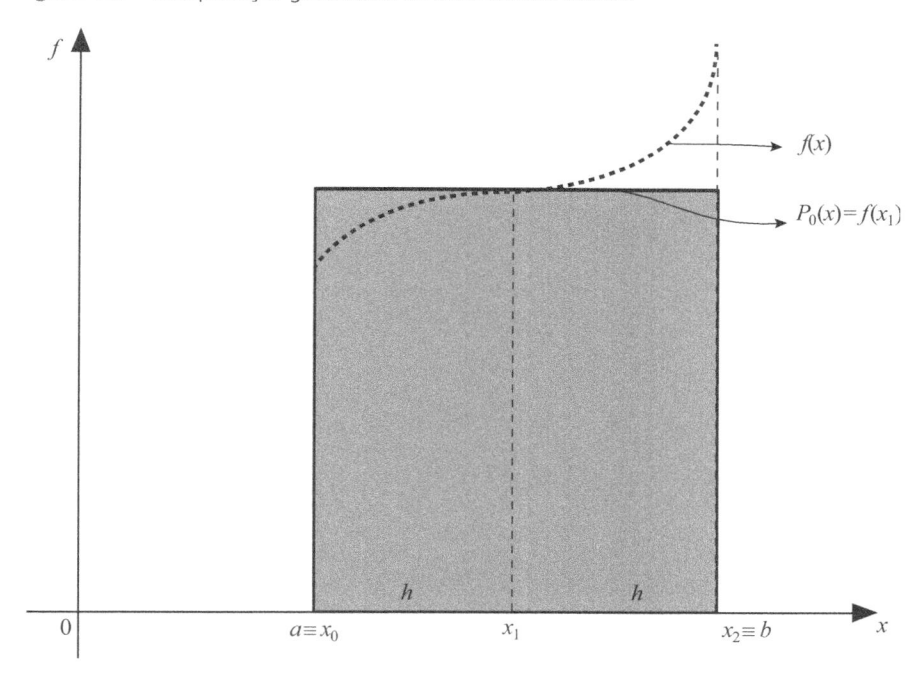

Figura 6.3 Interpretação geométrica de uma fórmula aberta.

Logo, para obter a expressão para o termo do erro, deve-se tomar $R_1(x_0 + \alpha h)$, em vez de $R_0(x_0 + \alpha h)$; então,

$$I = 2hf(x_1) + h^2 \int_0^2 \left[(\alpha-1)(\alpha-2)\frac{f''(\xi)}{2} \right] d\alpha, \xi \in (a,b)$$

ou

$$I = 2hf(x_1) + \frac{h^3}{3} f''(\xi), \xi \in (a,b). \tag{6.19}$$

Se, para o problema (6.1), a f for aproximada por uma polinomial de grau 1 que passa pelos pontos $(x_1, f(x_1))$ e $(x_2, f(x_2))$ com $a \equiv x_0$ e $b \equiv x_3$, $x_k = x_0 + kh$, $k = 0,1,2,3$, obtém-se

$$I = h\int_0^3 [f(x_1) + (\alpha-1)\Delta f(x_1)] d\alpha + h^3 \int_0^3 [(\alpha-1)(\alpha-2)\frac{f''(\xi)}{2!}] d\alpha, \xi \in (a,b).$$

Integrando, vem

$$I = \frac{3h}{2}\left[f(x_1) + f(x_2) \right] + \frac{3h^3}{4} f''(\bar{\xi}), \bar{\xi} \in (a,b). \tag{6.20}$$

que é a regra de Simpson aberta. A Figura 6.4 fornece a interpretação geométrica para a equação (6.20).

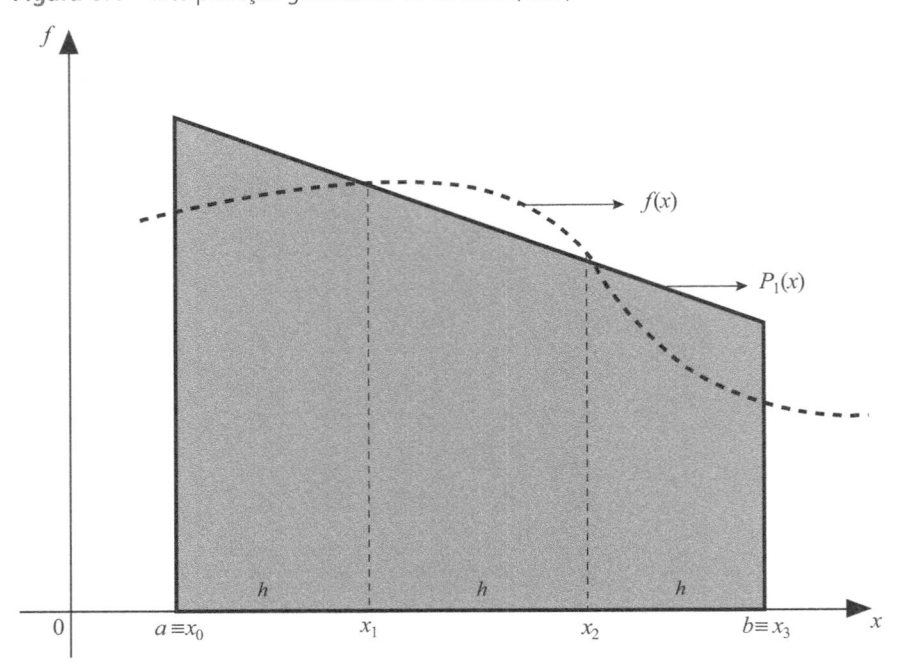

Figura 6.4 Interpretação geométrica da fórmula (6.20).

Outras fórmulas abertas podem ser obtidas procedendo-se analogamente. Um tratamento geral consiste no que segue. A polinomial interpoladora é de grau $n-2$, os $n-1$ pontos-base são igualmente espaçados de h, isto é, $x_i = x_0 + kh$, $k = 0,1,2,..., n-1$; $a \equiv x_0$ e b arbitrário no momento. Então,

$$I = \int_a^b f(x)\,dx \approx \int_a^b P_{n-2}(x)\,dz = h\int_0^{\bar{\alpha}} P_{n-2}(x_0 + \alpha h)\,d\alpha, \qquad (6.21)$$

onde $\alpha = (x - x_0)/h$ e $\bar{\alpha} = (b - x_0)/h$, e

$$P_{n-2}(x_0 + \alpha h) = f(x_1) + (\alpha-1)\Delta f(x_1) + (\alpha-1)(\alpha-2)\frac{\Delta^2 f(x_1)}{2!} + (\alpha-1)(\alpha-2)(\alpha-3)\frac{\Delta^3 f(x_1)}{3!} + \cdots$$
$$+ (\alpha-1)(\alpha-2)\ldots(\alpha-n+2)\frac{\Delta^{n-2} f(x_1)}{(n-2)!}.$$

Logo,

$$I \approx h\left[\bar{\alpha} f(x_1) + \left(\frac{\bar{\alpha}^2}{2} - \bar{\alpha}\right)\Delta f(x_1) + \left(\frac{\bar{\alpha}^3}{6} - \frac{3\bar{\alpha}^2}{4} + \bar{\alpha}\right)\Delta^2 f(x_1) + \cdots\right]. \qquad (6.22)$$

O correspondente termo do erro é dado por

$$h\int_0^{\bar{\alpha}} R_{n-2}(x_0 + \alpha h)\,d\alpha = h^n \int_0^{\bar{\alpha}} (\alpha-1)(\alpha-2)\ldots(\alpha-n+1)\frac{f^{(n-1)}(\xi)}{(n-1)!}\,d\alpha, \ \xi \in (a,b), \qquad (6.23)$$

As equações (6.22) e (6.23) descrevem uma família de fórmulas abertas. Se b é escolhido coincidindo com algum ponto-base, $b \equiv x_m$, então na integração usam-se m subintervalos de amplitude h e $\bar{\alpha} = m$. Como anteriormente, a escolha de n é arbitrária. Uma escolha usual para n é $n = \bar{\alpha}$. Então, para $n = \bar{\alpha}$ e $b = x_n$, tem-se

$\bar{\alpha} = 2$: regra trapezoidal aberta (equação (6.19)).
$\bar{\alpha} = 3$: regra de Simpson aberta (equação (6.20)).

$\bar\alpha = 4$:

$$I = \int_{x_0}^{x_4} f(x)dx = \frac{4h}{3}\left[2f(x_1) - f(x_2) + 2f(x_3)\right] + \frac{14h^5}{45}f^{(4)}(\bar\xi), \bar\xi \in (a,b).,\qquad(6.24)$$

$\bar\alpha = 5$:

$$I = \int_{x_0}^{x_4} f(x)dx = \frac{5h}{24}\left[11f(x_1) + f(x_2) + f(x_3) + 11f(x_4)\right] + \frac{95h^5}{144}f^{(4)}(\bar\xi), \bar\xi \in (a,b).,\qquad(6.25)$$

$\bar\alpha = 6$:

$$I = \int_{x_0}^{x_6} f(x)dx = \frac{3h}{10}\left[11f(x_1) - 14f(x_2) + 26f(x_3) - 14f(x_4) + 11f(x_5)\right] + \frac{41h^7}{140}f^{(6)}(\bar\xi), \bar\xi \in (a,b).\qquad(6.26)$$

Quando $\bar\alpha$ é par, isto é, as fórmulas envolvem um número par de subintervalos, elas são exatas se a f é um polinômio de grau $\bar\alpha - 1$ ou menor. Quando $\bar\alpha$ é ímpar, as fórmulas são exatas se a f é um polinômio de grau $\bar\alpha - 2$ ou menor. Para valores pares de $\bar\alpha$, o coeficiente de $\Delta^{\bar\alpha-1}f(x_1)$ é nulo na equação (6.22). Então, o erro na equação (6.23) envolve derivada de ordem $\bar\alpha$, em vez de envolver derivada de $\bar\alpha - 1$, como se esperaria. Devido a isso, as fórmulas com $\bar\alpha$ ímpar são de uso mais frequente que as de $\bar\alpha$ par, conforme Carnahan et al. (1969). Uma interpretação geométrica para a fórmula (6.25) é ilustrada na Figura 6.5.

Figura 6.5 Interpolação geométrica da fórmula (6.25).

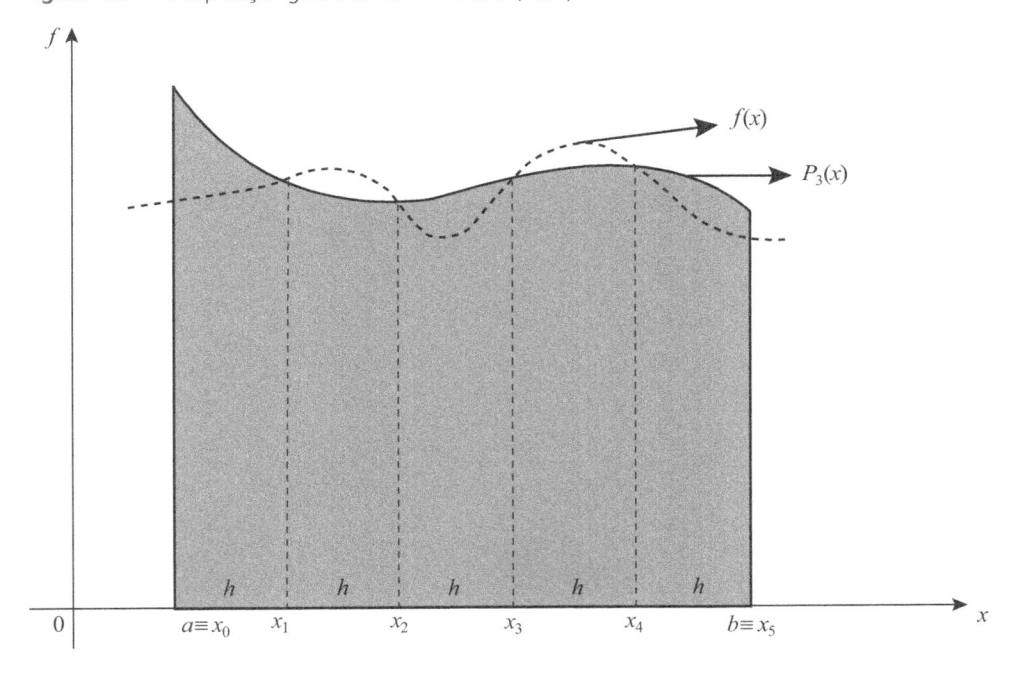

Observação:

Se, em vez de $x_k \in [a, b]$, as fórmulas usam abscissas fora do intervalo de integração, então elas são denominadas fórmulas com termos de correção. Os termos de correção são aqueles que usam os valores de f em pontos, fora do intervalo de integração $[a,b]$. A equação (6.13) é a regra de Simpson com termos de correção. A regra dos trapézios com termos de correção fica (ALBRECHT, 1973):

$$I = \int_{x_0}^{x_1} f(x)dx \approx h\left[f(x_0) + \frac{1}{2}\Delta f(x_0) + \frac{1}{12}\Delta^2 f(x_0) + \frac{1}{24}\Delta^3 f(x_0) - \frac{19}{790}\Delta^4 f(x_0) + \ldots\right].\qquad(6.27)$$

Exemplo 6.1

Calcule
$$I = \int_0^1 x\sqrt{x^2+1}\, dx$$

por meio das fórmulas de Newton-Cotes abertas e fechadas.

Os resultados obtidos para a integral I são os mostrados no Quadro 6.1.

Quadro 6.1 Cálculo de I.

Número de abscissas	Fórmula de Newton-Cotes		Aproximação para a integral I	
			Fórmula fechada	Fórmula aberta
1	(6.19)			0,559016995
2	(6.5)	(6.20)	0,707106781	0,576298901
3	(6.8)	(6.24)	0,608380257	0,610457070
4	(6.14)	(6.25)	0,609000871	0,610149778
5	(6.15)	(6.26)	0,609487890	0,609451022
6	(6.16)		0,609482562	
7	(6.17)		0,609475696	

O valor correto com nove casas decimais da integral dada no exemplo 6.1 é 0,609475708. Observe que, nesse caso, a aproximação para a integral melhorou com o aumento do grau da polinomial que interpola a função integrando. Isso nem sempre ocorre.

Erro de truncamento nas fórmulas de Newton-Cotes

Observe que o erro de truncamento E_{r+1} nas fórmulas de Newton-Cotes, admitindo que $f \in \mathscr{C}^{p+1}[x_0, x_1]$ tem a seguinte forma geral:

$$E_{r+1} = K_{r+1} \frac{h^{p+2}}{(p+1)!} f^{(p+1)}(\xi), \xi \in (a,b), \qquad (6.28)$$

onde

$$p = \begin{cases} r+1, \text{ se } r \text{ é par} \\ r, \text{ se } r \text{ é ímpar} \end{cases}$$

e r é o grau da polinomial que interpola a função integrando f. A constante K_{r+1} depende apenas de r, e não de h nem de f, conforme Albrecht (1973).

DEFINIÇÃO 6.1

Uma fórmula de Newton-Cotes é chamada de ordem s se o erro E_{r+1} for de ordem s em h, isto é, $E_{r+1} = O(h^s)$.

De posse da Definição 6.1, tem-se que as fórmulas de Newton-Cotes são de ordem $p+2$, onde p é dado como na equação (6.28). O erro se anula se a função integrando for um polinômio de grau menor ou igual a r. Observe que a regra trapezoidal é de $O(h^3)$ e a regra de Simpson for de $O(h^5)$. A ordem das fórmulas de Newton-Cotes cresce com r, apesar de fórmulas com $r = 2$ e $r = 2j + 1$, $j \in \mathbb{N}$ serem de mesma ordem. Entretanto, como será visto, a precisão dos resultados obtidos por essas fórmulas não aumenta necessariamente com a ordem, como ocorreu no exemplo (6.1). A seguir, apresentam-se algumas fórmulas compostas de Newton-Cotes.

Regra trapezoidal composta

Uma das maneiras de reduzir o erro de integração que decorre do cálculo da equação (6.1) pela regra trapezoidal simples consiste em dividir o intervalo $[a,b]$ em subintervalos e aplicar repetidamente a regra simples. Para n aplicações da regra trapezoidal simples, no intervalo $[a,b]$, cada subintervalo $I_j = [x_{j-1}, x_j]$, $j = 1,2,3,\ldots,n$ tem amplitude $h = (a-b)/n$, $x_k = x_0 + kh$, $k = 0,1,2,\ldots,n$, com $x_0 \equiv a$ e $x_n \equiv b$.

Então,

$$I = \int_{a \equiv x_0}^{b \equiv x_n} f(x)dx = \int_{x_0}^{x_1} f(x)dx + \int_{x_1}^{x_2} f(x)dx + \ldots + \int_{x_{n-1}}^{x_n} f(x)dx,$$

ou seja,

$$I = \frac{h}{2}\left[f(x_0) + f(x_n) + 2\sum_{k=1}^{n-1} f(x_k)\right] - \sum_{j=1}^{n} \frac{h^3}{12} f''(\xi_j), \quad x_{j-1} < \xi_j < x_j.$$

Se $f \in \mathcal{C}^2[a,b]$, então existe $\xi \in (a,b)$, tal que (LEITHOLD, 1990):

$$nf''(\xi) = \sum_{j=1}^{n} f''(\xi_j), \quad x_{j-1} < \xi_j < x_j.$$

Logo, a regra trapezoidal composta com o termo do erro fica

$$I = \frac{h}{2}\left[f(x_0) + f(x_n) + 2\sum_{k=1}^{n-1} f(x_k)\right] - \frac{(b-a)h^2 f''(\xi)}{12}, \quad \xi \in (a,b). \tag{6.29}$$

A interpretação geométrica da regra trapezoidal composta é ilustrada na Figura 6.6.

Figura 6.6 Interpretação geométrica da regra trapezoidal composta.

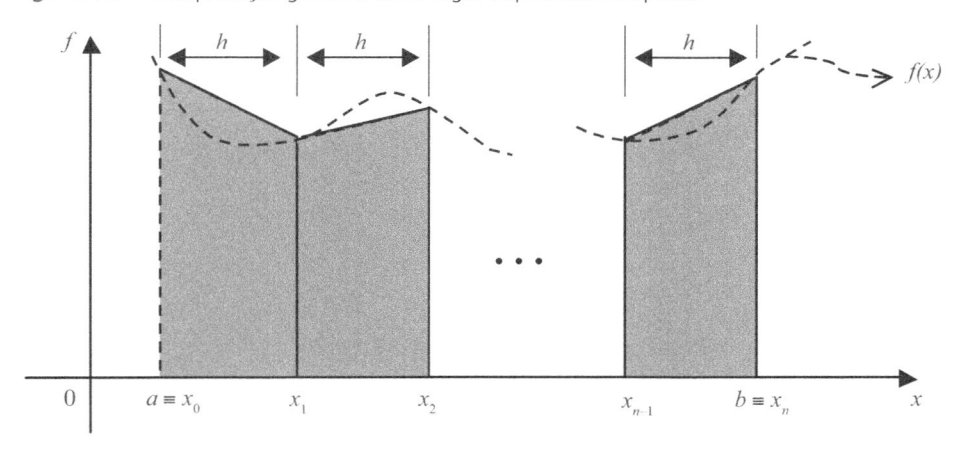

Regra de Simpson composta

Nesse caso, para n aplicações da regra de Simpson no intervalo $[a,b]$, necessita-se de $2n+1$ pontos-base igualmente espaçados de $h = (b-a)/2n$, $x_k = x_0 + kh$, $k = 0,1,\ldots,2n$, com $a \equiv x_0$ e $b \equiv x_{2n}$. Então, a regra de Simpson é aplicada em cada subintervalo $[x_{2j-2}, x_{2j}]$, $j = 1,2,\ldots,n$. Isto é,

$$I = \int_{a \equiv x_0}^{b \equiv x_{2n}} f(x)dx = \int_{x_0}^{x_2} f(x)dx + \int_{x_2}^{x_4} f(x)dx + \ldots + \int_{x_{2n-2}}^{x_{2n}} f(x)dx.$$

Portanto,

$$I = \frac{h}{3}\left[f(x_0) + 4f(x_1) + f(x_2)\right] + \frac{h}{3}\left[f(x_2) + 4f(x_3) + f(x_4)\right] + \ldots + \frac{h}{3}\left[f(x_{2n-2}) + 4f(x_{2n-1}) + f(x_{2n})\right]$$
$$- \frac{h^5}{90}\sum_{i=1}^{n} f^{(IV)}(\bar{\xi}_i), \; x_{2i-2} < \bar{\xi}_i < x_{2i}$$

ou

$$I = \frac{h}{3}\left[f(x_0) + f(x_{2n}) + 4\sum_{\substack{i=1 \\ \Delta i=2}}^{2n-1} f(x_i) + 2\sum_{\substack{j=2 \\ \Delta j=2}}^{2n-2} f(x_j)\right] - \frac{(b-a)}{180}h^4 f^{(IV)}(\bar{\xi}), \; \bar{\xi} \in (a,b). \tag{6.30}$$

Figura 6.7 Interpretação geométrica da regra de Simpson composta.

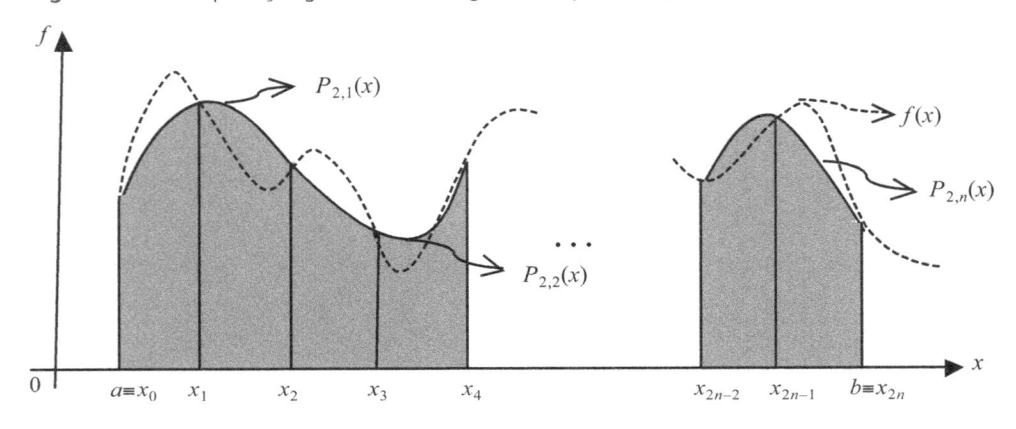

A Figura 6.7 fornece a interpretação geométrica para a regra de Simpson composta. Nessa figura, $P_{2,1}$, $P_{2,2}$, ..., $P_{2,n}$ são as polinomiais de grau 2 em cada subintervalo $\left[x_{2j-2}, x_{2j}\right]$, $j = 1, 2, \ldots, n$.

Exemplo 6.2

Calcule a integral dada no exemplo (6.1), por meio das regras trapezoidal e de Simpson, para $n = 2$, 4, 6, 10, e 50 aplicações.

Os resultados obtidos são os que constam no Quadro 6.2.

Quadro 6.2 Resultados da $\int_0^1 x\sqrt{x^2+1}\,dx$.

Número de aplicação da regra	Aproximação para integral	
	Regra trapezoidal	Regra de Simpson
2	0,633061888	0,608380257
4	0,615329470	0,609418663
6	0,612074017	0,609464847
10	0,610410486	0,609474324
20	0,609799339	0,609475623
50	0,609513086	0,609475706

Exemplo 6.3

Calcule a integral

$$I = \int_0^{2\pi} \frac{1}{1-\cos x + 0,25} dx$$

pela regra de Simpson para $n = 2,4,6,10,16$ e 50 aplicações.
Os resultados obtidos são mostrados no Quadro 6.3.

Quadro 6.3 Resultados da $\int_0^1 [1/(1-\cos x + 0,25)] dx$ pela regra de Simpson composta.

Número de aplicações da regra	Aproximação para integral
2	10,23926495
4	8,005243505
10	8,219255334
16	8,356019130
20	8,372142229
50	8,377580241

A regra trapezoidal composta é de $O(h^2)$, e a regra de Simpson composta é de $O(h^4)$, uma vez que os erros de truncamento nessas fórmulas são, respectivamente, de $O(h^2)$ e $O(h^4)$. Isso também pode ser constatado nos resultados obtidos nos quadros 6.2 e 6.3. Seguindo procedimento análogo ao que foi feito para as regras trapezoidal e de Simpson, outras regras compostas podem ser obtidas.

Considerações gerais sobre a convergência das fórmulas de Newton-Cotes

Foi visto que as fórmulas de Newton-Cotes resultam da integração da equação (6.1) quando a função integrando é aproximada pela polinomial interpoladora de grau r, P_r, ($r = m$), fórmulas fechadas, e $r = m - 2$, fórmulas abertas), sendo m o número de subintervalos em que $[a, b]$ é dividido, o que acarreta o erro de truncamento E_{r+1} ou E_{r+2}, caso r seja ímpar ou par, respectivamente. A questão que se coloca agora é: sob que condições conforme o caso, se tem

$$\lim_{r \to \infty} E_{r+1} = 0 \quad \text{ou} \quad \lim_{r \to \infty} E_{r+2} = 0 \ ? \tag{6.31}$$

Isto é, em que condições se podem obter fórmulas de qualquer precisão com o simples aumento de r? Para responder a essa questão, inicialmente é preciso lembrar do que foi visto no Capítulo 5 acerca da análise do erro na teoria de interpolação, onde se constatou que nem sempre o aumento do grau da polinomial interpoladora implica a diminuição do erro cometido na interpolação. Então, é evidente que a equação (6.31) não fica garantida com o simples aumento de r. Uma condição suficiente que garante a equação (6.31) é dada pelo teorema a seguir enunciado.

Teorema 6.1

Seja a função f na equação (6.1) contínua em $[a,b]$ e seja $w_k \geq 0$, $0 \leq k \leq r$ (w_k são os pesos nas fórmulas newtonianas), $0 \leq k \leq r$. Então, a equação (6.31) se verifica.

A demonstração do Teorema 6.1 pode ser vista em Albrecht (1973).
As fórmulas de Newton-Cotes não satisfazem à hipótese $w_k \geq 0$ para todo k, com exceção de algumas delas. Essa condição é suficiente e, portanto, a equação (6.31) pode valer para certas funções f, mesmo que se tenham alguns w_k negativos.

Delimitação e estimativa para erro de truncamento nas fórmulas de Newton-Cotes - erro de arredondamento

Delimitar ou estimar o erro de truncamento mais uma vez é uma questão importante, pois somente assim o cálculo da equação (6.1) por meio de uma fórmula de Newton-Cotes passa a ter confiabilidade. Por exemplo, a delimitação do erro de truncamento para a regra 3/8 de Simpson é dada por

$$|E_4| \leq \frac{3h^5}{80} M_4, \quad M_4 = \max_{x \in [a,b]} |f^{(4)}(x)|. \quad (6.32)$$

Nas regras compostas trapezoidal e de Simpson para o erro de truncamento, tem-se, respectivamente, que

$$|E_T| \leq \frac{(b-a)}{12} h^2 M_T, \quad M_T = \max_{x \in [a,b]} |f''(x)|. \quad (6.33)$$

$$|E_S| \leq \frac{(b-a)}{180} h^4 M_S, \quad M_S = \max_{x \in [a,b]} |f^{(4)}(x)|. \quad (6.34)$$

De maneira geral, para as fórmulas de Newton-Cotes simples de acordo com a equação (6.28), tem-se a seguinte delimitação para o erro de truncamento:

$$|E_{r+1}| \leq \left| K_{r+1} \frac{h^{p+2}}{(p+1)!} \right| M, \quad (6.35)$$

sendo
$M = \max_{x \in [a,b]} |f^{(p+1)}(x)|$, com f sendo dado como na equação (6.28).

Exemplo 6.4

Por meio da regra trapezoidal para $n=8$, calcule a integral

$$I = \int_0^2 \frac{2x^2}{x^2+1} dx$$

e delimite o erro de truncamento.
Então, $I \approx I_T$ com

$$I_T = \frac{h}{2}\left[f(x_0) + f(x_8) + 2\sum_{i=1}^{7} f(x_i) \right], \quad h = 0,25.$$

Efetuando os cálculos, obtém-se $I_T = 1,787366737$.
Delimitação do erro:

$$|E_T| \leq \frac{1}{6}(0,25)^2 M, \quad M = \max_{x \in [0,2]} |f''(x)|, \quad f''(x) = \frac{-12x^2+4}{(x^2+1)^3}. \text{ Então, } m = 4 \text{ e,}$$

portanto, $|E_T| \leq 0,041666667$. Observe que, para calcular I com erro inferior a $0,5 \times 10^{-3}$, tem-se que aplicar a regra pelo menos 39 vezes.

Delimitar o erro, entretanto, nem sempre é fácil, pois pode haver dificuldades no cálculo de M, mesmo conhecendo-se a expressão analítica de f. Em muitos problemas a expressão analítica de f não é conhecida, o que torna impossível delimitar o erro. Nesse caso, deve-se procurar estimar o erro cometido. Uma alternativa para isso consiste em usar as fórmulas de diferenciação numérica que são apresentadas no Capítulo 7, para calcular M por meio de procedimento numericamente. No caso da regra trapezoidal composta que envolve $f''(x)$, tem-se que

$$f''(x) = \frac{f(x+h) - 2f(x) + f(x-h)}{h^2} + O(h^2).$$

Logo, um limitante aproximado para $\left|f''(x)\right|$ pode ser obtido de

$$\max_{1\leq k\leq n-1}\left|\frac{f(x_{k+1})-2f(x_k)+f(x_{k-1})}{h^2}\right|.$$

Para as outras fórmulas de integração envolvendo derivadas de outras ordens, o procedimento é análogo.

Até o presente momento considerou-se apenas o erro de truncamento que ocorre quando se resolve a equação (6.1) pelas fórmulas newtonianas. Além do erro de truncamento, há o erro de arredondamento no cálculo dos valores de f, h, e dos próprios pesos w_k, que às vezes são até números irracionais. Outro tipo de erro que pode ocorrer são os erros nos dados quando, por exemplo, os valores funcionais são provenientes de resultados experimentais ou de medidas. Desse modo, têm-se três fontes de erro. Deixando de lado a última fonte de erro citada, tem-se que

$$I = I_{aprox.} + E_A + E_T,$$

onde

$I_{aprox.}$: aproximação para I obtida pelas fórmulas de Newton-Cotes.

E_A: erro de arredondamento.

E_T: erro de truncamento.

Como visto nos exemplos (6.1) e (6.2), a expectativa teórica é de que, à medida que n, no caso das regras compostas, ou a ordem das regras de integração simples crescem, o erro de truncamento diminua. No caso das regras simples, como vai ser visto, o aumento da ordem da fórmula nem sempre implicará a redução do erro de truncamento. No caso das regras compostas convergentes, o aumento de n implica a redução desse erro. Essa situação pode ser visualizada na Figura 6.8.

Figura 6.8 Erro de truncamento: fórmulas compostas.

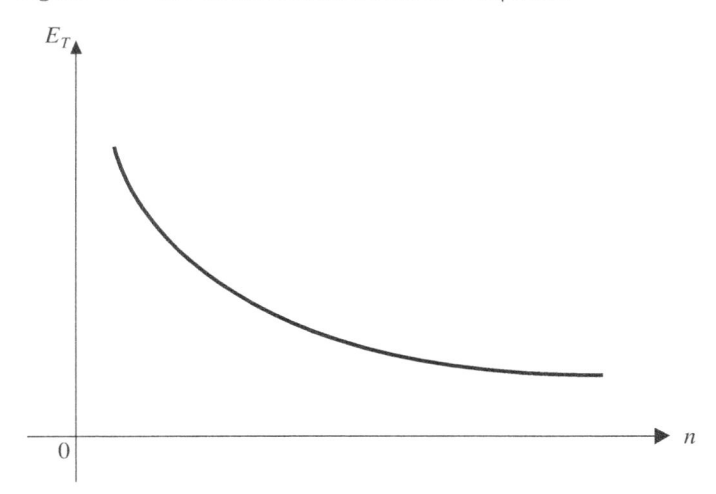

Por outro lado, quando n cresce, aumentam os cálculos, e daí, consequentemente, pode ocorrer o aumento do erro de arredondamento.

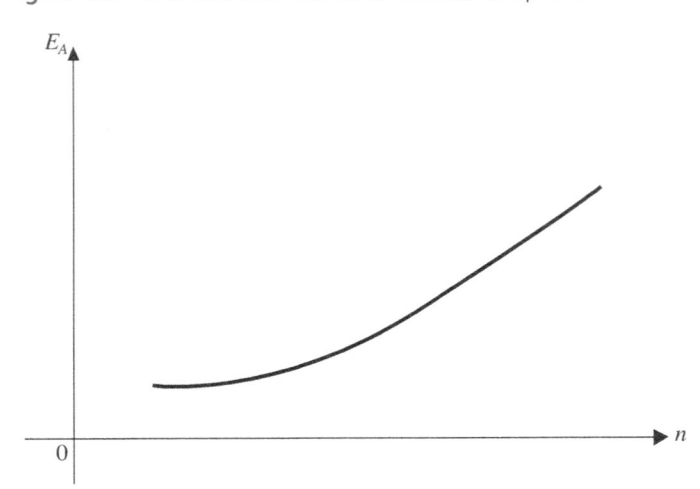

Figura 6.9 Erro de arredondamento: fórmulas compostas.

Considerando o erro de truncamento e de arredondamento, o erro total, E, comporta-se conforme ilustra a Figura 6.10.

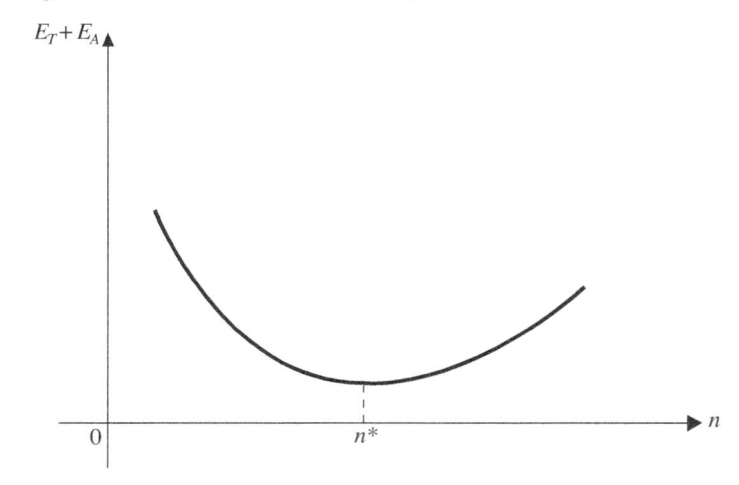

Figura 6.10 Erro total: fórmulas compostas.

Isso significa que após certo n^*, a precisão do resultado no cálculo da integral (6.1) não aumenta com o aumento de n, tendo em vista os erros de arredondamento. A integração numérica é um processo estável e, portanto, em geral o erro de arredondamento não constitui problema para realizá-la.

Fórmulas obtidas por método de extrapolação ao limite

Para muitos problemas numéricos e de modo especial no tratamento numérico de integrais e equações diferenciais, a extrapolação ao limite de Richardson é uma maneira simples de se obterem resultados com erros de arredondamento desprezíveis. A apresentação dessa técnica será feita de forma geral, e pode ser usada no cálculo numérico de integrais, bem como em outros contextos, por exemplo, para a solução numérica de equações diferenciais.

Seja $F(h)$ uma aproximação para o valor exato, a_0 de certo problema numérico em consideração, obtida por meio de um método numérico que depende de um parâmetro h, denominado passo de discretização, tal que

$$\lim_{h \to 0} F(h) = a_0. \tag{6.36}$$

A extrapolação de Richardson baseia-se na seguinte ideia: calculam-se duas aproximações por meio do método numérico envolvendo o parâmentro h, usando-se dois valores diferentes para h. De posse dessas duas aproximações, pela técnica de extrapolação de Richardson, calcula-se uma terceira aproximação para a_0, que, sob certas hipóteses, é uma aproximação melhor do que as que foram calculadas por meio do método numérico.

Considere conhecida a expansão de $F(h)$ em potências de h,

$$F(h) = a_0 = a_1 h^p + O(h^r), (h \to 0, r > p). \tag{6.37}$$

Observe que $a_0 = F(0)$ é a quantidade que se deseja calcular e a_1 é um valor desconhecido. Para dois passos de discretização h e $qh > 1$, tem-se

$$\begin{cases} F(h) = a_0 + a_1 h^p + O(h^r) \\ F(qh) = a_0 + a_1 (qh)^p + O(h^r). \end{cases} \tag{6.38}$$

Da equação (6.38), obtém-se que

$$F(0) = a_0 = F(h) + \frac{F(h) - F(qh)}{q^p - 1} + O(h^r) \tag{6.39}$$

e, portanto,

$$a_0 \approx F(h) + \frac{F(h) - F(qh)}{q^p - 1}. \tag{6.40}$$

O procedimento que conduziu à expressão (6.40) é chamado extrapolação de Richardson. Essa ideia pode ser generalizada, calculando-se uma sequência de aproximações para a_0, por meio de um método numérico que depende de um parâmetro h, tomando-se diferentes passos de discretização h_m, h_{m+1}, $m = 0,1,2,...$, e a cada duas aproximações, por meio da técnica de extrapolação de Richardson, calcular outra aproximação. Repete-se isso até se obter uma aproximação pela extrapolação em $h = 0$.

O teorema a seguir, além de fornecer um procedimento para se estabelecer o algoritmo para a técnica de extrapolação de Richardson, mostra que essa técnica forma uma sequência de aproximações que converge com ordem mais elevada do que o método numérico que fornece as aproximações $F(h_m)$ para a_0.

> **Teorema 6.2**
>
> Suponha que
> $$F(h) = a_0 + a_1 h^{p_1} + a_2 h^{p_2} + a_3 h^{p_3} + \ldots, \qquad (6.41)$$
> sendo $p_1 < p_2 < p_3 < \ldots$, e sejam
> $$F_1(h) = F(h)$$
> $$F_{k+1}(h) = F_k(h) + \frac{F_k(h) - F_k(qh)}{q^{p_k} - 1}, \; k \geq 1. \qquad (6.42)$$
> Então,
> $$F_n(h) = a_0 + a_n^{(n)} h^{p_n} + a_{n+1}^{(n)} h^{p_{n+1}} + \ldots$$

A demonstração do Teorema 6.2 pode ser vista em Dahlquist e Björck (1974).

Observe que $F_n(h) - a_0$ na equação (6.41) é da $O(h^{p_n})$, enquanto $F_1(h) - a_0$ é da $O(h^{p_1})$, sendo $p_n > p_1$. Então, o método de Richardson, na sua forma mais geral, pode ser assim caracterizado: os resultados $F(h_m) = F_1(h_m)$, $m = 0, 1, 2, \ldots$, obtidos pelo método numérico, são combinados para formar novos processos numéricos pela técnica de Richardson, com ordem de convergência maior. Com isso, um algoritmo para proceder à extrapolação de Richardson é o seguinte:

1. Para $m = 0, 1, 2, \ldots$, calcula-se
$$F_{m,0} = F(q^{-m} h_0), \; h_0 \text{: passo inicial de discretização, } h_m = q^{-m} h_0.$$

2. Para $k = 1, 2, \ldots, m$ e $m = k, k+1, k+2, \ldots$, calcula-se
$$F_{m,k} = F_{m,k-1} + \frac{F_{m,k-1} - F_{m-1,k-1}}{q^{p_k} - 1}.$$

3. O processo é continuado até que $\left| F_{m,k} - F_{m-1,k} \right| < 0{,}5 \times 10^{-t}$ e o valor $F_{m,k+1}$ é tomado como uma estimativa para a_0 com t casas decimais corretas.

Os cálculos podem ser dispostos no seguinte esquema:

Quadro 6.4 Esquema dos cálculos de extrapolação de Richardson.

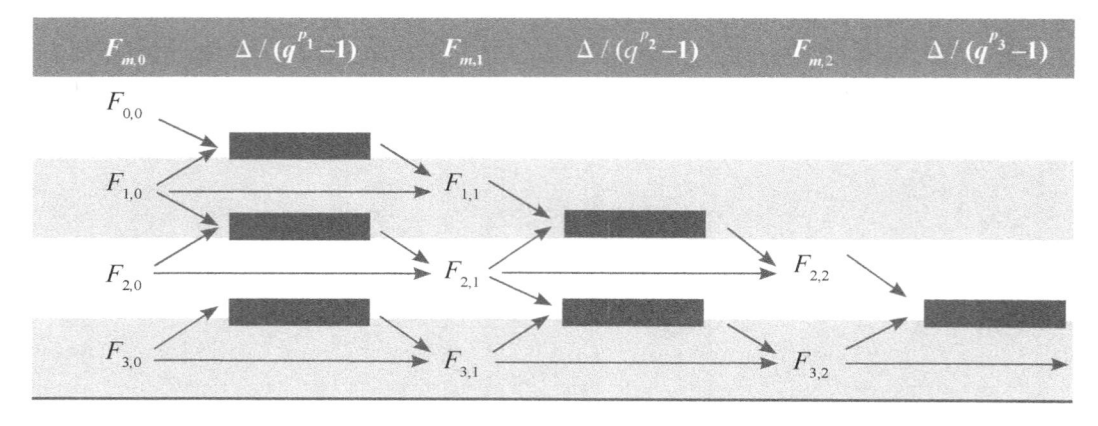

$F_{m,0}$	$\Delta / (q^{p_1} - 1)$	$F_{m,1}$	$\Delta / (q^{p_2} - 1)$	$F_{m,2}$	$\Delta / (q^{p_3} - 1)$
$F_{0,0}$					
$F_{1,0}$		$F_{1,1}$			
$F_{2,0}$		$F_{2,1}$		$F_{2,2}$	
$F_{3,0}$		$F_{3,1}$		$F_{3,2}$	

Geralmente, toma-se $q = 2$, pois com essa escolha o passo h fica reduzido pela metade a cada novo valor de m. Cada coluna $F_{m,j}$, $j = 0,1,2,...$ converge para a_0, e por meio da técnica de extrapolação de Richardson a convergência é mais rápida do que a sequência gerada pelo método propriamente dito.

Exemplo 6.5

Por meio da técnica de extrapolação de Richardson, podem-se obter fórmulas de qualquer ordem para a diferenciação numérica, desde que a função a ser derivada seja suficientemente diferenciável. Isso é mostrado por meio de um exemplo, que também servirá para mostrar como é a extrapolação de Richardson.

Sabendo que

$$F(h) = h^{-2}[f(x_0 + h) - 2f(x_0) + f(x_0 - h)]$$

é uma aproximação para $f''(x_0)$ e usando série de Taylor, obtém-se

$$F(h) = f''(x_0) + \frac{1}{12}f^{(4)}(x_0)h^2 + \frac{1}{360}f^{(6)}(x_0)h^4 + \dots \quad (6.43)$$

Então, a equação (6.43) é um desenvolvimento do tipo (6.41) com $P_k = 2k$. Calculando $f''(2)$, sendo $f(x) = 1/\ln x$, com $h_0 = 0,6$ e $q = 2$, pela técnica de extrapolação de Richardson, obtém-se os resultados mostrados no Quadro 6.5.

Quadro 6.5 Aplicação da técnica de extrapolação de Richardson.

m	h_m	$F_{m,0}$	$\Delta/3$	$F_{m,1}$	$\Delta/15$	$F_{m,2}$	$\Delta/63$	$F_{m,3}$
0	0,6	3,14773						
			-0,30932					
1	0,3	2,21977		1,91045				
			-0,05065		0,00712			
2	0,15	2,06783		2,01718		2,02430		
			-0,01159		0,00029		-0,00004	
3	0,075	2,03306		2,02147		2,02176		2,02172

O valor exato é $f''(2) = (2 + \ln 2)(4 + \ln^3 2) \approx 2,02173$.

Método de Romberg

O método de Romberg é a aplicação da técnica de extrapolação de Richardson à quadratura, sendo os valores de $F_{m,0}$ calculados pela regra trapezoidal composta. Para esse caso, tem-se como resultado o teorema a seguir:

> **Teorema 6.3**
>
> Para o problema (6.1), seja $f \in \mathscr{C}^{2r+2}[a,b]$ e
>
> $$F(h) = \frac{h}{2}\left[f(x_0) + f(x_n) + 2\sum_{j=1}^{n-1} f(x_j) \right],$$
>
> onde $x_0 = a$; $x_j = x_0 + jh$; $x_n = b$; $h = \frac{b-a}{n}$.
>
> Então,
>
> $$F(h) = \int_a^b f(x)\,dx + \frac{h^2}{12}[f'(b) - f'(a)] - \frac{h^4}{720}[f'''(b) - f'''(a)] + \\ \frac{h^6}{30240}[f^{(5)}(b) - f^{(5)}(a)] + \ldots + C_{2r}h^{2r}\left[f^{(2r-1)}(b) - f^{(2r-1)}(a) \right] + O(h^{2r+2}). \quad (6.44)$$

A demonstração desse teorema pode ser vista em Smirnov (1964). Observe que a equação (6.44) é um desenvolvimento do tipo (6.41), onde

$$a_0 = \int_a^b f(x)\,dx;\; a_i = \frac{B_{2i}}{(2i)!}[f^{(2i-1)}(b) - f^{(2i-1)}(a)],\quad i = 1, 2, \ldots, r.$$

sendo B_{2i} os números de Bernoulli, que implicitamente são definidos por (ALBRECHT, 1973):

$$\frac{t}{e^t - 1} = \sum_{j=0}^{\infty} B_j \frac{t^j}{j!};\; |t| < 2\pi$$

ou, recursivamente, por:

$$B_0 = 1;\; \sum_{k=1}^{j} \binom{j}{k} B_{j-k} = 0,\; j = 2, 3, \ldots,$$

onde o símbolo $\binom{j}{k}$ denota combinações simples de j elementos tomados k a k e os primeiros números são:

$$B_0 = 1,\; B_1 = -1/2,\; B_2 = 1/6,\; B_4 = -1/30,\; B_6 = 1/42,\; B_8 = -1/30,\; B_{2k+1} = 0,\; k = 1, 2, \ldots$$

Em face da equação (6.44) para o método de Romberg, tem-se $p_k = 2k, k = 1, 2, 3, \ldots$ e, se $q = 2$ para o esquema dado no Quadro 6.4, tem-se $\Delta/3, \Delta/15, \Delta/63, \ldots, \Delta/(2^{2k-1}), \ldots$. Então, um algoritmo para o método de Romberg fica:

1. As aproximações $F_{m,0}$ são calculadas pela regra trapezoidal, isto é,

$$F_{m,0} = \frac{h}{2}\left[f(x_0) + f(x_n) + 2\sum_{j=1}^{n-1} f(x_j) \right];\; n = 2^m;\; h = \frac{b-a}{n},\; m = 0, 1, 2, \ldots \quad (6.45)$$

2. As aproximações $F_{m,k}$ para $m = 1, 2, 3, \ldots$ e $k = m, m+1, \ldots$ são calculadas pela técnica de extrapolação de Richardson,

$$F_{m,k} = F_{m,k-1} + \frac{F_{m,k-1} - F_{m-1,k-1}}{2^{2k} - 1}. \quad (6.46)$$

Exemplo 6.6

Calcule a integral

$$I = \int_0^{0,8} \frac{\operatorname{sen} x}{x} dx$$

corretamente até a *quinta* casa decimal utilizando o método de Romberg. Usando as equações (6.45) e (6.46), obtêm-se os resultados dispostos no Quadro 6.6.

Quadro 6.6 Resultados.

m	$F_{m,0}$	$\Delta/3$	$F_{m,1}$	$\Delta/15$	$F_{m,2}$
0	0,758678				
		0,003360			
1	0,768757		0,772117		
		0,000835		-0,000001	
2	0,771262		0,772097		0,772096

Logo, o valor de I com cinco casas corretas é $I \approx 0,772096$.

> **Observação:**
>
> a) Se $h_m = (b-a)/2^m$, então a segunda coluna de aproximações, $F_{m,1}$ do esquema de Romberg é idêntica aos valores obtidos pela regra de Simpson. Já a aproximação $F_{2,2}$ é idêntica ao resultado obtido por meio da fórmula (6.15) com $h = (b-a)/2^2$. Então, o método de Romberg contém algumas fórmulas de Newton-Cotes como casos particulares.
>
> b) Os elementos $F_{m,k}$ da k-ésima coluna de aproximações do esquema de Romberg convergem para o valor de I na equação (6.1) com ordem $2k+2$. Então, o cálculo de cada nova coluna de aproximações no esquema de Romberg aumenta em dois a ordem de convergência do algoritmo.
>
> c) O método de Romberg é eficiente, mas ele só é válido para integrandos f que sejam suficientemente diferenciáveis. Por isso pode ocorrer que $F_{m,0}$ forneça melhores resultados para I do que $F_{m,k}$, $k > 0$. É o que ocorre, por exemplo, com a integral
>
> $$I = \int_0^1 \left(1-x^2\right)^{1/2} e^x dx,$$
>
> cuja derivada primeira da função integrando tem uma singularidade em $x = 1$.

Fórmulas gaussianas de quadratura

As fórmulas de Newton-Cotes podem ser reescritas genericamente na forma:

$$I = \int_a^b f(x)dx \approx \sum_{j=0}^n w_j f(x_j),$$

onde w_j, x_j, $0 \leq j \leq n$ são denominados pesos e abscissas de integração, respectivamente. Nessas fórmulas as abscissas são igualmente espaçadas, sendo $x_0 = a$ e $x_n \equiv b$, e os pesos são determinados para que a fórmula resultante forneça o valor exato de I quando f for um polinômio de ordem n ou menor que n.

No caso das fórmulas gaussianas, tanto as abscissas como os pesos são determinados para que a fórmula resultante forneça o valor exato de I quando f for uma polinomial de ordem $2n + 1$ ou menor.

Para efeito do desenvolvimento que segue, as fórmulas serão deduzidas em um intervalo referencial, $[-1,1]$, e terão a seguinte forma:

$$I = \int_{-1}^{1} F(z)\,dz = \sum_{k=0}^{n} w_k F(z_k) + E_{n+1}(F). \tag{6.47}$$

A seguir, mostra-se como calcular os w_k e os z_k.

Quadratura de Gauss-Legendre

Da equação (6.47), tem-se que

$$E_{n+1}(F) = \int_{-1}^{1} F(z)\,dz - \sum_{k=0}^{n} w_k f(z_k).$$

Deseja-se determinar w_k e z_k para que se tenha $E_{n+1}+1 = 0$, quando F for um polinômio de grau $p = 2n+1$ ou menor. Inicialmente, observe que

$$E_{n+1}(a_0 + a_1 z + \ldots + a_p z^p) = a_0 E_{n+1}(z) + \ldots + a_p E_{n+1}(z^p).$$

Então, $E_{n+1}(F) = 0$ para toda polinomial de grau $\leq p$ se, e somente se,

$$E_{n+1}(z^k) = 0, \ k = 0,1,\ldots,p.$$

Caso 1: $n = 1$. Têm-se que determinar quatro parâmetros: w_0, w_1, z_0 e z_1. Então, requer-se que

$$E_2(1) = 0, \ E_2(z) = 0, \ E_2(z^2) \text{ e } E_2(z^3) = 0,$$

ou seja,

$$E_2(z^k) = \int_{-1}^{1} dz - \left(w_0 z_0^k + w_1 z_1^k\right) = 0; \ k = 0,1,2,3,$$

ou seja,

$$\begin{cases} w_0 + w_1 = 2 \\ w_0 z_0 + w_1 z_1 = 0 \\ w_0 z_0^2 + w_1 z_1^2 = 2/3 \\ w_0 z_0^3 + w_1 z_1^2 = 0. \end{cases} \tag{6.48}$$

Resolvendo a equação (6.48), obtêm-se $w_0 = w_1 = 1$ e $z_0 = -z_1 = \dfrac{\sqrt{3}}{3} \approx 0{,}577350269189626$.

Caso 2: $n = 2$. Tem-se que determinar w_0, w_1, z_0, z_1 e z_2. Então,

$$E_3(z^k) = \int_{-1}^{1} z^k\,dz - \left(w_0 z_0^k + w_1 z_1^k + w_2 z_2^k\right); \ k = 0,1,2,\ldots,$$

resultando em um sistema com seis equações e seis incógnitas. De maneira geral, para determinar $w_0, w_1, \ldots, w_n$, $z_0, z_1, \ldots, z_n$, é preciso resolver um sistema de equações não lineares com $2n + 2$ equações. Devido às dificuldades de resolver sistemas de equações não lineares, recorre-se a outro procedimento para obter os pesos e as abscissas dessas fórmulas.

As fórmulas de Newton-Cotes obtidas anteriormente decorrem da interpolação da função integrando por uma polinomial de ordem n. Usando interpolação lagrangiana, tem-se que

$$F(z) = \sum_{k=0}^{n} L_k^n(z) F(z_k) + \left[\prod_{k=0}^{n}(z-z_k)\right] \frac{F^{(n+1)}(\xi)}{(n+1)!}, \quad -1 < \xi < 1. \tag{6.49}$$

onde

$$L_k^n(z) = \prod_{\substack{j=0 \\ j \neq k}}^{n} \frac{(z-z_j)}{(z_k-z_j)}.$$

Se F é uma polinomial de ordem $2n+1$, o termo $F^{(n+1)}(\xi)/(n+1)!$ é uma polinomial de ordem n. O termo $\sum_{k=0}^{n} L_k^n(z) F(z_k)$ é uma polinomial de grau menor ou igual a n, e $\prod_{k=0}^{n}(z-z_k)$ é uma polinomial de ordem $n+1$. Seja

$$\frac{F^{(n+1)}(\xi)}{(n+1)!} = q_n(z),$$

onde q_n é uma polinomial de ordem n. Então,

$$F(z) = \sum_{k=0}^{n} L_k^n(z) F(z_k) + \left[\prod_{k=0}^{n}(z-z_k)\right] q_n(z). \tag{6.50}$$

Integrando a equação (6.50) entre os limites de integração -1 e 1, vem

$$\int_{-1}^{1} F(z)\, dz = \int_{-1}^{1} \sum_{k=0}^{n} L_k^n(z) F(z_k)\, dz + \int_{-1}^{1} \left[\prod_{k=0}^{n}(z-z_k)\right] q_n(z)\, dz. \tag{6.51}$$

Da equação (6.51), pode-se escrever que

$$\int_{-1}^{1} F(z)\, dz \approx \sum_{k=0}^{n} F(z_k) \int_{-1}^{1} L_k^n(z)\, dz = \sum_{k=0}^{n} w_k F(z_k), \tag{6.52}$$

onde

$$w_k = \int_{-1}^{1} L_k^n(z)\, dz = \int_{-1}^{1} \prod_{\substack{j=0 \\ j \neq k}}^{n} \left[\frac{z-z_j}{z_k-z_j}\right] dz. \tag{6.53}$$

O erro cometido na equação (6.52), de acordo com a equação (6.51), é expresso por

$$\int_{-1}^{1} \left[\prod_{k=0}^{n}(z-z_k)\right] q_n(z)\, dz. \tag{6.54}$$

Objetiva-se selecionar z_k, tal que a equação (6.54) se anule. As propriedades de ortogonalidade das polinomiais de Legendre vistas no Capítulo 5 serão usadas para estabelecer os valores das abscissas z_k.

Para isso, primeiro expandem-se as duas polinomiais q_n e $\prod_{z=o}^{n}[z-z_k]$ em termos das polinomiais de Legendre, isto é,

$$\prod_{z=o}^{n}[z-z_k] = \sum_{k=0}^{n+1} b_k P_k(z) \tag{6.55}$$

e

$$q_n(z) = \sum_{k=0}^{n+1} c_k P_k(z), \tag{6.56}$$

onde P_k são as polinomiais de Legendre. Então,

$$q_n(z) \prod_{k=0}^{n}(z-z_k) = \left[\sum_{k=0}^{n} c_k P_k(z)\right]\left[\sum_{j=0}^{n+1} b_j P_j(z)\right] = \sum_{k=0}^{n}\sum_{j=0}^{n} b_k c_j P_j(z) + b_{n+1}\sum_{k=0}^{n} c_k P_k(z) P_{n+1}(z),$$

E, dessa forma, tem-se

$$\int_{-1}^{1}\left[\prod_{k=0}^{n}(z-z_k)\right]q_n(z)\,dz = \int_{-1}^{1}\left[\sum_{k=0}^{n}\sum_{j=0}^{n}b_k c_j P_k(z)P_j(z) + b_{n+1}\sum_{k=0}^{n}c_k P_k(z)P_{n+1}(z)\right]dz. \tag{6.57}$$

Em face da propriedade de ortogonalidade das polinomiais de Legendre, tem-se que

$$b_k c_j \int_{-1}^{1} P_k(z)P_j(z)\,dz = 0,\ k \neq j; \tag{6.58}$$

então,

$$\int_{-1}^{1}\left[\prod_{k=0}^{n}(z-z_k)q_n(z)\,dz = \int_{-1}^{1}\sum_{k=0}^{n}b_k c_k\left[P_k(z)\right]^2\right]dz \\ = \sum_{k=0}^{n}b_k c_k \int_{-1}^{1}\left[P_k(z)\right]^2 dz. \tag{6.59}$$

Uma maneira de anular a equação (6.59) é fazer $b_k = 0$, $k = 0,1,\ldots,n$. Assim, da equação (6.55), vem

$$\prod_{k=0}^{n}(z-z_k) = b_{n+1}P_{n+1}(z). \tag{6.60}$$

Da equação (6.60), conclui-se que $b_{n+1} = 1/a_0$ é o coeficiente de maior grau de $P_{n+1}(z)$. De fato, seja, por exemplo, $n = 3$, então, para P_4, tem-se que $a_0 = 35/8$ (Capítulo 5, equação (5.149)). Como o coeficiente de maior ordem de $\prod_{k=0}^{3}(z-z_k)$ é igual a 1, $b_4 = 8/35$. As raízes da equação polinomial $\prod_{k=0}^{n}(z-z_k)$ são os valores de z_k. Como a polinomial $b_{n+1}P_{n+1}$ é a mesma polinomial que $\prod_{k=0}^{n}(z-z_k)$, os z_k são raízes de $b_{n+1}P_{n+1}(z) = 0$, ou equivalente de $P_{n+1}(z) = 0$, onde P_{n+1} é a polinomial de Legendre de ordem $n+1$. De posse das abscissas z_k, os pesos são calculados por meio da equação (6.53). No Quadro 6.7 resumem-se os valores das abscissas z_k e os respectivos pesos w_k para $n = 1, 2, 3, 4, 5, 9, 14$, conforme se pode ver em Abramowitz e Stegun (1968).

Quadro 6.7 Valores de z_k e w_k para $\int_{-1}^{1}F(z)\,dz \approx \sum_{k=0}^{n}w_k F(z_k)$.

Abscissas (z_k)	n	Pesos (w_k)
± 0,577350269189626	1	1,000000000000000
0,000000000000000 ± 0,774596669241483	2	0,888888888888888 0,555555555555555
± 0,339981043584856 ± 0,861136311594063	3	0,652145154862546 0,347854845137454
0,000000000000000 ± 0,538469310105683 ± 0,906179845938664	4	0,568888888888889 0,478628667049936 0,236926885056189
± 0,238619186083197 ± 0,66120938646665 ± 0,93246951403152	5	0,467913934572261 0,360761573048139 0,171324492379170

Continua

Continuação

± 0,148874338981631		0,295524224714753
± 0,433395394129247		0,269266719309996
± 0,679409568299024	9	0,219086362515982
± 0,865063366688985		0,149541349150581
± 0,973906528517172		0,066713443086688
0,000000000000000		0,202578241925561
±0, 201194093997435		0,198431485327111
± 0,394151347077563		0,186161000115562
± 0,570972172608539		0,166269205816994
± 0,724417731360170	14	0,139570677926154
± 0,848206583410427		0,107159220467172
± 0,937273392400706		0,703366047488108
± 0,987992518020485		0,030753241996117

Observação:

No cálculo da equação (6.1) com $a, b \in \mathbb{R}$ por meio de Gauss-Legendre, primeiro é preciso mudar os extremos de integração de a para -1 e de b para 1. Para obter tal mudança, troca-se a variável $x \in [a, b]$ para $z \in [-1,1]$ por meio de

$$z = \frac{2x - (a+b)}{b-a}, -1 \leq z \leq 1 \text{ e } a \leq x \leq b. \tag{6.61}$$

Então, a função integrando f na equação (6.1) será expressa assim:

$$f(x) = F(z) = f\left(\frac{(b-a)z + a + b}{2}\right), \tag{6.62}$$

sendo

$$dx = \frac{b-a}{2} dz.$$

Exemplo 6.7

Calcule

$$I = \int_0^{10} e^{-x} dx$$

por meio de Gauss-Legendre pela fórmula que usa quatro abscissas de integração ($n = 3$). Então, $F(z) = e^{-5z-5}$ e $dx = 5dz$, resultando em

$$\int_0^{10} e^{-x} dx = 5\int_{-1}^{1} F(z) dz \approx f\left[w_0 F(z_0) + w_1 F(z_1) + w_2 F(z_2) + w_3 F(z_3)\right].$$

Usando os valores dados no Quadro 6.7, para w_k e z_k, obtém-se

$$\int_0^{10} e^{-x} dx \approx 0,993045787$$

Quadratura Gauss-Tchebycheff

Outra família de fórmulas de quadraturas gaussianas pode ser obtida com as propriedades das polinomiais de Tchebycheff. Nesse caso, as fórmulas servem para o cálculo de integrais do tipo

$$\int_{-1}^{1} \frac{1}{\sqrt{1-z^2}} F(z)\,dz,$$

Isto é,

$$\int_{-1}^{1} \frac{1}{\sqrt{1-z^2}} F(z)\, dz \approx \sum_{k=0}^{n} w_k F(z_k). \tag{6.63}$$

As fórmulas de Gauss-Tchebycheff também fornecem o valor exato da integral se a $F(z)$ for uma polinomial de ordem $2n+1$ ou menor. Os $n+1$ valores das abscissas z_k são os zeros das polinomiais de Tchebycheff de ordem $n+1$ (CARNAHAN et al., 1969) e são calculados por

$$z_k = \cos\frac{(2k+1)\pi}{2n+2},\ k = 0,1,\ldots,n. \tag{6.64}$$

Os pesos são constantes e iguais a $\pi/(n+1)$. Então, a equação (6.63) pode ser assim escrita:

$$\int_{-1}^{1} \frac{1}{\sqrt{1-z^2}} F(z)\, dz \approx \left(\frac{\pi}{n+1}\right) \sum_{k=0}^{n} F(z_k). \tag{6.65}$$

Exemplo 6.8

Calcule a integral dada no Exemplo 6.7 por meio de uma fórmula de Gauss-Tchebycheff de quatro pontos ($n=3$)

$$I = \int_{0}^{10} e^{-x}\,dx = 5\int_{-1}^{1} \frac{1}{\sqrt{1-z^2}} (e^{-5z-5}\sqrt{1-z^2})\,dz.$$

Então,

$$F(z) = \left(e^{-5z-5}\right)\sqrt{1-z^2}.$$

Portanto,

$$I \approx \frac{5\pi}{4}[F(z_0) + F(z_1) + F(z_2) + F(z_3)],$$

ou seja,

$$I \approx \frac{5\pi}{4}[0,000025421 + 0,000918663 + 0,0421182222 + 0,261544846],$$

$$I \approx 1,196440816$$

Teorema 6.4

Seja $F \in \mathscr{C}^{2n+2}[-1,1]$, então existem ξ_1 e ξ_2 em $(-1,1)$, tal que o termo do erro para as fórmulas de quadratura de Gauss-Legendre e Gauss-Tchebycheff são expressos respectivamente por

$$E_{n+1}(F) = \frac{2^{2n+3}[(n+1)!]^4}{(2n+3)[2n+2)!]^3} F^{(2n+2)}(\xi_1),\ \xi_1 \in (-1,1), \tag{6.66}$$

$$E_{n+1}(F) = \frac{2\pi}{2^{2n+2}(2n+2)!} F^{(2n+2)}(\xi_2),\ \xi_2 \in (-1,1). \tag{6.67}$$

A demonstração do Teorema 6.4 pode ser vista em Hildebrand (1956) ou em Ralston (1975).

6.2.2 Integração de função a mais de uma variável

O cálculo numérico de integral de uma função de mais de uma variável, que também é denominada integral múltipla, é uma extensão natural do que foi abordado para o caso da integral de função a uma variável. Na integração múltipla, tem-se

$$\int_\Omega f(x_1, x_2, ..., x_n) dx_1 dx_2 ... dx_n \approx \sum_{k=0}^{r} w_k f(x_1^{(k)}, x_2^{(k)}, ..., x_n^{(k)}), \quad (6.68)$$

onde, $\Omega \subset \mathbb{R}^n$.

Nesta seção apresentam-se alguns métodos para o cálculo numérico de integral dupla, e para a integração tripla e em outras situações, o procedimento é análogo. Trata-se então do cálculo numérico de integrais dos tipos

$$I_1 = \int_a^b \int_c^d f(x,y) \, dy \, dx, \; a \leq x \leq b \text{ e } c \leq y \leq d, \quad (6.69)$$

$$I_2 = \int_a^b \int_{y_1(x)}^{y_2(x)} f(x,y) \, dy \, dx, \; a \leq x \leq b \text{ e } y_1(x) \leq y \leq y_2(x). \quad (6.70)$$

Regra trapezoidal simples para a integral dada na equação (6.69)

$$I_1 = \int_a^b \left[\int_c^d f(x,y) \, dy \right] dx \approx \int_a^b \left[\frac{\ell}{2} \left(f(x,c) + f(x,d) \right) \right] dx, \; \ell = d - c,$$

ou seja,

$$I_1 \approx \frac{h\ell}{4} [f(a,c) + f(a,d) + f(b,c) + f(b,d)], \; h = b-a, \ell = d-c,$$

que é a regra trapezoidal simples também denominada regra dos quatro pontos.

Regra trapezoidal composta para a integral dada na equação (6.69)

Por meio do uso da equação (6.29), obtém-se

$$I_1 \approx \frac{h\ell}{4} \left[f_{0,0} + f_{0,m} + f_{n,0} + f_{n,m} + 2 \left(\sum_{j=1}^{m-1} f_{0,j} + \sum_{j=1}^{m-1} f_{n,j} + \sum_{i=1}^{n-1} f_{i,0} + \sum_{i=1}^{n-1} f_{i,m} \right) + 4 \sum_{i=1}^{n-1} \sum_{j=1}^{m-1} f_{i,j} \right], \quad (6.71)$$

onde

$$f_{i,j} = f(x_i, y_j)$$
$$h = (b-a)/n$$
$$\ell = (d-c)/m$$
$$x_0 = a, x_n = b$$
$$x_i = x + ih, \; i = 0, 1, 2, ..., n$$
$$y_j = y_0 + j\ell, \; j = 0, 1, 2, ..., m$$
$$y_0 = c \text{ e } y_m = d,$$

que é a regra trapezoidal composta para integração dupla, usando m passos de integração na direção y e n na direção x.

Exemplo 6.9

Calcule, por meio da regra trapezoidal composta, para $m = 3$ passos na direção y e $n = 4$ passos na direção, a integral

$$I_1 = \int_0^{\pi/2} \int_0^{\pi/4} \operatorname{sen}(x+y)\, dy dx.$$

Para $m = 3$, $n = 4$ têm-se $h = \pi/8$, $\ell = \pi/12$ resultando para I_1 a seguinte aproximação:

$$\begin{aligned}I_1 \approx \frac{\pi^2}{384}\{&\operatorname{sen}(x_0+y_0)+\operatorname{sen}(x_0+y_3)+\operatorname{sen}(x_4+y_0)+\operatorname{sen}(x_4+y_3)+2[\operatorname{sen}(x_0+y_1)\\&+\operatorname{sen}(x_0+y_2)+\operatorname{sen}(x_4+y_1)+\operatorname{sen}(x_4+y_2)+\operatorname{sen}(x_1+y_0)+\operatorname{sen}(x_2+y_0)+\operatorname{sen}(x_3+y_0)\\&+\operatorname{sen}(x_1+y_3)+\operatorname{sen}(x_2+y_3)+\operatorname{sen}(x_3+y_3)]+4\,[\operatorname{sen}(x_1+y_2)+\operatorname{sen}(x_1+y_2)+\operatorname{sen}(x_2+y_1)\\&+\operatorname{sen}(x_2+y_2)+\operatorname{sen}(x_3+y_1)+\operatorname{sen}(x_3+y_2)]\},\end{aligned}$$

onde

$$x_i = i\frac{\pi}{8},\ i=0,1,2,3,4,\ y_j = j\frac{\pi}{12},\ j=0,1,2,3,$$

Efetuando os cálculos, obtém-se $I_1 \approx 0{,}981471363$. O valor exato da integral é $I_1 = 1$

Regra trapezoidal simples para a integral dada na equação (6.70)

A regra trapezoidal simples para o problema (6.70) é obtida de modo análogo à regra que resolve a integral na equação (6.69). De fato, para esse caso, tem-se

$$I_2 \approx \frac{(b-a)}{2}\left[\left(\frac{y_2(a)-y_1(a)}{2}\right)\big(f(a,y_2(a))+f(a,y_1(a))\big)+\left(\frac{y_2(b)-y_1(b)}{2}\right)\big(f(b,y_2(b))+f(b,y_1(b))\big)\right]. \quad (6.72)$$

A regra trapezoidal composta para esse caso é obtida de forma semelhante ao caso anterior.

Regra de Simpson simples para a integral dada na equação (6.69)

Usando a equação (6.6) e procedendo como no caso da regra trapezoidal, obtém-se

$$I_1 \approx \frac{h\ell}{9}[f_{0,0}+f_{0,2}+f_{2,0}+f_{2,2}+4(f_{0,1}+f_{1,0}+f_{1,2}+f_{2,1})+16f_{1,1}], \qquad (6.73)$$

onde

$$\begin{aligned}&f_{i,j}=f(x_i,y_j)\\&h=(b-a)/2\\&\ell=(d-c)/2\\&x_0=a,\ x_1=x_0+h,\ x_2=x_0+2h\\&y_0=c,\ y_1=y_0+\ell,\ y_2=y_0+2\ell.\end{aligned}$$

Regra de Simpson composta para a integral dada na equação (6.69)

Seja

$$F(x)=\int_{c\equiv y_0}^{d\equiv y_{2m}} f(x,y)\,dy$$

Então, com base na equação (6.30), pode-se escrever que

$$I_1 = \int_{a=x_0}^{b=x_{2n}} F(x)\, dx \approx \frac{h}{3}\left[F(x_0) + F(x_{2n}) + 4\sum_{\substack{i=1 \\ \Delta i=2}}^{2n-1} F(x_i) + \sum_{\substack{j=2 \\ \Delta j=2}}^{2n-2} F(x_j)\right], \qquad (6.74)$$

onde $h = (b-a)/2n$, $x_i = x_0 + ih$, $i = 0,1,2,\ldots,2n$, e

$$F(x_i) = \frac{\ell}{3}\left[f(x_i, y_0) + f(x_i, y_{2m}) + 4\sum_{\substack{r=1 \\ \Delta r=2}}^{2m-1} f(x_i, y_r) + 2\sum_{\substack{s=2 \\ \Delta s=2}}^{2m-2} f(x_i, y_s)\right], \qquad (6.75)$$

onde $\ell = (d-c)/2m$, $y_j = y_0 + j\ell$, $j = 0,1,2,\ldots,2m$. Substituindo a equação (6.75) na equação (6.74), tem-se que

$$\begin{aligned}
I_1 = \frac{h\ell}{9}\Bigg[& f_{0,0} + f_{0,2m} + f_{2n,0} + f_{2n,2m} + 4\left(\sum_{\substack{r=1 \\ \Delta r=2}}^{2m-1}(f_{0,r} + f_{2n,r}) + \sum_{\substack{i=1 \\ \Delta i=2}}^{2n-1}(f_{i,0} + f_{i,2m}) + \sum_{\substack{j=1 \\ \Delta j=2}}^{2n-2}\sum_{\substack{s=2 \\ \Delta s=2}}^{2m-2} f_{j,s}\right) \\
& + 2\left(\sum_{\substack{s=2 \\ \Delta s=2}}^{2m-2}(f_{0,s} + f_{i,s}) + \sum_{\substack{j=2 \\ \Delta j=2}}^{2n-2}(f_{j,0} + f_{j,2m})\right) + 8\left(\sum_{\substack{i=1 \\ \Delta i=2}}^{2n-1}\sum_{\substack{s=2 \\ \Delta s=2}}^{2m-2} f_{i,s} + \sum_{\substack{j=2 \\ \Delta j=2}}^{2n-2}\sum_{\substack{r=1 \\ \Delta r=2}}^{2m-1} f_{i,r}\right) + 16\sum_{\substack{i=1 \\ \Delta i=2}}^{2n-1}\sum_{\substack{r=1 \\ \Delta r=2}}^{2m-1} f_{i,r}\Bigg].
\end{aligned} \qquad (6.76)$$

Exemplo 6.10

Pela regra de Simpson composta para $m = 1$ na direção y e $n = 2$ na direção x, calcule a integral dada no exemplo 6.7.

Usando a equação (6.76), obtém-se

$$\begin{aligned}
I_1 \approx \frac{h\ell}{9}[& f_{0,0} + f_{0,2} + f_{4,0} + f_{4,2} + 4f_{0,1} + 4f_{2,1} + 4f_{1,0} + 4f_{1,2} + 4f_{3,0} + 4f_{3,2} + 2f_{2,0} + 2f_{2,2} \\
& + 8f_{2,1} + 16f_{1,1} + 16f_{3,1}],
\end{aligned}$$

onde $h = \ell = \pi/8$, $x_i = x_0 + ih$, $i = 0,1,2,3,4$, $y_j = y_0 + j\ell$, $j = 0,1,2$ e $f_{i,j} = \operatorname{sen}(x_i + y_j)$.

Efetuando os cálculos, chega-se a $I_1 \approx 1{,}000269188$.

Quadratura de Gauss-Legendre para a equação (6.69)

Com base na equação (6.62), faz-se

$$F(z) = \int_c^d f\left(\frac{z(b-a) + a + b}{2}, y\right) dy.$$

Então, a equação (6.69) fica

$$I_1 = \frac{(b-a)}{2}\int_{-1}^{1} F(z)\, dz,$$

portanto,

$$I_1 \approx \frac{(b-a)}{2}\sum_{i=0}^{n} w_i F(z_i).$$

Mas usando a equação (6.62) novamente na variável x em $f(x, y)$, pode-se escrever que

$$F(z_i) = \int_c^d f\left(\frac{z_i(b-a)+a+b}{2}, y\right) dy = \frac{d-c}{2} \int_{-1}^1 f\left(\frac{z_i(b-a)+a+b}{2}, \frac{z(d-c)+c+d}{2}\right) dz.$$

Dessa forma, por quadratura de Gauss-Legendre, tem-se que

$$F(z_i) \approx \frac{(d-c)}{2} \sum_{j=0}^n w_j f\left(\frac{z_i(b-a)+a+b}{2}, \frac{z_j(d-c)+c+d}{2}\right).$$

e a quadratura de Gauss-Legendre de I_1 fica

$$I_1 \approx \frac{(b-a)(d-c)}{4} \sum_{i=0}^n \sum_{j=0}^n w_i w_j f\left(\frac{z_i(b-a)+a+b}{2}, \frac{z_j(d-c)+c+d}{2}\right) \tag{6.77}$$

com w_i, w_j, z_i e z_j dados no Quadro 6.7.

Exemplo 6.11

Pela quadratura de Gauss-Legendre, calcule a integral dada no exemplo 6.7 para $n = 1, 2, 3$, e 4. Usando a equação (6.77), os resultados são os descritos no Quadro 6.8.

Quadro 6.8 Resultados obtidos com a quadratura de Gauss-Legendre para a integral do Exemplo 6.7.

n	Aproximação para I_1
1	0,99838 2918
2	1,00000 0824
3	0,99999 99977
4	1,00000 0000

Quadratura de Gauss-Legendre para a integral dada na equação (6.70)

Para o problema (6.70), seguindo procedimento análogo ao que foi feito para o problema (6.69), pode-se mostrar que a quadratura de Gauss-Legendre tem a seguinte forma:

$$I_2 \approx \frac{(b-a)}{2} \sum_{i=0}^n \sum_{j=0}^n w_i w_j \left(\frac{d_i - c_i}{2}\right) \left(z_i, \frac{z_j(d_i - c_i) + c_i + d_i}{2}\right). \tag{6.78}$$

para a qual se tem

$$c_i = y_1\left(\frac{z_i(b-a)+a+b}{2}\right), \quad d_i = y_2\left(\frac{z_i(b-a)+a+b}{2}\right).$$

com w_i, w_j, z_i, z_j dados no Quadro 6.7.

Exemplo 6.12

Pela quadratura de Gauss-Legendre para $n = 1, 2, 3, 4, 5, 6, 7, 8, 9$, calcule a integral

$$I_2 = \int_{-1}^{1} \int_{-\sqrt{1-x^2}}^{\sqrt{1-x^2}} \sqrt{x^2+y^2}\, dy\, dx.$$

Usando a Equação (6.78), os resultados obtidos são os mostrados no Quadro 6.9.

Quadro 6.9 Resultados.

n	Aproximação para I_2
1	2,43432248
2	1,96450712
3	2,13902964
4	2,06141064
5	2,10851499
6	2,08143469
7	2,10060230
8	2,08802717
9	2,09766160

Observação:
O valor exato da integral dada no exemplo 6.12 é $2\pi/3 \approx 2,09439510$. Observe que, para $n = 9$, obtiveram-se apenas duas casas decimais do valor exato da integral. Já no caso do exemplo 6.11, para $n = 4$ a quadratura de Gauss-Legendre forneceu o resultado exato da integral com nove casas decimais corretas. Isso ocorreu pelo fato de a função integrando no exemplo 6.11 ser uma função mais regular que a função integrando do exemplo 6.12. Uma alternativa para melhorar as aproximações no exemplo 6.12 é subdividir a região de integração em subregiões, aplicar nelas a quadratura e somar os resultados obtidos.

6.3 Integração numérica sobre um intervalo infinito

O objetivo desta seção é apresentar fórmulas de quadratura gaussianas para calcular integrais do tipo

$$\int_{a}^{\infty} f(x)\,dx \quad e \quad \int_{-\infty}^{\infty} f(x)\,dx.$$

6.3.1 Quadratura de Gauss-Laguerre

As fórmulas de quadratura de Gauss-Laguerre fornecem aproximações para $\int_{0}^{\infty} e^{-z} F(z)\,dz$ do tipo

$$\int_0^\infty e^{-z} F(z) dz \approx \sum_{k=0}^n w_k F(z_k). \tag{6.79}$$

Para obter as fórmulas de Gauss-Laguerre (6.79), o procedimento é o mesmo que foi empregado com as fórmulas de Gauss-Legendre. Então, usando as polinomiais de Laguerre, obtêm-se os valores para os pesos w_k e as abscissas z_k conforme constam no Quadro 6.10.

O termo do erro para as fórmulas de quadratura de Gauss-Laguerre, segundo Ralston (1965), é expresso por

$$E_{n+1}(F) = \frac{[(n+1)!]^2}{(2n+2)!} F^{(2n+2)}(\xi), \quad \xi \in (0, \infty). \tag{6.80}$$

Observação:
A quadratura de Gauss-Laguerre pode também ser usada para calcular integrais na forma

$$\int_a^\infty e^{-x} f(x) dx, \quad a \in \mathbb{R}. \tag{6.81}$$

Basta fazer a seguinte mudança de variável: $x = z + a$. Então, tem-se

$$\int_a^\infty e^{-x} f(x) dx \approx e^{-a} \sum_{k=0}^n w_k f(z_k + a), \tag{6.82}$$

e a fórmula geral de quadratura de Gauss-Laguerre para um limite inferior de integração arbitrário a fica

$$\int_a^\infty e^{-x} f(x) dx = e^{-a} \int_0^\infty e^{-z} f(z+a) dz, \tag{6.83}$$

onde os valores de w_k e z_k são dados no Quadro 6.10.

Quadro 6.10 Valores de z_k e w_k para a equação (6.79).

Abscissas (z_k)	n	Peso (w_k)
0,585786437627 3,414213566237	1	0,853553390593 0,146446609407
0,415774556783 2,294280360279 6,289945082937	2	0,711093009929 0,278517733569 0,103892565106
0,322547689619 1,745761101158 4,536620296921 9,395070912301	3	0,603154104342 0,357418692438 0,388879085150 0,539294705561
0,263560319718 1,413403059107 3,596425771041 7,058510005859 12,640800844276	4	0,521755610583 0,398666811083 0,759424496817 0,361175867992 . 10^{-2} 0,233699723858 . 10^{-4}

Continua

Continuação

0,2228446604179		0,458964673950
1,188932101673		0,417000830772
2,992736326059	5	0,113373382074
5,775143569105		0,103991974531
9,837467418383		$0,261017202815 \cdot 10^{-3}$
15,982873980612		$0,898547906430 \cdot 10^{-6}$
0,137793470540		0,308441115765
0,729454549503		0,401119929155
1,808342901740		0,218068287612
3,401433697855		0,620874560987
5,552496140064	9	$0,950151697518 \cdot 10$
8,330152746764		$0,753008388588 \cdot 10$
11,843785837900		$0,282592334960 \cdot 10$
16,279257831378		$0,424931398496 \cdot 10$
21,996585811981		$0,183956482398 \cdot 10$
29,920697012274		$0,991182721961 \cdot 10$
0,093307812017		0,218234885940
0,492691740302		0,342210177923
1,215595412071		0,263027577942
2,269949526204		0,126425818106
3,667622721751		0,402068649210
5,425336627414		$0,856387780361 \cdot 10^{-2}$
7,565916226613		$0,121243614721 \cdot 10^{-2}$
10,120228568019	14	$0,111674392344 \cdot 10^{-3}$
13,130282482176		$0,645992676202 \cdot 10^{-5}$
16,654407708330		$0,222631690710 \cdot 10^{-6}$
20,776478899449		$0,422743038498 \cdot 10^{-8}$
25,623894226729		$0,392189726704 \cdot 10^{-10}$
31,407519169754		$0,145651526407 \cdot 10^{-12}$
38,530683306486		$0,148302705111 \cdot 10^{-15}$
48,026085572686		$0,160059490621 \cdot 10^{-19}$

6.3.2 Quadratura de Gauss-Hermite

Com base nas propriedades dos polinômios de Hermite e raciocínio como usado antes, é possível obter fórmulas que possibilita o seguinte tipo de aproximação

$$\int_a^\infty e^{-x^2} f(x) dx \approx \sum_{k=0}^{n} w_k f(x_k), \tag{6.84}$$

que são conhecidas como fórmulas de quadratura de Gauss-Hermite, onde x_k são os zeros dos polinômios de Hermite de ordem $n + 1$. Os pesos e as abscissas para algumas fórmulas são dados no Quadro 6.11.

Quadro 6.11 Valores de x_k e w_k para a equação (6.84).

Abscissas (z_k)	n	Peso (w_k)
$\pm$ 0,7071067811	1	0,8862269255
$\pm$ 1,22447448714 0,00000000000	2	0,2954089752 1,1816359006
$\pm$ 1,6506801239 $\pm$ 0,5246476233	3	0,0813128354 0,8049140900
$\pm$ 2,0201828705 $\pm$ 0,9585724646 0,0000000000	4	0,0199532421 0,3936193232 0,9453087205

6.4 Integrais singulares

O termo integral singular geralmente refere-se a integrais em que as funções integrando ou suas derivadas contêm algum ponto em que elas não estão definidas ou quando a integração é sobre um intervalo infinito. Se a integração é sobre um intervalo infinito e o integrando tem derivadas de todas as ordens contínuas, a integral pode ser aproximada pelas fórmulas de quadratura de Gauss-Laguerre ou Gauss-Hermite, quando a integral for convergente.

As concepções dos métodos para resolver integrais singulares serão introduzidas por meio do estudo de alguns casos. Por exemplo, o cálculo da integral

$$I = \int_0^b \frac{f(x)\,dx}{\sqrt{x}}, \qquad (6.85)$$

sendo f uma função continuamente diferenciável, não pode ser efetuado por meio das fórmulas vistas anteriormente, uma vez que a função integrando tem uma singularidade em $x = 0$. Procedendo à mudança de variável $x = u^2$, $0 \leq u \leq \sqrt{b}$, a integral dada na equação (6.85) pode ser reescrita assim:

$$I = 2\int_0^{\sqrt{b}} f(u^2)\,du. \qquad (6.86)$$

Sem dificuldades a Integral (6.86) que tem como integrando uma função sem singularidades pode ser resolvida por meio dos métodos vistos antes.

Analogamente, na igualdade

$$\int_0^1 \operatorname{sen}(x)\sqrt{1-x^2}\,dx = 2\int_0^1 u^2\sqrt{2-u^2}\operatorname{sen}(1-u^2)\,du,$$

usa-se a mudança de variável $u = \sqrt{1-x}$ para se obter como integrando uma função com derivadas contínuas em [0,1] de todas as ordens, enquanto a primeira derivada do integrando do lado esquerdo tem uma singularidade em $x = 1$.

Portanto, uma alternativa para levantar a singularidade da função integrando é proceder a uma troca de variável, a fim de obter uma integral não singular, contornando assim as dificuldades que poderão advir da singularidade da função integrando na aplicação das fórmulas vistas antes. Mesmo quando a integração for sobre um intervalo infinito, a técnica de mudança de variável poderá ser útil.

O tratamento analítico para integrais singulares é feito da seguinte maneira. Divide-se o intervalo de integração em partes, tais que uma delas contenha o ponto singular que será tratado analiticamente. Por exemplo, considere a integral

$$I = \int_0^b f(x)\ln x\, dx = \int_0^\varepsilon f(x)\ln x\, dx + \int_\varepsilon^b f(x)\ln x\, dx = I_1 + I_2.$$

Supondo que f seja suficientemente sem singularidades em $[\varepsilon, b]$, calcula-se I_2 por meio de um dos métodos estudados antes. Por sua vez, supondo que f admite desenvolvimento em série de Taylor em torno do ponto $x = 0$, convergente em $[0, \varepsilon]$, vem

$$I_1 = \int_0^\varepsilon f(x)\ln x\, dx = \int_0^\varepsilon \left(\sum_{j=0}^\infty a_j x^j\right)\ln x\, dx,$$

ou seja,

$$I_1 = \sum_{j=0}^\infty a_j \frac{\varepsilon^{j+1}}{j+1}\left(\ln \varepsilon - \frac{1}{j+1}\right).$$

Por exemplo, seja

$$I = \int_0^{2\pi} \cos(x)\ln x\, dx;$$

então, caso $\varepsilon = 0,1$: $\varepsilon = 0,1$:

$$I_1 = \int_0^{0,1} \cos(x)\ln x\, dx$$
$$= \varepsilon(\ln \varepsilon - 1) - \frac{\varepsilon^3}{6}\left(\ln \varepsilon - \frac{1}{3}\right) + \frac{\varepsilon^5}{600}\left(\ln \varepsilon - \frac{1}{5}\right) - \cdots$$

Usando os primeiros termos da série, tem-se uma boa aproximação para I_1. Por meio dos métodos convencionais, calcula-se I_2 sobre $[0,1\ 2\pi]$. Técnicas similares podem ser utilizadas com integrais sobre intervalos infinitos.

6.4.1 Integrando envolvendo o produto de funções

Sejam $I(f) = \int_a^b W(x)f(x)\, dx$, onde W tem uma singularidade, e f uma função suficientemente regular. A ideia desse método é produzir uma sequência de funções f_n, tendo-se

a) $\|f - f_n\|_\infty = \max_{a \leq x \leq b}|f(x) - f_n(x)| \to 0$, quando $n \to \infty$

b) As integrais

$$I_n(f) = \int_a^b W(x)f_n(x)\, dx \tag{6.87}$$

podem ser facilmente avaliadas, tendo-se para o erro

$$|I(f) - I_n| \leq \int_a^b |W(x)||f(x) - f_n(x)|\, dx \leq \|f - f_n\|_\infty \int_a^b |W(x)|\, dx \tag{6.88}$$

Então, $I_n(f) \to I(f)$ quando $n \to \infty$ com razão de convergência pelo menos igual à razão de convergência de f_n para f em $[a,b]$.

Nesse método, é frequente usar as polinomiais interpoladoras seccionais para definir f_n. Para ilustrar a ideia do método, aborda-se a seguir o método trapezoidal produto para calcular

$$I(f) = \int_0^b f(x)\ln x\, dx. \tag{6.89}$$

Sejam $n \geq 1$, $h = b/n$, $x_k = kh$ para $k = 0,1,\ldots n$ e f_k as polinomiais interpoladoras lineares em cada subintervalo $x_{k-1} \leq x \leq x_k$, $1 \leq k \leq n$, considerando-se os pontos-base $x_0, x_1, \ldots x_n$. Então,

$$f_k(x) = \frac{1}{h}[(x_k - x)f(x_{k-1}) + (x - x_{k-1})f(x_k)]. \tag{6.90}$$

Da teoria de interpolação (Capítulo 5), tem-se que

$$\|f - f_k\|_\infty \leq \frac{h^2}{8}\|f''\|_\infty,$$

Se f tem derivada segunda contínua em $0 < x < b$. Então, da equação (6.88) resulta a seguinte delimitação para o erro:

$$|I(f) - I_n(f)| \leq \frac{h^2}{8}\|f''\|_\infty \int_a^b |\ln(x)| dx.$$

6.4.2 Método trapezoidal com produto de funções no integrando

Para calcular $I_n(f)$, usa-se a equação (6.90):

$$I_n(f) = \sum_{k=0}^{n} \int_{x_{k-1}}^{x_k} (\ln x)\left[\frac{(x_k - x)f(x_{k+1}) + (x_{k-1} - x)f(x_k)}{h}\right] dx = \sum_{m=0}^{n} g_m f(x_m)$$

$$g_0 = \frac{1}{h}\int_{x_0}^{x_1} (x_1 - x)\ln x\, dx, \quad g_n = \frac{1}{h}\int_{x_{n-1}}^{x_n} (x - x_{n-1})\ln x\, dx,$$

$$g_k = \frac{1}{h}\int_{x_{k-1}}^{x_k} (x - x_{k-1})\ln x\, dx + \frac{1}{h}\int_{x_k}^{x_{k+1}} (x_{k+1} - x)\ln x\, dx, \quad k = 2,\ldots,n-2.$$

Os g_k podem ser obtidos como se segue. Considere a mudança de variável

$$x - x_{k-1} = uh, \quad 0 \leq u \leq 1;$$

então,

$$\frac{1}{h}\int_{x_{k+}}^{x_k} (x - x_{k-1})\ln x\, dx = h\int_0^1 u\ln[(k-1+u)h]\, du = \frac{h}{2}\ln + h\int_0^1 u\ln(k-1+u)\, du$$

e

$$\frac{1}{h}\int_{x_k}^{x_{k+1}} (x_k - x)\ln x\, dx = h\int_0^1 (1-u)\ln[(k-1+u)h]\, du = \frac{h}{2}\ln h + h\int_0^1 (1-u)\ln(k-1+u)\, du.$$

Definindo,

$$P_1(i) = \int_0^1 u\ln(u+i)\, du; \quad P_2(i) = \int_0^1 (1-u)\ln(u+i)\, du, \tag{6.91}$$

para $i = 0,1,2,\ldots$

Assim,

$$g_0 = \frac{h}{1}\ln h + hP_2(0), \quad g_n = \frac{h}{2}\ln h + hP_1(n-1)$$
$$g_j = h\ln + h[P_1(j-1) + P_2(j)], \quad j = 1, 2, \ldots, n-1. \quad (6.92)$$

As integrais $P_1(i)$ e $P_2(i)$ na equação (6.91) podem ser calculadas explicitamente e alguns valores são mostrados no Quadro 6.12 (ATKINSON, 1978).

Quadro 6.12 Valores funcionais de $P_1(i)$ e $P_2(i)$.

i	$P_1(i)$	$P_2(i)$
0	−0,250	−0,750
1	0,250	0,1362943611
2	0,488375981	0,4311665768
3	0,6485778545	0,6007627239
4	0,7695705457	0,7324415720
5	0,8668602747	0,8365069785
6	0,9482428376	0,9225713904
7	1,018201652	0,9959596385

Exemplo 6.13

Calcule $I = \int_0^1 (1/(x+2))\ln x \, dx \approx -0,4484137$ pelo do método trapezoidal com produto de funções no integrando. Os resultados obtidos são descritos no Quadro 6.13.

Quadro 6.13 Resultados para o valor de I.

n	I_n	$I - I_n$
1	−0,4583333	0,00992
2	−0,4516096	0,00320
4	−0,4493011	0,00887
8	−0,4486460	0,000232

> **Observação:**
>
> a) Usando polinomiais seccionais quadráticas para definir $f_n(x)$, tem-se outra fórmula de $I_n(f)$ para o cálculo da integral, denominada regra de Simpson com produto de funções no integrando, tendo-se nesse caso que (ATKINSON, 1978):
>
> $$\left| I(f) - I_n(f) \right| \leq \frac{\sqrt{3}}{27} h^3 \left\| f''' \right\|_\infty \int_0^b \left| \ln(x) \right| dx. \tag{6.93}$$
>
> b) Outras fórmulas podem ser obtidas usando polinomiais seccionais de ordem mais elevada. Outros tipos de interpolação podem ser utilizados para definir f_n
>
>   (i) Como se nota, existem vários procedimentos para tratar integrais quando a função integrando tem singularidades, a saber:
>
>   (ii) Ignorar a singularidade pode ter sucesso. Em certos casos, basta usar mais e mais argumentos f_n até obter um resultado satisfatório.
>
>   (iii) Desenvolver em série parte ou toda a função integrando e integrar termo a termo é um processo muito utilizado, desde que a convergência seja suficientemente rápida (Ver exercício 2.3).
>
>   (iv) Subtrair a singularidade corresponde a decompor a integral em uma parte singular que possa ser tratada pelos métodos clássicos da análise e em outra parte não singular, onde serão aplicadas fórmulas de integração sem complicação.
>
>   (v) A mudança de argumento é um dos procedimentos mais poderosos da análise. No caso, ela pode levar uma singularidade difícil de ser tratada para outra mais acessível ou pode mesmo remover a singularidade (ATKINSON, 1978).
>
>   (vi) Métodos gaussianos podem ser usados para certos tipos de integrais singulares.

6.5 Integração numérica adaptativa

Até agora, uma estimativa para a equação (6.1) é obtida aplicando-se uma fórmula de integração numérica, selecionada intuitivamente, com n subintervalos, na expectativa de que uma estimativa, assim obtida para a integral I, tenha precisão aceitável, isto é, o erro esteja dentro de certa tolerância, ε. Isso funciona bem quando a função f é regular, bem comportada. Entretanto, de maneira geral tal estimativa não satisfaz ao requisito de precisão, e só a aplicação de outra fórmula não fornece indicação segura a respeito da precisão alcançada.

Os algoritmos de quadratura adaptativa são estabelecidos para fornecer uma estimativa para a equação (6.1) cuja precisão esteja dentro de limites aceitáveis. Consegue-se isso escolhendo-se os pesos w e os pontos de integração dinamicamente durante a computação.

Em uma integração numérica adaptativa, essencialmente, procede-se sem se preocupar em fornecer um espaçamento h, um número de pontos de integração ou outro parâmetro que, influindo na fórmula de integração numérica, assegure aproximação condizente com a precisão aceitável. Nesse sentido é que são estabelecidos os algoritmos de quadratura adaptativa.

O objetivo das quadraturas adaptativas é calcular o valor da integral I variando o tamanho dos passos h_j, de modo que nos trechos em que a função apresente maior variação o número de subintervalos utilizados na integração seja maior. A Figura 6.11 ilustra essa situação.

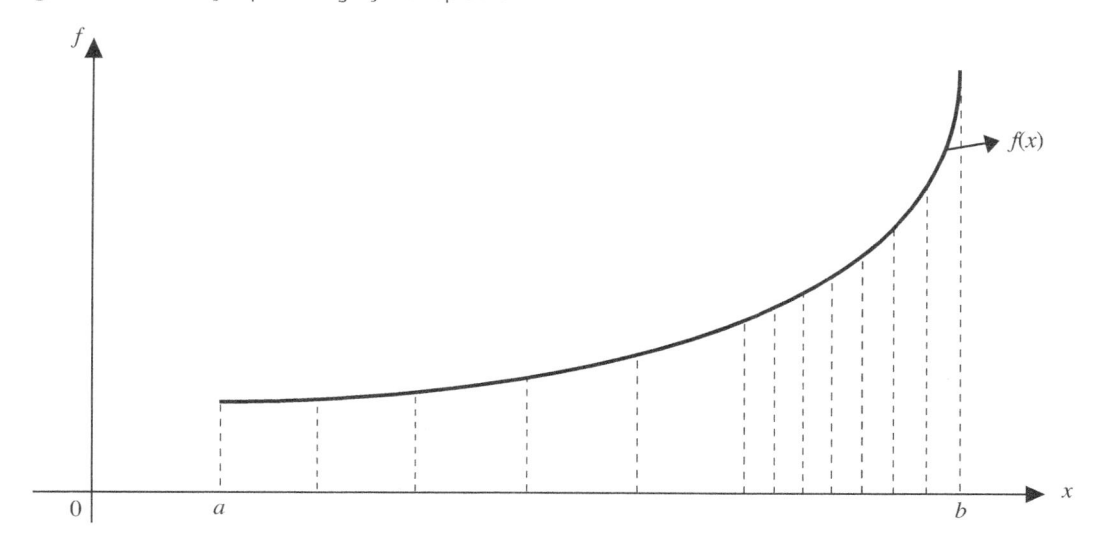

Figura 6.11 Partição para integração adaptativa.

A ideia básica da integração numérica adaptativa é subdividir o intervalo de integração em um número maior de subintervalos onde a variação de f é mais acentuada para pontos "próximos".

Os algoritmos adptativos, de um lado, devem ser simples para não elevarem demasiado o esforço computacional do procedimento básico; do outro, devem garantir a precisão na estimativa calculada pelo algoritmo. Os mais simples não são de uso geral, mas são empregados com frequência.

Nos itens 6.5.1 e 6.5.2 são apresentados procedimentos adaptativos com a finalidade de explorar os principais argumentos presentes nesses algoritmos. Um deles é específico para a regra trapezoidal e usa cotas de erros obtidos por argumentos geométricos. Um segundo procedimento emprega argumentos relacionados com a regularidade da função integrando e o erro de truncamento para a regra de Simpson.

6.5.1 Algoritmo adaptativo com base na regra trapezoidal

Considere o problema de obter uma aproximação para a integral dada na equação (6.1) usando como base a regra trapezoidal composta, como mostra a Figura 6.12. Pelos pontos do gráfico de f, com abscissas sendo as extremidades dos subintervalos de integração $(x_i, f(x_i))$ e $(x_{i+1}, f(x_{i+1}))$, $0 \leq i \leq n-1$, onde n é o número de aplicações da regra, são traçadas retas secantes ao gráfico de f, como mostra a Figura 6.12. Em um subintervalo i, $2 \leq i \leq n-1$, que não tem pontos extremos do intervalo de integração, a intersecção das retas secantes correspondentes aos intervalos $i-1$ e $i-1$ produz um ponto que, com os pontos $(x_i, f(x_i))$ e $(x_{i+1}, f(x_{i+1}))$, forma um triângulo. As áreas desses triângulos são cotas superiores para o erro de truncamento na integração em cada subintervalo.

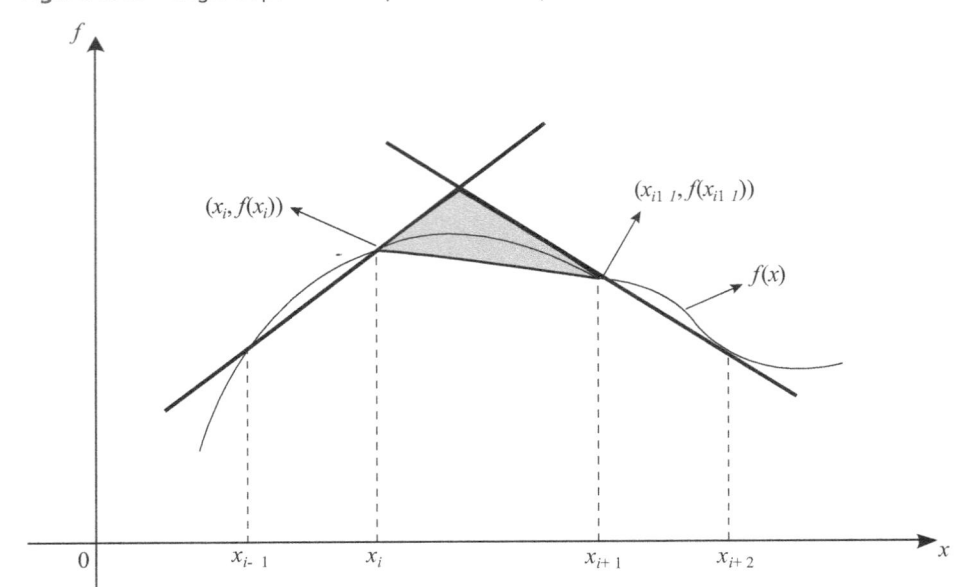

Figura 6.12 Regra trapezoidal adaptativa — cota para erro de truncamento.

Se o intervalo for o primeiro ou o último, os triângulos serão formados, respectivamente, pela intersecção da reta secante do subintervalo 2 com a reta $x = a$, no caso do primeiro subintervalo, e da reta secante do subintervalo $n - 1$ com a reta $x = b$, no caso do n-ésimo subintervalo.

A ideia de adaptatividade é dividir os subintervalos em que a cota do erro de truncamento na integração ultrapassar uma tolerância especificada. Sendo as cotas antes citadas áreas de triângulos, elas podem ser calculadas pela trigonometria.

Adotando a notação $f_k \equiv f(x_k)$ com base na Figura 6.13 para o triângulo indicado, tem-se:

$$b^2 = (f_i - f_{i-1})^2 + (x_i - x_{i-1})^2 \tag{6.94}$$

$$h = \frac{b}{\cotg\alpha_{i-1} + \cotg\alpha_i}, \tag{6.95}$$

onde

$$\alpha_{i-1} = \frac{\pi}{2} - \beta - \gamma \quad e \quad \alpha_i = \frac{\pi}{2} + \gamma - \theta.$$

Com

$$\beta = \arccotg\left(\frac{f_{i-1} - f_{i-2}}{x_{i-1} - x_{i-2}}\right); \; \gamma = \arccotg\left(\frac{x_i - x_{i-1}}{f_i - f_{i-1}}\right) e \; \theta = \arccotg\left(\frac{f_i - f_{i+1}}{x_{i+1} - x_i}\right).$$

Figura 6.13 Cota de erro – regra trapezoidal.

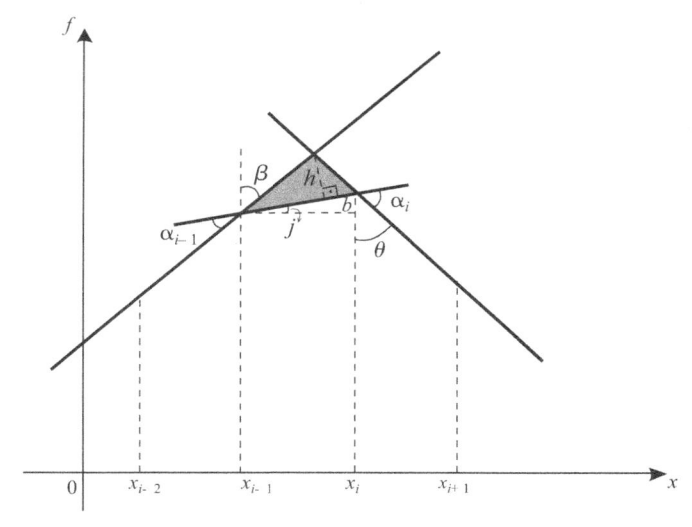

Logo, nesse procedimento a cota para o erro, denominada por COTA, é

$$\text{COTA} = \frac{1}{2}bh \qquad (6.96)$$

Uma estratégia de implementação desse procedimento adaptativo é a seguinte:

a) Calculam-se as cotas-áreas de triângulos para os erros de integração em cada subintervalo.

b) Com as cotas do item anterior, forma-se uma lista em ordem decrescente, sendo cada cota acompanhada do correspondente subintervalo e outras quantidades já calculadas, como os valores funcionais f_{i-1} e f_i e as cotangentes: $\cotg\alpha_{i-1}$ e $\cotg\alpha_i$.

c) Um subintervalo pode ser descartado quando a COTA para o erro de integração satisfaz a uma condição de aceitabilidade, especificada em termos de uma tolerância, podendo ser:

$$\text{COTA} \leq \varepsilon \, \frac{x_i - x_{i-1}}{b - a}. \qquad (6.97)$$

Se a condição (6.97) não se verificar para o subintervalo i, então para esse subintervalo deve-se aplicar a regra trapezoidal outras vezes.

A Figura 6.14 ilustra a aplicação da regra trapezoidal duas vezes no subintervalo i.

Figura 6.14 Subdivisão do subintervalo i.

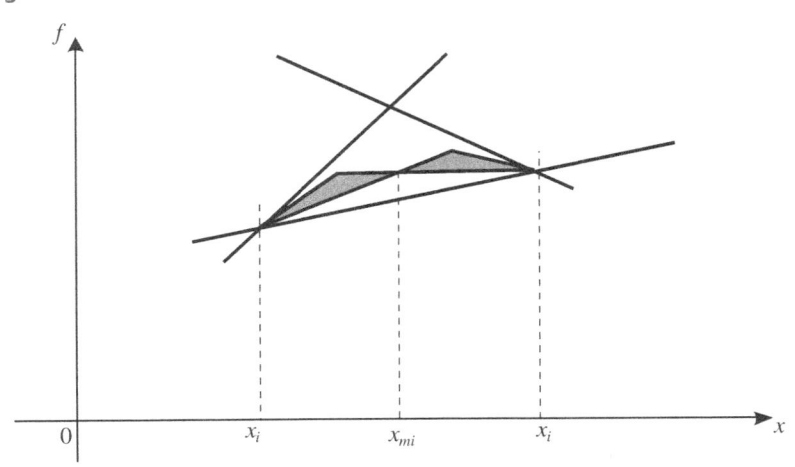

Quando todos os subintervalos são descartados, tem-se que

$$\text{ERRO TOTAL} \leq \sum_{\text{subintervalos}} \text{COTAS} \leq \sum_{\text{subintervalos}} \varepsilon \frac{x_{i+1} - x_{i-1}}{b-a} = \frac{\varepsilon}{b-a} \sum_{i=1}^{n-1} (x_{i+1} - x_i) = \varepsilon,$$

garantindo assim a precisão desejada para o resultado.

6.5.2 Algoritmo adaptativo com base na regra de Simpson

Sejam I_{1i} e I_{2i} duas aproximações para a integral I dada na equação (6.1), obtidas por meio da regra de Simpson no subintervalo $[x_i, x_{i+1}]$ do intervalo $[a,b]$, onde $h_i = x_{i+1} - x_i$; $i = 0,1,\ldots,n-1$, com $a \equiv x_0$ e $b = x_n$, de modo que no cálculo de I_{1i} são usados os pontos $(x_i, f(x_i))$; $(x_i + h_i/2, f(x_i + h_i/2))$ e $(x_{i+1}, f(x_{i+1}))$ e no cálculo de I_{2i} são usados os pontos $(x_i, f(x_i))$; $(x_i + h_i/4, f(x_i + h_i/4))$; $(x_i, f(x_i))$; $(x_i + h_i/4, f(x_i + h_i/4))$; $(x_i + h/2, f(x_i + h/2))$; $(x_i + 3h_i/4, f(x_i + 3h_i/4))$ e $(x_{i+1}, f(x_{i+1}))$

Seja

$$I_i = \int_{x_i}^{x_{i+1}} f(x)dx,$$

então Stark (1972) demonstra que o erro de truncamento para a regra de Simpson no subintervalo $[x_i, x_{i+1}]$ é calculado por

$$I_i - I_{1i} = \frac{2}{3} f^{(IV)}(x_i + h_i/2) \frac{h_i^5}{4!} - 2f^{(IV)}(x_i + h_i/2) \frac{h_i^5}{5!} + \text{termos de ordem } h_i^7 + \ldots,$$

isto é,

$$I_i - I_{1i} = Ch_i^5 f^{(IV)}(x_i + h_i/2) + \ldots$$

Como I_{2i} é igual a I_{1i} calculada no subintervalo $[x_i, x_i + h_i/2]$ mais I_{1i} calculada no $[x_i + h_i/2, x_{i+1}]$, então

$$I_i - I_{2i} = C \left(\frac{h_i}{2}\right)^5 [f^{(IV)}(x_i + h_i/4) + f^{(IV)}(x_i + 3h_i/4)] + \ldots \quad (6.98)$$

Mas, com base na série de Taylor, tem-se

$$f^{(IV)}(x_i + h_i/4) + f^{(IV)}(x_i + 3h_i/4) = 2f^{(IV)}(x_i + h_i/2) + \ldots \quad (6.99)$$

Substituindo a equação (6.99) na equação (6.98), vem:

$$I_i - I_{2i} = \frac{Ch_i^5}{16} [f^{(IV)}[(x_i + h_i/2)] + \ldots,$$

ou seja,

$$I_i - I_{2i} = \frac{1}{16}(I_i - I_{1i}). \quad (6.100)$$

Da equação (6.100), obtém-se diretamente

$$I_{2i} - I_i = \frac{1}{15}(I_{1i} - I_{2i}). \quad (6.101)$$

Isto é, o erro em I_{2i} é aproximadamente 1/15 vezes a diferença das aproximações I_{1i} e I_{2i}. Suponha que se deseja calcular o valor de I na equação (6.1) por meio da regra de Simpson composta, $I_s(h)$, tal que

$$|I_i - I_s(h)| < \varepsilon, \quad (6.102)$$

onde ε é a precisão desejada.

Como $I_s(h) = \sum_{i=1}^{n} I_{2i}$, então, $|I_1 - I_{21} + (I_2 - I_{22}) + \ldots + (I_n - I_{2n})| < \varepsilon$,

ou seja,

$$|I_i - I_{2i}| < \frac{h_i}{b-a}\varepsilon. \tag{6.103}$$

Substituindo a equação (6.103) na equação (6.102), vem

$$|I_{1i} - I_{2i}| < \frac{15 h_i \varepsilon}{b-a}. \tag{6.104}$$

Logo, o subintervalo $[x_i, x_{i+1}]$ deve ser subdividido sucessivamente em subintervalos menores até que a equação (6.104) seja satisfeita, pois, se em cada subintervalo a equação (6.103) se verificar, então a equação (6.102) também se verifica.

O algoritmo para a regra de Simpson fica:

1. Faz-se $I = 0$, $m = 1$, $h_i = (b-a)/n$.
2. Para $i = 0, 1, 2, \ldots, n-1$, calculam-se:

   2.1 $I_{1i} = \frac{1}{3}\left(\frac{h_i}{2^m}\right)\left[f(x_i) + f(x_{i+1}) + 4\sum_{\substack{k=1 \\ \Delta r=2}}^{2^m-1} f(x_i + kh_i/2^m) + 2\sum_{\substack{r=2 \\ \Delta r=2}}^{2^m-2} f(x_i + rh_i/2^m)\right]$

   2.2 $I_{2i} = \frac{1}{3}\left(\frac{h_i}{2^{m+1}}\right)\left[f(x_i) + f(x_{i+1}) + 4\sum_{\substack{k=1 \\ \Delta j=2}}^{2^{m+1}-1} f(x_{i+j} + h_i/2^{m+1}) + 2\sum_{\substack{r=2 \\ \Delta r=2}}^{2^{m+1}-2} f(x_i + rh_i/2^{m+1})\right]$

   2.3 Se $|I_{1i} - I_{2i}| < \frac{15 h_i \varepsilon}{b-a}$, então $I = I + I_{2i}$ e incrementa-se a variável i executando os itens 2.1, 2.2 e 2.3.

   Caso contrário, faz-se $m = m + 1$; $h_i = h_i/2$ e executam-se os itens 2.1, 2.2 e 2.3.

3. O valor aproximado para integral será:

$$I \approx \sum_{i=0}^{n} I_{2i}, \text{ onde } \left|I - \sum_{i=0}^{n} I_{2i}\right| < \varepsilon.$$

6.6 Exercícios

1. Um terreno está limitado por uma cerca reta e por um rio. Em diferentes distâncias x (em metros) de uma extremidade da cerca, a largura do terreno y (em metros) foi medida tendo-se:

x	0	20	40	60	80	100	120	140	160	180
y	0	22	41	53	38	17	10	7	2	0

   Pela regra de Simpson, calcule a área aproximada do terreno.

2. Calcule a área pintada da Figura 6.15.

Figura 6.15

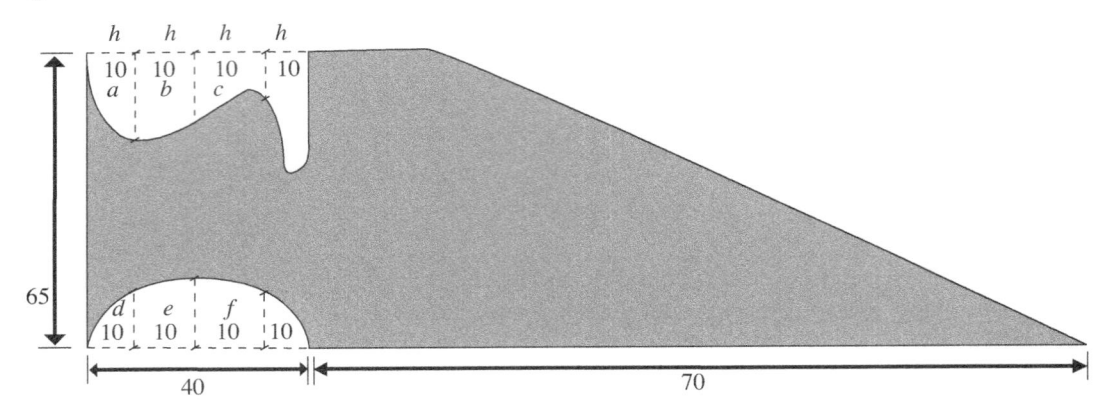

[Figura: região pintada com dimensões indicadas: altura 65, base dividida em 40 e 70. Na parte superior esquerda, quatro segmentos de largura h com alturas a, b, c e 10 (topo 10 cada). Na parte inferior esquerda, quatro segmentos com d, e, f e 10.]

Considere que

$$a = 20 \qquad e = 22$$
$$b = 8{,}5 \qquad f = 20{,}5$$
$$c = 9 \qquad h = 10.$$
$$d = 21$$

3. A Figura 6.16 representa a fotografia de um lago com as medidas em quilômetros. Calcule essa área por meio da regra de Simpson.

Figura 6.16

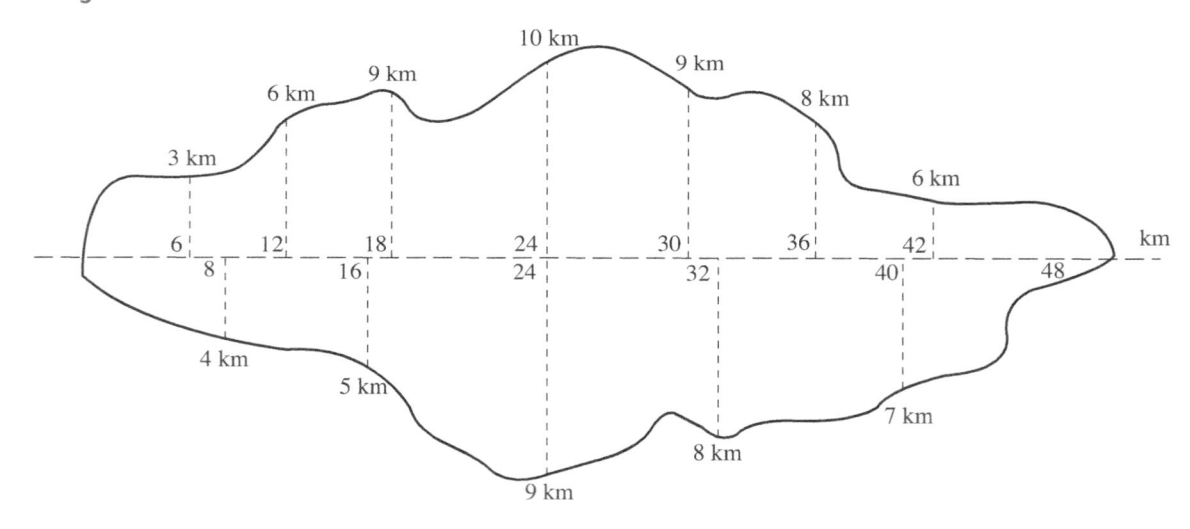

[Figura: contorno de um lago sobre um eixo horizontal em km. Ordenadas superiores nas abscissas: 6→3 km, 12→6 km, 18→9 km, 24→10 km, 30→9 km, 36→8 km, 42→6 km. Ordenadas inferiores nas abscissas: 8→4 km, 16→5 km, 24→9 km, 32→8 km, 40→7 km. Extremidade em 48 km.]

4. Calcule os valores das integrais por meio da regra trapezoidal para o número de aplicações indicado ao lado de cada integral.

(i) $I_1 = \int_2^4 \dfrac{\ln x + x^2}{(x+3)^2}\, dx.$ $(n = 8)$

(ii) $I_2 = \int_0^{\pi/2} \dfrac{\cos x}{1 + x}\, dx.$ $(n = 4)$

5. Calcule os valores das integrais por meio da regra de Simpson para o número de aplicações indicado ao lado da integral.

   (i) $I_1 = \int_2^4 \dfrac{dx}{\sqrt{25+x^2}}$. $(n=4)$ (ii) $I_2 = \int_0^2 \dfrac{e^t}{1+t^2} dt$. $(n=8)$

6. Calcule as integrais corretamente até a quinta casa decimal por meio do método de Romberg.

   (i) $I_1 = \int_0^2 \sqrt{4-x^2}\, dx$.   (ii) $I_2 = \int_0^1 \ln(1+x^2)\, dx$.

7. Por meio da regra 3/8 de Simpson com $h=1$, calcule
$$I_1 = \int_0^3 (3x^3 + x^2 + 4x - 2)\, dx.$$

   Em seguida, calcule o valor exato da integral e justifique a coincidência com o resultado obtido por meio da regra 3/8 de Simpson.

8. Seja a função conhecida apenas nos pontos tabelados a seguir.

x	0,785	1,570	2,355
$f(x)$	0,669	0,637	0,606

   Usando essas informações, calcule
   $$I = \int_0^{3,140} f(x)\, dx.$$

9. Usando uma fórmula de quadratura de Gauss-Legendre de quatro pontos, calcule o valor da integral
$$I = \int_2^3 \dfrac{dx}{1+\sqrt{x}}.$$

10. Usando uma fórmula de quadratura de Gauss-Tchebycheff de três pontos, calcule o valor da integral
$$I = \int_0^1 \ln(1+x^2)\, dx.$$

    Deseja-se calcular:
    $$\ln 2 = \int_1^2 \dfrac{dx}{x},$$

    com erro inferior a 1/2400 usando a fórmula dos trapézios. Qual deve ser o passo h escolhido? Repita o exercício usando a fórmula de Simpson.

11. Quantas aplicações da regra trapezoidal composta são necessárias para calcular o valor da integral dada no exercício 9 de tal forma que o erro seja inferior a $0{,}5 \times 10^{-2}$?

12. Calcule as integrais a seguir pelas regras compostas trapezoidal e de Simpson para os valores de n indicados e depois extrapole para obter uma terceira aproximação para cada integral.
$$I_2 = \int_0^4 \sqrt{4+x^2}\, dx \text{ para } n=4 \text{ e } n=8$$
$$I_2 = \int_0^{\pi/2} \dfrac{\cos x}{1+x}\, dx \text{ para } n=3 \text{ e } n=6$$

13. Estabeleça a regra composta 3/8 de Simpson e o correspondente termo do erro de truncamento para o cálculo da integral dada na equação 6.1.

14. Utilizando uma fórmula de cinco pontos de quadratura de Gauss-Legendre, calcule
$$I = \int_3^7 x^2 \ln x \, dx.$$

15. Utilizando uma fórmula de quadratura de Gauss-Tchebycheff de quatro pontos, calcule
$$I = \int_0^1 \frac{dx}{1+x^2}.$$

   a) Aplicando a regra trapezoidal dez vezes, calcule
   $$I = \frac{2}{\sqrt{\pi}} \int_0^1 e^{-x^2} dx.$$

   b) Delimite o erro cometido em (a) e, com base nisso, conclua com quantas casas decimais corretas o resultado em (a) foi obtido.

16. Considere a integral
$$I = \int_0^{1,2} e^x \operatorname{sen} x \, dx.$$

Calcule n tal que $|I - I_n| < 0,5 \times 10^{-3}$ onde n é o número de vezes que se aplica a regra de Simpson para calcular I_n

17. Determine o valor de h tal que $|I - I(h)| < 0,5 \times 10^{-3}$, onde $I = \int_{0,1}^1 x^x \, dx$ e $I(h)$ é a aproximação para I obtida pela regra trapezoidal.

18. Calcule $\int_0^4 f(x)$, onde f é conhecida pela seguinte tabela de valores funcionais:

x	0,0	0,5	1,0	1,5	2,0	2,5	3,0	3,5	4,0
$f(x)$	−4271	−2522	499	1795	4358	7187	10279	13633	17217

Utilize para isso:

   a) Regra de Simpson.

   b) Regra trapezoidal.

   c) Método de Romberg.

19. Resolva as integrais abaixo pela regra de Simpson composta com pelo menos três casas decimais corretas.

   a) $I_1 = \int_0^2 \frac{e^x + 2}{\sqrt{x}} dx$ b) $I_2 = \int_0^1 \operatorname{sen}(x)\sqrt{1-x^2}\, dx$

   c) $I_3 = \int_0^1 \frac{\cos(x)\,dx}{\sqrt[3]{x^2}}$ d) $I_4 \int_0^{4\pi} \cos(x)\ln(x)\, dx.$

20. Por meio da quadratura de Gauss-Laguerre com $n = 2, 4, 6$ e 8, calcule as seguintes integrais:

   a) $I_1 = \int_0^\infty e^{-x^2} dx$ b) $I_2 = \int_0^\infty \frac{dx}{1+x^2}$ c) $I_3 = \int_0^\infty \frac{\operatorname{sen} x}{x} dx.$

21. Calcule

$$I = \int_0^1 \frac{e^x}{\sqrt{x}} dx,$$

desenvolvendo a função integrando em série de Taylor.

22. Calcule

$$I = \int_t^\infty \frac{1}{t^2} \operatorname{sen} \frac{1}{t^2} dt,$$

fazendo uma substituição que converta o intervalo de integração infinito em um intervalo finito e a seguir use uma fórmula numérica.

23. Calcule

$$I = \int_0^1 (\operatorname{sen} x)/x^{3/2} dx,$$

com três casas decimais corretas por desenvolvimento em série.

24. Use a integração adaptativa para verificar que

$$\int_0^{\pi/2} \frac{dx}{\operatorname{sen}^2 x + \frac{1}{4}\cos^2 x} = \pi,$$

com pelo menos sete casas decimais corretas.

25.

a) Usando a regra trapezoidal adaptativa, calcule com sete casas decimais corretas a integral

$$I = \int_0^1 \frac{\cos x}{\sqrt[3]{x^2}} dx.$$

b) Calcule a integral dada em (a) com sete casas decimais corretas por meio do método de Romberg.

c) Comparando (a) com (b), em qual procedimento ocorreu menor esforço computacional?

d) Usando a regra de Simpson adaptativa, calcule com sete casas decimais corretas a integral

$$\int_0^{4\pi} \cos(x) \ln x \, dx.$$

e) Calcule

$$\int_1^2 \int_1^2 \cos\left(\frac{x}{y}\right) dy \, dx,$$

usando a regra gaussiana de Legendre com dois pontos de integração em cada uma das direções x e y.

f) Por meio da regra trapezoidal composta para $m = n = 4$, calcule

$$\int_1^2 \int_2^3 (x^2 + y^3) dy \, dx.$$

Delimite o erro cometido.

g) Resolva o exercício 29 por meio da regra de Simpson composta para $m = n = 2$.

h) Calcule o comprimento total da elipse $x^2 + t^2/4 = 1$ com seis casas decimais corretas.

i) Para $n = 2, 6, 10$ e 14, por meio da fórmula de Gauss-Laguerre, calcule

$$I = \int_1^\infty \left(e^{-t}/t\right) dt.$$

j) Aplique a fórmula de Gauss-Hermite para calcular

$$I = \int_{-\infty}^\infty e^{-x^2} x^2 \, dt.$$

k) Determine o valor de cada integral abaixo com pelo menos três casas decimais corretas.

(i) $I = \int_{-\infty}^\infty \cos x \, dx$ (ii) $I_2 = \int_{-\infty}^{+\infty} e^{-x^2} \ln\left(1+x^2\right) dx$

(iii) $I_3 = \int_{-1}^1 \left(\cos x\right)/\sqrt{1-x^2} \, dx.$

7 SOLUÇÃO NUMÉRICA DE EQUAÇÕES DIFERENCIAIS ORDINÁRIAS

7.1 Introdução

De maneira geral, uma equação diferencial ordinária (EDO) de ordem n pode ser expressa na forma

$$F\left(x, y, \frac{dy}{dx}, \frac{d^2 y}{dx^2}, \ldots, \frac{d^n y}{dx^n}\right) = 0, \tag{7.1}$$

onde y é uma função de uma variável independente, x. Então, F envolve a variável independente x, a função y e as derivadas de até ordem n de y em relação a x. De agora em diante, denota-se a derivada de ordem k da função y por $d^k y/dx^k$ ou $y^{(k)}$.

Inúmeros são os problemas que, na busca de uma solução, recaem em uma EDO. Muitas leis da física, biologia, engenharia e economia encontram suas expressões naturais nessas equações. Na própria matemática, muitas questões são formuladas por equações diferenciais ordinárias ou se reduzem a elas.

O estudo das equações diferenciais começou com os métodos do cálculo diferencial e integral, desenvolvidos por Newton e Leibnitz, elaborado no último quarto do século XVII para resolver problemas motivados por considerações físicas e geométricas. A evolução desses métodos conduziu gradualmente à consolidação das equações diferenciais como um novo ramo da matemática que, em meados do século XVIII, se transformou em uma disciplina independente. No fim desse mesmo século, a teoria das equações diferenciais se transformou em um dos estudos mais importantes, em que se destacam as contribuições de Euler, Lagrange e Laplace.

No século XIX, os fundamentos da análise matemática experimentaram revisão e reformulação geral, visando maior rigor e exatidão, o que atingiu também as equações diferenciais. Enquanto no século anterior procurava-se uma solução geral para dada equação diferencial, passou-se a considerar como questão prévia em cada problema a existência e a unicidade de soluções satisfazendo dados iniciais.

É difícil estudar diretamente a equação (7.1) em casos gerais. Por isso, a abordagem feita aqui supõe que o teorema das funções implícitas seja aplicável à equação (7.1), podendo-se escrever:

$$\frac{d^n y}{dx^n} = G\left(x, y, \frac{dy}{dx}, \ldots, \frac{d^{n-1} y}{dx^{n-1}}\right). \tag{7.2}$$

O problema a ser tratado neste capítulo é encontrar uma função y que satisfaça a equação (7.2) e condições do tipo: $y(x_0) = c_0$, $y'(x_1) = c_1, \ldots, y^{n-1}(x_{n-1}) = c_{n-1}$. Se $x_0 = x_1 = \ldots = x_{n-1}$, o problema é dito ser de valor inicial. Caso contrário, isto é, quando as condições são especificadas em postos distintos, o problema é dito ser de valor no contorno. Uma solução y da equação (7.2) é uma função n vezes diferenciável em um intervalo $I \subseteq \mathbb{R}$, com $x_i \in I$, $i = 0, 1, \ldots, n-1$, tal que y satisfaça a equação (7.2) para $x \in I$.

No que se refere à existência e à unicidade de solução de equações diferenciais, os resultados e teoremas principais serão citados, mas não demonstrados, de forma que se possa concluir a respeito da existência e unicidade da solução. Outras vezes, simplesmente admitem-se a existência e a unicidade da solução para a equação com a finalidade de resolvê-la numericamente.

No estudo de equações diferenciais, constata-se que não é fácil achar a solução analítica e, frequentemente, isso exige bastante engenhosidade. Além disso, muitos problemas práticos não podem ser resolvidos por procedimentos que conduzam à solução analítica da equação. Por exemplo, a equação de aparência simples $y' = x^2 + y^2$ não pode ser expressa por uma combinação finita de funções elementares, como funções polinomiais, trigonométricas, exponenciais, logarítmicas. Outro exemplo é a equação $y' = 1 - 2xy$, cuja solução

$$y(x) = e^{-x^2} \int_0^x e^{t^2} dt$$

não pode ser expressa em termos de funções elementares.

Outro fato a destacar é que em muitos casos os coeficientes ou as funções existentes na equação diferencial são dados somente na forma de um conjunto tabelado de dados experimentais, o que torna impossível o uso de um procedimento analítico para determinar a solução da equação.

Por essas razões, entre outras, há necessidade do uso de métodos numéricos para determinar a solução de equações diferenciais.

A solução numérica de equações diferenciais ordinárias será obtida como segue. Inicialmente, divide-se o intervalo I onde se deseja a solução em subintervalos $[x_k, x_{k+1}]$, $k = 0,1,\ldots,n-1$; $h = x_{k+1} - x_k$, e por meio de um método numérico aproxima-se a solução nos pontos $x_i = x_0 + ih$, $i = 0,1,\ldots,n$. No que segue, adota-se a seguinte notação: y_i é o valor aproximado de $y(x)$ no ponto $x = x_i$ e $y(x_i)$ é o valor exato de $y(x)$ no ponto $x = x_i$.

Os procedimentos numéricos tratam do cálculo da solução numérica de equações diferenciais de primeira ordem — problema de valor inicial; já as equações diferenciais de ordem n, para serem tratadas numericamente, são reduzidas a um sistema de equações diferenciais de primeira ordem, como será visto adiante.

7.2 Solução numérica de EDO de primeira ordem: problema de valor inicial

Um problema de equação diferencial ordinária de primeira ordem a valor inicial consiste em encontrar uma função y que satisfaça ao seguinte:

$$\begin{cases} \dfrac{dy}{dx} = f(x,y) \\ y(x_0) = y_0, \end{cases} \tag{7.3}$$

onde $f: \Omega \subseteq \mathbb{R}^2 \to \mathbb{R}$, $\Omega = \{(x,y); a \leq x \leq b, -\infty < y < \infty\}$, $y: I = [a,b] \subset \mathbb{R}$.

O problema (7.3) é chamado problema de Cauchy. Poucos são os problemas desse tipo que podem ser resolvidos analiticamente. O primeiro tratado rigoroso sobre esse problema foi feito por Augustin-Louis Cauchy, que demonstrou a existência de solução, se f for contínua e tiver derivada parcial em relação a x também contínua. Mais tarde, G. Peano demonstrou que existiria pelo menos uma solução da equação (7.3) se f fosse apenas contínua. Infelizmente, só essa hipótese sobre f não é suficiente para garantir unicidade ao problema (7.3). Por exemplo, considere o problema (7.4), denominado problema de Cauchyn, conforme descreve Sotomayor, 1979.

$$\frac{dy}{dx} = y^{1/3}, \quad \Omega = \mathbb{R}^2. \tag{7.4}$$

Então, para todo $c \in \mathbb{R}$, a função dada por

$$y(x) = \begin{cases} (x-c)^3, & x \geq c \\ 0, & x \leq c, \end{cases}$$

é uma solução da equação (7.4). A função constante $y = 0$ também é solução da equação (7.4).

Uma condição adicional à de f ser contínua garantirá a unicidade do problema. Essa condição chama-se condição de Lipschitz, caso em que, se $f: \Omega \subseteq \mathbb{R}^2 \to \mathbb{R}$, então existe uma constante $K > 0$, tal que para quaisquer pares $(x,y_1); (x,y_2) \in \Omega$ se tem

$$|f(x,y_1) - f(x,y_2)| \leq K|y_1 - y_2|, \tag{7.5}$$

onde K é a constante de Lipschitz de f em Ω.

Disso decorre o teorema 7.1, cuja demonstração pode ser vista em Atkinson (1978).

> **Teorema 7.1**
>
> Seja f uma função contínua nas variáveis x e y, para todo $(x,y) \in \Omega$, e seja (x_0, y_0) um ponto interior de Ω. Suponha que f satisfaça à condição de Lipschitz. Então, a equação (7.3) tem uma única solução, $y = y(x)$ para $x \in [a,b]$.

Se $y = y(x)$ é uma solução da equação (7.3), então

$$\int_{x_0}^{x} y'(t)\,dt = \int_{x_0}^{x} f(t, y(t))\,dt,$$

ou seja,

$$y(x) = y_0 + \int_{x_0}^{x} f(t, y(t))\,dt. \tag{7.6}$$

Esse processo é reversível. Logo, $y = y(x)$ é solução da equação (7.3) se, e somente se, $y = y(x)$ for solução contínua da equação integral (7.6).

7.2.1 Estabilidade da solução

Um problema como colocado na equação (7.3), cuja solução é a função y, é dito ser estável quando pequenas perturbações em seus dados não modificam significativamente a solução y. Então, a estabilidade da solução y é examinada analisando-se o que ocorre com a solução do problema perturbado, isto é,

$$\begin{cases} y' = f(x,y) + \delta(x) \\ y(x_0) = y_0 + \varepsilon, \end{cases} \tag{7.7}$$

com as hipóteses sobre f conforme o teorema 7.1. Além disso, supõe-se que δ seja contínua para todo x, sendo $(x,y) \in \Omega$ para qualquer y. É possível mostrar que o problema (7.7) tem uma única solução, denotada por $y(x, \delta, \varepsilon)$ e o resultado do teorema 7.1 é válido para um intervalo fixo $[x_0 - \alpha, x_0 + \alpha]$, uniformemente para todas as perturbações ε e $\delta(x)$, desde que

$$|\varepsilon| \le \varepsilon_0;\ \|\delta\|_\infty \le \varepsilon_0, \tag{7.8}$$

para algum ε_0 suficientemente pequeno. A função $y(x, \delta, \varepsilon)$ satisfaz

$$y(x, \delta, \varepsilon) = y_0 + \varepsilon + \int_{x_0}^{x} [f(t, y(x, \delta, \varepsilon)) + \delta(t)]\,dt. \tag{7.9}$$

Subtraindo a equação (7.6) da equação (7.9), vem:

$$y(x, \delta, \varepsilon) - y(x) = \varepsilon + \int_{x_0}^{x} [f(t, y(x, \delta, \varepsilon)) + f(t, y(t))]\,dt + \int_{x_0}^{x} \delta(t)\,dt. \tag{7.10}$$

Usando a equação (7.10), é possível mostrar o seguinte teorema (ATKINSON, 1978):

> **Teorema 7.2**
>
> Considere o problema de valor inicial (7.3) e o problema perturbado (7.7). Supondo que δ seja uma função contínua em Ω e que ε_0 na equação (7.8) seja suficientemente pequeno, a solução do problema perturbado satisfaz
>
> $$\|y(.,\delta,\varepsilon) - y\|_\infty \le K[|\varepsilon| + \alpha\|\delta\|_\infty], \tag{7.11}$$
>
> com $k = 1/(1 - \alpha K)$. Nesse caso, diz-se que a solução do problema de valor inicial é estável com respeito a perturbações nos dados.

O teorema 7.2 mostra que pequenas mudanças nos dados conduzem a pequenas alterações na resposta (ainda que K seja grande). Então, a solução y depende continuamente dos dados; isso significa que o problema de valor inicial é bem posto ou estável.

Pode ocorrer de o problema ser bem posto, mas mal condicionado com respeito à computação numérica. Para melhor entender quando isso ocorre, usa-se a equação (7.10) para estimar a perturbação em y devido às perturbações ε e δ. Para simplificar essa discussão, supõe-se que $\delta(x) = 0$.

Seja $y(x,\varepsilon)$ a solução do problema perturbado

$$\begin{cases} y' = f(x,y) \\ y(x_0) = y_0 + \varepsilon \end{cases}.$$

Da equação (7.10), vem

$$y(x,\varepsilon) - y(x) = \varepsilon + \int_{x_0}^{x} [f(t,y(t,\varepsilon)) - f(t,y(t))]dt. \tag{7.12}$$

Definindo $Z(x,\varepsilon) = y(x,\varepsilon) - y(x)$, aplicando o teorema do valor médio e integrando da equação (7.12), obtém-se a aproximação:

$$Z(x,\varepsilon) \approx \varepsilon + \int_{x_0}^{x} \frac{\partial f(t,y(t))}{\partial y} Z(t,\varepsilon) dt. \tag{7.13}$$

Isso pode ser convertido a um problema de valor inicial que, resolvido, fornece

$$Z(x,\varepsilon) \approx \varepsilon\, e^{\left[\int_{x_0}^{x} \frac{\partial f(t,y(t))}{\partial y} dt\right]}. \tag{7.14}$$

A aproximação $Z(x,\varepsilon)$ na equação (7.14) é válida quando $Z(x,\varepsilon)$ não se torna grande.

Exemplo 7.1

Considere o problema $y' = 100y - 101e^{-x}$, $y(0) = 1$, que tem como solução $y(x) = e^{-x}$. Perturbando o valor inicial por ε, a solução exata do problema será

$$y(x,\varepsilon) = e^{-x} + \varepsilon\, e^{100x}.$$

É claro que, para qualquer $\varepsilon \neq 0$, a solução perturbada se afasta muito da solução $y(x)$ do problema não perturbado. Então, o problema dado inicialmente é mal condicionado, não estável quando resolvido numericamente.

Note que no problema do exemplo 7.1 $\partial f(x,y(x))/\partial y > 0$ e que $y(x)$ decresce para $y \geq x_0$ com x crescente. Então, de acordo com a equação (7.14), $Z(x,\varepsilon)$ será rapidamente crescente com x, bem como o erro relativo em $y(x,\varepsilon)$. Os problemas bem condicionados são aqueles em que $\partial f(x,y(x))/\partial y < 0$ para $x \geq x_0$. Assim, $Z(x,\varepsilon)$ é decrescente quando x cresce. As equações em que $\partial f(x,y(x))/\partial y < 0$, sendo $\partial f(x,y(x))/\partial y$ grande, são problemas bem condicionados, mas que podem trazer dificuldades para a aplicação dos métodos numéricos que serão tratados neste capítulo. Quando isso ocorre, as equações são chamadas de equações *stiff*. Adiante, retoma-se essa discussão.

A solução numérica da equação (7.3) será obtida pelo seguinte procedimento. Divide-se o intervalo $[a,b]$ em subintervalos $[x_k, x_{k+1}]$, $k = 0,1,2,\ldots,n-1$; $h = x_{k+1} - x_k$ e aproxima-se a solução y nos pontos $x_k = x_0 + hk$; $k = 1,2,\ldots,n$; obtém-se assim uma tabela de valores funcionais mostrados no Quadro 7.1.

Quadro 7.1 Solução aproximada da equação (7.3) nos pontos: $x_k = x_0 + hk$; $k = 0,1,2,\ldots,n$.

k	x_k	y_k
0	x_0	y_0
1	x_1	y_1
2	x_2	y_2
$\vdots$	$\vdots$	$\vdots$
n	x_k	y_k

Geometricamente, essa situação está ilustrada na Figura 7.1.

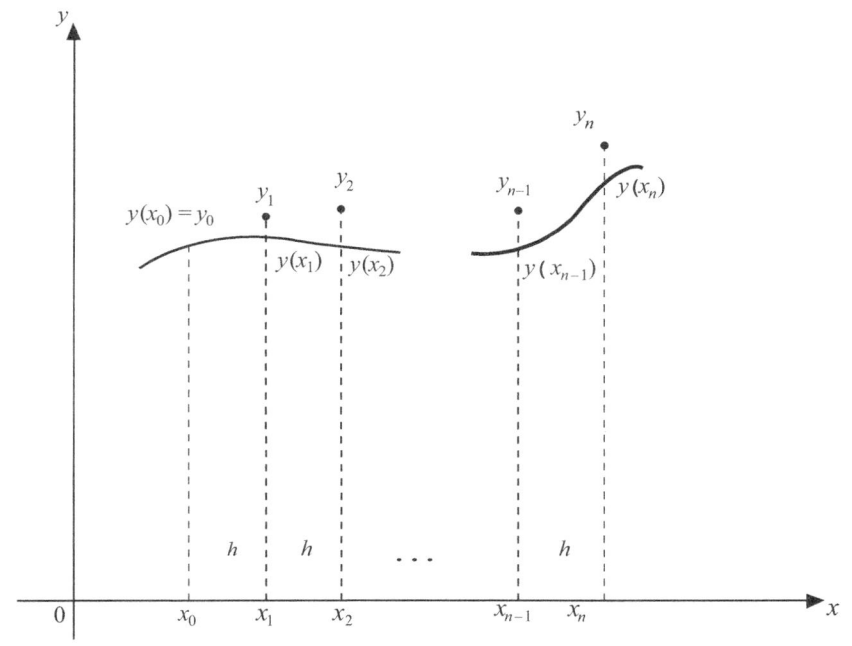

Figura 7.1 Solução numérica de EDO.

Os métodos numéricos básicos para aproximar a solução da equação (7.3) podem ser agrupados em: (a) *métodos de passo simples*, onde a aproximação y_{k+1} é calculada a partir do resultado y_k obtido no passo k; (b) *métodos de passo múltiplo*, onde a aproximação y_{k+1} é calculada usando-se os valores $y_k, y_{k-1}, \ldots, y_{k-s+1}$, obtidos em passos anteriores e nos métodos implícitos até y_{k+1}.

7.2.2 Métodos de passo simples

Expansão de y em série de Taylor

Admitindo que a f na equação (7.3) seja suficientemente derivável, pode-se expandir a solução y da equação (7.3) em série de Taylor em torno do ponto $x = x_0$, para obter a solução em $x_1 = x_0 + h$. Então,

$$y(x_0 + h) = y(x_0) + hy'(x_0) + \frac{h^2}{2!}y''(x_0) + \frac{h^3}{3!}y'''(x_0) + \ldots + \frac{h^n}{n!}y^{(n)}(x_0) + \ldots \quad (7.15)$$

ou

$$y(x_0 + h) = y(x_0) + hf(x_0, y(x_0)) + \frac{h^2}{2!}f'(x_0, y(x_0)) + \frac{h^3}{3!}f''(x_0, y_0) + \ldots + \frac{h^n}{n!}f^{(n-1)}(x_0, y(x_0)) + \ldots,$$

onde

$$\begin{aligned}
y' &= f \\
y'' &= f' = f_x + f_y y' = f_x + f_y f \\
y''' &= f'' = f_{xx} = f_{xy}f + f_{xy} + f_{yy}f^2 + f_y f_x + f_y^2 f \\
&= f_{xx} + 2f_{xy}f + f^2 f_{yy} + f_x f_y + ff_y^2
\end{aligned}$$

(7.16)

e assim por diante. Continuando dessa maneira, é possível expressar qualquer derivada de y em termos de f e de suas derivadas parciais.

Exemplo 7.2

Usando série de Taylor, calcule para $x = 2{,}1$ a solução da EDO
$$\begin{cases} xy' = x - y \\ y(2) = 2, \end{cases}$$

Neste exemplo, tem-se $x_0 = 2$, $y(x_0) = 2$, $h = 0{,}1$ e $f(x,y) = 1 - yx^{-1}$, $x \neq 0$. Usando a equação (7.16), obtém-se

$$f(x_0, y(x_0)) = f(2,2) = 0$$
$$f'(x,y) = yx^{-2} y' x^{-1}; \quad f(2,2) = 0{,}5$$
$$f''(x,y) = -2yx^{-3} + 2y'x^{-2} - y''x^{-1}; \quad f(2,2) = -0{,}75$$
$$f'''(x,y) = 6yx^{-4} - 6y'x^{-3} + 3y''x^{-2} - y'''x^{-1}; \quad f(2,2) = 0{,}75.$$

Então,

$$y(2{,}1) = 2 + 0 + \frac{(0{,}1)^2}{2} \cdot (0{,}5) + \frac{(0{,}1)^3}{6} \cdot (-0{,}75) + \frac{(0{,}1)^4}{24} \cdot (0{,}75) + \ldots$$
$$= 2 + 0{,}0025 - 0{,}000125 + 0{,}0000031 + \ldots$$

Logo,

$$y(2{,}1) \approx 2{,}002378$$

é o resultado desejado.

Truncando a série após o n-ésimo termo, vem

$$y(x_0 + h) = y(x_0) + hf(x_0, y(x_0)) + \frac{h^2}{2!} f'(x_0, y(x_0)) + \ldots + \frac{h^{n-1}}{(n-1)!} f^{(n-2)}(x_0, y(x_0)) + E_t(h),$$

ou seja,

$$y(x_0 + h) \approx y(x_0) + hf(x_0, y(x_0)) + \frac{h^2}{2} f'(x_0, y(x_0)) + \ldots + \frac{h^{n-1}}{n!} f^{(n-2)}(x_0, y(x_0)),$$

onde $E_t(h)$ é o *erro local de truncamento* expresso por

$$E_t(h) = \frac{h^n}{n!} f^{(n-1)}(\xi, y(\xi)), \quad x_0 < \xi < x_0 + h.$$

(7.17)

Uma delimitação para $E_t(h)$ é obtida por

$$|E_t(h)| \leq \frac{h^n}{n!} M,$$

(7.18)

onde

$$M = \max \left| f^{(n-1)}(\eta, y(\eta)) \right|, \quad \eta \in \left[x_0, x_0 + h \right].$$

Desse modo, se forem usados n termos da série de Taylor para calcular uma aproximação para $y(x_0 + h)$, o erro local de truncamento será da ordem de h^n, isto é, $O(h^n)$. Para gerar uma tabela de valores de aproximações, após o cálculo da solução aproximada em $x_1 = x_0 + h$, o processo é repetido, isto é, calculam-se as derivadas y', y'' etc. em $x_1 = x_0 + h$, e usando a equação (7.15), obtém-se a solução aproximada em $x_2 = x_1 + h$. Continuando dessa maneira, obtém-se a solução aproximada nos pontos $x_3 = x_2 + h$, $x_4 = x_3 + h, \ldots, x_m = x_{m-1} + h$. Nesse caso, os erros de truncamento acumulam-se a cada estágio e, para a aproximação y_m, não se pode mais afirmar que o erro é da $O(h^n)$. O erro acumulado é denominado *erro global de truncamento*.

Método de Euler

É um método simples, mas computacionalmente pouco eficiente. Ele pode ser apresentado de diversas maneiras. A seguir, apresenta-se uma das abordagens do citado método.

Retendo da equação (7.15) apenas os dois primeiros termos, tem-se:

$$y_1 = y(x_0) + hf(x_0, y(x_0)). \tag{7.19}$$

Repetindo a ideia para os intervalos $[x_1, x_2]$; $[x_2, x_3]$;... resulta em

$$y_{k+1} = y_k + hf(x_k, y_k), \ k \geq 1, \tag{7.20}$$

que é a expressão geral do método de Euler.

Outra maneira de se chegar à fórmula recursiva (7.20) é na equação (7.3) aproximar dy/dx no ponto $x = x_k$ por $(y(x_k + h) - y(x_k))/h$, resultando em:

$$y(x_k + h) \approx y(x_k) + hf(x_k, y(x_k));$$

e, se $y(k_x)$ é dado por aproximação, então

$$y_{k+1} = y_k + hf(x_k, y_k). \tag{7.21}$$

Figura 7.2 Interpretação geométrica do método de Euler.

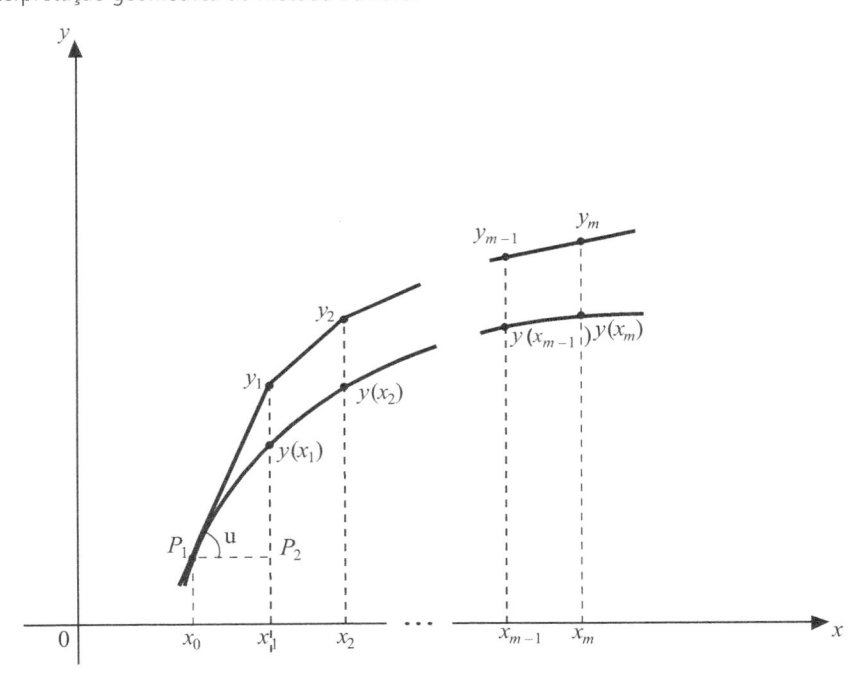

Na Figura 7.2 o triângulo $P_1P_2P_3$ permite escrever: $h\,\text{tg}\,\theta = \overline{P_2P_3}$, ou $\overline{P_2P_3} = hf(x_0, y(x_0))$; então $y_1 = y(x_0) + hf(x_0, y(x_0))$. Repetindo essa ideia, tem-se o significado geométrico de $y_{k+1} = y_k + hf(x_k, y_k)$, $k \geq 1$.

Exemplo 7.3

Calcule $y(0,5)$ para $dy/dx = -y + x + 1$; $y(0) = 2$, pelo método de Euler com $h = 0,1$, e compare o resultado obtido com a solução exata da EDO.

Nesse caso, tem-se: $f(x,y) = -y + x + 2$, $x_0 = 0$, $y(x_0) = y(0) = 2$. Para calcular $y(0,5)$, aplica-se o método para $k = 1,2,3,4,5$, obtendo assim a solução aproximada nos pontos $x_k = x_0 + kh$. O resumo dos cálculos é mostrado no seguinte quadro:

x_k	Y_k
0	2
0,1	2,0000
0,2	2,0100
0,3	2,0290
0,4	2,561
0,5	2,0905

A solução analítica da equação é $y(x) = e^{-x} + x + 1$ e $y(0,5) = 2,10665$.

Convergência e erro de truncamento no método de Euler

Foi visto que o método de Euler pode ser obtido retendo-se os dois primeiros termos da série de Taylor. Então, o erro local de truncamento, isto é, o erro cometido para passar de x_0 a x_1, em um passo, admitindo que y e y' sejam conhecidos exatamente em $x = x_0$, será expresso por

$$\frac{h^2}{2} y''(\xi), \quad x_0 < \xi < x_1. \tag{7.22}$$

Isso indica que o erro local de truncamento é da $O(h^2)$. A cada passo do método para obter a solução nos pontos $x_k = x_0 + kh$, $k = 2,3,\ldots,n$ o erro de truncamento se acumula, dando origem ao erro global de truncamento. Atkinson (1978) mostra que o erro global de truncamento é pelo menos da $O(h)$, conforme o teorema a seguir.

Teorema 7.3

Sejam y_k a solução obtida pelo método de Euler em $x_k = x_0 + kh$ ($x_0 \equiv a$) e

$$\Omega = \{(x,y); a \leq x \leq b, -\infty < y < \infty\}.$$

Se f é contínua, satisfaz a equação (7.5) em Ω e, supondo que a solução y da equação (7.3) tem derivada segunda contínua em Ω tal que $\max|y''(x)| = M$, $M > 0$, então o erro global de truncamento em

$$a \leq x \leq b, \ |E_k| = |y(x_k) - y_k|; \ k = 0,1,2,\ldots,n,$$

satisfaz à desigualdade

$$|E_k| \leq e^{(b-x_0)}|E_0| + \left[\frac{e^{(b-x_0)K} - 1}{2K}\right] Mh. \tag{7.23}$$

> **Observação:**
> Se $E_0 = 0$, eventualmente pode não ser se, por exemplo, a condição inicial for obtida experimentalmente; então, $|E_k| \leq Ch$, $C = [(e^{(x_1-x_0)K} - 1)M]/2K$, ou seja, o erro de truncamento global é pelo menos da $O(h)$, isto é, quando $h \to 0$, o erro tende a zero, pois $\lim_{h \to 0}|E_k| \leq \lim_{h \to 0} Ch = 0$ com a mesma rapidez com que $h \to 0$.
> Logo, o método de Euler converge ao valor exato quando $h \to 0$, sendo o erro de truncamento global $O(h)$.

Erro de arredondamento no método de Euler

Até o presente momento, a preocupação foi analisar o comportamento do erro de truncamento. Todavia, junto com esse tipo de erro devem ser considerados os erros de arredondamento cometidos durante os cálculos.

Sejam ρ_k e $\tilde{y}_k$ respectivamente o erro de arredondamento local e o resultado obtido levando-se em consideração o erro de arredondamento (y_k é o resultado obtido com a ausência de erro de arredondamento, isto é, se a aritmética exata fosse usada), então vem que

$$\tilde{y}_{k+1} = \tilde{y} + hf(x_k, \tilde{y}_k) + \rho_k, \quad k = 0, 1, \ldots, m-1. \tag{7.24}$$

Seja $\rho(h)$ um limite para os erros de arredondamento, então

$$\rho(h) = \max_{0 \leq k \leq m-1} |\rho_k|$$

Seja $\tilde{E}_k = y(x_k) - \tilde{y}_k$ o erro total, ou seja, o erro cometido levando-se em conta os erros de truncamento e arredondamento. Atkinson (1978) mostra que

$$|\tilde{E}_k| \leq e^{(b-x_0)K}|\tilde{E}_0| + \left[\frac{e^{(b-x_0)K}-1}{K}\right]\left[\frac{Mh}{2} + \frac{\rho(h)}{h}\right]. \tag{7.25}$$

Da equação (7.25), conclui-se que, quando h decresce, o erro de truncamento diminui e, por outro lado, o erro de arredondamento aumenta. Logo, tal fato deve ser considerado para a escolha de h, conforme indica a Figura 7.3.

Figura 7.3 Sobreposição do erro de truncamento ao erro de arredondamento em função de h (h^* é o h ótimo).

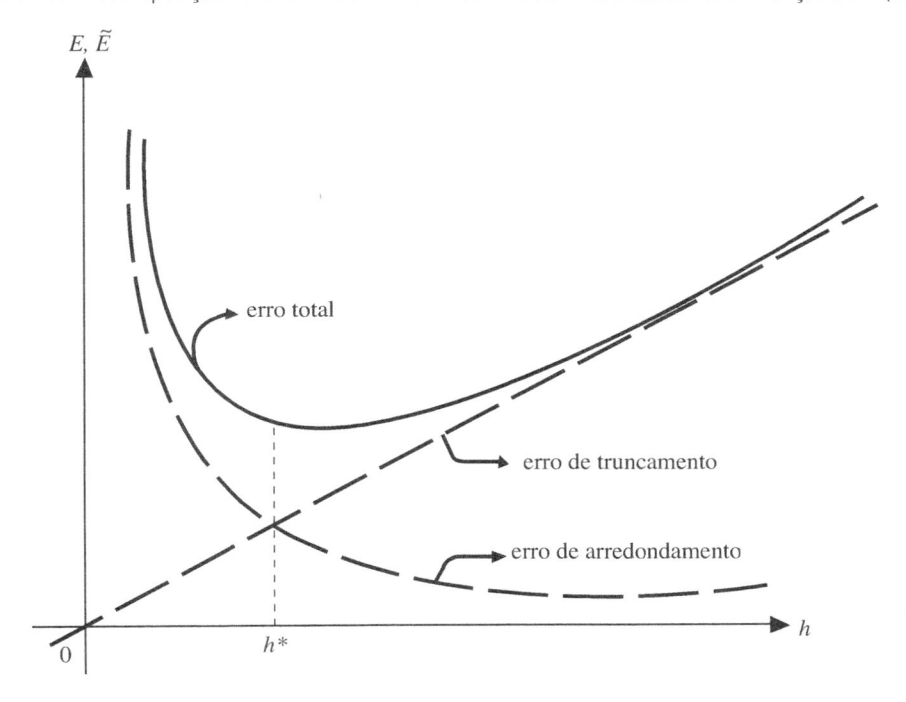

Análise de estabilidade no método de Euler

Para proceder à análise de estabilidade no método de Euler, considera-se o método numérico perturbado:

$$z_{k+1} = z_k + h\left[f(x_k, z_k) + \delta(x_k) \right], \tag{7.26}$$

com $z_0 = y_0 + \varepsilon$, e comparam-se, então, as duas soluções numéricas $\{z_k\}$ e $\{y_k\}$ quando $h \to 0$. Para tanto, seja $E_k = z_k - y_k$, $k \geq 0$, $E_0 = \varepsilon$. Atkinson (1978) mostra que

$$\underset{0 \leq k \leq N(h)}{\text{Máx}} |z_k - y_k| \leq e^{(b-x_0)} |\varepsilon| + \left[\frac{e^{(b-x_0)K} - 1}{K} \right] \|\delta\|_\infty, \tag{7.27}$$

onde $N(h)$ denota o maior índice N para o qual $x_N \leq b$ e $x_{N+1} > b$. Consequentemente, existem constantes $\bar{k}_1$, $\bar{k}_2$, independentes de h, para as quais

$$\underset{0 \leq k \leq N(h)}{\text{Máx}} |z_k - y_k| \leq \tilde{k}_1 |\varepsilon| + \tilde{k}_2 \|\delta\|_\infty, \tag{7.28}$$

que é um resultado análogo ao expresso na equação (7.11), para o problema (7.3). Diz-se então que o método de Euler é estável numericamente para a solução do problema de valor inicial (7.3). Tomando $\delta(x) = 0$, simplifica-se a análise e os resultados são também úteis.

> **Observação:**
>
> Outra maneira de analisar a estabilidade de um método numérico consiste em estabelecer regiões do plano complexo construídas com base na seguinte definição: um método de aproximação é dito ser *absolutamente estável* num ponto λh do plano complexo se a sequência $\{y_k\}$ gerada pelo método aplicado à EDO de referência
>
> $$\frac{dy}{dx} = \lambda y, \tag{7.29}$$
>
> com passo $\Delta x = h$, for limitada, isto é $y_k \to 0$, quando $y_k \to \infty$.
>
> A região de estabilidade é o conjunto de pontos $\lambda h \in \mathbb{C}$ para os quais o método é absolutamente estável. Para justificar esse procedimento, expande-se $y' = f(x, y(x))$ em série de Taylor. Com efeito,
>
> $$y'(x) \approx f(x, y_0) + f_y(x, y_0)(y(x) - y_0).$$
>
> Se $b - x_0$ é suficientemente pequeno, então $f_y(x, y_0) \approx f_y(x_0, y_0) = \lambda$ e
>
> $$y'(x) \approx f(x, y_0) + \lambda(y(x) - y_0), x_0 \leq x \leq b.$$
>
> Fazendo $v(x) = y(x) - y_0$, tem-se o seguinte problema:
>
> $$\begin{cases} v'(x) \approx \lambda v(x) + f(x, y_0) \\ v(x_0) = v_0 = 0. \end{cases}$$
>
> Quando se analisa a questão da instabilidade, efetua-se a diferença entre a solução do problema perturbado e do problema original. Logo, o termo $f(x, y_0)$ é cancelado sem afetar o resultado sobre a estabilidade, obtendo-se o modelo de referência expresso na equação (7.29). Um método é dito *A-estável* se sua região de estabilidade incluir todo o semiplano negativo, isto é,
>
> $$R_e(\lambda h) \leq 0$$

Com base nessas considerações, determina-se a seguir a região de estabilidade, no plano complexo, para o método de Euler.

Resolvendo por Euler a equação de referência (7.29), tem-se

$$y_{k+1} = y_k + h(\lambda y_k) = y_k(1+\lambda h)$$
$$y_{k+2} = y_k(1+\lambda h)^2$$
$$\vdots \qquad \vdots$$
$$y_{k+n} = y_k(1+\lambda h)^n.$$

A sequência $\{y_k\}$ é limitada se $|1+\lambda h| \leq 1$. Então, a região de estabilidade é o conjunto dos complexos λh, tais que

$$|1+\lambda h| \leq 1. \qquad (7.30)$$

Da equação (7.30), tem-se

$$-2 \leq \lambda h \leq 0. \qquad (7.31)$$

Com base na equação (7.31), obtém-se a região de estabilidade do método de Euler, como mostra a Figura 7.4.

Figura 7.4 Região de estabilidade do método de Euler.

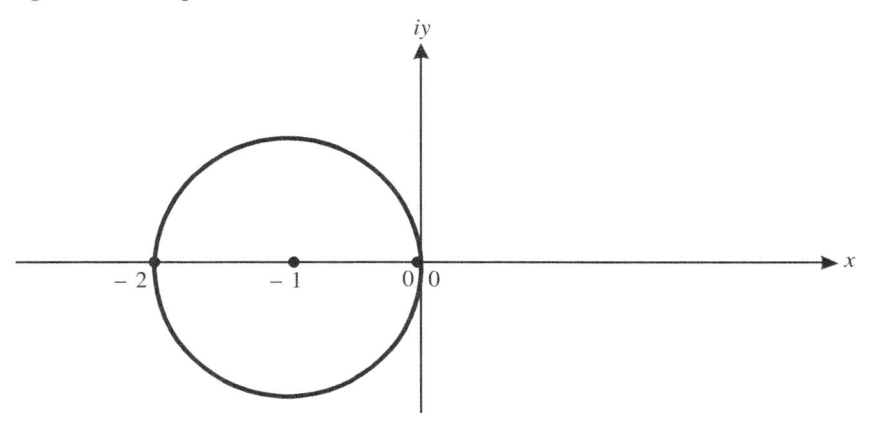

Exemplo 7.4

Aplicando o método de Euler à EDO $dy/dx = y, y(0) = 1$, obtêm-se os seguintes resultados:

k	x_k	y_k
0	0	1
1	0,1	1,1
2	0,2	1,21
3	0,3	1,331
4	0,4	1,4641
5	0,5	1,61051
6	0,6	1,771561
7	0,7	1,9487171
8	0,8	2,14358881
9	0,9	2,357947691
10	1,0	2,593742460
11	1,1	2,853116706
12	1,2	3,138428377
13	1,3	3,452271214
14	1,4	3,797498336
15	1,5	4,177248169

Com $\lambda = 1$, $h = 0,1$; então, λh não pertence à região de estabilidade do método de Euler, e os resultados obtidos são discrepantes, pois $y = e^x$ e $y(1,5) = 4,48160907$.

Exemplo 7.5

Pelo método de Euler com $h = 0,1$ aplicado à EDO

$$\begin{cases} \dfrac{dy}{dx} = -y \\ y(0) = 1, \end{cases}$$

obtém-se

k	x_k	y_k
1	0,1	0,9
2	0,2	0,81
3	0,3	0,729
4	0,4	0,6561
5	0,5	0,59049
6	0,6	0,531441
7	0,7	0,4782969
8	0,8	0,43046721
9	0,9	0,387420489
10	1,0	0,34867844
11	1,1	0,313810596
12	1,2	0,282429536
13	1,3	0,254186582
14	1,4	0,228767924
15	1,5	0,225891132

Nesse caso, λh pertence à região de estabilidade do método $\left(y = e^{-x}, y(1,5) = 0,22313016 \right)$.

Método de euler e extrapolação de Richardson

A técnica de extrapolação de Richardson pode ser aplicada à resolução numérica de equações diferenciais. Aqui, usam-se o método de Euler e a extrapolação de Richardson para resolver a equação (7.3). O teorema a seguir garante um desenvolvimento do tipo da equação (6.41) (DAHLQUIST, 1974).

Teorema 7.4

Seja $y(x,h)$ uma aproximação para o problema (7.3) obtida pelo método de Euler no ponto x com passo de discretização h, então

$$y(x,h) = c_1(x)h + c_2(x)h^2 + c_3(x)h^3 + \ldots + c_n(x)h^n + O(h^{n+1}),$$

e a extrapolação de Richardson pode ser usada de acordo com a equação (6.41) para $p_k = k$.

Se $p = 2$, tem-se que $\Delta/1, \Delta/3, \Delta/7, \Delta/15, \Delta/31,\ldots$, no esquema de extrapolação de Richardson, dado no Quadro 6.4.

Exemplo 7.6

Pelo método de Euler, calcule $y(x)$ para $x = 1$, aplicando a técnica de extrapolação de Richardson para o problema $y' = -y, y(0) = 1$.

Os $F_{m,0}$ serão calculados com passo de discretização $h_m = 0{,}25 \times 2^{-m}$ pelo método de Euler. Os resultados obtidos estão no Quadro 7.2.

Quadro 7.2 Resultados.

	∆/1	$F_{m,1}$	∆/3	$F_{m,2}$	∆/7	$F_{m,3}$
$F_{00} = 0{,}316406$						
	0,02703					
$F_{10} = 0{,}343609$		0,370812				
	0,012465		−0,000758			
$F_{20} = 0{,}356074$		0,368539		0,367781		
	0,005981		−0,000168		0,000012	
$F_{30} = 0{,}362055$		0,368036		0,367868		0,367880
	0,002932		−0,000039		0,000002	
$F_{40} = 0{,}364987$		0,367919		0,367880		0,367882

Métodos de Runge-Kutta

Esses métodos produzem resultados equivalentes aos obtidos caso a série de Taylor com termos de ordens superiores fosse usada. A vantagem dos métodos de Runge-Kutta em relação à série de Taylor está no fato de que não será necessário o cálculo de derivadas de f.

Por simplicidade, daqui por diante abrevia-se Runge-Kutta por RK. Todos os métodos de RK têm algoritmo na forma

$$y_{k+1} = y_k + h\,\Phi(x_k, y_k, h),\ k \geq 0, \tag{7.32}$$

onde a função Φ representa uma aproximação para f no intervalo $\left[x_k, x_{k+1}\right]$.

RK de segunda ordem

Os métodos de RK de certa ordem podem ter várias formas, ou seja, existe uma família de métodos de RK de segunda ordem, por exemplo. Descreve-se inicialmente um dos membros dessa família, método de Euler aperfeiçoado ou o método de Heun.

Foi visto que o método de Euler usa somente a inclinação no ponto (x_k, y_k) no cálculo de y_{k+1}. Uma das maneiras de melhorar esse método é, em vez de usar só a inclinação em (x_k, y_k), usar a média das inclinações em (x_k, y_k) e $(x_{k+1}, \overline{y}_{k+1})$, onde $x_{k+1} = x_k + h$, $\overline{y}_{k+1} = y_k + hf(x_k, y_k)$. Usa-se o método de Euler para determinar o ponto $(x_{k+1}, \overline{y}_{k+1})$ que está na reta R_1 (Figura 7.5), onde se calcula a "inclinação da curva", que representa a solução da equação (7.3). A "inclinação" nesse ponto será calculada simplesmente pelo valor de f nesse ponto, determinando assim a reta R_2 como mostra a Figura 7.5. Calculando a média aritmética das "inclinações da curva" nos pontos (x_k, y_k) e $(x_{k+1}, \overline{y}_{k+1})$ definidos por R_1 e R_2, respectivamente, obtém-se a reta pontilhada R. Traçando-se uma R' paralela à reta R por meio do ponto (x_k, y_k), o ponto de intersecção desta com a reta $x = x_{k+1}$ é tomado como o ponto (x_{k+1}, y_{k+1}).

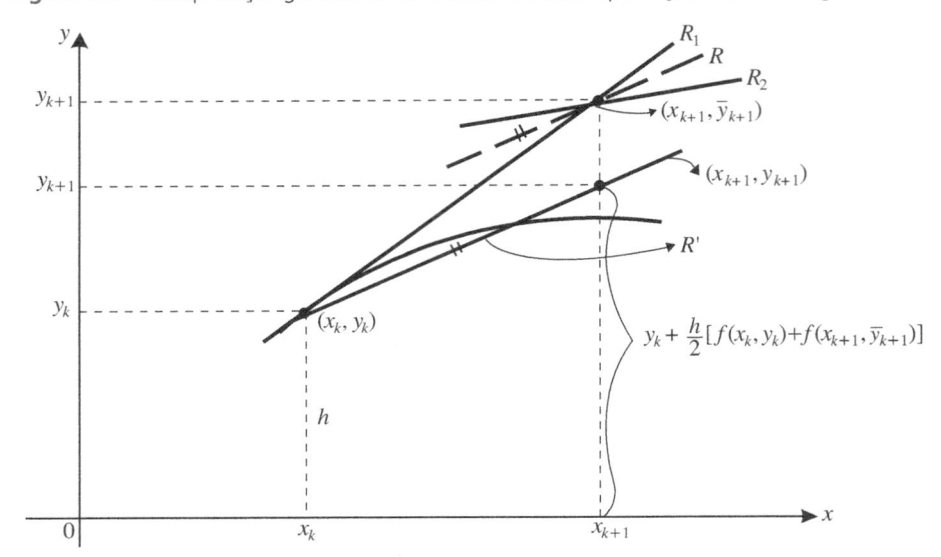

Figura 7.5 Interpretação geométrica do método de Euler aperfeiçoado (RK de segunda ordem).

A inclinação das retas R e R' é calculada por

$$\Phi(x_k, y_k, h) = \frac{1}{2}[f(x_k, y_k) + f(x_{k+1}, \overline{y}_{k+1})], \qquad (7.33)$$

onde

$$\overline{y}_{k+1} = y_k + hf(x_k, y_k). \qquad (7.34)$$

A equação da reta R' é

$$y = y_k + (x - x_k)\Phi(x_k, y_k, h). \qquad (7.35)$$

Para o ponto (x_{k+1}, y_{k+1}), tem-se

$$y_{k+1} = y_k + h\Phi(x_k, y_k, h). \qquad (7.36)$$

Portanto, o algoritmo para o método de Euler aperfeiçoado fica:

$$\begin{cases} \overline{y}_{k+1} = y_k + hf(x_k, y_k) \\ y_{k+1} = y_k + \frac{h}{2}[f(x_k, y_k) + f(x_k + h, \overline{y}_{k+1})] \end{cases} \quad k \geq 0. \qquad (7.37)$$

Para averiguar a precisão desse método, expande-se f em série de Taylor a duas variáveis,

$$f(x, y) = f(x, y_k) + (x - x_k)f_x(x_k, y_k) + (y - y_k)f_y(x_k, y_k) + \frac{1}{2}[(x - x_k)^2 f_{xx}(\xi, \eta)$$
$$+ 2(x - x_k)(y - y_k)f_{xy}(\xi, \eta) + (y - y_k)^2 f_{yy}(\xi, \eta)], \ \xi \text{ entre } x \text{ e } x_k, \ \overline{\eta} \text{ entre } y \text{ e } y_{k+1}.$$

Para $x = x_k + h$ e $y = \overline{y}_{k+1}$, vem

$$f(x_k + h, \overline{y}_{k+1}) = f(x_k, y_k) + hf_x(x_k, y_k) + hf(x_k, y_k)f_y(x_k, y_k) + \frac{1}{2}h^2[f_{xx}(\overline{\xi}, \overline{\eta})$$
$$+ 2f(x_k, y_k)f_{yy}(\overline{\xi}, \overline{\eta}) + f^2(x_k, y_k)f_{yy}(\overline{\xi}, \overline{\eta})], \ \overline{\xi} \text{ entre } x_k \text{ e } x_{k+1}, \overline{\eta} \text{ entre } y_k \text{ e } y_{k+1}$$

Substituindo esse último resultado na equação (7.33) e depois na equação (7.36), obtém-se:

$$y_{k+1} = y_k + hf(x_k, y_k) + \frac{h^2}{2}[f_x(x_k, y_k) + f(x_k, y_k)f_y(x_k, y_k)] + \frac{h^3}{4}[f_{xx}(\bar{\xi}, \bar{\eta}) \qquad (7.38)$$
$$+ 2f(x_k, y_k)f_{xy}(\bar{\xi}, \bar{\eta}) + f^2(x_k, y_k)f_{yy}(\bar{\xi}, \bar{\eta})], \bar{\xi} \text{ entre } x_k \text{ e } x_{k+1}, \bar{\eta} \text{ entre } y_k \text{ e } y_{k+1}.$$

Comparando a equação (7.38) com o desenvolvimento de y em série de Taylor, conclui-se que o método de Euler aperfeiçoado concorda com o desenvolvimento da série até o terceiro termo, isto é, até o termo em h^2. Logo, o erro local de truncamento é da $O(h^3)$, ou seja, se a solução exata é conhecida em $x = x_k$, então o erro de truncamento será $O(h^3)$. Pelo teorema 7.3, tem-se que o erro global de truncamento é da $O(h^2)$. Para justificar que esse método é um método de RK de segunda ordem, tomam-se por base dois fatos. Primeiro, que ele coincide com a série de Taylor até o termo de h^2. Segundo, que o erro global de truncamento é da $O(h^2)$.

> **Observação:**
> O método de Heun pode ser dado também por meio do seguinte algoritmo:
>
> $$\begin{cases} y_{k+1} = y_k + \frac{h}{2}[k_1 + k_2], \\ \text{sendo} \\ k_1 = f(x_k, y_k) \\ k_2 = f(x_k + h, y_k + hk_1), \\ \text{para } k=0,1,2,\ldots \end{cases} \qquad (7.39)$$
>
> Se $y(x,h)$ é o resultado no ponto x com passo de discretização h, obtido pelo método de Heun, então
>
> $$y(x,h) = y(x) + c_2(x)h^2 + c_3(x)h^3 + c_4(x)h^4 + c_5(x)h^5 + \ldots,$$
>
> e a extrapolação de Richardson pode assim ser usada. No esquema dado no Quadro 6.4, tem-se:
>
> $$\Delta/3, \Delta/7, \Delta/15, \ldots$$

Exemplo 7.7

Com $h = 0,1$, pelo método de RK de segunda ordem, calcule $y = (0,5)$ para o problema dado no exemplo 7.3. Fazendo $k = 0$ na equação (7.37), vem:

$$\bar{y}_1 = y_0 + hf(x_0, y_0) = 2,0000$$
$$y_1 = y_0 + \frac{h}{2}[f(x_0, y_0) + f(x_1, \bar{y}_1)]$$

Para $k = 1$, tem-se: $\qquad = 2,0050$

$$\bar{y}_2 = y_1 + hf(x_1, y_1) = 2,0050 + 0,1(-2,0050 + 0,1 + 2) = 2,0145$$
$$y_2 = y_1 + \frac{h}{2}[f(x_1, y_1) + f(x_2, \bar{y}_2)] = 2,0190.$$

A tabela a seguir resume os resultados obtidos:

x_k	y_k
0	2
0,1	2,0050
0,2	2,0190
0,3	2,0412
0,4	2,0708
0,5	2,1071

Esse método requer o cálculo $f(x,y)$ duas vezes: uma em (x_k, y_k) e outra em $\left(x_{k+1} + \overline{y}_{k+1}\right)$. Como uma comparação do esforço computacional para mesma ordem de precisão, a série de Taylor requer três cálculos de funções: $f, f_x,$ e f_y e o inconveniente que é o cálculo das derivadas.

Outro membro da família dos métodos de RK de segunda ordem é o método de Euler modificado, que usa a "inclinação da curva" no ponto médio dos pontos x_k e x_{k+1}. Considere a reta L_1 que passa pelo ponto (x_k, y_k) e tem inclinação $f(x_k, y_k)$ até ela interceptar a reta $x = x_k + h/2$ (Figura 7.5). Esse ponto de intersecção é o ponto de coordenadas $\left(x_k + h/2, \overline{y}_{k+1/2}\right)$, onde $\overline{y}_{k+1/2} = y_k + (h/2) f(x_k, y_k)$.

A "inclinação da curva" nesse ponto é:

$$\Phi(x_k, y_k, h) = f\left(x_k + h/2, \overline{y}_{k+1/2}\right). \tag{7.40}$$

Seja L a reta que passa pelo ponto de intersecção $(x_k + h/2, \overline{y}_{k+1/2})$ com inclinação dada na equação (7.40) e L' a reta passando por (x_k, y_k) paralela a L. A equação de L' é:

$$y = y_k + (x - x_k)\Phi(x_k, y_k, h). \tag{7.41}$$

Assim,

$$y_{k+1} = y_k + h\,\Phi(x_k, y_k, h). \tag{7.42}$$

Logo, o algoritmo para o método de Euler modificado fica

$$\begin{cases} \overline{y}_{k+1/2} = y_k + \dfrac{h}{2} f(x_k, y_k) \\ y_{k+1} = y_k + hf\left(x_k + h/2, \overline{y}_{k+1/2}\right) \end{cases} \quad k \geq 0. \tag{7.43}$$

Foram vistos dois diferentes métodos de RK de segunda ordem, ambos expressos por uma equação do tipo da equação (7.32) em que a função Φ é da forma:

$$\Phi(x_k, y_k, h) = a_1 f(x_k, y_k) + a_2 f\left(x_k + b_1 h, y_k + b_2 h f(x_k, y_k)\right).$$

Para o método de Euler aperfeiçoado, tem-se que:

$$\begin{cases} a_1 = a_2 = 1/2, \\ b_1 = b_2 = 1, \end{cases}$$

e, para o método de Euler modificado, tem-se que

$$\begin{cases} a_1 = 0 \text{ e } a_2 = 1, \\ b_1 = b_2 = 1/2. \end{cases}$$

Uma questão interessante é saber quais são os valores que se podem atribuir aos parâmetros a_1, a_2, b_1, e b_2 e, entre esses conjuntos de valores, qual é o melhor. A família dos métodos de RK de segunda ordem tem, portanto, a seguinte forma geral:

$$y_{k+1} = y_k + h[a_1 f(x_k, y_k) + a_2\left(x_k + b_1 h, y_k + b_2 h f(x_k, y_k)\right)]. \tag{7.44}$$

Cada membro da família fica determinado a partir do momento em que são atribuídos valores aos parâmetros $a_1, a_2, b_1,$ e b_2. Fazendo uso da série de Taylor, pode-se escrever que

$$f\left(x_k + b_1 h, y_k + b_2 h f(x_k, y_k)\right) = f(x_k, y_k) + b_1 h f_x(x_k, y_k) + b_2 h f(x_k, y_k) f_y(x_k, y_k) + O(h^2). \tag{7.45}$$

Substituindo a equação (7.45) na equação (7.44), vem

$$y_{k+1} = y_k + h\{a_1 f(x_k, y_k) + a_2 f(x_k, y_k) + h[a_2 b_1 f_x(x_k, y_k) + a_2 b_2 f(x_k, y_k)]\} + O(h^3). \tag{7.46}$$

Constatou-se antes que o método de Euler aperfeiçoado coincide com a série de Taylor até o termo de h^2. Isso também poderia ser verificado para o método de Euler modificado. De maneira geral, desejando que a equação (7.46) concorde com a série de Taylor até o termo de h^2, é preciso compará-la com o desenvolvimento de y em série de Taylor em torno do ponto (x_k, y_k), obtendo-se:

$$\begin{cases} a_1 + a_2 = 1, \\ a_2 b_1 = 1/2, \\ a_2 b_2 = 1/2. \end{cases} \quad (7.47)$$

A solução da equação (7.47) fornece os possíveis valores de a_1, a_2, b_1, e b_2. Mas a equação (7.47) é um sistema com três equações e quatro incógnitas. Então, pode-se escolher arbitrariamente uma das incógnitas. Por exemplo, se for tomado $a_2 = 1/2$, calcula-se: $a_1 = 1/2$, $b_1 = b_2 = 1/2$, e chega-se ao método de Euler aperfeiçoado. Se $a_2 = 1$, então $a_1 = 0$, $b_1 = b_2 = 1/2$, o que fornece o método de Euler modificado. Supondo de maneira geral que $a_2 = w \neq 0$, então, $a_1 = 1 - w$, $b_1 = b_2 = 1/2$, a equação (7.44) pode ser assim escrita:

$$y_{k+1} = y_k + h\left[(1-w)f(x_k, y_k) + wf\left(x_k + \frac{h}{2w}, y_k + \frac{h}{2w}f(x_k, y_k)\right)\right], \quad (7.48)$$

que é o método de RK de segunda ordem mais geral.

Vimos que o erro local de truncamento é da $O(h^3)$, então $E_t \approx Ch^3$. É possível estabelecer limites para $|C|$. Um trabalho de Ralston (1967) mostra que o menor limite superior é obtido quando $w = 2/3$.

RK de terceira ordem

O método de RK de terceira ordem que será apresentado usa média aritmética ponderada de "inclinações" em pontos de $[x_k, x_{k+1}]$ Entretanto, seria difícil chegar a esse método baseando-se somente em considerações geométricas, como foi possível no caso de RK de segunda ordem. Sendo assim, toma-se a forma geral dos RKs de terceira ordem e, por meio do uso da série de Taylor, seguindo o raciocínio análogo ao que foi feito a partir da equação (7.44) no método de RK de segunda ordem, deduz-se o método RK de terceira ordem apresentado a seguir.

A função Φ para o RK de terceira ordem tem a forma

$$\Phi(x_k, y_k, h) = a_1 k_1 + a_2 k_2 + a_3 k_3, \quad (7.49)$$

onde k_1, k_2, e k_3 como no RK de segunda ordem, aproximam as derivadas em pontos do intervalo de integração $[x_k, x_{k+1}]$. Nesse caso,

$$k_1 = f(x_k, y_k)$$
$$k_2 = f(x_k + b_1 h, y_k + b_1 h k_1)$$
$$k_3 = f(x_k + b_2 h, y_k + b_3 h k_2 + (b_2 - b_3) h k_1).$$

Para determinar o valor dos parâmetros a_1, a_2, a_3, b_1, b_2, e b_3 expandem-se k_2 e k_3 em série de Taylor em torno do ponto (x_k, y_k). Expande-se y em série de Taylor em torno do ponto x_k e compara-se o RK de terceira ordem com o desenvolvimento em série de Taylor de y. Para se ter concordância entre as expressões até o termo em h^3, tem-se como resultado o seguinte sistema de equações:

$$\begin{cases} a_1 + a_2 + a_3 = 1 \\ a_2 b_1 + a_3 b_2 = 1/2 \\ a_2 b_1^2 + a_3 b_2^2 = 1/3 \\ a_3 b_1 b_3 = 1/6 \end{cases}$$

que é um sistema com quatro equações e seis incógnitas. Fazendo $a_2 = 2/3$, $a_3 = 1/6$, calcula-se $a_1 = 1/6$, $b_1 = 1/2$, $b_2 = 1$ e $b_3 = 2$ fornecendo assim o seguinte algoritmo para um método de RK de terceira ordem:

$$\begin{cases} y_{k+1} = y_k + \frac{h}{6}[k_1 + 4k_2 + k_3], \\ \text{sendo} \\ k_1 = f(x_k, y_k) \\ k_2 = f(x_k + h/2, y_k + hk_1/2) \\ k_3 = f(x_k + h, y_k + 2hk_2 - hk_1), \\ \text{para } k = 0,1,2,\ldots \end{cases} \qquad (7.50)$$

RK de quarta ordem

Analogamente, é possível obter um algoritmo para um método RK de quarta ordem:

$$\begin{cases} y_{k+1} = y_k + \frac{h}{6}[k_1 + 2k_2 + 2k_3 + k_4], \\ \text{sendo} \\ k_1 = f(x_k, y_k) \\ k_2 = f(x_k + h/2, y_k + hk_1/2) \\ k_3 = f(x_k + h/2, y_k + hk_2/2) \\ k_4 = f(x_k + h, y_k + hk_3), \\ \text{para } k = 0,1,2,\ldots \end{cases} \qquad (7.51)$$

Seguindo raciocínio similar, algoritmos de ordens superiores podem ser obtidos.

Exemplo 7.8

Com $h = 0,1$ por meio do método de RK de quarta ordem, calcule $y(0,5)$ para o problema dado no exemplo 7.3. Os resultados obtidos são os seguintes:

x_k	y_k
0	2
0,1	2,004838
0,2	2,018731
0,3	2,040818
0,4	2,070320
0,5	2,106531

O resultado $y(0,5) \approx 2,106531$ é correto até a quinta casa decimal, como se pode constatar a partir da solução exata $y(x) = -e^{-x} + x + 1$ que fornece $y(0,5) \approx 2,10653067$.

Convergência, erro de truncamento e estabilidade dos métodos de Runge-Kutta

A equação (7.32) é, na verdade, a forma geral dos métodos de passo simples. De maneira geral, diz-se que um método de passo simples é convergente se, para qualquer $x \in [a,b]$,

$$\lim_{h \to 0} |y_k - y(x)| = 0; \quad kh = x - a \equiv x_0. \qquad (7.52)$$

Henrici (1961) mostra que, se a função incremento $\Phi(x, y, h)$ é contínua e satisfaz à condição de Lipschitz em $\Omega = \{a \leq x \leq b; -\infty < y < \infty; 0 \leq h \leq h_0\}$, então a relação

$$\Phi(x, y, 0) = f(x, y) \tag{7.53}$$

é uma condição necessária e suficiente para a convergência do método de passo simples definido pela função Φ. Isso ocasionalmente também é chamado de condição de consistência para a equação (7.32). Todos os métodos de RK aqui apresentados satisfazem a equação (7.53). Para o método de Euler, pode ser mostrado que a equação (7.52) também se verifica.

Foi visto ainda que o método de Euler coincide com a série de Taylor até o termo em h; o RK de segunda ordem até o termo em h^2; o RK de terceira ordem até o termo em h^3 e verifica-se que o RK de quarta ordem coincide com a série de Taylor até o termo em h^4. Isso faz com que o erro local de truncamento seja, respectivamente, da $O(h^2)$, $O(h^3)$, $O(h^4)$ e $O(h^5)$. No teorema 7.3, mostrou-se que o erro global de truncamento no método de Euler é da $O(h)$. No teorema 7.5, que segue, mostra-se que os métodos RK de segunda, terceira e quarta ordens têm, respectivamente, erro global da $O(h^2)$, $O(h^3)$ e $O(h^4)$. Em geral, se no método de passos simples o erro local de truncamento é da $O(h^{q+1})$, então o erro global será da $O(h^q)$.

Teorema 7.5

Sejam os y_k obtidos por algum método de passo simples da Forma (7.32) e suponha que sua expressão concorde com a solução obtida pelo desenvolvimento em série de Taylor de y em torno do ponto $x = x_k$ até o termo em h^q. Suponha ainda que Φ é contínua em $\Omega = \{a \leq x \leq b;\ -\infty < y < \infty,\ 0 \leq h \leq h_0\}$, tal que satisfaça a uma condição de Lipschitz em Ω, isto é,

$$\left|\Phi(x, y_1, h) - \Phi(x, y, h)\right| \leq L|y_1 - y|.$$

Então, o erro global de truncamento é da forma:

$$\left|y_k - y(x_k)\right| \leq \frac{\left(e^{L(x_k - x_0)} - 1\right)}{L} Mh^q, \tag{7.54}$$

$k = 1, 2, \ldots, n$ e com

$$M = \max_{a \leq x \leq b} \frac{1}{(q+1)!} \left|y^{(q+1)}(x)\right|.$$

Observação:

O teorema 7.5 mostra que o RK de segunda ordem é da $O(h^2)$, o RK de terceira ordem é da $O(h^3)$ e o RK de quarta ordem é $O(h^4)$. Em particular, se $q = 1$, tem-se o mesmo resultado que foi obtido no teorema 7.3 para o método de Euler com $e_0 = 0$, evidentemente em se tratando de erro global de truncamento. O método de Euler requer uma avaliação da função f, o RK de segunda ordem, duas avaliações, e o RK de terceira e quarta ordens, respectivamente, três e quatro avaliações da função f. O Quadro 7.3 fornece a relação entre a ordem do método RK e o número de avaliações da função f que ele requer. Por meio desse quadro tem-se uma ideia da precisão do método relacionada com o esforço computacional, que significa tempo de processamento.

Quadro 7.3 Ordem dos métodos de RK e número de avaliações de f.

Número de avaliações de f	1	2	3	4	5	6	7	8
Ordem do método de RK	1	2	3	4	4	5	6	6

As demonstrações dos resultados informados no Quadro 7.3 para ordem maior que quatro podem ser vistas em Butcher (1964).

Estimativa para o erro de truncamento dos métodos de RK

O erro de truncamento local para um método de RK de ordem q tem a forma

$$E_{TL} = Ch^{q+1} + O\left(h^{q+2}\right), \tag{7.55}$$

onde C é uma constante. Então, uma estimativa para o erro de truncamento local pode ser obtida por meio da estratégia exposta a seguir.

Calculam-se dois valores de y_{k+1} por meio de dois passos de discritização h_1 e h_2, obtendo-se as aproximações $y_{k+1,1}$ e $y_{k+1,2}$. Seja y^*_{k+1} a solução exata da EDO dada no problema (7.3). Então, com base na equação (7.55), pode-se escrever

$$y^*_{k+1} - y_{k+1,1} \approx Ch_1^{q+1}\left(\frac{x_{k+1} - x_k}{h_1}\right) \tag{7.56}$$

e

$$y^*_{k+1} - y_{k+1,2} \approx Ch_1^{q+1}\left(\frac{x_{k+1} - x_k}{h_2}\right). \tag{7.57}$$

Dividindo a equação (7.56) pela equação (7.57) e resolvendo para y^*_{k+1} tem-se que

$$y^*_{k+1} \approx \frac{y_{k+1,1} - y_{k+1,2}\left(h_1/h_2\right)^q}{1 - \left(h_1/h_2\right)^q}. \tag{7.58}$$

Considerando $h_2 = h_1/2$, vem

$$y^*_{k+1} \approx \frac{y_{k+1,1} - y_{k+1,2}\left(h_1/h_2\right)^q}{1 - 2^q}. \tag{7.59}$$

Considerando que $x_{k+1} - x_k = h_1$, substituindo a equação (7.56) ou a equação (7.57) na equação (7.58), resulta em

$$Ch_1^{q+1} \approx \frac{2^q\left(y_{k+1,2} - y_{k+1,1}\right)}{2^q - 1}. \tag{7.60}$$

Portanto,

$$E_{TL} \approx \frac{2^q\left(y_{k+1,2} - y_{k+1,1}\right)}{2^q - 1} \tag{7.61}$$

Para o método de Runge-Kutta de quarta ordem, $q = 4$ e a equação (7.61) torna-se

$$E_T \approx CKh_1^5 \approx \frac{16}{15}\left(y_{k+1,2} - y_{k+1,1}\right). \tag{7.62}$$

Os métodos Runge-Kutta possuem a vantagem de ser autoiniciáveis e adaptáveis no sentido de que o passo de evolução, h, pode ser mudado a qualquer instante, de acordo com uma estimativa de erro local. Todavia, não é simples obter tal estimativa.

Uma metodologia usada consiste em integrar o sistema novamente utilizando como novo passo de evolução a metade do passo usado na primeira integração. Se a diferença entre as aproximações for maior que uma tolerância especificada, então h deve ser reduzido. Se a diferença for menor, o passo h pode ser aumentado. Naturalmente, essa comparação demanda tempo.

Seria melhor ter um esquema numérico incluído no próprio procedimento de solução que, automaticamente, adaptasse o passo h assegurando uma precisão para a solução aproximada. Entretanto, a necessidade de se conhecer o erro em cada ponto ao longo da solução implica o conhecimento da solução exata, que é justamente o que se procura. Esse impasse é resolvido se o erro for estimado em vez de calculado. Uma estimativa para o erro não necessita da solução exata e é suficientemente precisa para indicar quando o passo h deve ser adaptado.

Outra estratégia para estimar o erro de truncamento é a seguinte: considere o esquema chamado RKF45, que usa duas fórmulas de Runge-Kutta: uma de quarta e outra de quinta ordem (para a forma do RK de quinta ordem, ver exercício 14). Suas expressões coincidem com a aproximação da solução pela série de Taylor até o quarto e quinto termos, isto é, o erro de truncamento é da $O(h^4)$ e $O(h^5)$, respectivamente. Portanto, se essas duas aproximações forem subtraídas, chega-se a uma estimativa para $O(h^5)$ da série de Taylor que pode ser tomada como uma estimativa para o erro de truncamento para a fórmula de quarta ordem, ou seja,

$$E_{k+1,4} = y_{k+1,5} - y_{k+1,4}, \quad k \geq 0.$$

Essa estimativa serve para adaptar o passo h. Por exemplo, se ela for maior que a tolerância especificada, então o passo h pode ser reduzido e o cálculo para passar de k para $k+1$ pode ser repetido. O procedimento continua de ponto para ponto até o fim do intervalo de evolução.

Regiões de estabilidade dos métodos de RK

A região de estabilidade do método de RK de segunda ordem expresso em a equação (7.37) para a equação de referência (7.29) consiste no conjunto dos números complexos λh, tais que

$$\left| 1 + \lambda h + \frac{(\lambda h)^2}{2} \right| \leq 1 \qquad (7.63)$$

(ver exercício 7).

A região de estabilidade no plano complexo do método de RK de segunda ordem está mostrada na Figura 7.6.

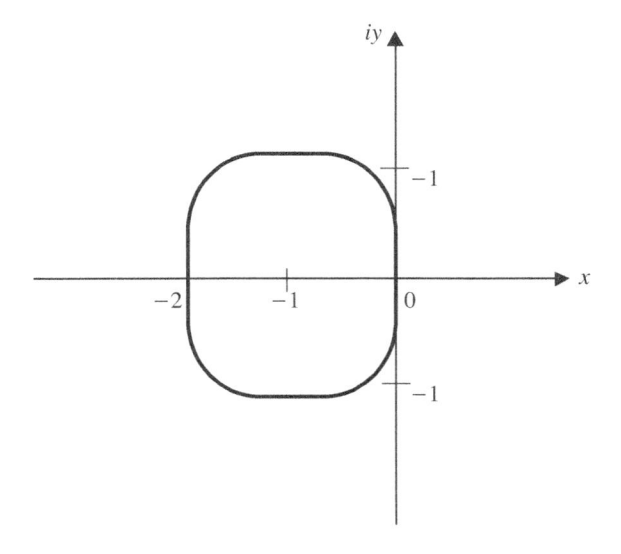

Figura 7.6 Região de estabilidade do método de RK de segunda ordem.

Figura 7.7 Região de estabilidade do método de RK de terceira ordem. **Figura 7.8** Região de estabilidade do método de RK de quarta ordem.

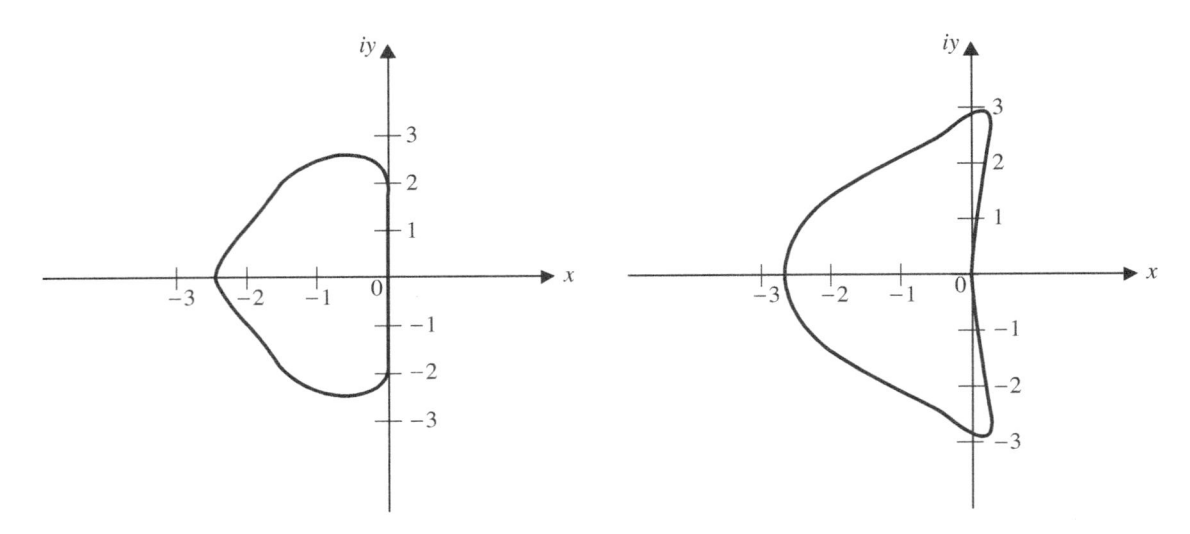

Para os métodos de RK de terceira e quarta ordens, as regiões de estabilidade no sentido da equação (7.29) são expressas respectivamente por (BELLOMO; PREZIOSI, 1994)

$$\left|1+\lambda h+\frac{(\lambda h)^2}{2}+\frac{(\lambda h)^3}{6}\right|\leq 1, \tag{7.64}$$

$$\left|1+\lambda h+\frac{(\lambda h)^2}{2}+\frac{(\lambda h)^3}{6}+\frac{(\lambda h)^4}{24}\right|\leq 1. \tag{7.65}$$

As figuras 7.7 e 7.8 fornecem, respectivamente, as regiões de estabilidade, no plano complexo, dos métodos de RK de terceira ordem e RK de quarta ordem. No método RK de terceira ordem, a curva intercepta o eixo x em $-2,51$ e o eixo iy em $-\sqrt{3}$ e $\sqrt{3}$; no método de RK de quarta ordem, a curva intercepta o eixo x em $-2,79$ e o eixo iy em $-2\sqrt{2}$ e $2\sqrt{2}$.

> **Observação:**
> Como no caso do método de Euler, é possível mostrar que para os métodos de RK da equação (7.32) que, quando o h decresce, o erro de truncamento diminui, mas o erro de arredondamento aumenta.

7.2.3 Métodos de passo múltiplo

Um método de passo múltiplo é dito ser de passo s se a cada passo ele usar s valores de y ou seja, a aproximação y_{k+1} é calculada usando-se os valores $y_k, y_{k-1}, \ldots, y_{k-s+1}$. Assim, um método de passo s necessita de s valores iniciais que, por exemplo, podem ser calculados por um método de passo simples. Os métodos de passo múltiplo não são autoiniciáveis, o que dificulta o seu uso. Essa desvantagem, como será visto, poderá ser compensada por sua maior precisão.

Foi mostrado que o problema (7.3) é equivalente à equação integral definida na equação (7.6). Então, a tabela de valores da solução da equação (7.3) pode ser obtida calculando-se

$$y(x_1) = y(x_0) + \int_{x_0}^{x_1} f(x, y(x)) dx$$
$$y(x_2) = y(x_1) + \int_{x_1}^{x_2} f(x, y(x)) dx$$
$$\vdots$$
$$y(x_{k+1}) = y(x_k) + \int_{x_k}^{x_{k+1}} f(x, y(x)) dx.$$

Para uma integração envolvendo $j + 1$ intervalos:

$$[x_i, x_{i+1}], \; i = k-j, \; k-j+1, \ldots, k; \; h = x_{i+1} - x_i$$

pode-se escrever que

$$y(x_{k+1}) = y(x_{k-j}) + \int_{x_{k-j}}^{x_{k+1}} f(x, y(x)) dx. \quad (7.66)$$

Supondo que se disponha de valores funcionais da função f no intervalo $[x_{k-j}, x_{k+1}]$ que permitem a construção de uma polinomial de grau r que interpola f, então é possível calcular a integral definida na equação (7.66) por aproximação usando-se as fórmulas de Newton-Cotes, quando se obtém uma aproximação y_{k+1} para $y(x_{k+1})$ calculando-se

$$y_{k+1} = y_{k-j} + \int_{x_{k-j}}^{x_{k+1}} P_r(x) \, dx. \quad (7.67)$$

Métodos explícitos

Como os pontos x_i são igualmente espaçados, a polinomial interpoladora P_r presente na equação (7.67) pode ser construída com base no conceito de diferenças finitas retroativas.

Supondo que os $r + 1$ valores funcionais: $f_k, f_{k-1}, \ldots, f_{k-r}$ onde $f_i = f(x_i, y_i)$ são conhecidos, então para $x = x_k + \alpha h$ tem-se:

$$P_r(x) = P_r(x_k + \alpha h) = f_k + \alpha \nabla f_k + \alpha(\alpha + 1)\frac{\nabla^2 f_k}{2!} + \alpha(\alpha+1)(\alpha+2)\frac{\nabla^3 f_k}{3!} +$$
$$\ldots + \alpha(x+1)(\alpha+2)\ldots(\alpha+r-1)\frac{\nabla^r f_k}{r!}. \quad (7.68)$$

Assim, a integral na equação (7.67) fica

$$\int_{x_{k-j}}^{x_{k+1}} P_r(x) dx = h\int_{-j}^{1} P_r(x_k + \alpha h) d\alpha = h\int_{-j}^{1}\left[f_k + \alpha\nabla f_k + \alpha(\alpha+1)\frac{\nabla^2 f_k}{2!} + \alpha(\alpha+1)(\alpha+2)\frac{\nabla^3 f_k}{3!} + \right.$$
$$\left. \ldots + \alpha(x+1)(\alpha+2)\ldots(\alpha+r-1)\frac{\nabla^r f_k}{r!} \right] d\alpha \quad (7.69)$$

ou

$$\int_{x_{k-j}}^{x_{k+1}} P_r(x) dx = h\left[\alpha f_k + \frac{\alpha^2}{2}\nabla f_k + \alpha^2\left(\frac{\alpha}{3} + \frac{1}{2}\right)\frac{\nabla^2 f_k}{2!} + \alpha^2\left(\frac{\alpha^2}{4} + \alpha + 1\right)\frac{\nabla^3 f_k}{3!} + \right.$$
$$\left. \alpha^2\left(\frac{\alpha^3}{5} + \frac{3\alpha^2}{2} + \frac{11\alpha}{3} + 3\right)\frac{\nabla^4 f_k}{4!} + \right]_{-j}^{1}. \quad (7.70)$$

Para $j = 0, 1, 2$ e 3, obtêm-se os seguintes métodos:

$j = 0$:

$$y_{k+1} = y_k + h\left(f_k + \frac{1}{2}\nabla f_k + \frac{5}{12}\nabla^2 f_k + \frac{3}{8}\nabla^3 f_k + \frac{251}{720}\nabla^4 f_k + \ldots \right). \quad (7.71a)$$

$j = 1$

$$y_{k+1} = y_{k-1} + h\left(2f_k + 0\nabla f_k + \frac{1}{3}\nabla^2 f_k + \frac{1}{3}\nabla^3 f_k + \frac{29}{90}\nabla^4 f_k + \ldots\right). \tag{7.71b}$$

$j = 2$

$$y_{k+1} = y_{k-2} + h\left(3f_k + \frac{3}{2}\nabla f_k - \frac{3}{4}\nabla^2 f_k + \frac{3}{8}\nabla^3 f_k + \frac{27}{80}\nabla^4 f_k + \ldots\right). \tag{7.71c}$$

$j = 3$

$$y_{k+1} = y_{k-3} + h\left(4f_k - 4\nabla f_k + \frac{8}{3}\nabla^2 f_k + 0\nabla^3 f_k + \frac{14}{15}\nabla^4 f_k + \ldots\right). \tag{7.71d}$$

Observe que os métodos provenientes da equação (7.70) usam sempre os mesmos pontos (x_{k-r}, f_{k-r}), $(x_{k-r+1}, f_{k-r+1}),\ldots,(x_{k-1}, f_{k-1})$, (x_k, f_k), mas em diferentes intervalos de integração. Para o método dado na equação (7.71b), o intervalo de integração é $[x_{k-1}, x_{k+1}]$; para aquele dado na equação (7.71a), o intervalo é $[x_k, x_{k-1}]$. Então, se todos os valores funcionais são usados, de maneira geral têm-se métodos de passo $r + 1$. Os métodos provenientes da equação (7.71a) são chamados de métodos de *Adams-Bashforth*, e os da equação (7.71b) são denominados métodos de *Nystrom*.

Observe também que, quando j é ímpar, o coeficiente da diferença finita retroativa de ordem j é nulo. Por essa razão, é mais frequente o uso de métodos com j ímpar. Desejando que a soma entre parênteses na equação (7.71a-d) tenha $j + 1$ termos, então $j = r$, e no caso de j ser ímpar o $(j + 1)$ - ésimo termo é nulo e a polinomial interpoladora será de ordem $r - 1$.

Se na equação (7.71a-d) o método inclui o termo $\nabla^r f_k / r!$, então o termo do erro local de truncamento E_{TL}, para o método, supondo que $f_i = f(x_i, y(x_i))$, é expresso por (CARNAHAN et al., 1968):

$$E_{TL} = h^{r+2}\int_{-j}^{1} \frac{\alpha(\alpha+1)(\alpha+2)\ldots(\alpha+r)}{(r+1)!} f^{(r+1)}(\xi, y(\xi))d\alpha, \quad x_{k-j} < \xi < x_{k+1}. \tag{7.72}$$

Os métodos explícitos de uso mais frequente com seus respectivos termos de erro de truncamento local são apresentados a seguir:

Método com $j = 0$, $r = 3$:

$$y_{k+1} = y_k + h\left(f_k + \frac{1}{2}\nabla f_k + \frac{5}{12}\nabla^2 f_k + \frac{3}{8}\nabla^3 f_k\right), \quad E_{TL} = \frac{251}{72}h^5 f^{(4)}(\xi, y(\xi)). \tag{7.73a}$$

Método com $j = 1$, $r = 1$:

$$y_{k+1} = y_{k-1} + h(2f_k + 0\nabla f_k), \quad E_{TL} = \frac{1}{3}h^3 f^{(2)}(\xi, y(\xi)). \tag{7.73b}$$

Método com $j = 3$, $r = 3$:

$$y_{k+1} = y_{k-3} + h\left(4f_k - 4\nabla f_k + \frac{8}{3}\nabla^2 f_k + 0\nabla^3 f_k\right), \quad E_{TL} = \frac{14}{15}h^5 f^{(4)}(\xi, y(\xi)). \tag{7.73c}$$

Método com $j = 5$, $r = 5$:

$$y_{k+1} = y_{k-5} + h\left(6f_k - 12\nabla f_k + 15\nabla^2 f_k - 9\nabla^3 f_k + \frac{33}{10}\nabla^4 f_k + 0\nabla^5 f_k\right),$$

$$E_{TL} = \frac{41}{140}h^7 f^{(6)}(\xi, y(\xi)). \tag{7.73d}$$

Observação:
O termo de erro na equação (7.73a-d) representa o erro local de truncamento, desde que y_i e j_i sejam exatos, o que em geral não ocorre. Logo, o termo do erro na equação (7.72) representa uma aproximação para o erro de truncamento global.

Por meio da definição de diferenças finitas retroativas, obtêm-se as fórmulas funcionais dos métodos mostrados na equação (7.73a-d) da seguinte maneira:

Método com $j = 0$, $r = 3$:

$$y_{k+1} = y_k + \frac{h}{24}\left(55 f_k - 59 f_{k-1} + 37 f_{k-2} - 9 f_{k-3}\right), \; E_{TL} = O\left(h^5\right). \quad (7.74a)$$

Método com $j = 1$, $r = 1$:

$$y_{k+1} = y_{k-1} + 2 h f_k, \; E_{TL} = O\left(h^3\right). \quad (7.74b)$$

Método com $j = 3$, $r = 3$:

$$y_{k+1} = y_{k-3} + \frac{4h}{3}\left(4 f_k - f_{k-1} + 2 f_{k-2}\right), \; E_{TL} = O\left(h^5\right). \quad (7.74c)$$

Método com $j = 5$, $r = 5$:

$$y_{k+1} = y_{k-5} + \frac{3h}{10}\left(11 f_k - 14 f_{k-1} + 26 f_{k-2} - 14 f_{k-3} + 11 f_{k-4}\right), \; E_{TL} = O\left(h^7\right). \quad (7.74d)$$

Observação:

Os métodos expressos nas equações (7.73) ou (7.74) são denominados explícitos, pois o valor de y_{k+1} pode ser obtido em função somente dos valores de y calculados antes. Esses métodos também são chamados de métodos abertos porque a resolução numérica da integral na equação (7.66) se dá por meio de uma fórmula de integração numérica aberta. A situação para o caso $j = 3$, $r = 3$ é mostrada na Figura 7.9.

Figura 7.9 Fórmula explícita (aberta) para o caso $j = 3, r = 3$ (Equação (7.74c)) — extrapolação nos intervalos $[x_{k-3}, x_{k-2}], [x_k, x_{k+1}]$.

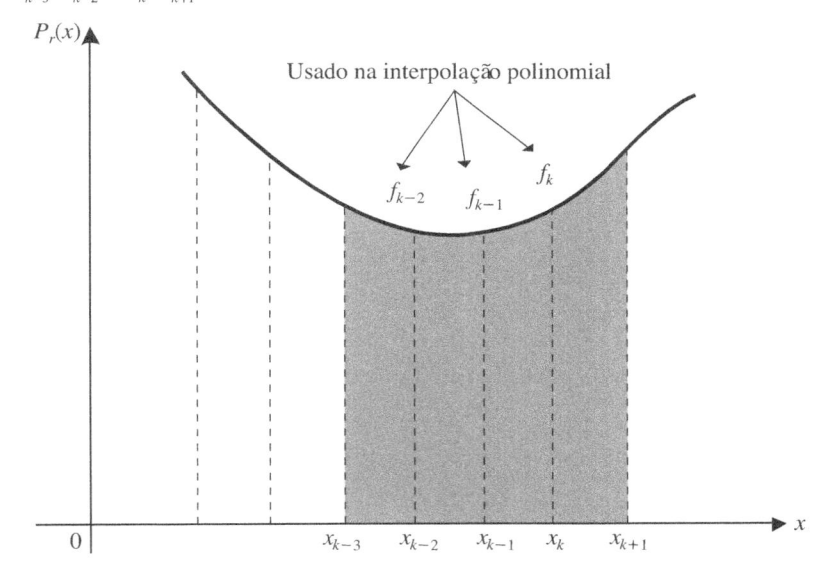

Como a interpolação cobre o intervalo inteiro $[x_{k-j}, x_{k+1}]$, de maneira geral a polinomial extrapola $f(x)$ no intervalo $[x_k, x_{k+1}]$.

O método (7.74a) é um método de passo 4, pois no cálculo de y_{k+1} usa os valores y_k, y_{k-1}, y_{k-2} e y_{k-3}, os quais devem ser obtidos por exemplo pelo método de Runge-Kutta de quarta ordem, já que a equação (7.74a) é um método com erro de truncamento local da $O(h^5)$. O método (7.74b) é um método de passo 2, denominado método do ponto médio, e tem interpretação geométrica semelhante à do método de Euler.

Exemplo 7.9

Calcule $y(0,5)$ para o problema dado no exemplo 7.3, tomando $h = 0,5$, por meio do método dado na equação (7.74b). Nesse caso, $y_0 = 2$. Calculando y_1 por meio do método de Euler, tem-se $y_1 = 2,0000$.

Fazendo $k = 1,2,3,4$ na equação (7.74b), obtêm-se, respectivamente,

$$y_2 = 2,02, \; y_3 = 2,036, \; y_4 = 2,0728 \; e \; y_5 = 2,10144,$$

que é um resultado correto até a segunda casa decimal.

Métodos previsores-corretores

Procedendo de forma análoga ao que foi feito para as fórmulas explícitas anteriormente, pode-se obter um conjunto de fórmulas implícitas. Para isso, escreve-se a polinomial $P_r(x_k + \alpha h)$ de diferenças finitas retroativas, tomando como ponto inicial de interpolação o ponto x_{k+1} e passando pelos pontos (x_{k-r+1}, f_{k-r+1}), (x_{k-r+2}, f_{k-r+2}),..., (x_k, f_k), (x_{k+1}, f_{k+1}). Nesse caso, tem-se:

$$y_{k+1} = y_{k-j} + h \int_{-j}^{1} \left[f_{k+1} + (\alpha-1)\nabla f_{k+1} \frac{(\alpha-1)\alpha}{2!} \nabla^2 f_{k+1} + \frac{(\alpha-1)\alpha(\alpha-1)}{3!} \nabla^3 f_{k+1} + \ldots + \frac{(\alpha-1)\alpha(\alpha-1)\ldots(\alpha+r-2)}{r!} \nabla^r f_{k+1} \right] d\alpha \quad (7.75)$$

ou, ainda,

$$y_{k+1} = y_{k-j} + h \left[\alpha f_{k+1} + \alpha\left(\frac{\alpha}{2}-1\right)\nabla f_{k+1} + \frac{\alpha\left(\frac{\alpha}{3}-\frac{1}{2}\right)}{2!}\nabla^2 f_{k+1} + \frac{\alpha^2\left(\frac{\alpha^2}{4}-\frac{1}{2}\right)}{3!}\nabla^3 f_{k+1} + \frac{\alpha^2\left(\frac{\alpha^5}{5}+\frac{\alpha^4}{2}-\frac{\alpha}{3}-1\right)}{2!}\nabla^4 f_{k+1} + \ldots \right]_{-j}^{1}. \quad (7.76)$$

Fazendo $j = 0, 1, 3$ e 5, por exemplo, na equação (7.76), chega-se aos seguintes métodos:
Para $j = 0$:

$$y_{k+1} = y_k + h\left(f_{k+1} - \frac{1}{2}\nabla f_{k+1} - \frac{1}{12}\nabla^2 f_{k+1} - \frac{1}{24}\nabla^3 f_{k+1} - \frac{19}{720}\nabla^4 f_{k+1}\ldots \right), \quad (7.77a)$$

que é denominado método de *Adams-Moulton*.

Para $j = 1$:

$$y_{k+1} = y_{k-1} + h\left(2f_{k+1} - 2\nabla f_{k+1} - \frac{1}{3}\nabla^2 f_{k+1} + 0\nabla^3 f_{k+1} - \frac{1}{90}\nabla^4 f_{k+1}\ldots \right), \quad (7.77b)$$

que é o método de *Milne-Simpson*.

Para $j = 3$:

$$y_{k+1} = y_{k-3} + h\left(4f_{k+1} - 8\nabla f_{k+1} + \frac{20}{3}\nabla^2 f_{k+1} - \frac{8}{3}\nabla^3 f_{k+1} + \frac{14}{45}\nabla^4 f_{k+1} + 0\nabla^5 f_{k+1} + \ldots\right). \tag{7.77c}$$

Para $j = 5$:

$$y_{k+1} = y_{k-5} + h\left(6f_{k+1} - 18\nabla f_{k+1} + 27\nabla^2 f_{k+1} - 24\nabla^3 f_{k+1} + \frac{123}{10}\nabla^4 f_{k+1} - \frac{33}{10}\nabla^5 f_{k+1} + \ldots\right). \tag{7.77d}$$

Todos esses métodos envolvem a *r*-ésima diferença, e o erro de truncamento local tem a seguinte forma geral:

$$E_{TL} = h^{r+2} \int_{-k}^{1} \frac{(\alpha-1)\alpha(\alpha+2)K(\alpha+r-1)}{(r+1)!} f^{(r+1)}(\xi, y(\xi)) d\alpha, \quad x_{k-j} < x < x_{k+1}. \tag{7.78}$$

Quando *j* é ímpar, o coeficiente de $\nabla^{j+2} f_{k+1}$ é nulo. Por isso, são mais frequentes métodos com *j* ímpar e $r = j + 2$. Alguns dos métodos implícitos mais usados são os seguintes:

$j = 0, r = 1$:

$$y_{k+1} = y_k + h\left(f_{k+1} - \frac{1}{2}\nabla f_{k+1}\right), \quad E_{TL} = -\frac{1}{12}h^3 f''(\xi). \tag{7.79a}$$

$j = 0, r = 3$:

$$y_{k+1} = y_{k-1} + h\left(f_{k+1} - \frac{1}{2}\nabla f_{k+1} - \frac{1}{12}\nabla^2 f_{k+1} - \frac{1}{24}\nabla^3 f_{k+1}\right), \quad E_{TL} = -\frac{19}{720}h^3 f^{(4)}(\xi). \tag{7.79b}$$

$j = 1, r = 3$:

$$y_{k+1} = y_{k-1} + h\left(2f_{k+1} - 2\nabla f_{k+1} + \frac{1}{3}\nabla^2 f_{k+1} + 0\nabla^3 f_{k+1}\right), \quad E_{TL} = -\frac{1}{90}h^5 f^{(4)}. \tag{7.79c}$$

$j = 3, r = 5$:

$$y_{k+1} = y_{k-1} + h\left(4f_{k+1} - 8\nabla f_{k+1} + \frac{20}{3}\nabla^2 f_{k+1} - \frac{8}{3}\nabla^3 f_{k+1} + \frac{14}{45}\nabla^4 f_{k+1}\right) \tag{7.79d}$$

$$E_{TL} = -\frac{8}{945}h^7 f^{(6)}(\xi).$$

Fazendo uso da definição de diferenças finitas retroativas, esses métodos assumem a seguinte forma:

$j = 0, r = 1$:

$$y_{k+1} = y_k + \frac{h}{2}(f_{k+1} + f_k), \quad E_{TL} = O(h^3). \tag{7.80a}$$

$j = 0, r = 1$:

$$y_{k+1} = y_k + \frac{h}{2}(f_{k+1} + f_k), \quad E_{TL} = O(h^3). \tag{7.80b}$$

$j = 1, r = 3$:

$$y_{k+1} = y_{k-1} + \frac{h}{3}(f_{k+1} + 4f_k + f_{k-1}), \quad E_{TL} = O(h^5). \tag{7.80c}$$

$j = 3, r = 5$:

$$y_{k+1} = y_{k-3} + \frac{2h}{45}(7f_{k+1} + 32f_k + 12f_{k-1} + 32f_{k-2} + 7f_{k-3}), \quad E_{TL} = O(h^7). \tag{7.80d}$$

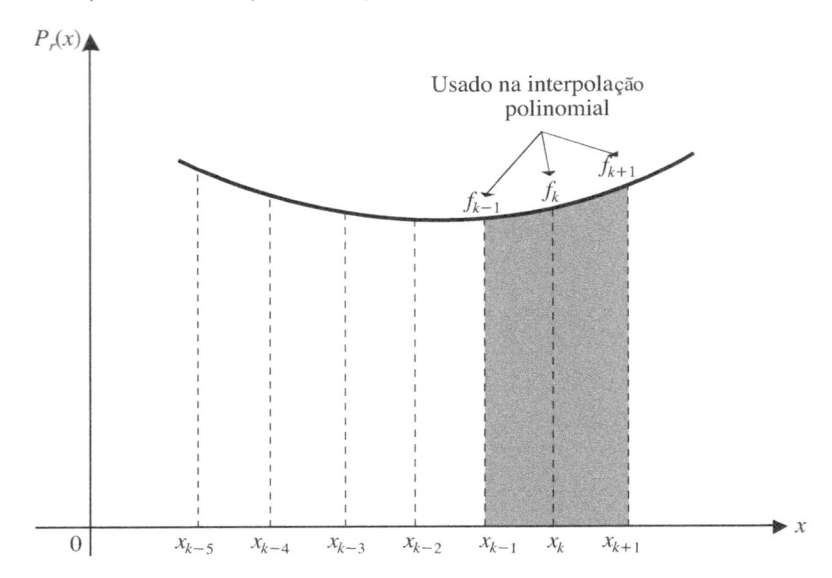

Figura 7.10 Fórmula implícita (fechada) para o caso $j = 1, r = 3$ (equação (7.80c)).

Os métodos na equação (7.80), como se pode constatar, são todos implícitos para a nova aproximação y_{k+1}. Eles são também denominados métodos fechados, uma vez que a integral envolvida na equação (7.67) está sendo aproximada por uma fórmula fechada de integração numérica. A situação para o caso em que $j = 1, r = 3$ (equação (7.80c)) é ilustrada na Figura 7.10.

Os métodos implícitos são usados iterativamente, em que a tentativa inicial $y_{k+1}^{(0)}$ deve ser obtida por meio de algum método explícito. Nesse caso, o método explícito é chamado de previsor, e o método implícito, de corretor, tendo em vista que ele corrige o valor previsto $y_{k+1}^{(0)}$ com uma ou mais iterações.

É conveniente que o método previsor tenha erro de truncamento de mesma ordem que o erro de truncamento do método corretor. Os métodos formados por um par de fórmulas de mesma ordem, sendo uma explícita e a outra implícita, são denominados previsores-corretores. Os métodos previsores-corretores usados com mais frequência são os seguintes:

Método do ponto médio

Previsor: $$y_{k+1} = y_{k-1} + 2hf_k, \quad E_{TL} = O(h^3). \tag{7.81a}$$

Corretor: $$y_{k+1} = y_k + \frac{h}{2}(f_{k+1} + f_k), \quad E_{TL} = O(h^3). \tag{7.81b}$$

Método de Milne de quarta ordem

Previsor: $$y_{k+1} = y_{k-3} + \frac{4h}{3}(2f_k - f_{k-1} + 2f_{k-2}), \quad E_{TL} = O(h^5). \tag{7.82a}$$

Corretor: $$y_{k+1} = y_{k-1} + \frac{h}{3}(f_{k+1} + 4f_k + f_{k-1}), \quad E_{TL} = O(h^5). \tag{7.82b}$$

Método de Milne de sexta ordem

Previsor: $$y_{k+1} = y_{k-5} + \frac{3h}{10}(11f_k - 14f_{k-1} + 26f_{k-2} - 14f_{k-3} + 11f_{k-4}), \quad E_{TL} = O(h^7). \tag{7.83a}$$

Corretor: $$y_{k+1} = y_{k-3} + \frac{2h}{45}\left(7f_{k+1} + 32f_k + 12f_{k-1} + 32f_{k-2} + 7f_{k-3}\right), \quad E_{TL} = O(h^7). \tag{7.83b}$$

Método modificado de Adams ou Adams-Moulton

Previsor: $$y_{k+1} = y_k + \frac{h}{24}\left(55f_k - 59f_{k-1} + 37f_{k-2} - 9f_{k-3}\right), \quad E_{TL} = O(h^5). \tag{7.84a}$$

Corretor: $$y_{k+1} = y_k + \frac{h}{24}\left(9f_{k+1} + 19f_k - 5f_{k-1} + f_{k-2}\right), \quad E_{TL} = O(h^5). \tag{7.84b}$$

Condição suficiente para a convergência dos métodos previsores-corretores

A maneira de operar com um método previsor-corretor é a que segue. Por meio de um método explícito (previsor), que tem a seguinte forma geral:

$$y_{k+1} = y_{k-j} + h\,[\alpha_0 f_{k+1} + \alpha_1 f_k + \ldots + \alpha_{r-1} f_{k-r+2} + \alpha_r f_{k-r+1}], \tag{7.85}$$

onde $\alpha_0, \alpha_1, \ldots, \alpha_{r-1}, \alpha_r$, são constantes, calcula-se uma tentativa inicial $y_{k+1}^{(0)}$ para a solução da equação (7.3). Em seguida, por meio de um método implícito (corretor) com erro de truncamento igual ao do método (previsor) que tem a forma geral

$$y_{k+1}^{(i+1)} = y_{k-j} + h\,[\alpha_0 f\left(x_{k+1}, y_{k+1}^{(0)}\right) + \alpha_1 f\left(x_k, y_k\right) + \ldots + \alpha_r f\left(x_{k-r+2}, y_{k-r+1}\right)], \tag{7.86}$$

calculam-se as aproximações $y_{k+1}^{(1)}, y_{k+1}^{(2)}, \ldots$, para a solução da equação (7.3).

Os métodos provenientes da equação (7.86), sendo métodos iterativos, podem ser escritos assim:

$$y_{k+1}^{(i+1)} = h\alpha_0 f\left(x_{k+1}, y_{k+1}^{(i)}\right) + C,$$

onde

$$C = y_{k-j} + h\sum_{l=1}^{r} \alpha_l f\left(x_{k-l+1}, y_{k-l+1}\right).$$

Então, a função de iteração para a equação (7.86) será

$$\varphi(z) = h\alpha_0 f\left(x_{k+1}, z\right) + C, \tag{7.87}$$

e a condição suficiente para a convergência da e (7.86) é que $|\varphi'(z)| < 1$, z, numa vizinhança da raiz da equação $z = \varphi(z)$. Derivando (7.87), tem-se:

$$\varphi'(z) = h\alpha_0 \frac{\partial f\left(x_{k+1}, z\right)}{\partial z}.$$

Seja $M = \max|\partial f(x,y)/\partial y|$. Então, para $y_{k+1}^{(0)}$ próximo da raiz, a condição suficiente para a convergência do método previsor-corretor fica

$$h < \frac{1}{|\alpha_0 M|}. \tag{7.88}$$

É conveniente ter claro que a condição (7.88) informa apenas quando o método converge para algum valor definido, que não precisa ser, necessariamente, o valor exato da solução da equação (7.3) que estamos procurando, devido ao erro de truncamento, que é inerente ao método numérico empregado.

Exemplo 7.10

Calcule $y(0,5)$ para o problema dado no exemplo (7.3) usando o método previsor-corretor de Milne de quarta ordem. Do exemplo 7.8, por RK de quarta ordem, obtém-se

$$y_0 = 2, y_1 = 2,004838, y_2 = 2,018731, y_3 = 2,040818, y_4 = 2,070320.$$

Por meio de (7.82a), calcula-se

$$y_5^{(0)} = y_1 + \frac{4h}{3}(2f_4 - f_3 + 2f_2) = 2,106530387.$$

e das equações (7.82b) e (7.86), obtém-se

$$y_5^{(1)} = y_3 + \frac{h}{3}(f_5 + 4f_4 + f_3) = y_3 + \frac{h}{3}\left[\left(-y_5^{(0)} + 0,5 + 2\right) + 4\left(-y_4 + 0,4 + 2\right) + \left(-y_3 + 0,3 + 2\right)\right]$$

$$y_5^{(1)} = 2,106530284; \quad y_5^{(2)} = 2,106530391; \quad y_5^{(3)} = 2,106530387.$$

Observe que o método convergiu fornecendo resultado com sete casas decimais corretas, mas isso não quer dizer que o útimo resultado obtido seja o resultado de $y(0,5)$ com sete casas decimais corretas $\left(y(0,5) = 2,10653066\right)$.

Estimativa para o erro de truncamento nos métodos previsores-corretores e controle do tamanho do passo h

Nesta seção, são analisadas duas questões: primeira, como estimar o erro de truncamento dos métodos previsores-corretores; segunda, como escolher h de forma que a equação (7.88) seja satisfeita, a fim de que operações desnecessárias não sejam realizadas.

Para abordar a primeira questão, inicialmente considere o método do ponto médio, tendo como fórmula previsora a equação (7.81a), e como corretora a equação (7.81b), cuja fórmula iterativa é

$$y_{k+1}^{(i+1)} = y_k \frac{h}{2}\left[f(x_k, y_k) + f\left(x_{k+1}, y_{k+1}^{(i)}\right) \right]. \tag{7.89}$$

Desenvolvendo y, solução da equação (7.3), em série de Taylor em torno do ponto $x = x_k$ tem-se que

$$y(x) = y + y_k'(x - x_k) + \frac{y_k''}{2}(x - x_k)^2 + \frac{1}{6}(x - x_k)^3 y'''(\xi), \quad \xi \text{ entre } x \text{ e } x_k$$

Para $x = x_{k+1}$ e $x = x_{k-1}$, vem, respectivamente

$$y_{k+1} = y_k + hy_k' + \frac{h^2}{2}y_k'' + \frac{h^3}{6}y'''(\xi_1), \quad x_k < \xi_1 < x_{k+1}$$

$$y_{k-1} = y_k - hy_k' + \frac{h^2}{2}y_k'' - \frac{h^3}{6}y'''(\xi_2), \quad x_{k-1} < \xi_2 < x_k.$$

Subtraindo essas duas equações, chega-se a

$$y_{k+1} = y_{k-1} + 2hy_k' + \frac{h^3}{3}y'''(\xi),$$

uma vez que, pelo teorema do valor intermediário, pode-se escrever

$$\left(y'''(\xi_1) + y'''(\xi_2)\right)/2 = y''(\xi), \quad x_{k-1} \leq \xi \leq x_{k+1}.$$

Então, o erro de truncamento local do método previsor é

$$E_{TL}^{(p)} = \frac{h^3}{3} y''' (\xi), \; x_{k-1} < \xi < x_{k+1}. \tag{7.90}$$

O método corretor é uma generalização da regra trapezoidal, e o erro de truncamento local é

$$E_{TL}^{(c)} = -\frac{h^3}{12} y''' (\eta), \; x_{k-1} < \eta < x_{k+1}. \tag{7.91}$$

O fato de os erros de truncamento no previsor e no corretor serem de mesma ordem permite o desenvolvimento de uma forma simples para estimar y''' e, portanto, $E_{TL}^{(c)}$. Essa técnica está relacionada de perto com o método de extrapolação de Richardson e é apresentada a seguir. Faz-se de y_k o valor exato da solução em $x = x_k$. Então, da equação (7.92), vem

$$y_k = y_k^{(0)} + \frac{h^3}{3} y'''(\xi),$$

e da equação (7.91), vem

$$y_k = y_k^{(i+1)} - \frac{h^3}{12} y'''(\eta),$$

onde $y_k^{(0)}$ e $y_k^{(i+1)}$ são dados, respectivamente, pela equações (7.82a) e (7.89). Subtraindo essas duas últimas equações, vem

$$y_k^{(i+1)} - y_k^{(0)} = -\frac{h^3}{12} \left[y''' (\eta) + 4 y''' (\xi) \right].$$

Supondo que y''' não apresenta grande variação em $x_{k-1} \leq x \leq x_{k+1}$, então

$$\frac{5h^3}{12} y''' \approx y_k^{(i+1)} - y_k^{(0)},$$

e, portanto,

$$E_{TL}^{(c)} = -\frac{h^3}{12} y''' \approx \frac{1}{5} \left[y_k^{(0)} - y_k^{(i+1)} \right]. \tag{7.92}$$

Note que na equação (7.92) os valores para a estimativa estão disponíveis para cálculo. Assim, em contraste com os métodos de Runge-Kutta, há uma estimativa fácil de ser computada para o erro de truncamento. O raciocínio empregado depende de os erros de truncamento serem da mesma ordem. Então, é sempre desejável que um par previsor-corretor seja formado com essa propriedade. Esse procedimento pode ser generalizado para outros métodos previsores-corretores. Por exemplo, se isso fosse feito com o método de Milne de quarta ordem, teríamos:

$$E_{TL}^{(c)} = \frac{1}{90} h^5 y^{(v)} \approx \frac{1}{29} \left[y_k^{(i+1)} - y_k^{(0)} \right]. \tag{7.93}$$

Quanto à escolha do tamanho do passo h, uma maneira de escolhê-lo é por meio do uso da equação (7.88), que, em geral, é de difícil emprego porque o cálculo de M naturalmente é complicado. Uma alternativa pode ser empregada para o controle do tamanho do passo h. Iniciado o cálculo, determina-se o erro de truncamento da equação (7.93). Se esse valor, comparado com uma tolerância ε preestabelecida, for grande, diminui-se o tamanho de h (frequentemente, reduz-se à metade). Se h for menor do que se precisa, não desejando cálculos desnecessários, pode-se aumentar h (com frequência, duplicando-o). Quanto menor for h, mais rápida será a convergência. Se for escolhido um h pequeno, não serão necessárias muitas iterações por ponto, mas haverá muitos pontos. Se for escolhido um h maior, haverá menos pontos, porém mais iterações por pontos. Empiricamente, conforme estudo da eficiência dos métodos previsores-corretores em Carnahan (1969), chegou-se à conclusão de que o número eficiente de iterações nos métodos corretores é geralmente dois. Em outras palavras, se o tamanho do intervalo for escolhido de modo que o critério (7.88) seja satisfeito, então a convergência ocorrerá com duas iterações.

Esse método é de fácil implementação computacional. Contam-se as iterações; se mais de duas forem realizadas, reduz-se o tamanho do intervalo; se uma iteração é suficiente, aumenta-se o intervalo h.

> **Observação:**
> Os métodos vistos até o momento são baseados em integração numérica. Outros métodos existem para a solução da equação (7.3), como os métodos dos coeficientes a determinar, que podem ser vistos em Hamming (1962), e aqueles baseados em diferenciação numérica, em que as fórmulas de diferenciação numérica são usadas para aproximar a derivada na equação (7.3).

7.2.4 Discussão geral dos métodos lineares de passo múltiplo

Vimos que as fórmulas explícitas (abertas) interpolam f no intervalo $[x_{k-r}, x_k]$ por meio de uma polinomial de grau r que utiliza os pontos-base: $x_{k-r}, x_{k-r+1}, \ldots, x_{k-1}, x_k$, resultando de maneira geral na seguinte família de métodos:

$$y_{k+1} = y_{k-1} + h\left(\beta_0 f_k + \beta_1 f_{k-1} + \ldots + \beta_r f_{k-r}\right), \tag{7.94}$$

onde $h > 0; \beta_i, i = 0, 1, \ldots, r$ são constantes que não dependem de h, e y_{k+1} é calculado por uma extrapolação no intervalo $[x_k, x_{k+1}]$.

As fórmulas implícitas (fechadas) interpolam f no intervalo $[x_{k-r}, x_{k+1}]$ por meio de uma polinomial de grau que usa os pontos-base: $x_{k-r+1}, x_{k-r+2}, \ldots, x_k, x_{k-1}$, resultando na família de métodos:

$$y_{k+1} = y_{k-j} + h\left(\alpha_0 f_{k+1} + \alpha_0 f_k + \ldots + \alpha_r f_{k-r+1}\right), \tag{7.95}$$

onde $h > 0$; $\alpha_i, i = 0, 1, \ldots, r$ são constantes que não dependem de h.

Observe nas equações (7.94) e (7.95) que, se $\alpha_r \neq 0$ e $\beta_r \neq 0$, têm-se métodos de $r+1$ passos, uma vez que é preciso conhecer os valores $y_{k-r}, y_{k-r+1}, \ldots, y_k$ para calcular y_{k+1}.

Os métodos expressos nas equações (7.94) e (7.95), os de coeficientes a determinar e os baseados em diferenciação numérica, têm a seguinte forma geral:

$$y_{k+1} = \sum_{n=0}^{r} a_n y_{k-n} + h\sum_{n=-1}^{r} b_n f_{k-n}, \ k = r, r+1, \ldots, x_{r+1} \leq x_{k+1} \leq b, \tag{7.96}$$

onde $h > 0$, $x_k = x_0 + kh$, $k \geq 0$. Os coeficientes $a_0, \ldots, a_r, b_{-1}, b_0, \ldots, b_r$ são constantes e $r \geq 0$. Se $a_r \neq 0$ ou $b_r \neq 0$, o método é de passo $r+1$. Se $b_{-1} = 0$, o método é explícito; caso contrário, é implícito.

A seguir, faz-se uma discussão geral do método (7.96), abordando questões de convergência, ordem de convergência, consistência e estabilidade. Os principais resultados são apresentados sem demonstração. Para um estudo completo desse assunto, recomendam-se Hamming (1962), Henrici (1961) e Ralston (1970).

> **DEFINIÇÃO 7.1**
>
> Sejam $y_0, y_1, \ldots y_r$ os valores necessários para a utilização do Método de passo múltiplo (7.96), obtidos por um procedimento para determinado valor de h e $y_i, i = r+1, r+2, \ldots$, calculados por meio da equação (7.96). Diz-se que o Método de passo múltiplo (7.96) é convergente se
>
> $$\lim_{h \to 0} y_i(h) = y_0, \ i = 0, 1, \ldots, r, \tag{7.97}$$
>
> onde y_0 é o valor inicial na equação (7.3) e se, para qualquer x, as soluções y_l obtidas por meio da equação (7.96) com os valores $y_i(h), i = 0, 1, \ldots, r$, satisfazem
>
> $$\lim_{h \to 0} y_l(h) = y(x), \ x = x_0 + lh. \tag{7.98}$$

Define-se, a seguir, a ordem de convergência de um método de passo múltiplo, de maneira análoga à ordem de um método de passo simples, ou seja, a ordem de um método de passo simples de ordem q,

$$y_{k+1} = y_k + h\Phi(x_k, y_k h),$$

é definida de modo que

$$y(x+h) - y(x) - h\Phi(x, y, h) = O(h^{q+1}).$$

> **DEFINIÇÃO 7.2**
>
> Um método de passo múltiplo da Forma (7.96) é de ordem q se
>
> $$E_{TL}[y(x), h] \equiv y(x+h) - \left[\sum_{n=0}^{r} a_n y(x - nh) + h \sum_{n=-1}^{r} b_n y'(x - nh)\right] = O(h^{q+1}), \quad (7.99)$$
>
> onde $E_{TL}[y(x), h]$ denota o erro local de truncamento.

Os dois exemplos dados a seguir são apresentados em Albrecht (1973) e mostram como determinar a ordem de um método de passo múltiplo.

Exemplo 7.11

Considere o método de Adams-Bashforth de passo 2 (equação (7.71a) com $r = 1$). Então,

$$y_{k+1} = y_k + \frac{3}{2} h f_k - \frac{h}{2} f_{k-1}.$$

Da Definição 7.2, vem que

$$\begin{aligned}E_{TL}[y(x), h] &\equiv y(x+h) - y(x) - \frac{3}{2} h y'(x) + \frac{h}{2} y'(x - h) \\ &= hy + \frac{h^2}{2} y'' + \frac{h^3}{6} y''' + \frac{h^4}{24} y^{(IV)} + \ldots \\ &\quad - 3\frac{h}{2} y' + \frac{h}{2} y' - \frac{h^2}{2} y'' \frac{h^3}{4} y''' - \ldots \\ &= \frac{5}{12} h^3 y''' + O(h^4).\end{aligned}$$

Logo, o método é de ordem 2. O erro de truncamento local nesse método é da ordem de h^3, mas o método é de ordem 2. Então, a ordem de um método está associada ao erro global de truncamento.

Exemplo 7.12

Considere o método dado na equação (7.82b) (regra de Simpson), que é um método de passo 3 com erro de truncamento local $O(h^5)$. Então,

$$y_{k+1} = y_{k-1} + \frac{h}{3}(f_{k+1} + 4 f_k + f_{k-1}).$$

Assim,

$$E_{TL}[y(x); h] \equiv y(x+h) - y(x-h) - \frac{h}{3} y'(x+h) - \frac{4h}{3} y'(x) - \frac{h}{3} y'(x-h),$$

ou seja,

$$E_{TL}[y(x);h] \equiv y(x) - hy'(x) + \frac{h^2}{2}y''(x) + \frac{h^3}{6}y'''(x) + \frac{h^4}{24}y^{(IV)}(x) + \frac{h^5}{120}y^V(x) + \ldots$$

$$-\left[y(x) - hy'(x) + \frac{h^2}{2}y''(x) - \frac{h^3}{6}y'''(x) + \frac{h^4}{24}y^{(IV)}(x) -\right.$$

$$\left.\frac{h^5}{120}y^V(x) + \ldots\right] - \frac{h}{3}\left[y'(x) = hy''(x) + \frac{h^2}{2}y'''(x) + \frac{h^3}{6}y^{IV}(x)\right.$$

$$\left.+\frac{h^4}{24}y^V(x) + \ldots\right] - \frac{4h}{3}y'(x) - \frac{h}{3}\left[y'(x) - hy''(x) + \frac{h^2}{2}y'''(x)\right.$$

$$\left.-\frac{h^3}{6}y^{IV}(x) + \frac{h^4}{24}y^V(x) - \ldots\right]$$

$$= \frac{h^5}{60}y^V(x) + O(h^4).$$

Logo, o método é de ordem 4.

Se q é o passo do método, então os métodos de Adams-Bashforth (equação (7.71a)) e Nystrom (equação (7.71b)) são de ordem q. Os métodos de Adams-Moulton são de ordem $(q+1)$ com exceção do método de Milne-Simpson, que é de ordem 4, como foi visto no exemplo 7.10.

Quando se calcula a solução aproximada da equação (7.3) por meio da equação (7.96), uma dificuldade está em que a equação (7.96) pode não ser consistente com $y' = f(x,y)$ e outra está relacionada à questão da instabilidade.

O erro local de truncamento quando se usa a equação (7.96) para aproximar a equação (7.3) em $x = x_{k+1}$ é expresso por

$$E_{TL}[y(x_{k+1}), y] = y(x_{k+1}) - \left[\sum_{n=0}^{r} a_n y(x_{k-n}) + h\sum_{n=-1}^{r} b_n f(x_{k-n}, y(x_{k-n}))\right]. \tag{7.100}$$

Então, diz-se que o método (7.96) é consistente com a equação (7.3) se

$$\lim_{h \to 0} \tau(h) = 0, \tag{7.101}$$

onde

$$\tau(h) = \frac{1}{h} \max_{x_r \leq x_k \leq b} \left|E_{TL}[y(x_{k+1}); y]\right|. \tag{7.102}$$

Sobre a consistência de métodos da forma (7.96), como se pode ver em Henrici (1961), tem-se o seguinte teorema:

Teorema 7.6

A condição necessária e suficiente para que o método (7.96) seja consistente é que

$$\sum_{n=0}^{r} a_n = 1; \quad \sum_{n=0}^{r} n a_n + \sum_{n=-1}^{r} b_n = 1. \tag{7.103}$$

Para efeito de aplicação do teorema 7.6, considere as polinomiais

$$\rho(z) = z^{r+1} - a_0 z^r - a_1 z^{r-1} - \ldots - a_{r-1} z - a_r \tag{7.104}$$

e
$$\sigma(z) = b_{-1}z^{r+1} - b_0 z^r + b_1 z^{r-1} + \ldots + b_{r-1}z + a_r, \qquad (7.105)$$

denominadas polinomiais geradoras do método de passo múltiplo (7.96). Com isso, é possível analisar o método expresso na equação (7.96) por meio de suas polinomiais geradoras.

Inicialmente, observe que, se a equação (7.96) é consistente, então, pelo teorema 7.6, tem-se que

$$\rho(1) = 0 \text{ e } \rho'(1) = \sigma(1). \qquad (7.106)$$

De fato,

$$\rho(1) = 1 - \sum_{n=0}^{r} a_n = 1 - 1 = 0$$

$$\rho'(1) = r + 1 - ra_0 - (r-1)a_1 - (r-2)a_2 - \ldots - (r-(r-2))a_{r-2} - (r-(r-1))a_{r-1}$$

$$= (1 - a_0 - a_0 - a_2 - \ldots - a_{r-2} - a_{r-1}) + 1 + a_1 + a_2 + \ldots + (r-1)a_{r-1}.$$

De (7.103) vem

$$\sum_{n=-1}^{r} b_n - ra_r = 1 + \sum_{n=0}^{r-1} na_n.$$

Então,

$$\rho'(1) = r(1 - a_0 - a_1 - \ldots - a_{r-1}) + \sum_{n=-1}^{r} b_n - ra_r$$

$$= (1 - a_0 - a_1 - \ldots - a_{r-1} - a_r) + \sum_{n=-1}^{r} b_n - b_n$$

$$= \sum_{n=-1}^{r} b_n$$

$$= \sigma(1)$$

Logo, a condição necessária e suficiente para que a (7.96) seja consistente é que a equação (7.106) seja satisfeita.

Com referência à estabilidade do método na equação (7.96), sejam $\alpha_0, \alpha_1, \ldots, \alpha_r, \alpha_0 = 1$ as raízes de $\rho(z) = 0$. Então, diz-se que o método (7.96) satisfaz à condição denominada condição da raiz se

$$|\alpha_n| \leq 1, \ n = 0, 1, \ldots, r, \qquad (7.107)$$

$$|\alpha_n| = 1 \Rightarrow \rho'(\alpha_n) \neq 0. \qquad (7.108)$$

Diz-se que a condição da raiz é forte quando $|\alpha_n| < 1$, $n = 1, 2, \ldots, r$.

A condição (7.107) requer que todas as raízes de $\rho(z) = 0$ estejam no círculo de raio unitário $\{z; |z| \leq 1\}$ do plano complexo. A condição (7.108) requer que as raízes sejam de módulo 1, ou seja, que as raízes na fronteira do círculo sejam simples. Com isso, tem-se o teorema a seguir.

Teorema 7.7

Suponha que a condição de consistência na equação (7.103) seja satisfeita. Então, um método de passo múltiplo (7.96) é estável se, e somente se, a condição da raiz dada pelas equações (7.107) e (7.108) for satisfeita.

Como exemplo, considere o método de Simpson (equação (7.80c)), onde se têm

$$j = 1,\ r = 3,\ a_0 = 0,\ a_1 = 1,\ a_2 = 0,\ a_3 = 0,\ b_{-1} = 1/3,\ b_0 = 4/3,\ b_1 = 1/3,\ b_2 = 0,\ b_3 = 0.$$

A condição de consistência é satisfeita, pois

$$a_0 + a_1 + a_2 + a_3 = 1;\ a_1 + b_{-1} + b_0 + b_1 = -1 + \frac{1}{3} + \frac{4}{3} + \frac{1}{3} = 1.$$

O método é estável, uma vez que $\rho(z) = z^4 - z^2 = 0$ tem como raízes $\alpha_1 = \alpha_2 = 0$, $\alpha_3 = 1$, $\alpha_4 = -1$, $\rho'(1) \neq 0$ e $\rho'(-1) \neq 0$, , ou seja, o teste da raiz é satisfeito.

Teorema 7.8

Suponha que a condição de consistência na equação (7.103) seja satisfeita. Então, um método de passo múltiplo (7.96) é convergente se, e somente se, a condição da raiz dada pelas equações (7.107) e (7.108) for satisfeita.

Como consequência dos teoremas 7.7 e 7.8, tem-se o seguinte resultado: se um método de passo múltiplo como na equação (7.96) é consistente, então ele é convergente se, e somente se, for estável.

Com base nesses três últimos resultados, pode-se concluir que, para os métodos de passo múltiplo (7.96), tem-se que

$$\text{CONSISTÊNCIA E ESTABILIDADE} \Leftrightarrow \text{CONVERGÊNCIA}$$

Viu-se que outra maneira de discutir a estabilidade de um método numérico consiste em aplicá-lo à equação de referência (7.29),

$$y' = \lambda y,\ y(0) = 1,$$

que tem como solução $y(x) = e^{\lambda x}$.

Sendo assim, aplicando a equação (7.96) à equação de referência, resulta em

$$y_{k+1} = \sum_{n=0}^{r} a_n y_{k-n} + h\lambda \sum_{n=-1}^{r} b_n y_{k-n}$$

ou

$$(1 - \lambda h b_{-1}) y_{k+1} - \sum_{n=0}^{r} (a_n + h\lambda b_n) y_{k-n} = 0,\ k \geq r, \tag{7.109}$$

que é uma equação de diferença linear, homogênea e de ordem $r + 1$. A teoria para resolvê-la é análoga à de equações diferenciais lineares homogêneas de ordem $r + 1$ (HENRICI; 1961; ISAACSON; KELLER, 1966).

Primeiro, para resolver a equação (7.109), propõe-se encontrar soluções na forma especial

$$y_k = z^k,\ k \geq 0. \tag{7.110}$$

Se $r + 1$ soluções linearmente independentes forem encontradas, então uma combinação linear dessas soluções formará a solução geral da equação (7.109).

Substituindo $y_k = z^k$ na equação (7.109) e dividindo por z^{r-n}, vem

$$(1 - \lambda h b_{-1}) z^{r+1} - \sum_{n=0}^{r} (a_n + h\lambda b_n) z^{r-n} = 0. \tag{7.111}$$

A equação (7.111) é chamada equação característica, e o lado esquerdo na equação (7.111) é chamado polinômio característico, cujas raízes são denominadas raízes características, denotadas por $z_0(h\lambda), \ldots, z_r(h\lambda)$, para as quais é possível demonstrar que dependem continuamente de $h\lambda$.

Note que

$$p(z) - h\lambda\sigma(z) = 0. \qquad (7.112)$$

Então, quando $h\lambda = 0$, a equação (7.112) se torna $p(z) = 0$ e $z_n(0) = z_n$, $n = 0,1,\ldots,r$ como antes. Sendo $z_0 = 1$ uma raiz de $p(z) = 0$, seja $z_0(h\lambda)$ raiz da equação (7.112) para a qual $z_0(0) = 1$. A raiz $z_0(h\lambda)$ é chamada raiz principal, cuja denominação será justificada adiante. Se as raízes $z_0(h\lambda)$ forem todas distintas, então a solução geral da equação (7.109) será

$$y_k = \sum_{n=0}^{r} \gamma_n \left[z_n(h\lambda) \right]^k, \quad k \geq 0. \qquad (7.113)$$

Mas, se $z_n(h\lambda)$ é uma raiz de multiplicidade $v > 1$, então o conjunto

$$\left\{ \left[z_{z_n(h\lambda)} \right]^k \right\}, \left\{ k \left[z_n(h\lambda) \right]^k \right\}, \ldots, \left\{ k^{v-1} \left[z_n(h\lambda) \right]^k \right\}$$

é formado por v soluções linearmente independentes da equação (7.109).

Considere novamente a equação de referência (7.29) e sua solução numérica na equação (7.113). O teorema 7.8 diz que $\gamma_n \left[z_n(h\lambda) \right]^k$ converge para zero quando $h \to 0$. Mas para h pequeno com x_k crescente, também deseja-se que permaneça relativamente pequena a parte principal da solução $\gamma_0 \left[z_0(y\lambda_0) \right]^k$. Isso será verdade se as raízes características satisfizerem

$$|z_n(h\lambda)| \leq z_0(h\lambda); \quad n = 1, 2, \ldots, r, \qquad (7.114)$$

para valores suficientemente pequenos de h. Isso conduz à definição de estabilidade relativa. Diz-se que o método (7.96) é *relativamente estável* se as raízes características $z_n(h\lambda)$ satisfazem a equação (7.114), para valores suficientemente pequenos não nulos de $|h\lambda|$. É fácil verificar que isso implica relativa estabilidade para o método (7.96), mas a relativa estabilidade não implica que a condição forte da raiz seja satisfeita. Se um método de passo múltiplo é estável, mas não é relativamente estável, então ele é chamado *fracamente estável*.

Dessa forma, para um método de passo múltiplo consistente, os resultados podem ser assim resumidos:

CONDIÇÃO FORTE DA RAIZ $\Rightarrow$ ESTABILIDADE RELATIVA
$\Downarrow \qquad\qquad\qquad\qquad\qquad \Downarrow$
CONVERGÊNCIA $\Leftrightarrow$ CONDIÇÃO DA RAIZ $\Leftrightarrow$ ESTABILIDADE

Exemplo 7.13

a) Considere o método do ponto médio, $y_{k+1} = y_{k-1} + 2hf_k$, para o qual se têm

$$b_0 = 2, b_{-1} = b_3 = \ldots = b_r = 0, a_0 = 0, a_1 = 1, a_2 = a_3 = \ldots = a_r = 0.$$

Então: (i) o método é consistente, pois

$$\sum_{n=1}^{r} a_n = 1 \text{ e } -\sum_{n=0}^{r} na_n + \sum_{n=-1}^{r} b_n = 1;$$

(ii) o método satisfaz à condição da raiz, uma vez que $\rho(z) = z^2 - z = 0$ tem como raízes $z_0 = 1; z_1 = 0$; (iii) devido a (i) e (ii), o método é estável e convegente; (iv) o método não satisfaz à condição forte da raiz; (v) $r_0(\lambda h) = 1 + h\lambda + O(h^2)$, $r_1(h\lambda) = -1 + h\lambda + O(h^2)$, então, o método é fracamente estável.

b) O método de Adams-Bashforth, $y_{k+1} = y_k + h\left(f_k + \frac{1}{2}\nabla f_k\right) = y_k + h\left(\frac{3}{2}f_k - \frac{1}{2}f_{k-1}\right)$ (equação (7.71a)), com $j = 0; r = 1$) é consistente, satisfaz à condição forte da raiz, é estável, convergente e relativamente estável. De maneira geral, isso ocorre para todos os métodos de Adams-Bashforth e Adams-Moulton.

Região de estabilidade nos métodos de passo múltiplo

Na discussão efetuada sobre estabilidade, foi exigido que os valores de h fossem suficientemente pequenos. Mas a pergunta que fica ainda é: qual deve ser o valor de h a ser usado? Se h tiver de ser muito pequeno, então o uso do método é impraticável. Logo, há necessidade de examinar quais valores são permitidos para h. Como a estabilidade depende das raízes características, que, por sua vez, dependem de $h\lambda$, determinam-se os valores de $h\lambda$ para os quais o método (7.96) é estável no mesmo sentido. Para uma discussão geral, considera-se λ um número complexo.

Uma escolha natural de região de estabilidade é a *região de relativa estabilidade*, que é definida para todos os valores de $h\lambda$ que satisfazem à equação (7.114). A comparação entre regiões de relativa estabilidade de vários métodos de passo múltiplo (7.96) é um procedimento útil para se averiguar qual é o melhor método. De modo geral, um método é considerado melhor quando tem maior região de estabilidade que outro. Outro indicativo é evidentemente o exame da ordem do erro de truncamento do método.

Outra região de estabilidade de uso frequente consiste em analisar o sinal da parte real de λ. Quando ela for negativa, tem-se que a solução $y(x) = e^{\lambda x} \to 0$, quando $x \to \infty$. A *região de estabilidade absoluta* é definida como o conjunto dos $h\lambda$ para os quais a solução numérica $y_k \to 0$ quando $x_k \to \infty$. Usando a forma geral da solução, tem-se

$$y_k = \sum_{n=0}^{r} \gamma_n \left[z_n(h\lambda) \right]^k.$$

Isso é equivalente a exigir que $h\lambda$ satisfaça:

$$|z_n(h\lambda)| < 1, \; 0 \le n \le r. \tag{7.115}$$

Quanto maior for a região de estabilidade absoluta, menor será a restrição quanto ao tamanho de h para o qual o método numérico fornecerá uma solução numérica qualitativamente idêntica à da solução verdadeira. Para esses valores de $h\lambda$, diz-se que o método é absolutamente estável.

Exemplo 7.14

a) O método de Euler tem como equação característica $z - 1 - h\lambda = 0$, então, $|z_0(h\lambda)| = |h\lambda + 1| < 1, -2 \le h\lambda \le 0$. Logo, a região de estabilidade absoluta é o conjunto de todos os $h\lambda$ no círculo de raio 1, centrado em $(-1, 0)$ no plano complexo, conforme a Figura 7.4.

b) O método de Adams-Bashforth,

$$y_{k+1} = y_k + \frac{h}{2}(3f_k - f_{k-1}), k \ge 1,$$

tem como equação característica $r^2 - \left(1 + \frac{3}{2}h\lambda\right)r + \frac{1}{2}h\lambda = 0$ com raízes

$$r_0 = \frac{1}{2}\left(1 + \frac{3}{2}h\lambda + \sqrt{1 + h\lambda + \frac{9}{4}h^2\lambda^2}\right)$$

$$r_1 = \frac{1}{2}\left(1 + \frac{3}{2}h\lambda - \sqrt{1 + h\lambda + \frac{9}{4}h^2\lambda^2}\right).$$

A região de estabilidade absoluta é o conjunto dos λh para os quais $|r_0(h\lambda)| < 1, |r_1(h\lambda)| < 1$. Para λ real, os valores aceitáveis de λh são $-1 < \lambda h < 0$. Para λ complexo, os valores aceitáveis de λh consistem na região (a maior) mostrada na Figura 7.11.

As regiões de estabilidade absoluta para alguns métodos de Adams-Bashforth, ou seja, para os métodos

$$y_{k+1} = y_k + \frac{h}{2}(3f_k - f_{k-1}), \ E_{TL} = O(h^3)$$

$$y_{k+1} = y_k + \frac{h}{12}(23f_k - 16f_{k-1} + 5f_{k-2}), \ E_{TL} = O(h^4)$$

$$y_{k+1} = y_k + \frac{h}{24}(55f_k - 59f_{k-1} + 3f_{k-2} - 9f_{k-3}), \ E_{TL} = O(h^5)$$

são dadas na Figura 7.11.

Figura 7.11 Regiões de estabilidade para os métodos de Adams-Bashforth de ordem q.

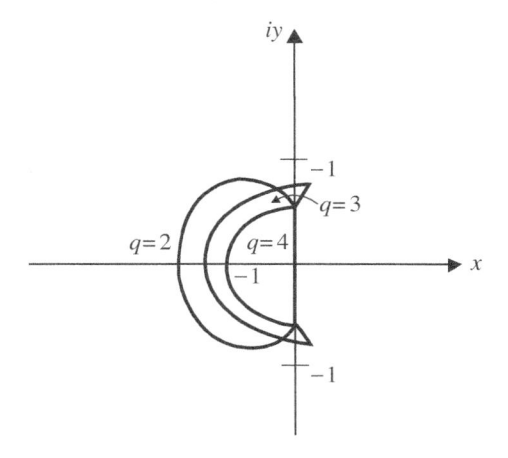

As regiões de estabilidade absoluta dos métodos de Adams-Moulton

$$y_{k+1} = y_k + \frac{h}{12}(5f_{k+1} + 8f_k - f_{k-1}), \ E_{TL} = O(h^4)$$

$$y_{k+1} = y_k + \frac{h}{24}(9f_{k+1} + 19f_k + 5f_{k-1} + f_{k-2}), \ E_{TL} = O(h^5)$$

são mostradas na Figura 7.12.

Figura 7.12 Regiões de estabilidade para os métodos de Adams-Moulton de ordem q.

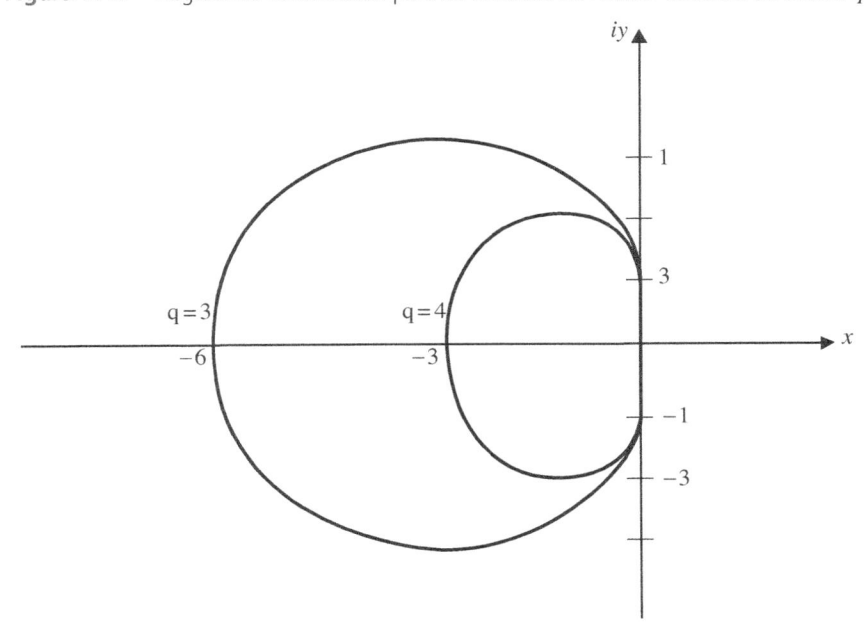

Observe nessas figuras que a região de estabilidade diminui à medida que a ordem do método cresce e que as fórmulas de mesma ordem nos métodos de Adams-Moulton têm região de estabilidade absoluta maior que as fórmulas de Adams-Bashforth. O tamanho dessas regiões é aceitável do ponto de vista prático. Por exemplo, os valores reais de $h\lambda$ da região de estabilidade absoluta para a fórmula de Adams-Moulton de quarta ordem são dados por $-3 < h\lambda < 0$. Isso em muitos casos não representa restrição forte para h.

As fórmulas de Adams de diversas ordens e suas regiões de estabilidade são aceitáveis para muitos problemas. Entretanto, têm dificuldades para problemas em que λ é negativo e muito grande em magnitude. Nesse caso, a equação diferencial é chamada *stiff* (rígida). Esses problemas são mais bem abordados por técnicas especiais.

Regiões de estabilidade para outros métodos de passos múltiplos podem ser vistas em Gear (1971) e em Shampine e Gordon (1975).

Observação:

a) O termo equações diferenciais *stiff* é empregado para sistemas de equações, mas, em princípio, pode ser mostrado para um problema mais simples. Para tanto, considere a equação

$$\begin{cases} y' = -100y + 99e^{-x} \\ y(0) = 0, \end{cases} \quad (7.116)$$

cuja solução é $y(x) = e^{-x} - e^{-100x}$.

Ambos os termos dessa solução tendem a zero quando x cresce, mas o segundo termo de $y(x)$ decresce muito mais rapidamente que o primeiro. Para $x = 0,1$, esse termo é igual a zero com quatro casas decimais corretas. Portanto, ele é transitório quando comparado com o primeiro, que pode ser chamado de "estado permanente". Sistemas em que componentes diferentes operam em escala de tempo muito diferentes são denominados *stiff* e oferecem dificuldades acima do normal à resolução numérica.

b) Para resolver a equação (7.3) numericamente foram vistos três métodos de integração: de passo simples, baseados na extrapolação de Richardson e de passo múltiplo.

De maneira geral, é difícil fazer comparações entre os métodos vistos, pois a eficiência de cada um depende do tipo do problema a ser resolvido. Entretanto, uma comparação pode ser feita com base nos seguintes argumentos:

(i) necessidade de um procedimento inicial;

(ii) convergência e robustez do método;

(iii) região de estabilidade;

(iv) facilidade na mudança do passo de discretização h;

(v) ordem do método;

(vi) esforço computacional (número de avaliações de f por passo),

(vii) estimativa para o erro de truncamento; e

(viii) simplicidade quanto à implementação computacional.

7.3 Solução numérica de EDO de ordem *n*: problema de valor inicial

Os métodos vistos antes são aplicáveis a equações diferenciais ordinárias de ordem *n*, pois é sempre possível reduzir uma EDO de ordem *n* a um sistema de equações diferenciais de primeira ordem.

7.3.1 Redução da EDO de ordem *n* em um sistema de equações diferenciais de primeira ordem

Para apresentar a técnica de redução, considere a equação (7.2) com as condições iniciais

$$y(x_0) = c_0, y'(x_0) = c_1, \ldots, y^{(n-1)}(x_0) = c_n.$$

A redução é feita definindo-se $n - 1$ novas variáveis da seguinte maneira:

$$\frac{dy}{dx} = y_1, \frac{dy_1}{dx} = y_2, \frac{dy_2}{dx} = y_3, \ldots, \frac{dy_{n-2}}{dx} = y_{n-1}.$$

Com isso, forma-se o seguinte sistema de equações diferenciais de primeira ordem em $y, y_1, y_2, \ldots, y_{n-1}$:

$$\begin{cases} \dfrac{dy}{dx} = y_1 \\ \dfrac{dy_1}{dx} = y_2 \\ \dfrac{dy_2}{dx} = y_3 \\ \vdots \\ \dfrac{dy_{n-2}}{dx} = y_{n-1} \\ \dfrac{dy1}{dx} = G(x, y, y_1, y_2, \ldots, y_{n-1}), \end{cases} \quad (7.117)$$

onde as condições iniciais passam a ser as seguintes: $y(x_0) = c_0, y_1(x_0) = c_1, \ldots, x_{n-1}(x_0) = c_n$.

A solução do sistema (7.117) é equivalente à solução da equação (7.2), com as condições iniciais dadas.

Exemplo 7.15

Reduza o problema de valor inicial $y'' - 3y' + 2y = 0; y(0) = -1; y'(0) = 0$ a um sistema de equações diferenciais de primeira ordem.

Para esse caso, basta definir apenas uma nova variável, ou seja,

$$\begin{cases} y' = z = f(x, y, z) \\ z' = 3z - 2y = g(x, y, z) \\ y(0) = -1, z(0) = 0. \end{cases} \quad (7.118)$$

Exemplo 7.16

Determine $y(1)$ para a equação dada no exemplo 7.15 por meio do método de Runge-Kutta de quarta ordem, usando $h = 0,1$.

O método de Runge-Kutta será aplicado ao sistema (7.118), utilizando o algoritmo a seguir. Para $k = 0, 1, \ldots$, calcula-se

$$\begin{cases} k_1 = f(x_k, y_k, z_k) \\ \ell_1 = g(x_k, y_k, z_k) \end{cases}$$

$$\begin{cases} k_2 = f(x_k + h/2, y_k + hk_1/2, z_k + h\ell_1/2) \\ \ell_2 = g(x_k + h/2, y_k + hk_1/2, z_k + h\ell_1/2) \end{cases}$$

$$\begin{cases} k_3 = f(x_k + h/2, y_k + hk_2/2, z_k + h\ell_2/2) \\ \ell_3 = g(x_k + h/2, y_k + hk_2/2, z_k + h\ell_2/2) \end{cases}$$

$$\begin{cases} k_4 = f(x_k + h, y_k + hk_3, z_k + h\ell_3) \\ \ell_4 = g(x_k + h, y_k + hk_3, z_k + h\ell_3) \end{cases}$$

$$\begin{cases} y_{k+1} = y_k + \dfrac{h}{6}[k_1 + 2k_2 + 2k_3 + k_4] \\ z_{k+1} = z_k + \dfrac{h}{6}[l_1 + 2l_2 + 2l_3 + \ell_4] \end{cases}$$

Os resultados obtidos são os seguintes:

x_k	y_k	z_k
0	-1,0000000	0,0000000
0,1	-0,9889417	0,2324583
0,2	-0,9509872	0,5408308
0,3	-0,98776105	0,9444959
0,4	-0,7581277	1,4673932
0,5	-0,5791901	2,1390610
0,6	-0,3241640	2,9959080
0,7	0,0276326	4,0827685
0,8	0,5018638	5,4548068
0,9	1,1303217	7,1798462
1	1,9523298	9,3412190

Assim, $y(1)$ por meio do método de RK de quarta ordem foi obtido com três casas decimais corretas $y(x) = e^{2x} - 2e^x$ e $y(1) = 1{,}19524924$).

Observação:

Em se tratando de um sistema com n equações de primeira ordem lineares ou não lineares, a análise de estabilidade do método numérico, bem como a determinação da região de estabilidade, tendo-se em mente a equação (7.29), consiste em considerar a forma linearizada

$$Y' = AY \qquad (7.119)$$

onde A é uma matriz $n \times n$; $Y' = [y', y'_1, y'_2, \ldots, y'_n]^T$ e $Y = [y, y_1, y_2, \ldots, y_{n-1}]^T$ e calcular os autovalores $\lambda_1, \lambda_2, \ldots, \lambda_n$ de A. Se todos os pontos $h\lambda_1, h\lambda_2, \ldots, h\lambda_n$, pertencerem à região de estabilidade do método numérico, então os erros numéricos não serão ampliados quando a integração for levada avante. Por outro lado, se algum ponto $h\lambda_k$ estiver fora da região de estabilidade, os erros crescerão exponencialmente com o crescimento de x, sendo o expoente proporcional à distância entre a região de estabilidade e o ponto $h\lambda_k$. O método deverá ser finalizado quando o erro for maior do que uma tolerância estipulada pelo usuário.

7.4 Aproximação de derivadas ordinárias por diferenças finitas

Sejam $y_0, y_1, y_2, \ldots, y_{i-1}, y_i, y_{i+1}, \ldots y_n$, valores da função y nos pontos-base igualmente espaçados de $h : x_0, x_1, x_2, \ldots, x_{i-1}, x_i, x_{i+1}, \ldots x_n$ em um intervalo do domínio da função y.

Nesta seção, tem-se por objetivo apresentar fórmulas de diferenciação numérica que serão usadas nos métodos de diferenças finitas para resolver numericamente equações diferenciais a valores de contorno.

7.4.1 Diferenciação numérica por diferenças finitas retroativas

No Capítulo 5, vimos que

$$\begin{cases} \nabla y_i = y_i - y_{i-1} \\ \nabla^2 y_i = \nabla y_i - \nabla y_{i-1} = y_i - 2y_{i-1} + y_{i-2} \\ \nabla^3 y_i = \nabla^2 y_i - \nabla^2 y_{i-1} = y_i - 3y_{i-1} + 3y_{i-2} - y_{i-3} \\ \nabla^4 y_i = y_i - 4y_{i-1} + 6y_{i-2} - 4y_{i-3} + 4y_{i-4} \end{cases} \quad (7.120)$$

e assim por diante.

Observe que os coeficientes da diferença retroativa de ordem n, multiplicando-se os valores funcionais de y na equação (7.120), são idênticos aos coeficientes presentes no desenvolvimento do binômio $(a-b)^n$.

Fazendo uso das propriedades de linearidade do operador ∇, é possível expressar as diferenças finitas da função y em termos de suas derivadas sucessivas e vice-versa. De fato, por meio da série de Taylor para a função y, pode-se escrever

$$y(x+h) = y(x) + hy'(x) + \frac{h^2}{2!}y''(x) + \frac{h^3}{3!}y'''(x) + \ldots \quad (7.121)$$

$$= \left(1 + hD + \frac{h^2}{2!}D^2 + \frac{h^3}{3!}D^3 + \ldots\right) y(x), \quad (7.122)$$

onde

$$D^n y(x) \equiv y^{(n)}(x).$$

A expressão na equação (7.122) pode ser reescrita em termos de operadores na seguinte forma:

$$y(x+h) = e^{hD} y(x), \quad (7.123)$$

ou seja,

$$y_{i+1} = e^{hD} y_i; \quad y_{i-1} = e^{-hD} y_i. \quad (7.124)$$

Então, usando a equação (7.123), vem

$$\nabla y_i = y_i - y_{i-1} = y_i - e^{-hD} y_i = \left(1 - e^{-hD}\right) y_i.$$

$$= \left[1 - \left(1 - hD + \frac{h^2}{2!}D^2 - \frac{h^3}{3!}D^3 + \frac{h^4}{4!}D^4 - \ldots\right)\right] y_i$$

$$= \left[1 - \frac{h}{2!}D + \frac{h^2}{3!}D^2 - \frac{h^3}{4!}D^3 \ldots\right] hD y_i.$$

Simbolicamente, o operador ∇ fica

$$\nabla = \left(1 - e^{-hD}\right). \quad (7.125)$$

Portanto,

$$\nabla^2 = \left(1 - e^{-hD}\right)^2 = 1 - e^{-hD} + e^{-2hD}$$

$$= h^2 D^2 - h^3 D^3 + \frac{7}{12} h^4 D^4 - \ldots \quad (7.126)$$

Similarmente, obtém-se

$$\nabla^3 = h^3 D^3 - \frac{3}{2} h^4 D^4 + \frac{5}{4} h^5 D^5, \tag{7.127}$$

e dessa forma podem-se obter $\nabla^4, \nabla^5, \ldots$

As equações (7.125), (7.126), (7.127) e as que se obtêm para $\nabla^4, \nabla^5, \ldots$ expressam as diferenças finitas em termos das derivadas da função y. As equações que expressam as derivadas em termos das diferenças finitas são encontradas a partir da equação (7.125) fazendo-se

$$e^{-hD} = 1 - \nabla,$$

ou seja,

$$\ln e^{-hD} = -hD = \ln(1-\nabla) = -\left(\nabla + \frac{\nabla^2}{2} + \frac{\nabla^3}{3} + \frac{\nabla^4}{4} + \ldots\right). \tag{7.128}$$

Portanto,

$$hD = \nabla + \frac{\nabla^2}{2} + \frac{\nabla^3}{3} + \frac{\nabla^4}{4} + \ldots \tag{7.129}$$

Tomando as potências sucessivas da equação (7.129), obtém-se:

$$\begin{cases} h^2 D^2 = \nabla^2 + \nabla^3 + \frac{11}{12}\nabla^4 + \frac{5}{6}\nabla^5 + \ldots \\ h^3 D^3 = \nabla^3 + \frac{3}{2}\nabla^4 + \frac{7}{4}\nabla^5 + \ldots \\ h^4 D^4 = \nabla^4 + 2\nabla^5 + \frac{17}{6}\nabla^6 + \ldots \\ h^5 D^5 = \nabla^5 + \frac{2}{5}\nabla^6 + \frac{25}{6}\nabla + \ldots \end{cases} \tag{7.130}$$

Resolvendo as equações (7.129) e (7.130) para D, D^2, D^3, etc., vem

$$\begin{cases} D = \frac{\nabla}{h} + \frac{h}{2} D^2 - \frac{h^2}{6} D^3 + \frac{h^3}{24} D^4 - \ldots \\ D^2 = \frac{\nabla^2}{h^2} + hD^3 - \frac{7}{12} h^2 D^4 - \ldots \\ D^3 = \frac{\nabla^3}{h^3} + \frac{3h}{2} D^4 - \frac{5h^2}{4} D^5 - \ldots, \end{cases} \tag{7.131}$$

assim como os demais operadores diferenciais.

Com as equações (7.131), calculam-se

$$\begin{cases} Dy_i = \frac{\nabla y_i}{h} + O(h) \\ D^2 y_i = \frac{\nabla^2 y_i}{h^2} + O(h) \\ D^3 y_i = \frac{\nabla^3 y_i}{h^3} + O(h) \end{cases} \tag{7.132}$$

e as outras derivadas, com aproximações $O(h)$.

Para se obter fórmulas com erro da ordem de h^2, retêm-se os dois primeiros termos das derivadas expandidas em função das diferenças finitas retroativas para, por exemplo, chegar-se a

$$Dy_i = \frac{1}{2h}(3y_i - 4y_{i-1} + y_{i-2}) + O(h^2), \tag{7.133}$$

$$D^2 y_i = \frac{1}{h^3}(2y_i - 5y_{i-1} + 4y_{i-2} - y_{i-3}) + O(h^2), \tag{7.134}$$

$$D^3 y_i = \frac{1}{h^3}\left(5y_i - 18y_{i-1} + 24y_{i-2} - 14y_{i-3} + 3y_{i-4}\right) + O(h^2). \tag{7.135}$$

De maneira geral, se *m* termos das derivadas expandidas em função das diferenças finitas retroativas forem retidos, obtêm-se fórmulas de diferenciação numérica correspondendo a erros de ordem de h^m.

Para a quarta derivada, tem-se:

$$D^4 y_i = \frac{1}{h^4}\left(y_i - 4y_{i-1} + 6y_{i-2} - 4y_{i-3} + 3y_{i-4}\right) + O(h). \tag{7.136}$$

e

$$D^4 y_i = \frac{1}{h^4}\left(3y_i - 14y_{i-1} + 26y_{i-2} - 24y_{i-3} + 11y_{i-4} - 2y_{i-5}\right) + O(h^2). \tag{7.137}$$

7.4.2 Diferenciação numérica por diferenças finitas progressivas

Seguindo procedimento análogo ao empregado antes (SALVADORI, 1964), obtêm-se as seguintes fórmulas:

$$Dy_i = \frac{1}{h}\left(-y_i + y_{i+1}\right) + O(h), \tag{7.138}$$

$$D^2 y_i = \frac{1}{h^2}\left(y_i - 2y_{i+1} + y_{i+2}\right) + O(h), \tag{7.139}$$

$$D^3 y_i = \frac{1}{h^3}\left(-y_i + 3y_{i+1} - 3y_{i+2} + y_{i+3}\right) + O(h), \tag{7.140}$$

$$D^4 y_i = \frac{1}{h^4}\left(y_i - 4y_{i+1} + 6y_{i+2} - 4y_{i+3} + y_{i+4}\right) + O(h), \tag{7.141}$$

$$Dy_i = \frac{1}{2h}\left(-3y_i + 4y_{i+1} - y_{i+2}\right) + O(h^2), \tag{7.142}$$

$$D^2 y_i = \frac{1}{h^2}\left(2y_i - 5y_{i+1} + 4y_{i+2} - y_{i+3}\right) + O(h^2), \tag{7.143}$$

$$D^3 y_i = \frac{1}{2h^2}\left(-5y_i + 18y_{i+1} - 24y_{i+2} + 14y_{i+3} - 3y_{i+4}\right) + O(h^2), \tag{7.144}$$

$$D^4 y_i = \frac{1}{h^2}\left(3y_i - 14y_{i+1} + 26y_{i+2} - 24y_{i+3} + 11y_{i+4} - 2y_{i+5}\right) + O(h^2), \tag{7.145}$$

7.4.3 Diferenciação numérica por diferenças finitas centrais

Com procedimento análogo ao empregado no caso das diferenças finitas retroativas, de acordo com Salvadori (1964), obtém-se

$$Dy_i = \frac{1}{2h}\left(y_{i+1} - y_{i-1}\right) + O(h^2), \tag{7.146}$$

$$D^2 y_i = \frac{1}{h^2}\left(y_{i+1} - 2y_i + y_{i-1}\right) + O(h^2), \tag{7.147}$$

$$D^3 y_i = \frac{1}{2h^3}\left(y_{i+2} - 2y_{i+1} + 2y_{i-1} - y_{i-2}\right) + O(h^2), \tag{7.148}$$

$$D^4 y_i = \frac{1}{h^4}(y_{i+2} - 4y_{i+1} + 6y_i - 4y_{i-1} + y_{i-2}) + O(h^2),$$ (7.149)

$$Dy_i = \frac{1}{12h}(-y_{i+2} + 8y_{i+1} - 8y_{i-1} + y_{i-2}) + O(h^4),$$ (7.150)

$$D^2 y_i = \frac{1}{12h^2}(-y_{i+2} + 16y_{i+1} - 30y_i + 16y_{i-1} - y_{i-2}) + O(h^4),$$ (7.151)

$$D^3 y_i = \frac{1}{8h^3}(-y_{i+3} + 8y_{i+2} - 13y_{i+1} + 13y_{i-1} - 8y_{i-2} + y_{i-3}) + O(h^4),$$ (7.152)

$$D^4 y_i = \frac{1}{6h^3}(-y_{i+3} + 12y_{i+2} - 39y_{i+1} + 56y_i - 39y_{i-1} + 12y_{i-2} - y_{i-3}) + O(h^4)$$ (7.153)

> **Observação:**
> Sempre que possível, são usadas, para aproximar derivadas, fórmulas em função das diferenças finitas centrais, tendo em vista que elas são mais precisas; as mais simples já são de $O(h^2)$.

7.5 Solução numérica de EDO a valores no contorno: método de diferenças finitas

Os estudos nesta seção tomam por base uma equação diferencial ordinária de segunda ordem, na forma autoadjunta, com condições de contorno genéricas, conforme segue:

$$\begin{cases} -\dfrac{d}{dx}\left[p(x)\dfrac{du}{dx}\right] + q(x)u(x) = f(x), \; x \in (a,b) \end{cases}$$ (7.154)

$$\begin{cases} \alpha_1 u(a) + \beta_1 \dfrac{du(a)}{dx} = \gamma_1 \\ \alpha_2 u(b) + \beta_2 \dfrac{du(b)}{dx} = \gamma_2. \end{cases}$$ (7.155)

A solução da equação (7.154) nem sempre pode ser expressa por meios analíticos. Com certa frequência recorre-se a métodos numéricos para se obter uma solução aproximada para esse tipo de problema.

Entre os métodos mais usados para esse propósito, o de diferenças finitas é um deles. Todavia, os métodos de resíduos ponderados, por suas características matemáticas e computacionais e pelo significado físico que possuem, estão cada vez mais difundidos para a solução numérica de problemas de equações difefenciais.

A aproximação por diferenças finitas para a equação (7.154) pode ser realizada de diversas maneiras. A abordagem adotada foi a da aproximação repetida da derivada primeira, que compreende as seguintes etapas:

a) Estabelecimento de pontos nodais: feito por meio de uma malha obtida pela partição do intervalo $[a, b]$, isto é,

$$\mu : a \equiv x_0 < x_{1/2} < x_1 < x_{3/2} < x_2 \ldots x_{n-1/2} < x_n \equiv b,$$

onde

$$x_j = x_0 + jh, \; j = 0, \; 1/2, \; 1, \; 3/2, \ldots, n-1/2, \; n.$$

b) Aproximação das derivadas por diferenças finitas: onde o tipo de diferenças finitas a ser usado deve ser escolhido convenientemente. Isso tem influência na convergência e na estabilidade do método, como será visto adiante. Para os problemas (7.154) e (7.155), a aproximação mais empregada é a de diferenças finitas centrais. Assim, o termo da equação (7.154) a ser derivado fica aproximado por:

$$\frac{p(x_{j+1/2})Du(x_{j+1/2}) - p(x_{j-1/2})Du(x_{j-1/2})}{h}, \quad (7.156)$$

e, aproximando as derivadas indicadas na equação (7.156) novamente por diferenças finitas centrais, vem

$$Du(x_{j+1/2}) = \frac{u(x_{j+1}) - u(x_j)}{h}$$

$$Du(x_{j-1/2}) = \frac{u(x_j) - u(x_{j-1})}{h},$$

chegando-se à aproximação completa da equação (7.154) por diferenças finitas centrais no ponto nodal x_j, que fica como

$$\frac{1}{h^2}\{-p(x_{j-1/2})u_{j-1} + [p(x_{j-1/2}) + p(x_{j+1/2})]u_j - p(x_{j+1/2})u_{j+1}\} \quad (7.157)$$
$$+ q(x_j)u_j = f(x_j),$$

que é a equação de diferenças finitas a ser resolvida.

c) Colocação da equação de diferenças: nessa etapa, calcula-se a equação (7.157) em cada um dos pontos nodais internos, espaçados de h da malha μ, ou seja, em $x_j, j = 1, 2, \ldots, n-1$.

Procedendo dessa forma, vem:

$$\begin{cases} j = 1 \\ \frac{1}{h^2}\{-p(x_{1/2})u_0 + [p(x_{1/2}) + p(x_{3/2})]u_1 - p(x_{3/2})u_2\} + q(x_1)u_1 = f(x_1) \\ j = 2 \\ \frac{1}{h^2}\{-p(x_{3/2})u_1 + [p(x_{3/2}) + p(x_{5/2})]u_2 - p(x_{5/2})u_3\} + q(x_2)u_2 = f(x_2) \\ \vdots \\ j = n-1 \\ \frac{1}{h^2}\{-p(x_{n-3/2})u_{n-2} + [p(x_{n-3/2}) + p(x_{n-1/2})]u_{n-1} - p(x_{n-1/2})u_n\} + q(x_{n-1})u_{n-1} = f(x_{n-1}) \end{cases} \quad (7.158)$$

Essas equações formam um sistema de $(n-1)$ equações e $(n+1)$ incógnitas, que pode vir a ter solução se as duas condições de contorno da equação (7.155) forem usadas.

d) Incorporação das condições de contorno:

(i) *Condições do tipo Dirichlet.* Nesse caso, $\beta_1 = \beta_2 = 0$ e os valores de $u(a)$ e $u(b)$ são inseridos no sistema das equações na equação (7.158) substituindo-se u_0 por $u(a)$ na primeira e u_n por $u(b)$ na última equação. Após isso, transpõem-se esses termos para o lado direito do sistema para obter um sistema tridiagonal que, na forma matricial, fica assim:

$$\begin{bmatrix} d_1 & c_2 & & & & \\ c_2 & d_2 & c_3 & & & \\ & c_3 & d_3 & c_4 & & \\ & & \ddots & \ddots & \ddots & \\ & & & c_{n-2} & d_{n-2} & c_{n-1} \\ & & & & c_{n-1} & d_{n-1} \end{bmatrix} \begin{bmatrix} u_1 \\ u_2 \\ u_3 \\ \vdots \\ \vdots \\ u_{n-1} \end{bmatrix} \begin{bmatrix} F_1 \\ F_2 \\ F_3 \\ \vdots \\ \vdots \\ F_{n-1} \end{bmatrix},$$
(7.159)

onde

$$d_i = p(x_{i-1/2}) + p(x_{i-1/2}) = h^2 q(x_i), \; i = 1, 2, \ldots, n-1,$$
$$c_j = -p(x_{i-1/2}), \; j = 2, 3, \ldots, n-1,$$
$$F_1 = h^2 f(x_1) + p(x_{1/2}) u(a),$$
$$F_k = h^2 f(x_k), \; k = 2, 3, \ldots, n-2,$$
$$F_{n-1} = h^2 f(x_{n-1}) + p(x_{n-1/2}) u(b).$$

(ii) *Condições do tipo Neumann*. Nesse tipo de condição de contorno aparecem termos com derivadas. O procedimento de incorporação tem início com a aproximação das derivadas por diferenças finitas. Entretanto, é preciso observar que, se diferenças progressivas Δ ou retroativas ∇ forem empregadas, elas são apenas de $O(h)$, enquanto a aproximação da equação que aparece na equação (7.158) é da $O(h^2)$). A aproximação de ordem mais baixa prejudica a solução numérica, em particular nas vizinhanças do ponto de contorno em que tais aproximações forem realizadas. Para sanar essa dificuldade, usa-se para as derivadas no contorno uma aproximação de ordem igual à usada para a equação. Isso requer a introdução de um ponto nodal fictício no extremo submetido a esse tipo de contorno. Considere, por exemplo, o caso em que $\beta_2 = 0$ na equação (7.155).

Um ponto nodal fictício localizado em $x_{-1} = x_0 - h$ possibilita que o termo com derivada $\left.\dfrac{du}{dx}\right|_{x=a}$ seja aproximado em $j = 0$ por diferenças centrais que têm erro de truncamento $O(h^2)$, resultando em:

$$\left.\frac{du}{dx}\right|_{x=a} = \frac{u_1 - u_{-1}}{2h}.$$

Essa abordagem fornece duas equações adicionais no ponto $j = 0$: uma proveniente da própria equação colocada em $j = 0$ uma vez que o valor de u não está definido nesse ponto, e outra proveniente da condição de contorno, ou seja,

$$\frac{1}{h^2}\{-p(x_{-1})u_{-1} + [p(x_{-1/2}) + p(x_{1/2})]u_0 - p(x_{1/2})u_1\} + q(x_0)u_0 = f(x_0)$$
(7.160)

e

$$\alpha_1 u_0 + \beta_1 (u_1 - u_{-1})/2h = \gamma_1.$$
(7.161)

A equação (7.161) é resolvida para se obter u_{-1} em termos de u_0 e u_1, que em seguida é substituído na equação (7.160), que é então incorporada às demais equações do sistema (7.158).

Exemplo 7.17

Considere o problema de resolver a EDO de valor de contorno

$$\begin{cases} \dfrac{d^2u}{dx^2}+\left(1+x^2\right)u=-1,\; x\in[0,1] \\ \left.\dfrac{du}{dx}\right|_{x=0}=0;\; u(1)=0. \end{cases} \quad (7.162)$$

a) **Estabelecimento da malha.**

$$\begin{cases} \mu:0\equiv x_0<x_1<x_2\equiv 1 \\ x_1=x_0+h,\; h=1/2. \end{cases} \quad (7.163)$$

b) **Aproximação das derivadas por diferenças finitas.**

Usando diferenças centrais em um ponto $x=x_j$, a equação (7.162) fornece:

$$\frac{1}{h^2}\left(u_{j-1}-2u_j+u_{j+1}\right)+\left(1+x_j^2\right)u_j=-1. \quad (7.164)$$

c) **Colocação da equação de diferenças.**

A equação (7.164) será colocada nos pontos nodais pertencentes ao domínio do problema e, nesse caso, também no ponto $x=x_0=0$ do contorno, em vista de que nesse nó foi especificado apenas o valor da derivada de u. Com a malha (7.163), os pontos de colocação ficam: $x_0=0$ e $x_1=1/2$. Com efeito, da equação (7.164) vem:

Para $x=x_0=0$

$$4\left(u_{-1}-2u_0+u_1\right)+u_0=-1 \quad (7.165)$$

e para $x=x_1=1/2$

$$4\left(u_0-2u_1+u_2\right)+1{,}25u_1=-1 \quad (7.166)$$

d) **Incorporação das condições de contorno.**

Em $x=x_0=0$, tem-se:

$$\left.\frac{du}{dx}\right|_{x=0}\approx\frac{u_1-u_{-1}}{2h}=u_1-u_{-1}=0.$$

Portanto,

$$u_{-1}=u_1 \quad (7.167)$$

Em $x=x_2=1$, a condição fornece:

$$u(1)=u_2=0. \quad (7.168)$$

Substituindo a equação (7.167) na equação (7.165) e a equação (7.168) na equação (7.166), chega-se ao sistema de equações algébricas, que resulta da aproximação do problema por diferenças finitas

$$\begin{cases} -7u_0+8u_1=-1 \\ 4u_0-6{,}75u_1=-1, \end{cases}$$

cuja solução é $[u_0,u_1]^T=[0{,}967,\;0{,}721]^T$.

Uma aproximação melhor pode ser obtida se o parâmetro h da malha for reduzido. Assim, se para o problema (7.162) for adotada a malha:

$$\mu:0\equiv x_0<x_1<x_2<x_3<x_4\equiv 1$$

sendo:
$$x_j = x_0 + 0,25j,\ 1 \leq j \leq 4,\ (h = 0,25)$$

obtém-se o seguinte sistema:

$$\begin{bmatrix} -31 & 32 & & \\ 16 & -30,9375 & 16 & 0 \\ 0 & 16 & -30,75 & 16 \\ 0 & 0 & 16 & -30,4375 \end{bmatrix} \begin{bmatrix} u_0 \\ u_1 \\ u_2 \\ u_3 \end{bmatrix} \begin{bmatrix} -1 \\ -1 \\ -1 \\ -1 \end{bmatrix},$$

que fornece:

$$[u_0, u_1, u_2, u_3]^T = [0,94152\ \ 0,88085\ \ 0,69918\ \ 0,40039]^T.$$

Para se ter ideia da precisão desse resultado, no Quadro 7.4, ele é comparado ao resultado obtido pela série de Taylor, retendo-se termos até se ter cinco casas decimais corretas para $x \in [-1,1]$, conforme Pinder e Botha (1982), $u(x) = 0,932054 - 0,966027x^2 + 0,002831x^4 + 0,032107x^6 - 0,00624x^8 - 0,000350x^{10}$.

Quadro 7.4 Comparação entre soluções por diferenças finitas e série.

x	Solução série $u(x)$	Solução dif. finitas $u(x)$	Erro absoluto
0	0,93205	0,94152	9,5(-3)
0,25	0,87170	0,88085	9,1(-3)
0,50	0,69122	0,69918	8,0(-3)
0,75	0,39519	0,40039	5,2(-3)

Exemplo 7.18

Por meio do método de diferenças finitas, calcule $y(0,25), y(0,5)$ e $y(0,75)$ para o problema

$$\begin{cases} y'' - 2(9x+2)y = -2(9x+2)e^x \\ y(0) = 1 \\ y(1) = 0. \end{cases}$$

A equação de diferenças para esse problema é

$$\begin{cases} y_{k+1} - 2y_k + y_{k-1} - 2h^2(9x_k + 2)y_k = -2h^2(9x_k + 2)e^{x_k} \\ y_0 = 0,\ y_m = 1,\ k = 1, 2, \ldots, m-1. \end{cases}$$

Para m = 4, k = 1,2,3, obtém-se o sistema linear

$$\begin{bmatrix} -2,5312 & 1 & 0 \\ 1 & -2,81225 & 1 \\ 0 & 1 & -3,0938 \end{bmatrix} \begin{bmatrix} y_1 \\ y_2 \\ y_3 \end{bmatrix} \begin{bmatrix} -0,6821 \\ -1,3396 \\ -3,3155 \end{bmatrix},$$

cuja solução é $y_1 = 0,7753, y_2 = 1,2802$ e $y_3 = 1,4855$.

Logo, $y(0,25) \approx y_1, y(0,5) \approx y_2, y(0,75) \approx y_3$

7.6 Exercícios

1. Por meio da série de Taylor, calcule $y(0,5)$ para cada um dos problemas dados a seguir.

   a) $\begin{cases} y' = x^2 + y^2 \\ y(0) = 0. \end{cases}$ b) $\begin{cases} y' = x - y^2 \\ y(0) = 1. \end{cases}$

   Retenha os quatro primeiros termos da série e interprete o resultado obtido.

2. Para o problema dado no exercício 1, Item (a), calcule $y(0,25)$ por meio dos métodos de Euler, RK de ordem 2, RK de ordem 3 e RK de ordem 4, tomando $h = 0,1$.

3. Resolva a EDO $y'' + y^2 y' = x^3; y(1) = 1; y'(1) = 1,$ para $x = 1,2(0,2)2,0$ pelo método de RK de terceira ordem.

4. Resolva o sistema de equações diferenciais
   $$\begin{cases} y' + xz = 0 \\ z' - y^2 = 0 \quad y(0) = 1, \quad z(0) = 1 \end{cases}$$
   para $x = 0(0,2)1$ por meio do método de RK de quarta ordem.

5. Determine a solução da EDO
   $$\begin{cases} 3y'' + 4y' + y = (\operatorname{sen} t)e^{-t} \\ y(0) = 1; \ y'(0) = 0 \end{cases}$$
   em $x = 0,5$

   a) por meio de série de Taylor, retendo os cinco primeiros termos;

   b) por meio do método de RK de quarta ordem;

   c) compare os resultados obtidos em (a) e (b), e

   d) liste as vantagens dos métodos de RK sobre o método da série de Taylor.

6. Determine a constante de Lipschitz para as seguintes funções:

   a) $f(x,y) = 2y/x, \quad x \geq 1$.

   b) $f(x,y) = (x^3 - 2)^{27}/(17x^2 + 4)$.

7.
   a) Resolva o sistema de equações diferenciais a seguir pelo método de RK de segunda ordem para os valores de $x = 0,1(0,1)0,3$.
   $$\begin{cases} y' - z^2 = x \\ z' - y^2 = x^2 \\ y(0) = 0 \\ z(0) = 0. \end{cases}$$

   b) Estabeleça a região de estabilidade do método de RK de segunda ordem a partir da equação de referência (7.29).

8. Para o problema de valor inicial
   $$\begin{cases} y' = x + y \\ y(0) = 1, \end{cases}$$
   calcule $y(0,2)$ por meio do método de RK de quarta ordem, para dois passos de discretização: e $h_2 = 0,1$. Extrapole e compare o resultado com a solução exata do problema.

9. Para o problema de valor inicial
$$\begin{cases} y' = x^2 + y^2 \\ y(0) = 0, \end{cases}$$
calcule $y(0,2)$ com quatro casas decimais corretas usando-se Euler-Richardson

10. Considere o problema de valor inicial
$$\begin{cases} y''' = yx \\ y(0) = 1 \\ y'(0) = 0 \\ y''(0) = 1. \end{cases}$$

Usando-se a aproximação
$$y'''(x_k) \approx \frac{y_{k+2} - 2y_{k+1} + 2y_{k-1} - y_{k-2}}{2h^3},$$
obtém-se a seguinte fórmula recursiva:
$$y_{k+2} = 2y_{k+1} + 2h^3 x_k y_k - 2y_{k-1} + y_{k-2}, \ y_0 = 1, \ k \geq 2.$$

Os valores iniciais y_1, y_2, y_3 podem ser obtidos por meio de RK com passo de discretização h.

a) Qual é a ordem desse método?

b) Calcule por meio desse método $y(1)$ para
$$h = h_0 = 0,2; \ h = h_0/2; \ h = h_0/4; \ h = h_0/8; \ h = h_0/16;$$
$$h = h_0/32; \ h = h_0/64; \ h = h_0/128; \ h = h_0/256.$$

11. Para o problema a valor inicial
$$\begin{cases} y' = y^2 + 1 \\ y(0) = 0, \end{cases}$$
com $h = 0,1$,

a) determine $y(1)$ por meio do método do ponto médio previsor-corretor; e

b) determine $y(1)$ por meio do método de Milne previsor-corretor de quarta ordem.

12. Calcule $y(0,5)$ para o problema dado no exercício 1, Item (b), por meio do método Adams-Moulton previsor (equação (7.84a)) e corretor (equação (7.84b)).

13. Determine a região de estabilidade absoluta para o método de Crank-Nicolson
$$y_{k+1} = y_k + \frac{h}{2}[f_k + f_{k+1}].$$

14.

a) Mostre que o método de RK de quinta ordem para o problema (7.3) é expresso por:
$$\begin{cases} y_{k+1} = y_k + \frac{8}{h}(k_1 + 3k_2 + 3k_3 + k_4), \\ \text{sendo:} \\ k_1 = f(x_k, y_k) \\ k_2 = f(x_k + h/3, y_k + hk_1/3) \\ k_3 = f(x_k + h/3, y_k - hk_1/3 + hk_2) \\ k_4 = f(x_k + h, y_k - hk_1 - hk_2 + hk_3). \end{cases}$$

b) Aplique o algoritmo dado em (a) para resolver o problema do exercício 1, Item (a).

15. Considere o método de passo 2

$$y_{n+1} = \frac{1}{2}(y_n + y_{n-1}) + \frac{h}{4}(4y'_{n+1} - y'_n + 3y'_{n-1}), n \geq 1,$$

com $y'_n \equiv f(x_n, y_n)$. Mostre que esse método é de segunda ordem e forneça a fórmula para o erro de truncamento.

16. Considere o método numérico

$$y_{n+1} = 4y_n - 3y_{n-1} - 2hf(x_{n-1}, y_{n-1}), \quad n \geq 1.$$

Determine a sua ordem. Por meio de um exemplo, mostre que o método é instável.

17. Reduza o problema de valor inicial

$$\begin{cases} y''' = 2xy'' + 4y' - x^2 y = 1 \\ y(0) = 1 \\ y'(0) = 2 \\ y''(0) = 3 \end{cases}$$

a um sistema de primeira ordem. Por RK de terceira ordem, calcule $y(x)$ para $x = 0,2(0,2)1$.

18. O modelo matemático para o movimento em órbita simples (Feynman) é

$$\begin{cases} \dfrac{d^2 x}{dt^2} = \dfrac{-x}{(x^2+y^2)^{3/2}} \\ \dfrac{d^2 y}{dt^2} = \dfrac{-y}{(x^2+y^2)^{3/2}}, \end{cases}$$

sendo

$$\begin{cases} x(0) = 0,5; x'(0) = 0 \\ y(0) = 0; y'(0) = 1,63. \end{cases}$$

Calcule a solução do sistema em $t \in [0, 10]$ para $h = 0,5$ e para $h = 0,25$.

19. Por meio do método de diferenças finitas, calcule $y(x)$ para $x = 0,25(0,25)\ 2,75$ para o problema valor de contorno

$$\begin{cases} \dfrac{d^2 y}{dx^2} + \dfrac{dy}{dx} + y = 0 \\ y(0) = 0 \\ y(3) = 1. \end{cases}$$

20. Considere o problema de equação diferencial a condições de contorno

$$\begin{cases} y^{IV} + 5y = \operatorname{sen} x \\ y(0) = y'(0) = y(1) = y'(1) = 0. \end{cases}$$

Calcule a solução dessa equação por diferenças finitas, nos pontos $x_k = x_0 + kh$, $k = 1,2,3,4,5,6,7,8,9$, sendo $x_0 = 0$ e $h = 0,1$.

8 SOLUÇÃO NUMÉRICA DE EQUAÇÕES DIFERENCIAIS PARCIAIS: MÉTODO DE DIFERENÇAS FINITAS

8.1 Introdução

Uma equação diferencial parcial (EDP) tem a seguinte forma geral:

$$F\left(x_1, x_2, \ldots x_n, u, \frac{\partial u}{\partial x_1}, \frac{\partial u}{\partial x_2}, \ldots, \frac{\partial^2 u}{\partial x_1 \partial x_2}, \frac{\partial^2 u}{\partial x_1^2}, \ldots\right) = 0, \tag{8.1}$$

onde F é uma função conhecida com um número finito de derivadas parciais. O vetor $X = [x_1, x_2, \ldots x_n]^T$ formado pelas variáveis $x_1, x_2, \ldots, x_n$ na equação (8.1), é considerado (em quase todos os casos) variando em determinada região Ω de $\mathbb{R}^n$ e, eventualmente, Ω pode ser todo $\mathbb{R}^n$.

A equação (8.1) é uma equação diferencial parcial de n variáveis independentes. Uma função $u = u(x_1, x_2, \ldots, x_n)$, que satisfaz a equação (8.1) em Ω, é chamada solução função da equação diferencial parcial.

A equação (8.1) será de ordem m se a derivada de maior ordem que aparece na equação (8.1) for de ordem m. No caso em que a função F é linear em u e nas derivadas que aparecem na equação (8.1), a equação (8.1) é considerada uma equação diferencial parcial linear. Caso contrário, diz-se que a equação (8.1) é não linear.

Exemplo 8.1

a) A equação

$$\frac{\partial^2 u}{\partial x^2} + \frac{\partial^2 u}{\partial y^2} = 0,$$

definida em uma região Ω do $\mathbb{R}^2$, denominada *equação de Laplace*, é uma equação diferencial parcial linear de segunda ordem, e o operador $\Delta = \frac{\partial^2}{\partial x^2} + \frac{\partial^2}{\partial y^2}$ é chamado *laplaciano*.

b) A equação

$$\frac{\partial^2 u}{\partial x^2} = \frac{\partial^2 u}{\partial t^2},$$

onde $(x,t) \in \Omega \times [0, \infty)$, $\Omega \subseteq \mathbb{R}$, é conhecida como a *equação de ondas*. É uma equação diferencial parcial linear de segunda ordem.

c) A equação

$$\frac{\partial^2 u}{\partial x^2} = \frac{\partial u}{\partial t},$$

onde $(x,t) \in \Omega \times [0, \infty]$, $\Omega \subseteq \mathbb{R}$, é conhecida como a *equação de condução de calor*. É uma equação diferencial parcial linear de segunda ordem.

d) A equação

$$\frac{\partial u}{\partial t} + \frac{\partial^3 u}{\partial x^3} + u\frac{\partial u}{\partial x} = 0,$$

onde $(x,t) \in \Omega \times [0,\infty]$, $\Omega \subseteq \mathbb{R}$, é conhecida como a equação de *Korteweg de Vries*. É uma equação diferencial parcial não linear e um modelo de ondas de água de pequena profundidade.

e) A equação

$$\frac{\partial u}{\partial t} + u\frac{\partial u}{\partial x} = 0,$$

onde $(x,t) \in \Omega \times [0,\infty]$, $\Omega \subseteq \mathbb{R}$, é uma equação diferencial parcial de primeira ordem não linear, importante no estudo de *ondas de choque* e *leis de conservação*.

Outra importante classe de equações diferenciais parciais refere-se às equações diferenciais de segunda ordem com a forma

$$A(x,y)\frac{\partial u^2}{\partial x^2} + B(x,y)\frac{\partial^2 u}{\partial x \partial y} + C(x,y)\frac{\partial^2 u}{\partial y^2} = G\left(x,y,u,\frac{\partial u}{\partial x},\frac{\partial u}{\partial y}\right), \qquad (8.2)$$

com $(x,y) \in \Omega \subseteq \mathbb{R}^2$, A, B e C sendo funções contínuas em Ω tal que $A^2 + B^2 + C^2 \neq 0$, para todo $(x,y) \in \Omega$.

Em cada ponto da região Ω de definição da equação (8.2), ela pode ser classificada como um dos seguintes tipos:

1. **hiperbólico**, na região em que $B^2(x,y) - (A(x,y)C(x,y)) > 0$;
2. **elíptico**, na região em que $B^2(x,y) - (A(x,y)C(x,y)) < 0$, e
3. **parabólico**, na região em que $B^2(x,y) - (A(x,y)C(x,y)) = 0$.

Uma equação como a equação (8.2) é considerada do tipo hiperbólico, parabólico ou elíptico em um conjunto $U \subset \Omega$ se a respectiva condição for satisfeita em todos os pontos de U.

A equação do item (a) do exemplo 8.1 é elíptica em Ω, pois $B = 0$, $A = C = 1$, então

$$B^2 - AC = -1 < 0, \forall x, y \in \Omega;$$

a equação do item (b) do exemplo 8.1 é hiperbólica em Ω, pois $B = 0$, $A = 1$, $C = -1$, então

$$B^2 - AC = -1 > 0, \forall x, y \in \Omega,$$

e a equação do item (c) do exemplo 8.1 é parabólica em Ω, pois $B = 0$, $A = 1$, $C = 0$, então

$$B^2 - AC = 0, \forall x, y \in \Omega.$$

Neste capítulo, são apresentados métodos numéricos para resolver numericamente equações diferenciais parciais, obtendo $u(x_1, x_2, ..., x_n)$ em pontos da região $\Omega \subset \mathbb{R}^n$. O primeiro a ser descrito é o *método de diferenças finitas*.

A ideia básica é aproximar as derivadas parciais que aparecem na equação diferencial, nas condições iniciais e nas de contorno, o que pode ser feito de várias maneiras, por meio de fórmulas de diferenças finitas. Com esse objetivo, considere derivadas parciais de primeira ordem sendo aproximadas por diferenças finitas progressivas,

$$\frac{\partial u}{\partial x}(t,x) \approx \Delta_x u(x,t) = \frac{u(t, x+\Delta x) - u(t,x)}{\Delta x}, \qquad (8.3)$$

e retroativas,

$$\frac{\partial u}{\partial x}(t,x) \approx \nabla_x(t,x) = \frac{u(t,x) - u(t,x - \Delta x)}{\Delta x}. \tag{8.4}$$

As aproximações (8.3) e (8.4) são de primeira ordem, como visto no Capítulo 7.

Em geral, melhor precisão é alcançada com uma aproximação de segunda ordem por meio de diferenças finitas centrais, ficando $\partial u / \partial x$ aproximada por

$$\frac{\partial u}{\partial x}(x,x) \approx \partial x\,(u) = \frac{u(t,x + \Delta x) - u(t,x - \Delta x)}{2\Delta x}. \tag{8.5}$$

As derivadas parciais de ordens superiores, analogamente ao procedimento para derivadas ordinárias, têm também várias maneiras de serem aproximadas por diferenças finitas. No caso de se usar diferenças finitas centrais para as derivadas de segunda e quarta ordens, obtêm-se, respectivamente,

$$\frac{\partial^2 u}{\partial x^2} \approx \delta_x^2 u = \frac{1}{(\Delta x)^2}\left[u(t,x + \Delta x) - 2u(t,x) + u(t,x - \Delta x) \right], \tag{8.6}$$

$$\frac{\partial^4 u}{\partial x_4} \approx \delta_x^4 u = \frac{1}{(\Delta x)^4}\left[u(t,x + 2\Delta x) - 4u(t,x + \Delta x) - 6u(t,x) - 4u(t,x - \Delta x) - u(t,x - 2\Delta x) \right]. \tag{8.7}$$

Escolhidas as aproximações $\delta_x(u), \delta_x^2(u)$ para as derivadas $\partial u / \partial x, \partial^2 u / \partial x^2, \ldots$, a equação diferencial parcial (EDP)

$$\frac{\partial u}{\partial t} = f\left(t, x, u, \frac{\partial u}{\partial x}, \frac{\partial^2 u}{\partial x^2}, \ldots\right) \tag{8.8}$$

fica aproximada pela EDO

$$\frac{du}{dt}(t,x_j) \approx f\left(t, x_j^4, u(t,x_j), \delta_x u(t,x_j), \delta_x^2 u(t,x_j) \ldots\right), \tag{8.9}$$

que pode ser resolvida pelos métodos estudados no Capítulo 7.

Dependendo do nível de tempo empregado para calcular o valor de f na equação (8.9), os métodos de diferenças finitas formam as seguintes classes de métodos: *explícitos*, *implícitos* e *semi-implícitos*, de acordo com a definição dada a seguir.

DEFINIÇÃO 8.1

Se o valor da função f (o lado direito da equação (8.9)) for calculado com todas as quantidades referidas ao tempo corrente t_i, então se tem um método explícito. No caso de f ser calculada no tempo futuro t_{i+1}, tem-se um método implícito. Finalmente, se alguns termos forem calculados em t_i e outros em t_{i+1}, o método será semi-implícito.

Os métodos explícitos são simples de se implementar. Seus argumentos são conhecidos, uma vez que são computados no tempo t_i. Os métodos implícitos e semiexplícitos conduzem a sistemas de equações que podem ser lineares ou não lineares, dependendo de f ser linear ou não linear em u e suas derivadas.

Muitas vezes, em vez de resolver a equação como EDO no tempo, prefere-se, novamente, utilizar diferenças finitas. Isso abre várias alternativas de aproximação. Por exemplo, se a derivada no tempo for aproximada por diferença finita progressiva, ou seja,

$$\frac{\partial u}{\partial t}(t,x_j) \approx \Delta_t u(t,x) = \frac{u(t + \Delta t, x_j) - u(t, x_j)}{\Delta t}, \tag{8.10}$$

onde Δt é a amplitude do subintervalo do intervalo da variável t e f é computada explicitamente, obtendo-se:

$$u(t+\Delta t, x_j) = u(t, x_j) + \Delta t f\left(t, x_j; u(t, x_j), \delta_x u(t, x_j), \ldots\right). \tag{8.11}$$

Caso a derivada no tempo seja aproximada por diferença finita central, tem-se

$$\frac{\partial u}{\partial t}(t, x_j) \approx \delta_t(t, x_j) = \frac{u(t+\Delta t, x_j) - u(t-\Delta t, x_j)}{2\Delta t}, \tag{8.12}$$

que, substituída na equação (8.9), resulta

$$u(t+\Delta t, x_j) = u(t-\Delta t) + 2\Delta t f\left(t, x_j; (t, x_j), u(t, x_j), \delta_x u(t, x_j), \ldots\right). \tag{8.13}$$

As ordens das aproximações às derivadas presentes na EDP (8.8) influenciam o comportamento computacional do esquema de diferenças finitas resultante. Assim, é conveniente ter controle sobre essas ordens. Para isso, cumpre atentar-se à definição seguinte.

DEFINIÇÃO 8.2

Uma aproximação de diferenças finitas é considerada de ordem n no espaço e de ordem m no tempo se aproximações, pelo menos de ordem n, forem usadas para as derivadas espaciais e aproximações, pelo menos de ordem m, forem usadas para as derivadas temporais.

Dessa forma, se f na equação (8.11) e na equação (8.13) envolver derivadas de segunda ordem e elas forem aproximadas por diferenças centrais, então a equação (8.11) é um esquema de diferenças finitas de ordem 2 no espaço e 1 no tempo, enquanto a equação (8.13) é de ordem 2 no tempo e no espaço.

Antes de abordar especificamente algumas equações e esquemas, é conveniente observar elementos de análise para a escolha apropriada da aproximação a ser feita, o que depende do tipo de equação a se resolver, ou seja, é preciso identificar o tipo da equação, se ela é hiperbólica, parabólica ou elíptica.

Sabe-se, pela teoria de equações diferenciais parciais, que os problemas hiperbólicos governam problemas de propagação ondulatória, com possibilidade de formação de frentes de choque e conservação de alguma quantidade física. Portanto, o esquema a ser usado para esse tipo de equação não pode regularizar descontinuidades da solução ou de suas derivadas, mas deve preservar as quantidades físicas e detectar apropriadamente a velocidade de propagação.

Os problemas parabólicos governam comportamentos difusivos que regularizam a solução. Em vista disso, existem muitos esquemas de diferenças finitas para esse tipo de equação.

Por sua vez, os problemas elípticos descrevem sistemas em equilíbrio ou em estados permanentes, e a aproximação por diferenças finitas conduz a sistemas algébricos de grande porte, nas incógnitas $u(x_j)$.

Outra dificuldade que ocorre quando se usam diferenças finitas em domínios bidimensionais ou tridimensionais é que a malha espacial pode não ser compatível com o contorno do problema, como mostra a Figura 8.1.

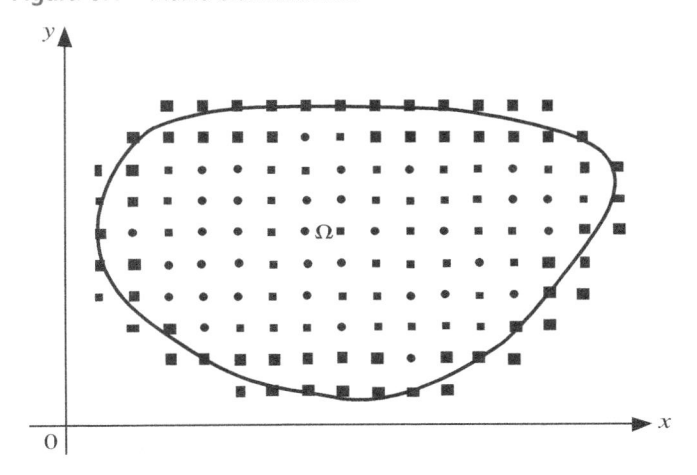

Figura 8.1 Malha bidimensional.

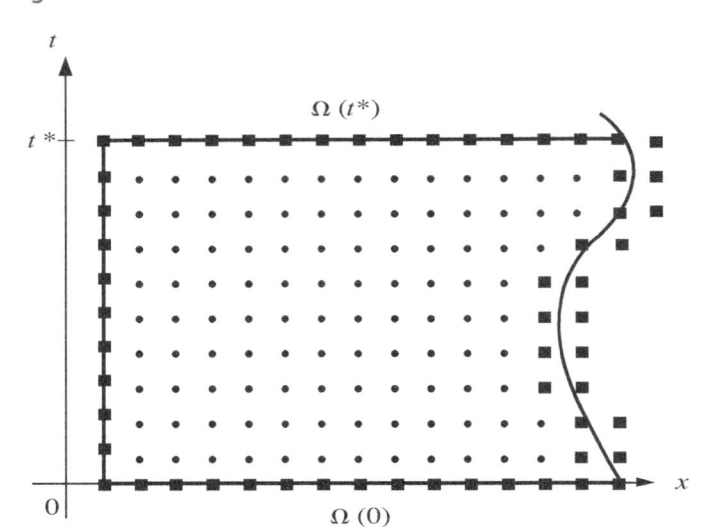

Figura 8.2 Malha unidimensional com contorno variável.

O mesmo problema também ocorre em problemas unidimensionais com domínios dependentes do tempo, como indica a Figura 8.2.

Em consequência disso, as condições de contorno são inseridas, em geral, com perda de precisão, por meio de interpolação, ou faz-se mapeamento do domínio em um domínio cujo contorno coincida com linhas coordenadas ou, ainda, usa-se uma técnica de decomposição de domínio.

8.2 Diferenças finitas para equações hiperbólicas de primeira ordem

Considere a equação unidimensional

$$\frac{\partial u}{\partial t} + C(t,x)\frac{\partial u}{\partial x} = f(t,x,u), \quad x \in (a,b) \tag{8.14}$$

junto com a condição inicial (8.2)

$$u(0, x) = u_0(x) \tag{8.15}$$

e a condição de contorno

$$u(t,a) = u_a(t) \tag{8.16}$$

O primeiro passo para aproximar a equação (8.14) por diferenças finitas é definir uma malha uniforme, com passo de discretização espacial Δx. Para evolução no tempo, o passo é Δt. No desenvolvimento seguinte, adota-se a notação:

$$\begin{cases} t_j = i\Delta t \\ x_j = a + j\Delta x \\ u_{i,j} = u\left(t_j, x_j\right) \\ c_{i,j} = c\left(t_j, x_j\right) \\ f_{i,j} = f\left(t_j, x_j\right) \end{cases}$$

Como primeira abordagem, pode-se pensar em calcular $u_{i,j}$ usando apenas valores $u_{h,k}$, com $h \leq i$ e $k \leq j$. O esquema mais simples que satisfaz esse requisito é o esquema denominado *upwind*:

$$\frac{u_{i+1,j}-u_{i,j}}{\Delta t} + C_{i,j}\frac{u_{i,j}-u_{i,j-1}}{\Delta x} = f_{i,j}. \tag{8.17}$$

Na Figura 8.3, mostram-se os pontos envolvidos no esquema (8.17).

Figura 8.3 Esquema *upwind*, $C > 0$.

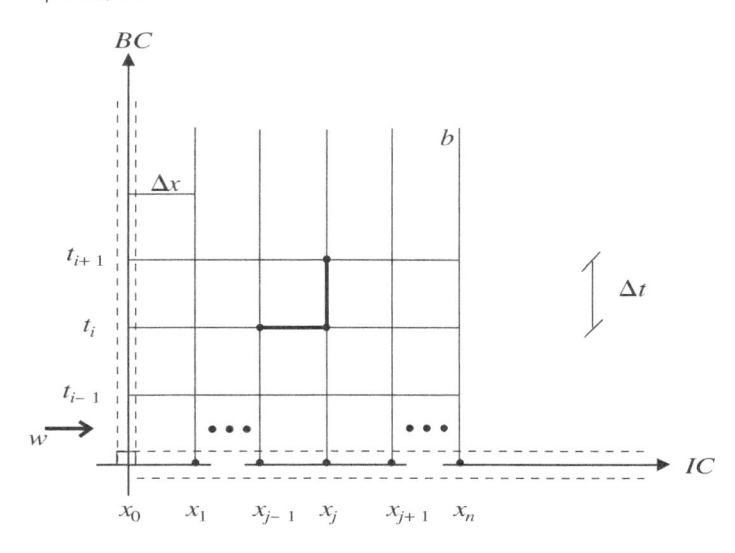

Então, os problemas (8.14) a (8.16), aproximados pelo esquema *upwind*, podem ser reescritos na seguinte forma:

$$\begin{cases} u_{0,j} = u_0(x_j) \\ u_{i+1,0} = u_a(t_{i+1}) \\ u_{i+1,j} = u_{i,j} - C_{i,j}\frac{\Delta t}{\Delta x}(u_{i,j}-u_{i,j+1}) + f_{i,j}\Delta t \\ i \geq 0;\ 1 \leq j \leq n. \end{cases} \tag{8.18}$$

O esquema (8.18) é explícito e de ordem 1 tanto no espaço como no tempo, e pode-se provar que ele é estável se

$$\Delta t \leq \frac{\Delta x}{\text{máx}|C(t,x)|}. \tag{8.19}$$

A condição de estabilidade (8.19) não é muito restritiva, e, pela precisão, Δx e Δt devem ser da mesma ordem. Por isso é que nesse caso os métodos implícitos não são muito lembrados. Todavia, um esquema implícito, incondicionalmente estável, para a equação (8.14) pode ser o seguinte:

$$\frac{u_{i+1,j}-u_{i,j}}{\Delta t} + C_{i+1,j}\frac{u_{i+1,j+1}-2u_{i+1,j}+u_{i+1,j-1}}{(\Delta x)^2} = f_{i+1,j}, \tag{8.20}$$

onde foram usadas diferenças finitas progressivas no tempo e diferenças finitas centrais no espaço, com f no lado direito da equação (8.20) calculado no tempo futuro.

Se $C(t,x)$ é sempre negativo, então a condição de contorno natural é

$$u(t,b) = u_b(x). \tag{8.21}$$

Exemplo 8.2

Resolva a equação

$$\frac{\partial u}{\partial t} = \frac{\partial^2 u}{\partial x^2}, \quad t > 0, \quad 0 < x < 1,$$

com a condição inicial

$$u(0,x) = 1, \quad 0 \leq x \leq 1$$

e as condições de contorno

$$u(t,0) = 0, \quad t > 0$$

$$\frac{\partial u}{\partial t}(t,1) = -u(t,1), \quad t > 0,$$

usando aproximação explícita.

A equação de diferenças finitas fica

$$\frac{u_{i+1,j} - u_{i,j}}{\Delta t} = \frac{u_{i,j-1} - 2u_{i,j} + u_{i,j+1}}{(\Delta x)^2},$$

ou seja,

$$u_{i+1,j} = u_{i,j}(1-2\rho) + \rho\left(u_{i,j+1} + u_{i,j-1}\right),$$

onde foi feito $\rho = \Delta t / (\Delta x)^2$.

A condição inicial, em notação indicial em um ponto x_j, torna-se

$$u(0, x_j) \; u_{0,j} = 1.$$

A primeira das condições de contorno, por sua vez, em um tempo t_i, $i > 0$, fornece

$$u(t_i, 0) \; u_{i,0} = 0,$$

ao passo que a segunda, por envolver derivada, pode ser apresentada em mais de uma forma, como segue; se forem usadas diferenças finitas progressivas, vem

$$\frac{u_{i,n+1} - u_{i,n}}{\Delta x} = -u_{i,n}$$

ou

$$u_{i,n+1} + (\Delta x - 1) u_{i,n} = 0.$$

Convém observar o aparecimento de um ponto fictício (fora da malha), mas que mantém vínculo com o ponto no contorno $u_{i,n}$.

Caso diferenças finitas retroativas fossem usadas, a condição seria

$$\frac{u_{i,n} - u_{i,n-1}}{\Delta x} = -u_{i,n}$$

Ou

$$(1 + \Delta x) u_{i,n} - u_{i,n-1} = 0,$$

que só envolve pontos da malha.

Convém lembrar que ambas as aproximações são de primeira ordem, o que pode gerar problemas de precisão dos resultados nos pontos vizinhos ao ponto do contorno em questão, uma vez que em x está sendo usada uma aproximação de ordem 2.

Alternativamente, pode-se aproximar a segunda condição de contorno por diferenças centrais, obtendo-se

$$\frac{u_{i,n+1} - u_{i,n-1}}{2\Delta x} = -u_{i,n}$$

ou

$$u_{i,n+1} + 2\Delta x u_{i,n} - u_{i,n-1} = 0.$$

Suponha que o intervalo [0,1] tenha sido subdividido em $n = 5$ subintervalos.

Portanto, $h = 1/5 = 0,2$. Para estabilidade do esquema explícito, $\rho \leq \frac{1}{2}$, conforme se pode ver em Pinder e Botha (1962), ou seja,

$$\frac{\Delta t}{\Delta x^2} = \frac{\Delta t}{0,04} \leq \frac{1}{2}$$

ou

$$\Delta t \leq 0,02$$

Então, para efeito de cálculo, pode-se tomar $\Delta t = 0,01$, resultando $\rho = 0,25$, e as equações de diferenças fornecem:

$$\begin{cases} u_{i+1,j} = 0,5 u_{i,j} + 0,25\left(u_{i,j+1} + u_{i,j-1}\right), i \geq 0, \ 1 \leq j \leq 5 \\ u_{0,j} = 1, \ 0 \leq j \leq 5 \\ u_{i,0} = 0, \ i > 0 \\ u_{i,6} + 0,4 u_{i,5} - u_{i,4} = 0, \ i \geq 0. \end{cases}$$

Disso resulta:

$$i = 0, \quad j = 1 \Rightarrow u_{1,1} = 0,5 u_{0,1} + 0,25\left(u_{0,2} + u_{0,0}\right) = 0,5 \times 1 + 0,25(1+1) = 1,0$$

$$j = 2 \Rightarrow u_{1,2} = 0,5 u_{0,2} + 0,25\left(u_{0,3} + u_{0,1}\right) = 0,5 \times 1 + 0,25(1+1) = 1,0$$

$$j = 3 \Rightarrow u_{1,3} = 0,5 u_{0,3} + 0,25\left(u_{0,4} + u_{0,2}\right) = 0,5 \times 1 + 0,25(1+1) = 1,0$$

$$j = 4 \Rightarrow u_{1,4} = 0,5 u_{0,4} + 0,25\left(u_{0,5} + u_{0,3}\right) = 0,5 \times 1 + 0,25(1+1) = 1,0$$

$$j = 5 \Rightarrow u_{1,5} = 0,5 u_{0,5} + 0,25\left(u_{0,6} + u_{0,4}\right) =$$

$$= 0,5 u_{0,5} + 0,25\left[u_{0,4} - 0,4 u_{0,5} + u_{0,4}\right]$$

$$= 0,5 \times 1 + 0,25\left[(1 - 0,4 \times 1) + 1\right] = 0,9.$$

$i = 1$, $j = 1 \Rightarrow u_{2,1} = 0{,}5u_{1,1} + 0{,}25\left(u_{1,2} + u_{1,0}\right) = 0{,}5 \times 1 + 0{,}25(1{,}0 + 0) = 0{,}75$

$j = 2 \Rightarrow u_{2,2} = 0{,}5u_{1,2} + 0{,}25\left(u_{1,3} + u_{1,1}\right) = 0{,}5 \times 1 + 0{,}25(1{,}0 + 1) = 1{,}00$

$j = 3 \Rightarrow u_{2,3} = 0{,}5u_{1,3} + 0{,}25\left(u_{1,4} + u_{1,2}\right) = 0{,}5 \times 1 + 0{,}25(1{,}0 + 1{,}0) = 1{,}00$

$j = 4 \Rightarrow u_{2,4} = 0{,}5u_{1,4} + 0{,}25\left(u_{1,5} + u_{1,3}\right) = 0{,}5 \times 1 + 0{,}25(0{,}9 + 1{,}0) = 0{,}975$

$j = 5 \Rightarrow u_{2,5} = 0{,}5u_{1,5} + 0{,}25\left(u_{1,6} + u_{1,4}\right) = 0{,}5 \times 0{,}9 + 0{,}25\left[\left(u_{1,4} - 0{,}4u_{1,5}\right) + u_{1,4}\right]$

$\phantom{j = 5 \Rightarrow u_{2,5}} = 0{,}45 + 0{,}25(1{,}0 - 0{,}4 \times 0{,}9 + 1{,}0)$

$\phantom{j = 5 \Rightarrow u_{2,5}} = 0{,}86.$

Esse procedimento prossegue até se atingir o tempo desejado. Mostram-se no Quadro 8.1 os resultados para $u(t_j, x_j) = u_{i,j}$ obtidos até $t = 0{,}1$.

Quadro 8.1   Solução numérica da equação do exemplo 8.2: método explícito.

i \ j	0 $x = 0$	1 $x = 0{,}2$	2 $x = 0{,}4$	3 $x = 0{,}6$	4 $x = 0{,}8$	5 $x = 1{,}0$
$0 \to t = 0$	1,0000	1,0000	1,0000	1,0000	1,0000	1,0000
$1 \to t = 0{,}01$	0	1,0000	1,0000	1,0000	1,0000	0,9000
$2 \to t = 0{,}02$	0	0,7500	1,0000	1,0000	0,9750	0,8600
$3 \to t = 0{,}03$	0	0,6250	0,9375	0,9938	0,9525	0,8315
$4 \to t = 0{,}04$	0	0,5469	0,8734	0,9694	0,9225	0,8089
$5 \to t = 0{,}05$	0	0,4918	0,8156	0,9337	0,9058	0,7848
$6 \to t = 0{,}06$	0	0,4498	0,7643	0,8972	0,8825	0,7668
$7 \to t = 0{,}07$	0	0,4160	0,7190	0,8631	0,8573	0,7480
$8 \to t = 0{,}08$	0	0,3877	0,6785	0,8242	0,8307	0,7278
$9 \to t = 0{,}09$	0	0,3635	0,6422	0,7894	0,8034	0,7065
$10 \to t = 0{,}1$	0	0,3423	0,6093	0,7561	0,7756	0,6843

8.3 Diferenças finitas para equações parabólicas

Como exemplo de uma equação diferencial parcial parabólica, considere a equação difusiva-advectiva

$$\frac{\partial u}{\partial t} = v(t,x)\frac{\partial^2 u}{\partial x^2} - C(t,x)\frac{\partial u}{\partial x} + f(t,x)u + g(t,x), \quad x \in (a,b), \tag{8.22}$$

com a condição inicial

$$u(0,x) = u_0(x), \quad a \leq x \leq b \tag{8.23}$$

e condições de contorno do tipo Dirichlet

Capítulo 8 ▪ Solução numérica de equações diferenciais parciais: método de diferenças finitas

$$u(t,a) = u_a(t)$$
$$u(t,a) = u_b(t). \tag{8.24}$$

Por meio de diferenças centrais para as derivadas espaciais, a equação (8.22) é aproximada por

$$\frac{du_j}{dt} = v_j \frac{u_{j+1} - 2u_j + u_{j-1}}{(\Delta x^2)} - C_j \frac{u_{j+1} - u_{j-1}}{2\Delta x} + f_j u'_j + g_j(t), \; 1 \le j \le n-1, \tag{8.25}$$

onde foi feito

$$u_j = u(t, x_j); \; v_j = v(t, x_j); \; f_j = \; C_j = C(t, x_j), \; g_j = g(t, x_j),$$

sendo $u_0(t)$ e $u_n(t)$ supridos pelas condições de contorno (8.24).

A equação (8.25) pode ser reescrita na forma

$$\frac{du_j}{dt} = \left[\frac{C_j}{2\Delta x} + \frac{v_j}{\Delta x^2}\right] u_{j-1} + \left[f_j - \frac{2v_j}{\Delta x^2}\right] u_j + \left[\frac{v_j}{\Delta x^2} - \frac{C_j}{2\Delta x}\right] u_{j+1} + g_j, \; 1 \le j \le -1, \tag{8.26}$$

que matricialmente se torna

$$\frac{du}{dt} = A(t)u + B(t), \tag{8.27}$$

onde

$$A = \begin{bmatrix} \beta_1 & \gamma_1 & & & & \\ \alpha_2 & \beta_2 & \gamma_2 & & & \\ & \alpha_3 & \beta_3 & \gamma_3 & & \\ & & & \ddots & & \\ & & & \alpha_{n-2} & \beta_{n-2} & \gamma_{n-2} \\ & & & & \alpha_{n-1} & \beta_{n-1} \end{bmatrix}; \; U = \begin{bmatrix} u_1 \\ u_2 \\ u_3 \\ \vdots \\ u_{n-2} \\ u_{n-1} \end{bmatrix}; \; B = \begin{bmatrix} g_1 - \alpha_1 u_n \\ g_2 \\ g_3 \\ \vdots \\ g_{n-1} - \gamma_{n-1} u_b \end{bmatrix} \tag{8.28}$$

e

$$\alpha_j = \frac{C_j}{2\Delta x} + \frac{v_j}{(\Delta x)^2}$$

$$\beta_j = f_j - \frac{2v_j}{(\Delta x)^2}$$

$$\gamma_j = \frac{v_j}{(\Delta x)^2} - \frac{C_j}{2\Delta x}.$$

O procedimento adotado reduz uma EDP a um sistema de EDO. Para integrar o sistema (8.27), basta escolher um dos métodos anteriores para EDO, tendo em consideração as questões de estabilidade relativa ao método escolhido.

Para a presente equação, se o método de Euler for o escolhido para integrar a equação (8.27), obtém-se um esquema explícito, estável, se

$$\Delta x \le 2 \min \frac{v(t,x)}{|C(t,x)|}, \tag{8.29}$$

$$\Delta t \le \frac{(\Delta x)^2}{2 \max |v(t,x)|}. \tag{8.30}$$

Caso o método de Euler retroativo (que corresponde a aproximar a derivada no tempo por diferenças finitas retroativas) seja usado ou o método de Crank-Nicolson para integrar a equação (8.27), obtém-se um esquema implícito que é sempre estável. Esses dois esquemas são apresentados a seguir.

8.3.1 Método retroativo de Euler

Aproximando a derivada em relação ao tempo por diferenças finitas retroativas no nível de tempo futuro t_{i+1}, a equação (8.26) fornece

$$\left[-\frac{\Delta t}{2\Delta x}C_{i+1,j} - \frac{\Delta t}{(\Delta x)^2}v_{i+1,j}\right]u_{i+1,j-1} + \left[1 + \frac{2\Delta t}{(\Delta x)^2}v_{i+1,j} - \Delta t f_{i+1,j}\right]u_{i+1,j} +$$
$$\left[\frac{\Delta t}{2\Delta x}C_{i+1,j} - \frac{\Delta t}{(\Delta x)^2}v_{i+1,j}\right]u_{i+1,j+1} = u_{i,j} + \Delta t\, g_{i+1,j}.$$

(8.31)

A molécula desse método está mostrada na Figura 8.4.

Figura 8.4 Método de Euler retroativo.

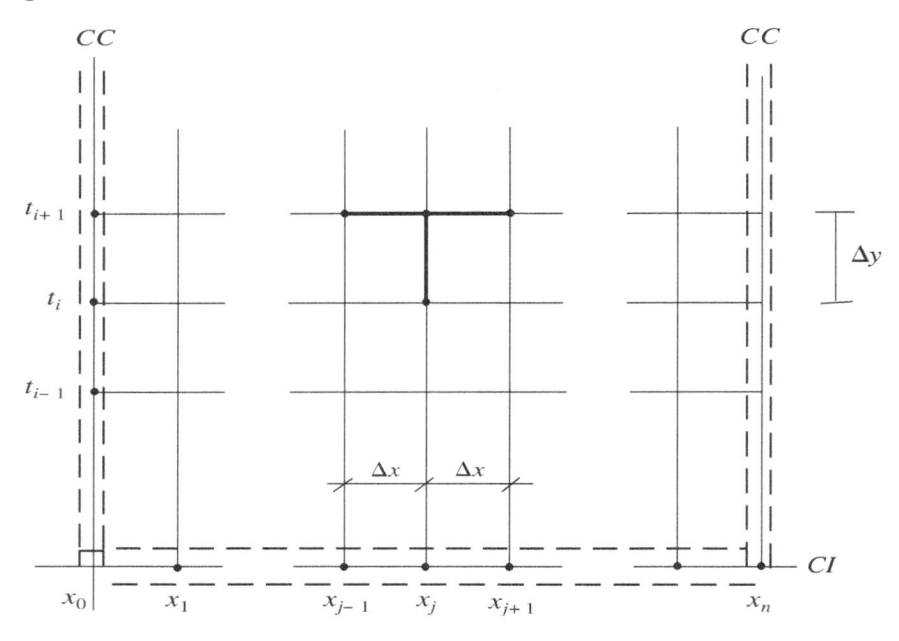

8.3.2 Método de Crank-Nicolson

Nesse método, a derivada em relação ao tempo é aproximada por diferenças centrais calculadas no tempo intermediário entre t_i e t_{i+1}, e o lado direito da equação (8.26) é calculado como média aritmética de seus valores calculados nos tempos t_i e t_{i+1}. Procedendo dessa forma, da equação (8.26) obtém-se o seguinte esquema:

$$-\frac{1}{2}\left[\frac{\Delta t}{2\Delta x}C_{i+1,j} - \frac{\Delta t}{(\Delta x)^2}v_{i+1,j}\right]u_{i+1,j-1} + \left[1 + \frac{\Delta t}{(\Delta x)^2}v_{i+1,j} - \frac{\Delta t}{2}f_{i+1,j}\right]u_{i+1,j} +$$
$$\frac{1}{2}\left[\frac{\Delta t}{2\Delta x}C_{i+1,j} - \frac{\Delta t}{(\Delta x)^2}v_{i+1,j}\right]u_{i+1,j+1} = \frac{1}{2}\left[\frac{\Delta t}{2\Delta x}C_{i,j} + \frac{\Delta t}{(\Delta x)^2}v_{i,j}\right]u_{i,j-1} +$$
$$\frac{1}{2}\left[\Delta t f_{i,j} - \frac{2\Delta t}{(\Delta x)^2}v_{i,j}\right]u_{i,j} + \frac{1}{2}\left[\frac{\Delta t}{2\Delta x}C_{i,j} + \frac{\Delta t}{(\Delta x)^2}v_{i,j}\right]u_{i,j+1} + \frac{\Delta t}{2}\left(g_{i+1,j} + g_{i,j}\right),$$

cuja molécula está mostrada na Figura 8.5.

Figura 8.5 Método de Crank-Nicolson. CI e CC indicam, respectivamente, condições iniciais e condições de contorno.

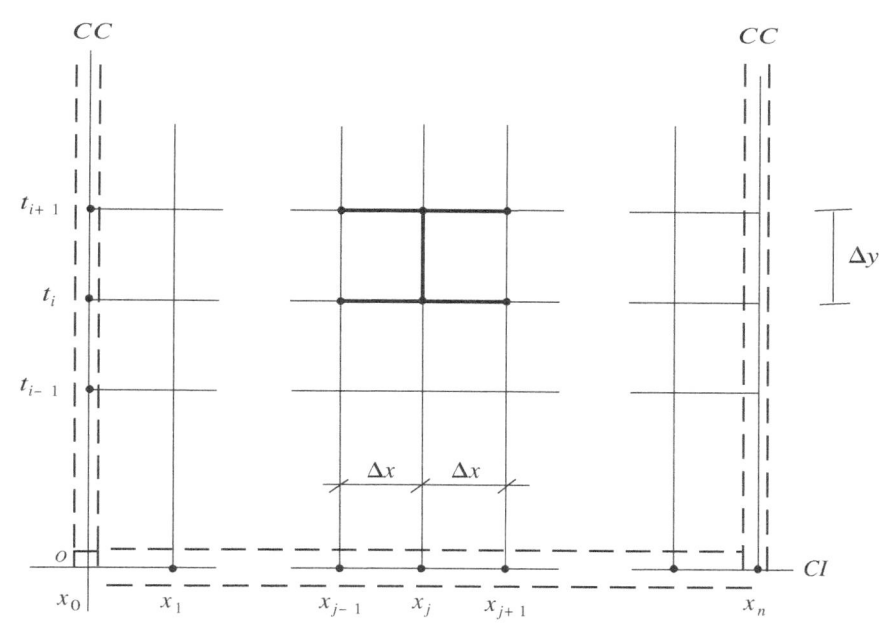

8.4 Diferenças finitas em duas dimensões

Os esquemas apresentados anteriormente podem ser, sem dificuldades, formalmente generalizados para domínios multidimensionais. No caso bidimensional, as variáveis dependentes e os parâmetros das equações são calculados em uma malha de pontos distribuídos em duas direções, como indica a Figura 8.6, enquanto o tempo evolui.

Figura 8.6 Malha bidimensional.

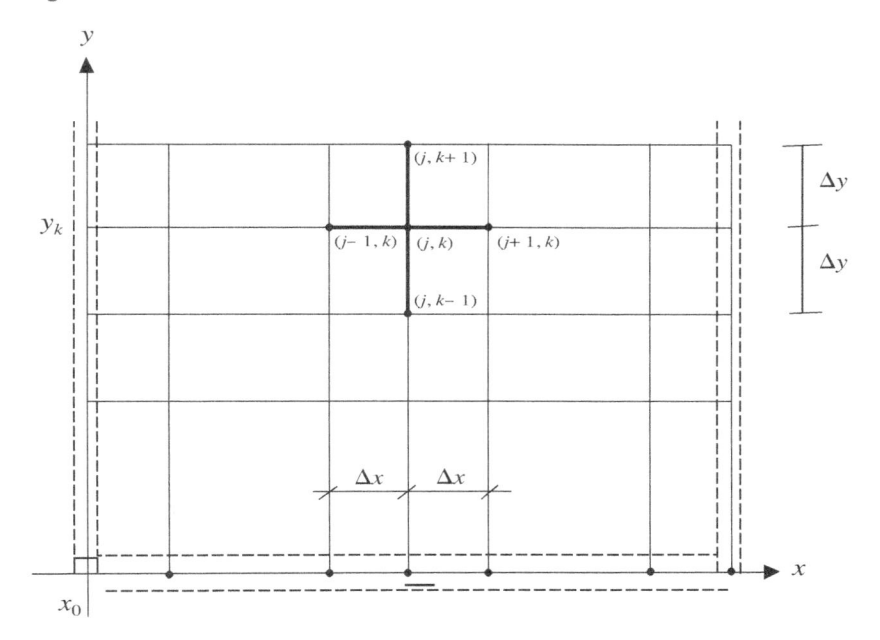

Dessa forma, uma variável dependente, por exemplo, $u = u(t,x,y)$, ou algum parâmetro das equações, ao ser avaliada no tempo t_i, no ponto de coordenadas x_j, y_k, receberá a notação $u(t_i, x_j, y_k) = u_{i,j,k}$.

Considere, para efeito de descrição dos métodos, a seguinte equação parabólica bidimensional:

$$\frac{\partial u}{\partial t} = \frac{\partial^2 u}{\partial x^2} + \frac{\partial^2 u}{\partial y^2}, \quad t > 0, \ x \in (a,b), \ y \in (c,d). \quad (8.32)$$

O método explícito aplicado para essa equação fornece a seguinte aproximação de diferenças finitas:

$$\frac{u_{i+1,j,k} - u_{i,j,k}}{\Delta t} = \frac{u_{i,j+1,k} - 2u_{i,j,k} + u_{i,j-1,k}}{\Delta x^2} + \frac{u_{i,j,k+1} - 2u_{i,j,k} + u_{i,j,k-1}}{\Delta y^2}, \quad (8.33)$$

com $i \geq 0; j = 1,2,\ldots,n-1; k = 1,2,\ldots,m-1$, onde o intervalo $[a,b]$ foi subdividido em n subintervalos e o $[c,d]$, em m intervalos.

A solução da equação (8.33) não apresenta maiores dificuldades, mas para assegurar estabilidade é preciso que os incrementos de tempo e espaço satisfaçam à seguinte restrição (CARNAHAN, 1969):

$$\Delta t \leq \frac{1}{2\left[(\Delta x)^{-2} + (\Delta y)^{-2}\right]}, \quad (8.34)$$

podendo resultar em incrementos pequenos de tempo, o que demandaria maior trabalho computacional.

O método implícito, por sua vez, ao ser aplicado à equação (8.32), leva à aproximação de diferenças finitas, escrita assim:

$$\frac{u_{i+1,j,k} - u_{i,j,k}}{\Delta t} = \frac{u_{i+1,j-1,k} - 2u_{i+1,j,k} + u_{i+1,j+1,k}}{\Delta x^2} + \frac{u_{i+1,j,k-1} - 2u_{i+1,j,k} + u_{i+1,j,k+1}}{\Delta y^2} \quad (8.35)$$

com $i \geq 0; j = 1,2,\ldots,n-1; k = 1,2,\ldots,m-1$, que é incondicionalmente estável, mas envolve cinco incógnitas por equação, resultando em um sistema pentadiagonal, em geral de grande porte, para ser resolvido. É oportuno lembrar que, no caso unidimensional, o sistema resultante da aproximação implícita era tridiagonal, que, mesmo de grande porte, é de fácil solução.

Um método que afasta a desvantagem de se ter de resolver um sistema pentadiagonal é o chamado método implícito de direção alternada, discutido por Peaceman e Rachford (1955), que preserva a forma triagonal do sistema obtido da aproximação por diferenças finitas.

A ideia básica desse método é empregar duas equações de diferenças, usadas sucessivamente em um intervalo de tempo Δt, sendo cada uma delas implícita somente em uma das direções, e a derivada no tempo aproximada por diferenças centrais calculadas no nível de tempo intermediário entre t_{i+1} e t_j.

Assim, procedendo para a equação (8.32), aproximando implicitamente primeiro na direção x, obtém-se $u^*_{i+1,j,k}$. Em seguida, esse valor é atualizado, formando outra equação de diferenças por meio de uma aproximação implícita, agora na direção y, para obter $u_{i+1,j,k}$. O esquema fica assim

$$\frac{u^*_{i+1,j,k} - u_{i,j,k}}{\Delta t} = \frac{u^*_{i+1,j,k} - 2u^*_{i+1,j-1,k} + u^*_{i+1,j+1,k}}{\Delta x^2} + \frac{u_{i,j,k-1} - 2u_{i,j,k} + u^*_{i,j,k+1}}{\Delta y^2}, \quad (8.36)$$

com $i \geq 0; \ j = 1,2,\ldots,n-1; \ k = 1,2,\ldots,m-1;$

$$\frac{u_{i+1,j,k} - u^*_{i,j,k}}{\Delta t} = \frac{u^*_{i,j-1,k} - 2u^*_{i,j,k} + u^*_{i,j+1,k}}{\Delta x^2} + \frac{u_{i+1,j,k} - 2u_{i+1,j,k} + u_{i+1,j,k+1}}{\Delta y^2}, \quad (8.37)$$

com $i \geq 0; \ j = 1,2,\ldots,n-1; \ k = 1,2,\ldots,m-1$.

A maneira de operar com o par formado pelas equações (8.36) e (8.37) é: primeiro, obtêm-se os valores de $u^*_{i+1,j,k}$ aplicando a equação (8.36) em cada ponto de ordenada y_k. Em seguida, aplica-se a equação (8.37) em cada ponto de abscissa x_j para obter o valor de $u^*_{i+1,j,k}$.

8.5 Consistência e convergência

Uma aproximação por diferenças finitas para um problema bem posto de EDP pode ter sucesso na obtenção de uma solução numérica convergente, na medida em que a forma de diferenças finitas for consistente com a EDP e estável.

Consistência de um esquema de diferenças finitas significa que, ao se refinar a malha de diferenças finitas (ou seja, quando $\Delta x, \Delta t \to 0$), o erro de truncamento deve tender para zero. Em outras palavras, significa que a forma de diferenças finitas de fato aproxima a EDP original, e não alguma outra equação. Como exemplo, considere a aproximação explícita

$$\frac{u_{i+1,j} - u_{i,j}}{\Delta t} = \frac{u_{i,j-1} - 2u_{i,j} + u_{i,j+1}}{(\Delta x)^2} \tag{8.38}$$

para a equação parabólica

$$\frac{\partial u}{\partial t} = \frac{\partial^2 u}{\partial x^2}. \tag{8.39}$$

O erro de truncamento, no caso, é definido como a diferença entre as derivadas e suas aproximações. Usando expansões em série de Taylor, como faz Pinder e Botha (1982), obtém-se.

$$\left(\frac{\partial u}{\partial t} - \frac{\partial^2 u}{\partial x^2}\right)_{(i,j)} - \left(\frac{u_{i+1,j} - u_{i,j}}{\Delta t}\right) + \left(\frac{u_{i,j-1} - 2u_{i,j} + u_{i,j+1}}{(\Delta x)^2}\right) =$$
$$\left(\frac{\Delta t}{2} \frac{\partial^2 u(\xi_i, \varsigma_j)}{\partial x^2}\right) - \frac{(\Delta x)^2}{12} \frac{\partial^4 u(\xi_i, \varsigma_j)}{\partial x^4} = O(\Delta t) + O\left[(\Delta x)^2\right]. \tag{8.40}$$

Como o erro de truncamento tende para zero quando $\Delta x, \Delta t \to 0$, o esquema explícito (8.38) é consistente com a EDP original da equação (8.39).

A consistência na maioria das vezes é satisfeita pelas aproximações de diferenças finitas. Mas pode ocorrer de as aproximações aparentemente consistentes o serem somente mediante algumas condições.

Para exemplificar, considere a aproximação para a equação (8.39), proposta por DuFort e Frankel, e cujo erro de truncamento, conforme Pinder e Botha (1982), pode ser escrito assim:

$$\frac{u_{i,j-1} - u_{i,j} + u_{i,j+1}}{\Delta x^2} - \frac{u_{i,j+1} - u_{i,j-1}}{2\Delta t} - \left[\frac{\partial^2 u}{\partial x^2} - \frac{\partial u}{\partial t}\right]_{(i,j)} =$$
$$O[(\Delta x)^2] + O[(\Delta x)^2] - \left(\frac{\Delta t}{\Delta x}\right)^2 \left(\frac{\partial^2 u}{\partial t^2}\right)_{(i,j)}. \tag{8.41}$$

Se na equação (8.41) $\Delta t \to 0$ mais rápido do que $\Delta x \to 0$, então o erro de truncamento tenderá para zero e a aproximação proposta será consistente com a equação original. Entretanto, se $\Delta t/\Delta x \to 0$ na mesma proporção, o último termo da equação (8.41) não se anulará, pois $\Delta t/\Delta x \to C$ e o esquema são consistentes com a equação

$$\frac{\partial^2 u}{\partial x^2} = \frac{\partial u}{\partial t} + C^2 \frac{\partial^2 u}{\partial t^2}.$$

Isso mostra que o esquema proposto é *condicionalmente consistente*.

8.6 Estabilidade

O conceito de estabilidade relacionado com as aproximações vistas anteriormente trata do crescimento instável ou do decaimento estável de erros nas operações aritméticas necessárias para resolver as equações de diferenças finitas.

Uma aproximação de diferenças finitas pode ser condicionalmente estável quando há necessidade de impor restrições aos parâmetros de malha Δt, Δx, Δy,...., para que a aproximação seja estável. No caso de essas restrições serem violadas, a aproximação se torna instável.

Muitas aproximações explícitas de diferenças finitas são condicionalmente estáveis, ao passo que muitas aproximações implícitas são incondicionalmente estáveis.

Dentre os fatores que devem ser analisados para se ter certeza da viabilidade de uma aproximação por diferenças finitas, a estabilidade é decisiva por ser uma condição necessária (em vez de uma condição suficiente) para se ter precisão. Além disso, a experiência indica que um esquema instável não é convergente. A relação entre estabilidade e convergência é conhecida como teorema da equivalência de Lax, enunciado como segue (PINDER; BOTHA, 1982).

Teorema 8.1 (Teorema de Lax)

Dada uma equação diferencial parcial parabólica com condições iniciais e de contorno, bem posta, e uma aproximação de diferenças finitas que satisfaz à condição de consistência, então estabilidade é uma condição necessária e suficiente para convergência.

A seguir, estuda-se a estabilidade de alguns esquemas de diferenças finitas tendo em consideração uma equação diferencial parcial modelo, linear e com coeficientes constantes. Todavia, os procedimentos dessas análises podem ser estendidos a outras equações.

Três procedimentos de análise de estabilidade denominados *estabilidade heurística*, *estabilidade de Von Neumann* e *estabilidade matricial* aparecem com mais frequência.

Aqui, aborda-se, por sua generalidade, apenas o procedimento de Von Neumann.

8.6.1 Estabilidade de Von Neumann

Considere a equação parabólica

$$\frac{\partial u}{\partial t} = \frac{\partial^2 u}{\partial x^2} \tag{8.42}$$

e a aproximação explícita de diferenças finitas

$$u_{r+1,s} = (1-2\rho)u_{r,s} + \rho\left(u_{r,s+1} - u_{r,s-1}\right), \tag{8.43}$$

onde se fez

$$\rho = \frac{\Delta t}{(\Delta x)^2}.$$

O procedimento de Von Neumann tem início com a introdução de um erro, decomposto harmonicamente nos pontos da malha em dado nível de tempo t,

$$E(x) = \sum_{j=1}^{J} \Delta_j e^{i\beta_j x}, \tag{8.44}$$

onde J é o número de pontos da malha situados no nível t; $|\beta_j|$ é a frequência do erro, e i é a unidade imaginária. Em vista da linearidade do modelo, basta considerar um dos j termos, ou seja, apenas $e^{i\beta x}$ (β, real).

Em seguida, supõe-se que o erro satisfaça à equação de diferenças finitas, que, no caso, é a equação (8.43), isto é,

$$E_{r+1,s} = (1-2\rho)E_{r,s} + \rho\left(E_{r,s+1} - E_{r,s-1}\right), \tag{8.45}$$

cuja solução é proposta na forma de variável separada

$$E(t,x) = e^{\gamma t}e^{i\beta x}, \tag{8.46}$$

onde $\gamma = \gamma(\beta)$ (em geral, complexo). Da expressão (8.46), verifica-se que, para o erro original não crescer quando t evolui, deve-se ter

$$\left|e^{\gamma t}\right| \leq 1, \forall \gamma. \tag{8.47}$$

Substituindo-se a equação (8.46) na forma

$$E_{r,s} = e^{\gamma r \Delta t} e^{i\beta \Delta x} \tag{8.48}$$

na equação (8.45), obtém-se

$$e^{\gamma t \Delta} = (1-2\rho) + \rho\left(e^{i\beta\Delta x} + e^{-i\beta\Delta x}\right) \tag{8.49}$$

ou

$$\begin{aligned} e^{\gamma \Delta t} &= (1-2\rho) + 2\rho\cos(\beta\Delta x) \\ &= 1 - 2\rho[1-\cos(\beta\Delta x)] \end{aligned},$$

ou, ainda,

$$e^{\gamma \Delta t} = 1 - 4\rho \operatorname{sen}^2\left(\frac{\beta\Delta x}{2}\right),$$

que é o fator de amplificação para a aproximação explícita de diferenças finitas para a EDP na equação (8.42).

Pela condição (8.47), deve-se ter

$$\left|e^{\gamma \Delta t}\right| \leq 1,$$

ou seja,

$$\left|1 - 4\rho \operatorname{sen}^2\left(\frac{\beta\Delta x}{2}\right)\right| \leq 1,$$

isto é,

$$-1 \leq 1 - 4\rho \operatorname{sen}^2\left(\frac{\beta\Delta x}{2}\right) \leq 1. \tag{8.50}$$

Para analisar a equação (8.50), por conveniência, faz-se $\xi = e^{\gamma \Delta t} = 1 - 4\rho \operatorname{sen}^2\left(\frac{\beta\Delta x}{2}\right)$.
Então, a equação (8.50) torna-se

$$-1 \leq \xi \leq 1. \tag{8.51}$$

A partir da equação (8.50), verifica-se que:

a) o limite superior é automaticamente satisfeito, pois $\rho > 0$;

b) para $0 \leq \xi \leq 1$, a solução da equação (8.48) decai sempre, pois $\xi \to 0$, quando r cresce;

c) para $-1 \leq \xi \leq 1$, a solução da equação (8.48) decai, mas oscila, e

d) para $\xi < -1$, a solução da equação (8.48) oscila com amplitude crescente. Essa é uma condição instável.

Então, para a estabilidade dessa aproximação na equação (8.43), deve-se ter

$$-1 \leq \xi = 1 - 4\rho \operatorname{sen}^2\left(\frac{\beta\Delta x}{2}\right)$$

ou

$$\rho \le \frac{1}{2\operatorname{sen}^2\left(\frac{\beta \Delta x}{2}\right)}, \qquad (8.52)$$

e, dessa equação, conclui-se que, na condição mais desfavorável, se deve ter $\rho \le \frac{1}{2}$.

Portanto, a aproximação explícita de diferenças finitas da equação (8.43) é condicionalmente estável, tendo por limite de estabilidade a restrição

$$0 < \rho \le \frac{1}{2}. \qquad (8.53)$$

Se, além disso, não se desejarem oscilações, deve-se ter:

$$0 < \rho \le \frac{1}{2\operatorname{sen}^2\left(\frac{\beta \Delta x}{2}\right)}. \qquad (8.54)$$

Como um segundo exemplo de aplicação do procedimento de Von Neumann, considere a aproximação implícita de diferenças finitas para a equação (8.42),

$$u_{r+1,s} = u_{r,s} + \frac{\Delta t}{(\Delta x)^2}\left(u_{r+1,s+1} - 2u_{r+1,s} + u_{r+1,s-1}\right),$$

ou, ainda,

$$(1+2\rho)u_{r+1,s} - \rho(u_{r+1,s+1} + u_{r+1,s-1}) = u_{r,s}, \qquad (8.55)$$

onde, novamente, fez-se: $\rho = \Delta t / (\Delta x)^2$.

Adotando-se o procedimento anterior, após simplificações, obtém-se:

$$\xi = \frac{1}{1+4\rho \operatorname{sen}^2\left(\frac{\beta \Delta x}{2}\right)}. \qquad (8.56)$$

A partir dessa equação, verifica-se que $|\xi| \le 1$, independentemente do valor de ρ, e isso leva à afirmação de que a aproximação implícita da equação (8.55) é incondicionalmente estável.

A seguir, o método de diferenças finitas é exemplificado para resolver numericamente problemas de EDP.

Exemplo 8.3

Para exemplificar o uso de diferenças finitas em equações diferenciais parciais elípticas, considere a equação

$$\begin{cases} \dfrac{\partial^2 u}{\partial x^2} + \dfrac{\partial^2 u}{\partial y^2} = f(x,y), \text{ em } \Omega = (0,\alpha) \times (0,\beta) & (8.57) \\ u(P) = g(P), P \equiv (x,y) \in \partial\Omega. & (8.58) \end{cases}$$

Inicialmente, define-se uma malha de pontos em $\overline{\Omega} = \Omega \cup \partial\Omega$ que, por ser um domínio retangular, em coordenadas cartesianas, tem suas linhas de contorno $\partial\Omega$ coincidentes com linhas coordenadas, como mostra a Figura 8.7, onde N_x e N_y são números inteiros escolhidos para se ter

$$\Delta x = \frac{\alpha}{N_x} = \Delta y = \frac{\beta}{N_y}. \qquad (8.59)$$

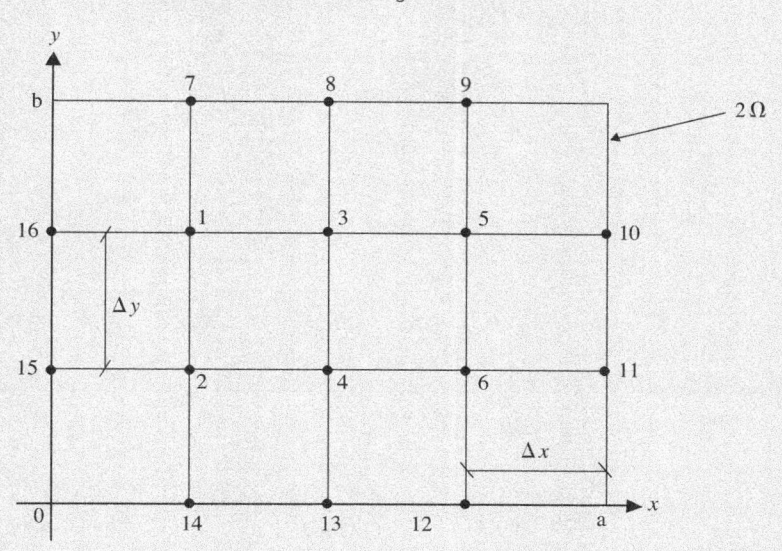

Figura 8.7 Malha em domínio retangular.

Em seguida, usa-se a aproximação de diferenças finitas centrais para as derivadas de segunda ordem da equação, obtendo-se

$$\frac{u_{i-1,j} - 2u_{i,j} + u_{i+1,j}}{(\Delta x)^2} + \frac{u_{i,j-1} - 2u_{i,j} + u_{i,j+1}}{(\Delta y)^2} = f_{i,j} \text{ em } \Omega,$$

mas, como $\Delta x = \Delta y$, pode-se escrever a equação de diferenças na forma

$$-4u_{i,j} + \left(u_{i+1,j} + u_{i-1,j} + u_{ij+1} + u_{i,j-1}\right) = f_{i,j} \text{ em } \Omega, \qquad (8.60)$$

e as condições de contorno, nesse caso, tornam-se

$$u(x_r, y_s) = u_{r,s} = g_{r,s} \text{ em } P = (x_r, y_s) \in \partial\Omega.$$

Colocando a equação (8.60) nos pontos de Ω, tendo $u(x_i, y_i) = u(i\Delta x, j\Delta y) = u_{i,j}$ e associando esses dois índices ao número do ponto respectivo da malha, levando-se em consideração as condições de contorno, obtém-se o seguinte sistema de equações lineares:

$$\begin{cases} -4u_1 + u_3 + g_{16} + g_7 + u_2 = f_1 \\ -4u_2 + u_4 + g_{15} + u_1 + g_{14} = f_2 \\ -4u_3 + u_5 + u_1 + g_8 + u_4 = f_3 \\ -4u_4 + u_6 + u_2 + u_3 + g_{13} = f_4 \\ -4u_5 + g_{10} + u_3 + g_9 + u_6 = f_5 \\ -4u_6 + g_{11} + u_4 + u_5 + g_{12} = f_6 \end{cases}$$

Ou, na forma matricial,

$$\begin{bmatrix} -4 & 1 & 1 & 0 & 0 & 0 \\ 1 & -4 & 0 & 1 & 0 & 0 \\ 1 & 0 & -4 & 1 & 1 & 0 \\ 0 & 1 & 1 & -4 & 0 & 1 \\ 0 & 0 & 1 & 0 & -4 & 1 \\ 0 & 0 & 0 & 1 & 1 & -4 \end{bmatrix} \begin{bmatrix} u_1 \\ u_2 \\ u_3 \\ u_4 \\ u_5 \\ u_6 \end{bmatrix} \begin{bmatrix} f_1 - g_7 - g_{16} \\ f_2 - g_{14} - g_{15} \\ f_3 - g_8 \\ f_4 - g_{13} \\ f_5 - g_9 - g_{10} \\ f_6 - g_{11} - g_{12} \end{bmatrix},$$ (8.61)

cuja solução é o vetor

$[u_1, u_2, u_3, u_4, u_5, u_6]^T = [0{,}46784;\ 0{,}041757;\ 0{,}082880;\ 0{,}073370;\ 0{,}086368;\ 0{,}075091]^T.$

A matriz resultante é simétrica de banda, cuja largura depende da numeração adotada.

Para exemplificar, resolve-se o seguinte problema:

$$\begin{cases} \dfrac{\partial^2 u}{\partial x^2} + \dfrac{\partial^2 u}{\partial y^2} = xy(y-1), \Omega = (0,1) \times (0,\ 0{,}75) \\ u(P) = 0,\ P \in \partial\Omega. \end{cases}$$ (8.62)

Nesse caso, escolhe-se $N_x = 4$, e, para encontrar $\Delta x = \Delta y$, da equação (8.59), tem-se que $N_y = 3$; a malha fica como mostra a Figura 8.7, com $\alpha = 1$ e $\beta = 0{,}75$.

O sistema (8.61), para esse problema, será

$$\begin{bmatrix} -4 & 1 & 1 & 0 & 0 & 0 \\ 1 & -4 & 0 & 1 & 0 & 0 \\ 1 & 0 & -4 & 1 & 1 & 0 \\ 0 & 1 & 1 & -4 & 0 & 1 \\ 0 & 0 & 1 & 0 & -4 & 1 \\ 0 & 0 & 0 & 1 & 1 & -4 \end{bmatrix} \begin{bmatrix} u_1 \\ u_2 \\ u_3 \\ u_4 \\ u_5 \\ u_6 \end{bmatrix} \begin{bmatrix} -0{,}062500 \\ -0{,}046875 \\ -0{,}125000 \\ -0{,}093750 \\ -0{,}187500 \\ -0{,}140625 \end{bmatrix},$$

onde foi adotada a numeração apresentada na Figura 8.7.

Exemplo 8.4

Por meio do método de diferenças finitas, determine a solução numérica do seguinte problema de EDP a valor no contorno:

$$\begin{cases} \dfrac{\partial^2 u}{\partial x^2} + \dfrac{\partial^2 u}{\partial y^2} = 16; (x,y) \in \Omega = [-1,1] \times [-1,1] \\ u = 0,\ para\ x = 1; -1 \leq y \leq 1 \\ u = 0,\ para\ x = -1; -1 \leq y \leq 1 \\ \dfrac{\partial u}{\partial x} = u\ para\ y = 1; -1 \leq x \leq 1 \\ \dfrac{\partial u}{\partial x} = u\ para\ y = -1; -1 \leq x \leq 1. \end{cases}$$

Os resultados obtidos em alguns pontos são os mostrados no Quadro 8.2.

Quadro 8.2 Soluções para o problema proposto.

$P(x,y)$	Solução exata	Solução aproximada	
		$\Delta x = \Delta y = 0,5$	$\Delta x = \Delta = 0,25$
(-0,5; -0,5)	3,258	3,20847	3,25825
(0; 0)	4,518	4,44834	4,51756
(0,5; 0)	4,169	4,11032	4,1692
(0,5; 0,5)	3,258	3,20847	3,25825

Observação:
Dadas as condições de simetria do problema do exemplo 8.4, a solução numérica pode ser encontrada apenas com os pontos da malha situados no primeiro quadrante — por exemplo, pelos pontos indicados na Figura 8.8. Em problemas com condições de contorno que envolvem derivadas, elas também devem ser aproximadas por diferenças finitas, preferencialmente da mesma ordem das usadas para aproximar as derivadas da equação.

FIGURA 8.8 Utilização de simetria.

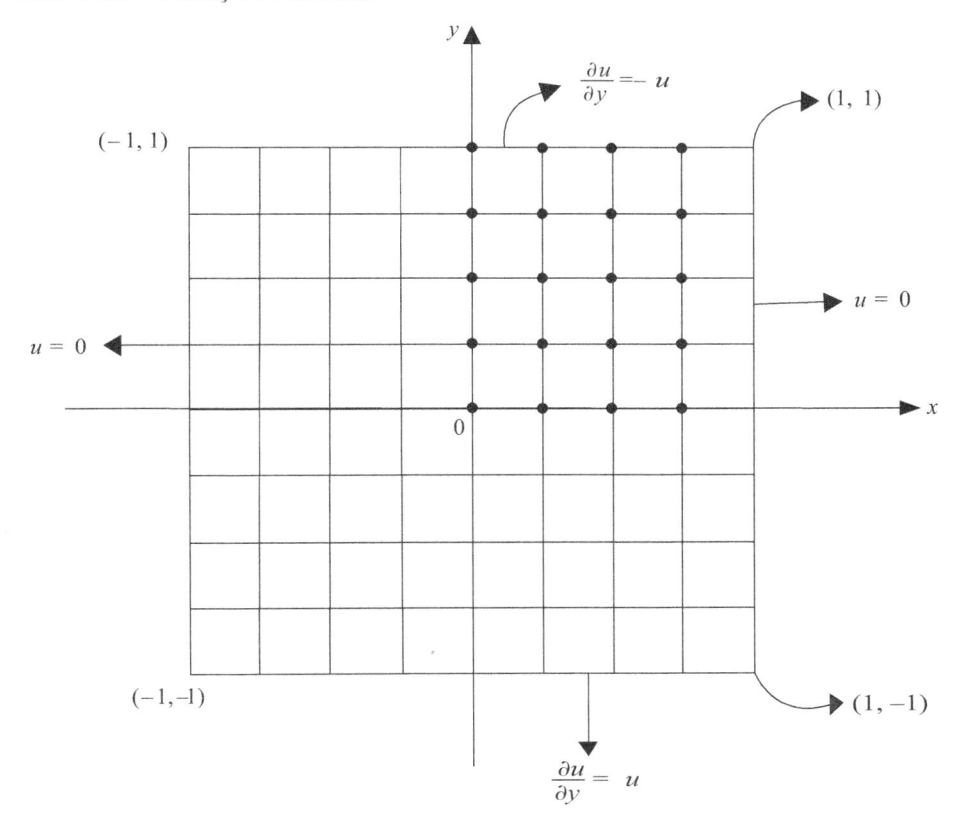

Por exemplo, seja

$$\frac{\partial u}{\partial x}(0,y) = u(0,y). \tag{8.63}$$

Então, uma aproximação de segunda ordem para essa condição é

$$\frac{u_{1,j} - u_{-1,j}}{2\Delta x} = u_{0,j}, \tag{8.64}$$

onde aparece $u_{-1,j}$, que é um ponto fictício. Nesse caso, a equação de diferença deve ser colocada também nos pontos do contorno onde esse tipo de condição é especificado.

8.7 Tratamento de contornos irregulares

No caso de o contorno ter linhas que não coincidem com linhas coordenadas, há a necessidade de se adotar um procedimento específico para os pontos da malha que possuem pontos vizinhos situados fora da malha se os espaçamentos desta fossem mantidos, como mostra a Figura 8.9.

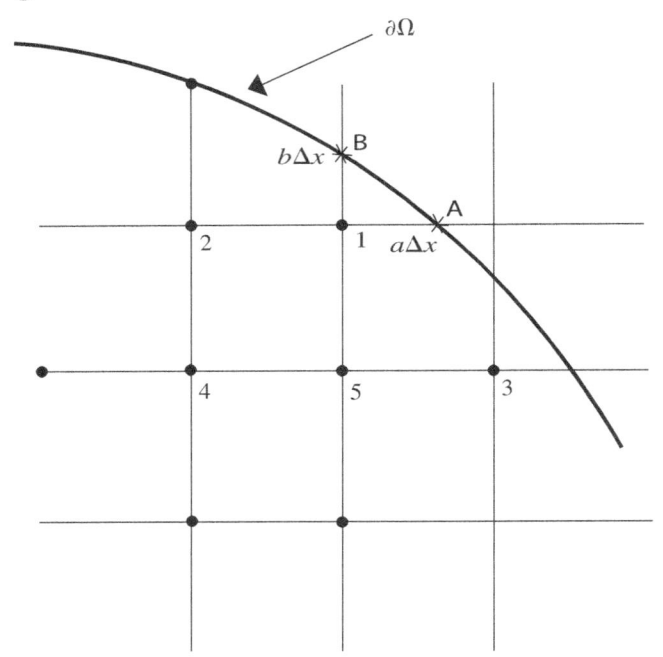

Figura 8.9 Contorno não coincidente com linha coordenada.

Nessa figura, os pontos 4 e 5 são regulares, possuem vizinhos na malha. Mas os pontos 1 e 3 não são regulares, ou seja, a aproximação de diferenças finitas da equação (8.60) não pode ser aplicada neles, uma vez que os vizinhos regulares ficariam fora do domínio do problema. Quando isso acontece, pode-se usar a série de Taylor para obter a seguinte aproximação da equação (8.57), em um ponto tipicamente irregular, como o ponto 1:

$$U_B = u_1 + b\Delta x \left.\frac{\partial u}{\partial y}\right|_1 + \frac{(b\Delta y)^2}{2!}\left.\frac{\partial^2 u}{\partial y^2}\right|_1 + O[(\Delta y)^3]$$

$$u_5 = u_1 + \Delta x \left.\frac{\partial u}{\partial y}\right|_1 + \frac{(\Delta y)^2}{2!}\left.\frac{\partial^2 u}{\partial y^2}\right|_1 + O[(\Delta y)^3]$$

$$u_A = u_1 + a\Delta x \left.\frac{\partial u}{\partial x}\right|_1 + \frac{(a\Delta y)^2}{2!}\left.\frac{\partial^2 u}{\partial x^2}\right|_1 + O[(\Delta y)^2]$$

$$u_2 = u_1 + \Delta x \left.\frac{\partial u}{\partial x}\right|_1 + \frac{(\Delta y)^2}{2!}\left.\frac{\partial^2 u}{\partial y^2}\right|_1 + O[(\Delta y)^2].$$

Eliminando $\dfrac{\partial u}{\partial y}$ e $\dfrac{\partial u}{\partial x}$, chega-se a

$$\frac{\partial^2 u}{\partial x^2}+\frac{\partial^2 u}{\partial y^2}=\frac{2}{(\Delta x)^2}\left[\frac{u_A}{a(a+1)}+\frac{u_2}{a+1}+\frac{u_B}{b(b+1)}+\frac{u_5}{b+1}-u_1\left(\frac{a+b}{ab}\right)\right]+O[(\Delta x)], \qquad (8.65)$$

que vale para o ponto 1 da Figura 8.9 com $\Delta x = \Delta y$.

Exemplo 8.5

Considere a seguir o domínio mostrado na Figura 8.10. Deseja-se uma aproximação para $u_{xx}+u_{yy}=0$.

Figura 8.10

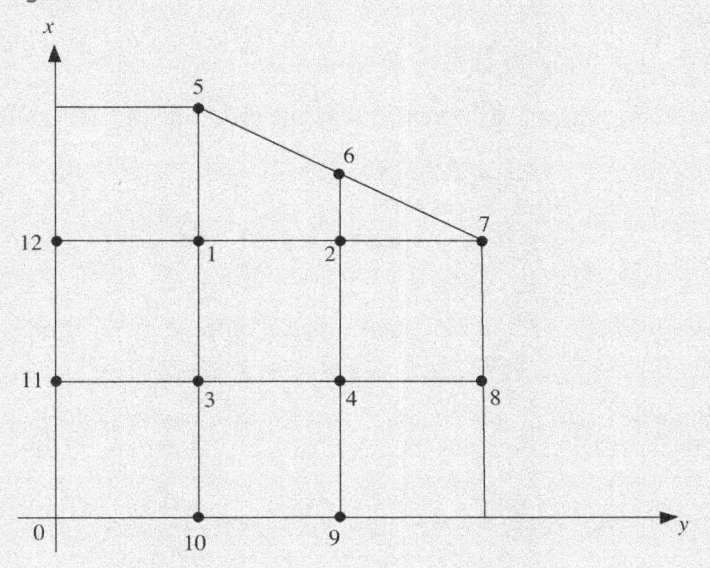

Para o ponto 2 é preciso aplicar a equação (8.65) com: $b = 1/2$, $a = 1$ e os pontos u_1, u_4, u_6 e u_7. Então, vem:

$$\frac{u_1}{2}+\frac{u_4}{3/2}+\frac{u_6}{3/4}+\frac{u_7}{2}-\frac{3/2\, u_2}{1/2}=0$$

ou

$$3u_1 + 4u_4 + 8u_6 + 3u_7 - 18u_2 = 0.$$

Assim, para a malha toda, tem-se:

$$\begin{cases} 4u_1 - u_2 - u_3 = g_5 + g_{12} \\ 18u_2 - 3u_1 - 4u_4 = 8g_6 + 3g_7 \\ 4u_3 - u_1 - u_4 = g_{10} + g_{11} \\ 4u_4 - u_2 - u_3 = g_8 + g_9. \end{cases}$$

Matricialmente:

$$\begin{bmatrix} 4 & -1 & -1 & 0 \\ -3 & 18 & 0 & -4 \\ -1 & 0 & 4 & -1 \\ 0 & -1 & -1 & 4 \end{bmatrix}\begin{bmatrix} u_1 \\ u_2 \\ u_3 \\ u_4 \end{bmatrix}=\begin{bmatrix} g_5+g_{12} \\ 8g_6+3g_7 \\ g_{10}+g_{11} \\ g_8+g_9 \end{bmatrix}.$$

8.8 Exercícios

1. Para as equações diferenciais parciais definidas a seguir, determine o tipo delas em cada ponto de seu domínio:

   i) $xu_{xx} - yu_{yy} = 0; \; x > 0, y > 0$.

   ii) $x^2 u_{xx} + (1-y^2) 2u_{yy} = 0; \; x < 0, -1 < y < 1$.

   iii) $u_{xx} - 2u_{xy} = 0$.

   iv) $u_{xx} - 2u_{xy} + u_{yy} = 0$.

   v) $u_{xx} - 2u_{xy} + 4u_{xx} = 0$.

   vi) $u_{xy} - u_x = 0$.

   vii) $u_{xx} - 2u_{xy} + u_{yy} = 0$.

2. Obtenha a solução numérica por diferenças finitas do seguinte problema de EDP:
$$\begin{cases} \dfrac{\partial u}{\partial t} = \dfrac{\partial u}{\partial x^2}, (0 < x < 1) \\ u = \text{sen}\, \pi x; \text{ para } t = 0 \text{ e } 0 \leq x \leq 1 \\ u = 0, \text{ para } x = 0 \text{ e } x = 1, t > 0 \end{cases}$$

   nos pontos $x = 0,1(0,1) \; 0,9$ e $t = 0,005 \,(0,005)\, 0,1$. Compare os resultados obtidos com a solução exata da equação, que é $u = e^{-\pi^2 t}\text{sen}\,\pi x$

3. Forneça o método de Crank-Nicolson para o problema dado no exercício 2 e obtenha por meio dele a solução numérica da EDP nos pontos $(0,5; 0,01); (0,5; 0,02)$ e $(0,5; 0,10)$.

4. Considere o seguinte problema de EDP:
$$\begin{cases} \dfrac{\partial u}{\partial t} = \dfrac{\partial^2 u}{\partial x^2}, (0 < x < 1/2) \\ u = 0, \text{ para } t = 0 \text{ e } 0 \leq x \leq 1/2 \\ \dfrac{\partial u}{\partial x} = 0, \text{ para } x = 0, t > 0 \\ \dfrac{\partial u}{\partial x} = f, \text{ para } x = 1/2 > 0, \end{cases}$$

   onde f é uma constante. Resolva o problema numericamente, usando

   a) um método explícito com $\Delta x = 0,1$ e $\Delta t = 0,0025$; e

   b) um método implícito com $\Delta x = 0,1$ e $\Delta t = 0,01$.

5. A função v satisfaz à equação diferencial parcial não linear
$$\frac{\partial v}{\partial t} = \frac{\partial^2 v}{\partial x^2} + \left(\frac{\partial v}{\partial x}\right)^2, \; 0 < x < 1,$$

   onde a condição inicial é e $v = 0$ para e $t = 0$, $0 \leq x \leq 1$ e as condições de contorno são dadas por

$$\frac{\partial v}{\partial x} = 1 \text{ para } x = 0, t = 0$$

$$v = 0, \text{ para } x = 1, t > 0.$$

a) Mostre que a mudança de variável $v = \ln u, u \neq 0$ transforma o problema em consideração no seguinte problema:

$$\begin{cases} \dfrac{\partial u}{\partial t} = \dfrac{\partial^2 u}{\partial x^2}, 0 < x < 1 \\ u = 1, \text{ para } t = 0 \text{ e } 0 \leq x \leq 1 \\ \dfrac{\partial u}{\partial x} = u, \text{ para } x = 0, t > 0 \\ u = 1, \text{ para } x = 1 \text{ e } t > 0. \end{cases}$$

b) Usando uma malha retangular definida por e $\Delta x = 0,1$ e e $\Delta t = 0,0025$ e por meio de um método explícito, calcule e u para os pontos da malha.

6. A equação diferencial parcial

$$\frac{\partial u}{\partial t} = \frac{\partial^2 u}{\partial x^2} + \frac{1}{x}\frac{\partial u}{\partial x}, 0 < x < 1$$

é aproximada no ponto (ph, qk) pela equação de diferenças

$$\frac{1}{k}\Delta_t u_{p,q} = \frac{1}{h^2}\delta_x^2 u_{p,q} + \frac{1}{2x_p h}(\Delta_x u_{p,q} + \nabla_x u_{p,q}).$$

Use o procedimento de Von Neumann para mostrar que essa equação de diferenças é estável para $x > 0$ quando

$$\frac{k}{h^2} \leq \frac{2}{4 + p^{-2}}.$$

7. A equação

$$a\frac{\partial u}{\partial x} + b\frac{\partial u}{\partial t} = c$$

é aproximada no ponto e $i + 1/2, j + 1/2$ pelo método implícito de Wendroff

$$(b + ap)u_{i+1, j+1} + (b - ap)u_{i, j+1} - (b - ap)u_{i+1, j} - (b + ap)u_{i, j} - 2(p\Delta x)c = 0,$$

onde $p = \dfrac{\Delta t}{\Delta x}$.

a) Mostre que o método é incondicionalmente estável.

b) Mostre que a parte principal do erro local de truncamento no ponto $i + 1/2, j + 1/2$ é:

$$\frac{1}{12}(\Delta x)^2 \left(3b\frac{\partial^3 u}{\partial x^2 \partial t} + a\frac{\partial^3 u}{\partial x^3}\right)_{i+1/2, j+1/2} + \frac{1}{12}(\Delta t)^2 \left(b\frac{\partial^3 u}{\partial t^3} + 3a\frac{\partial^2 u}{\partial x \partial t^2}\right)_{i+1/2, j+1/2}.$$

8. Considere o seguinte problema de EDP:

$$\begin{cases} \dfrac{\partial^3 u}{\partial x^2} = \dfrac{\partial^2 u}{\partial t^2}, 0 < x < 1 \\ u = 0, \text{ para } x = 0 \text{ } e = 1, t \geq 0 \\ u = \dfrac{1}{8}\operatorname{sen} \pi x, \dfrac{\partial u}{\partial t} = 0, \text{para } t = 0, 0 \leq x \leq 1. \end{cases}$$

Use um método explícito de diferenças finitas e diferenças finitas centrais para aproximar a condição envolvendo a derivada em relação ao tempo para calcular numericamente $u(x,t)$ nos pontos $x = (0,1)$ 1, $t = 0, (0,1)$ 0,5.

9. Considere o problema de EDP

$$\begin{cases} \dfrac{\partial^2 u}{\partial x^2} = \dfrac{\partial^2 u}{\partial y^2} = 1, (x, y) \in \Omega \\ u = x^4 + y^4, (x, y) \in \partial\Omega, \end{cases}$$

onde $\partial\Omega$ é a elipse $x^2/a^2 + y^2/b^2 = 1$.

Explique como esse problema pode ser resolvido por diferenças finitas de maneira eficiente.

10. Calcule a solução aproximada da EPD

$$\frac{\partial^2 u}{\partial x^2} = \frac{\partial^2 u}{\partial y^2} + 2 = 0$$

nos pontos a,b,c,d,e da região indicada na figura que segue, sabendo que $u = 0$ em YFX e $u = 1$ em GHKM.

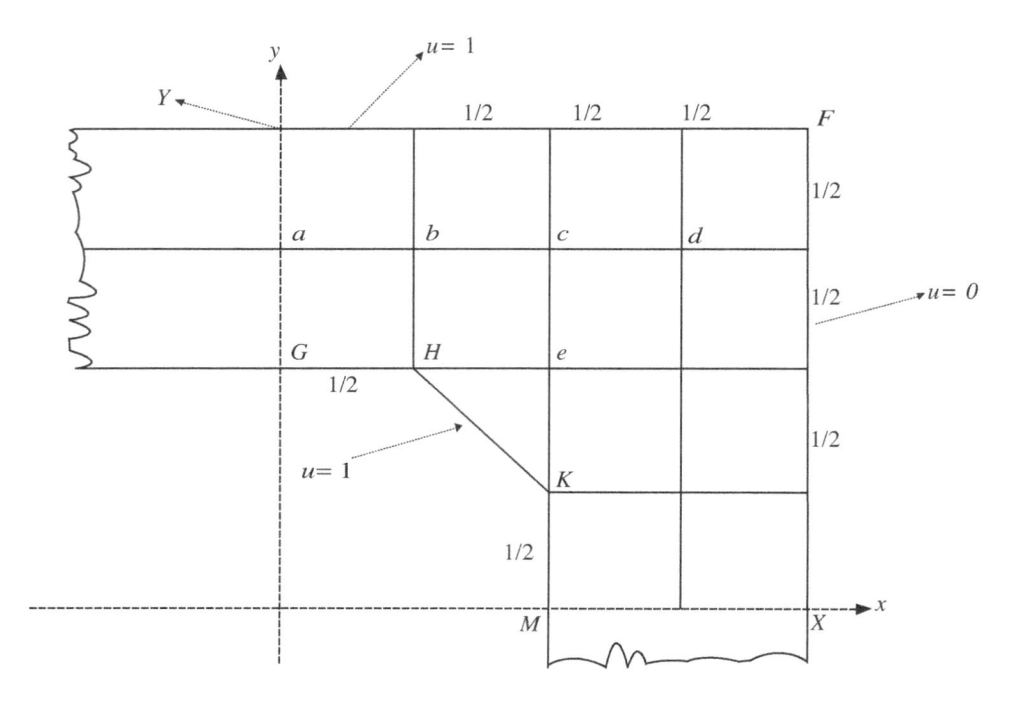

11. A secção transversal de um duto quadrado é mostrada na figura a seguir. Os lados dos dois quadrados estão na relação 2:1. As faces interior e exterior são mantidas à temperatura de 1.000 °F e 100 °F, respectivamente. Supondo condução de calor em regime permanente, estime a temperatura no ponto P indicado. Use simetria em relação aos eixos x e y.

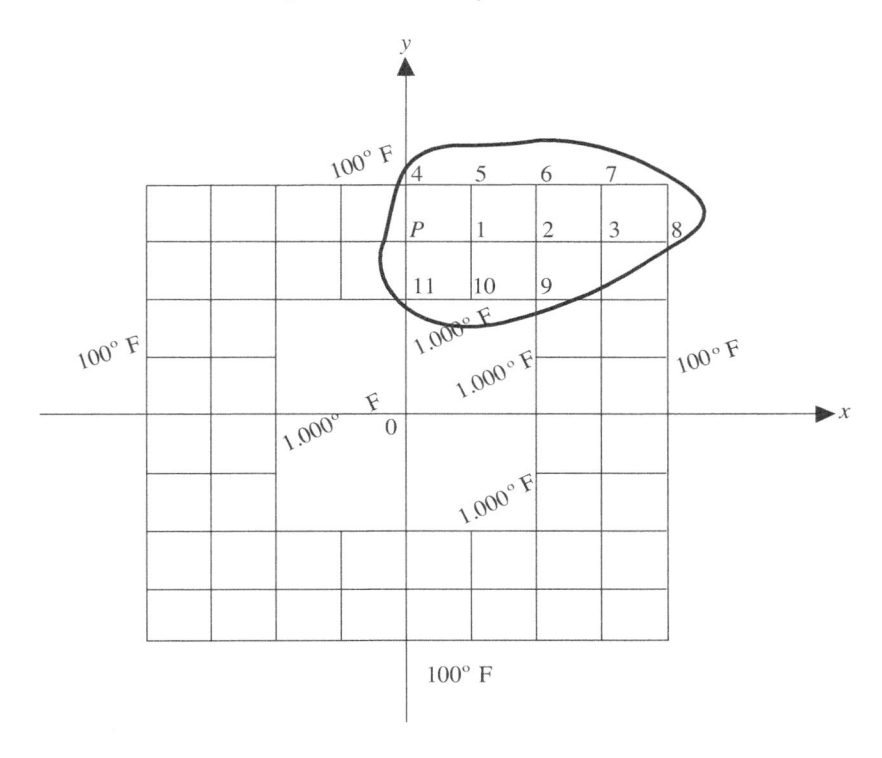

12. Calcule a solução numérica da equação diferencial parcial

$$\frac{\partial u}{\partial t} = \frac{\partial^2 u}{\partial x^2}, \ 0 < x < 1,$$

que satisfaz a condição inicial $u(0,x) = \operatorname{sen} \pi x, 0 \leq x \leq 1$ e as condições de contorno $u = (t,0) = u(t,1) = 0, t > 0$ nos pontos (t, x), onde $x = jh, j = 1,2,3,4; h = 0,2; t = ik; i = 1,2,3; k = 0,004$, por meio de (a) método explícito e (b) método implícito.

13. Mostre que o operador laplaciano, D, em coordenadas inclinadas, satisfaz a equação

$$\left(\operatorname{sen}^2 \alpha\right) \Delta z \frac{\partial^2 z}{\partial u^2} - 2 \frac{\partial z}{\partial u \partial v} \cos \alpha + \frac{\partial^2 z}{\partial v^2},$$

onde

$$x = u + v \cos \alpha; \ y = v \operatorname{sen} \alpha.$$

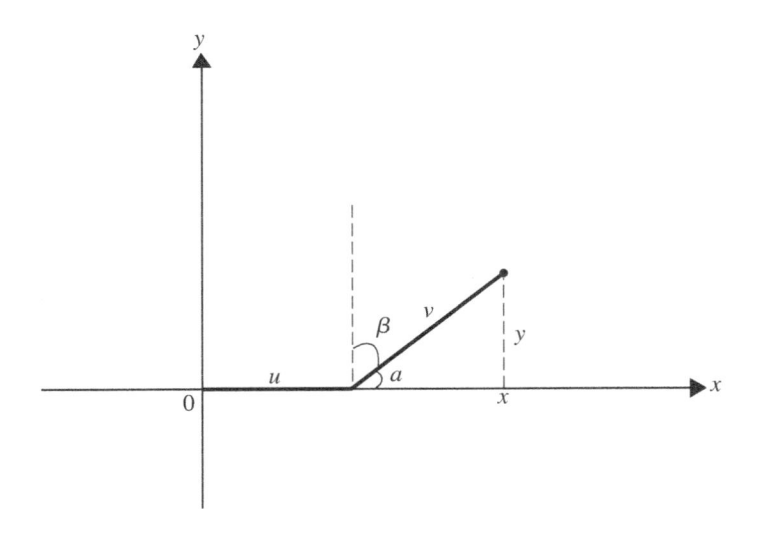

Em seguida, utilizando coordenadas inclinadas, determine $z(u,v)$ para o problema

$$\begin{cases} \Delta z = 0 \text{ em } (u,v) \in \Omega \\ z = (u + v \cos \alpha)^2 (v \operatorname{sen} \alpha)^2 \text{ em } \partial \Omega, \end{cases}$$

sendo $\bar{\Omega} = \Omega \cup \partial \Omega$ a região mostrada na figura a seguir. A solução deve ser fornecida em pelo menos dezesseis pontos interiores de Ω.

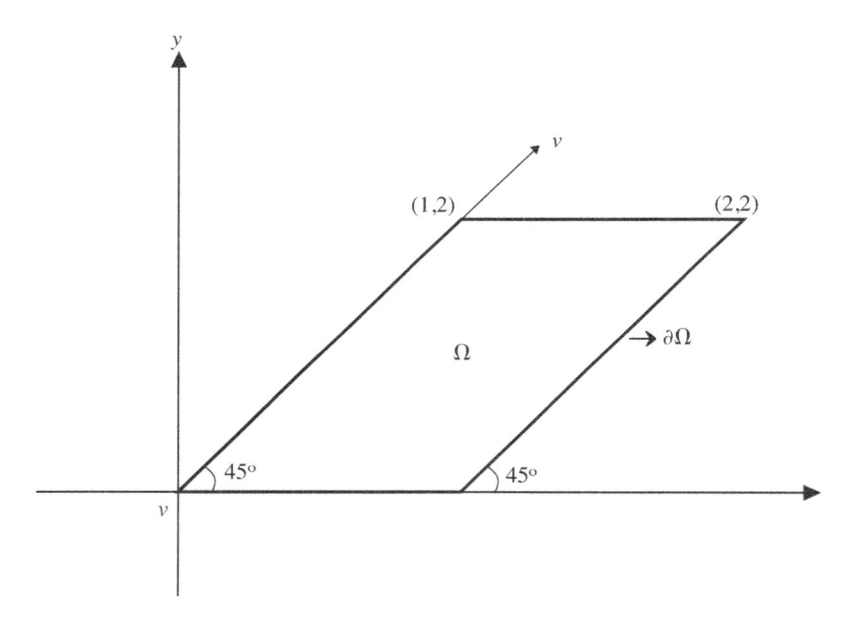

14. Obtenha a solução numérica da seguinte EDP, com pelo menos duas casas decimais corretas:

$$\begin{cases} \dfrac{\partial^2 u}{\partial x^2} + \dfrac{\partial^2 u}{\partial y^2} = 16\left(x^2 + y^2\right) - 20 \text{ em } \Omega \\ u(x,y) = 0 \text{ em } \partial \Omega, \end{cases}$$

sendo Ω um anel com centro na origem, raio interno igual a 1 e raio externo igual a 2. Em seguida, obtenha, mediante mudança de variáveis, o laplaciano em coordenadas polares. Em seguida, determine a solução numérica solicitada.

$$x = \rho \cos\theta,\ y = \rho \sen\theta,\ \rho = (x^2 + y^2)^{1/2},\ \theta = tg^{-1}\left(\frac{y}{x}\right).$$

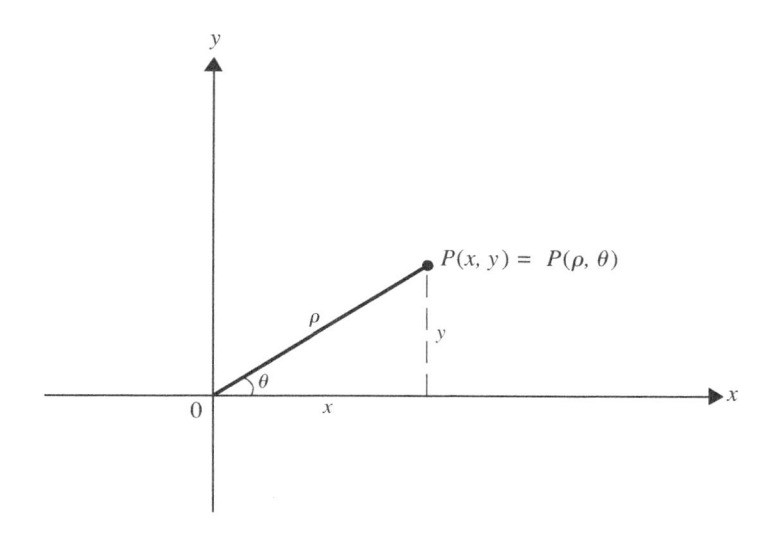

15. Obtenha em coordenadas cartesianas o operador de diferenças finitas que aproxima o operador $\Delta^2 = \dfrac{\partial^4}{\partial x^4} + 2\dfrac{\partial^4}{\partial x^4 \partial y^2} + \dfrac{\partial^4}{\partial y^4}$. Em seguida, resolva numericamente a equação bi-harmônica

$$\begin{cases} \Delta^2 u = 64,\ \Omega = (0,1) \times (0,1) \\ u(x,y) = \dfrac{\partial u}{\partial n} = 0 \text{ em } \partial\Omega \\ \text{Onde } \dfrac{\partial u}{\partial n}, \text{ denota derivada normal de } u. \end{cases}$$

9 SOLUÇÃO NUMÉRICA DE EQUAÇÕES DIFERENCIAIS POR RESÍDUO PONDERADO

9.1 Introdução

Inicialmente, apresenta-se a forma geral dos métodos de resíduos ponderados com suas principais características. Em seguida, os métodos de Galerkin e colocação são estudados por meio de aplicações específicas.

Assim, considere uma equação diferencial definida em uma região $\Omega \subset \mathbb{R}^n$ com contorno $\partial \Omega$, expressa em determinado sistema de coordenadas, na forma operacional

$$Lu - f = 0. \tag{9.1}$$

Exemplos de operadores L são:

$$L(.) = -\frac{d}{dx}\left[p(x)\frac{d(.)}{dx}\right] + q(x)(.), \ \Omega \subset \mathbb{R}, \tag{9.2}$$

$$L(.) = -\frac{\partial^2 (.)}{\partial x^2} + \frac{\partial^2 (.)}{\partial y^2}, \ \Omega \subset \mathbb{R}^2. \tag{9.3}$$

Seja $\{\varnothing_i\}_{i=1}^{N}$ um conjunto de funções linearmente independentes que se anulam em $\partial \Omega$, isto é, $\varnothing_i(x) = 0$, $1 \leq i \leq N$, $x \in \partial \Omega$.

Encontra-se a solução u, da equação (9.1), expandindo-se a função u em termos das funções $\varnothing_i$, denominadas *funções bases*, ou seja:

$$u(x) = \varnothing_0 + \sum_{i=1}^{N} c_i \varnothing_i(x), \tag{9.4}$$

onde a função $\varnothing_0$ foi posta para satisfazer às condições de contorno do problema e c_i, $1 \leq i \leq N$ são constantes a serem determinadas. O número N, em geral, é grande e pode ser infinito. Porém, para cálculos computacionais, toma-se uma função de aproximação na forma:

$$\hat{u} = \varnothing_0 + \sum_{i=1}^{n} c_i \varnothing_i, \ n << N. \tag{9.5}$$

Substituindo essa função tentativa na equação (9.1), que se pretende resolver, somente em casos particulares ela será satisfeita. Então, tem-se um resíduo

$$R(x,c) = L\hat{u} - f, \tag{9.6}$$

sendo x o vetor de coordenadas e c o vetor de coeficientes incógnitos.

O procedimento de resíduo ponderado tem sequência com a determinação dos coeficientes c_i, $1 \leq i \leq n$, tais que anulem o resíduo na equação (9.6), pelo menos em um sentido médio. Isso pode ser feito selecionando-se um conjunto de *funções pesos* $\{w_j\}_{j=1}^{n}$ para ponderar o resíduo e forçando o resíduo a ser ortogonal a essas funções pesos, ou seja,

$$(w_j, R) = \int_{\Omega} w_j(x) R(x,c) d\Omega = 0, \ 1 \leq j \leq n, \tag{9.7}$$

que é um sistema de equações algébricas lineares ou não lineares, dependendo de L ser linear ou não linear. Uma vez resolvido, ele fornece os coeficientes c_i, $1 \leq i \leq n$.

O sistema (9.7) é o ponto de partida dos métodos de resíduos ponderados. As funções pesos w_j, $1 \leq j \leq n$ podem ser escolhidas de várias maneiras. Cada escolha corresponde a uma ponderação diferente e conduz a métodos distintos denominados genericamente métodos de resíduos ponderados, às vezes denominados MWR. A seguir, são descritos os métodos de Galerkin e o de colocação, que são dois dos métodos de resíduos ponderados mais utilizados.

9.2 Método de Galerkin

A descrição do método de Galerkin é feita por meio de sua aplicação nos problemas (7.154) e (7.155) enunciados no Capítulo 7. Em geral, seu estabelecimento requer as etapas:

Etapa 1: escolha das funções-base

A precisão da aproximação final depende em grande parte dessas funções. Para exemplificar, considere o conjunto de funções seccionalmente lineares, assim definidas:

sendo
$$\varnothing_i = \begin{cases} (x-x_{i-1})/(x_i-x_{i-1}), & x \in [x_{i-1}, x_i] \\ (x-x_{i+1})/(x_i-x_{i+1}), & x \in [x_i, x_{i+1}], 1 \leq i \leq n-1 \\ 0, & x \notin [x_{i-1}, x_{i+1}], \end{cases}$$

$$\varnothing_0 = \begin{cases} (x-x_1)/(x_0-x_1), & x \in [x_0-x_1] \\ 0, & x \notin [x_0, x_1], \end{cases} \quad (9.8)$$

e
$$\varnothing_n = \begin{cases} (x-x_{n-1})/(x_n-x_{n-1}), & x \in [x_{n-1}, x_n] \\ 0, & x \notin [x_{n-1}, x_n]. \end{cases}$$

Etapa 2: construção da função de aproximação

No método de Galerkin, a função de aproximação é construída com as funções-base. Neste exemplo, como elas são seccionalmente lineares, é conveniente subdividir o domínio da equação diferencial em subintervalos denominados elementos. Além disso, a função de aproximação deve satisfazer às condições de contorno. Tudo isso pode ser acomodado escrevendo-se

$$\hat{u}(x) = \varnothing_0(x) + \sum_{i=1}^{4} \varnothing_i(x) u_i, \quad (9.9)$$

onde foram usados quatro subintervalos de $[a,b]$ e separou-se a função $\varnothing_0$, que se incumbirá de satisfazer às condições de contorno, conforme mostra a etapa 3, a seguir.

Etapa 3: expressão de resíduo ponderado

Um procedimento natural é substituir $\hat{u}$, definido na equação (9.9) nos problemas (7.154) e (7.155), e escrever a expressão de resíduo na equação (9.6), que, no método de Galerkin, torna-se:

$$\int_a^b \{-D[p(x)D\hat{u}(x)] + q(x)\hat{u}(x)\}\varnothing_j(x)\,dx = \int_a^b f(x)\varnothing_j(x)\,dx,\ 1 \leq j \leq 4, \quad (9.10)$$

sendo as funções-base e de ponderação iguais.

Em seguida, efetuam-se as integrações, chegando-se a um sistema de equações algébricas que, resolvido, fornece uma solução aproximada para o problema.

Entretanto, o procedimento mais usual balanceia primeiro as ordens de derivadas entre a função de aproximação e as de ponderação, por meio de integração por parte, fazendo aparecer termos no contorno.

Para isso, a integral do primeiro termo do lado esquerdo da equação (9.10) é integrada por partes, fornecendo:

$$\int_a^b D[p(x)D\hat{u}(x)]\varnothing_j(x)\,dx = p(x)D\hat{u}(x)\varnothing_j(x)\Big|_a^b \\ - \int_a^b p(x)D\hat{u}(x)D\varnothing_j(x)\,dx,\ 1 \leq j \leq 4. \quad (9.11)$$

Substituindo a equação (9.11) na equação (9.10), a expressão de Galerkin torna-se

$$\int_a^b [p(x)D\hat{u}(x)D\varnothing_j(x)+q(x)\hat{u}(x)\varnothing_j(x)]dx = p(x)D\hat{u}\varnothing_j(x)\Big|_a^b \\ +\int_a^b f(x)\varnothing_j(x)dx, 1\le j \le 4. \quad (9.12)$$

Observe que, na equação (9.12), a aproximação $\hat{u}$ teve o requisito de diferenciabilidade reduzido de segunda para primeira ordem. Assim, tem-se uma classe maior de funções-base que podem servir à aproximação em vista do equilíbrio nas ordens de derivada das funções de aproximação e das de ponderação. Isso torna a expressão (9.12) mais atrativa em termos computacionais.

Antes de seguir com o método, é conveniente analisar o termo de contorno presente na equação (9.12). No caso em que $\beta_1 \ne 0$ na equação (7.155), por exemplo, o termo pode ser obtido naturalmente daquela condição de contorno, sendo, portanto,

$$D\hat{u}(a) = \frac{\gamma_1 - \alpha_1 \hat{u}(a)}{\beta_1},$$

que pode ser substituído na equação (9.12), evitando dessa forma a derivação de $\hat{u}$ para se ter $D\hat{u}(a)$. Por isso, esse tipo de condição de contorno é denominado *natural*.

Nos casos em que forem especificados valores para a função u no contorno, o procedimento anterior não poderá ser empregado. Daí será necessário empregar uma função de aproximação na forma:

$$\hat{u} = \varnothing_0(x) + \sum_{i=1}^{n} c_i \varnothing_i(x), \quad (9.13)$$

onde $\varnothing_0$ deve satisfazer esse tipo de condição de contorno e $\varnothing_i(x)$ $1 \le i \le n$ devem se anular no contorno, o que elimina o termo de contorno que aparece na equação (9.12). Por essa razão, esse tipo de condição de contorno é denominado *essencial*.

Para ficar mais próximo dos procedimentos de elementos finitos, em vez de usar $\hat{u}$, como na equação (9.13), toma-se $\hat{u}$ como

$$\hat{u}(x) = \sum_{i=1}^{N} \varnothing_i(x) u_i, \quad (9.14)$$

onde:

- N é o número global de pontos nodais;
- $\varnothing_i$ representa funções de interpolação globais; e
- u_i refere-se a valores da variável dependente u nos pontos nodais.

As funções de interpolação globais $\varnothing_i(x)$ são obtidas a partir de funções definidas essencial localmente em cada elemento, por meio de um processo denominado sobreposição. Ao final desse processo, encontram-se as matrizes resultantes da discretização do problema, que formam um sistema de equações algébricas. Antes de resolver esse sistema, inserem-se as condições de contorno do tipo.

Todavia, antes de empregar o procedimento de elementos finitos, deve-se ajustar a expressão (9.12) de resíduo ponderado, ficando como termo de contorno apenas as partes (no caso unidimensional, os pontos) em que haja condição de contorno do tipo natural.

Etapa 4: formação das matrizes do problema

Se as funções-base forem gerais, o cálculo dos elementos das matrizes provenientes da expressão de resíduo ponderado poderá ser muito trabalhoso.

Para simplificar esse cálculo e dar maior generalidade e flexibilidade ao método, as funções-base usadas possuem suporte compacto, isto é, elas são não nulas apenas em um pequeno subdomínio (subintervalo a uma dimensão). As mais empregadas são polinomiais, como as definidas na equação (9.8).

Com a finalidade de mostrar esse procedimento, considere o intervalo [a, b], dividido em N_e subintervalos I_e denominados elementos,

$$I_e = [X_{e-1}, X_e], 1 \le e \le N_e,$$

como mostrado na Figura 9.1, onde $[a,b] \equiv [0,1]$; as funções-base são as polinomiais definidas na equação (9.8); $Ne = 4$ e as numerações local e global estão indicadas na figura e relacionadas no Quadro 9.1.

Feitas as escolhas, a expressão (9.12) pode ser reescrita na forma:

$$\sum_{e=1}^{Ne} \int_{X_{e-1}}^{X_e} [p(x) D\hat{u}(x) D\emptyset_j(x) + q(x) \hat{u}(x) \emptyset_j(x)]dx, = \sum_{e=1}^{Ne} \left\{ \int_{X_{e-1}}^{X_e} f(x) \emptyset_j(x) dx \right\} + [p(x) D\hat{u}(x) \emptyset_j(x)]|_a^b, 1 \leq j \leq 5. \quad (9.15)$$

Figura 9.1 Elementos finitos e numeração local.

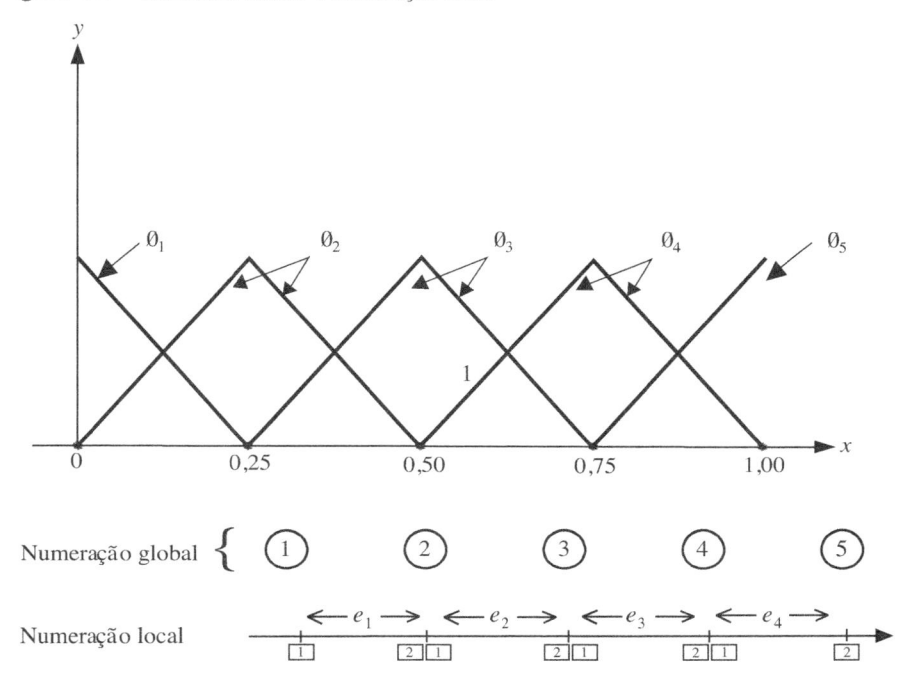

Quadro 9.1 Numerações local e global.

Elementos	Numeração local dos nós	Numeração global dos nós
1	1	1
	2	2
2	1	2
	2	3
3	1	3
	2	4
4	1	4
	2	5

Para exemplificar, toma-se o caso em que, nas equações (7.155), $\alpha_2 = 1$ e $\beta_2 = 0$. O procedimento que será adotado é de elementos finitos. Com efeito, a expressão de resíduo ponderado a ser empregada pode ser obtida da expressão geral (9.12), que fica assim:

$$\int_0^1 [p(x) D\hat{u}(x) D\emptyset_j(x) + q(x) \hat{u}(x) \emptyset_j(x)]dx = [p(x) D\hat{u}(x) \emptyset_j(x)]|_0^1 + \int_0^1 f(x) \emptyset_j dx, 1 \leq j \leq 5. \quad (9.16)$$

312 ▪ Cálculo numérico

Considerando as condições de contorno, a equação (9.16) se torna:

$$\int_0^1 [p(x)D\hat{u}(x)D\emptyset_j(x) + q(x)\hat{u}(x)\emptyset_j(x)]dx = -p(0)\emptyset_j(0)\left[\frac{\gamma_1 - \alpha_1 u(0)}{\beta_1}\right] + \\ + \int_0^1 f(x)\emptyset_j(x)dx, 1 \le j \le 5. \quad (9.17)$$

Observe, na equação (9.17), que o termo de contorno no extremo superior, $x = 1$, foi excluído do resíduo, pois nesse ponto a condição de contorno é do tipo essencial e será inserida no sistema posteriormente.

Utilizando as funções descritas na equação (9.8), a equação (9.17) fica como:

$$\sum_{e=1}^{4}\int_{X_e}^{X_{e+1}}[p(x)D\hat{u}^e(x)D\emptyset_j^e(x) + q(x)\hat{u}^e(x)\emptyset_j^e(x)]dx = \\ \sum_{e=1}^{4}\left\{\int_{X_{e-1}}^{X_e}[f(x)\emptyset_j^e(x)]dx\right\} - p(0)\emptyset_j^e(0)\left[\frac{\gamma_1 - \alpha_1 u(0)}{\beta_1}\right], 1 \le j \le 5, \quad (9.18)$$

onde o somatório deve ser entendido como um processo de sobreposição.

Isto é, em cada elemento, tem-se que

$$\hat{u}^e(x) = \emptyset_1^e(x)u_1^e + \emptyset_2^e(x)u_2^e, \quad (9.19)$$

onde $\hat{u}^e$ é a restrição de u ao elemento e; e $\emptyset_1^e \emptyset_2^e$ são restrições das funções-base globais $\emptyset$ ao elemento e.

A derivada fica

$$D\hat{u}^e(x) = u_1^e D\emptyset_1^e(x) + u_2^e D\emptyset_2^e(x). \quad (9.20)$$

Substituindo as equações (9.19) e (9.20) na equação (9.18), encontra-se:

$$\sum_{e=1}^{4}\left\{\int_{X_{e-1}}^{X_e} p(x)\begin{bmatrix}D\emptyset_1^e \\ D\emptyset_2^e\end{bmatrix}[D\emptyset_1^e\ D\emptyset_2^e] + q(x)\begin{bmatrix}\emptyset_1^e \\ \emptyset_2^e\end{bmatrix}[\emptyset_1^e \emptyset_2^e]dx\right\}\begin{bmatrix}u_1^e \\ u_2^e\end{bmatrix} = \\ \sum_{e=1}^{4}\int_{X_{e-1}}^{X_e} f(x)\begin{bmatrix}\emptyset_1^e \\ \emptyset_2^e\end{bmatrix}dx - p(0)\frac{\gamma_1}{\beta_1}\begin{bmatrix}\emptyset_1^1(0) \\ \emptyset_2^1(0)\end{bmatrix} + \frac{\alpha_1 p(0)}{\beta_1}\begin{bmatrix}\emptyset_1^1(0) \\ \emptyset_2^1(0)\end{bmatrix}[\emptyset_1^1(0)\emptyset_2^1(0)]\begin{bmatrix}u_1^1 \\ u_2^1\end{bmatrix}, \quad (9.21)$$

ou, na forma matricial,

$$\sum_{e=1}^{4}[K^e]\begin{bmatrix}u_1^e \\ u_2^e\end{bmatrix} = \sum_{e=1}^{4} F^e, \quad (9.22)$$

onde o somatório deve ser entendido como sobreposição e

$$K^e = \int_{X_{e-1}}^{X_e}\left\{p(x)\begin{bmatrix}D\emptyset_1^e \\ D\emptyset_2^e\end{bmatrix}[D\emptyset_1^e\ D\emptyset_2^e] + q(x)\begin{bmatrix}\emptyset_1^e \\ \emptyset_2^e\end{bmatrix}[\emptyset_1^e \emptyset_2^e]\right\}dx \\ -\left(\frac{\alpha_1 p(0)}{\beta_1}\begin{bmatrix}\emptyset_1^e(0) \\ \emptyset_2^e(0)\end{bmatrix}[\emptyset_1^e(0)\emptyset_2^e(0)]\right) \quad (9.23)$$

$$F^e = \int_{X_{e-1}}^{X_e} f(x)\begin{bmatrix}\emptyset_1^e \\ \emptyset_2^e\end{bmatrix}dx - \left(\frac{p(0)\gamma_1}{\beta_1}\begin{bmatrix}\emptyset_1^1(0) \\ \emptyset_2^1(0)\end{bmatrix}\right), \quad (9.24)$$

sendo os termos entre parênteses da equação (9.23) e da equação (9.24) incorporados apenas no elemento que possuir o ponto do contorno onde houver a condição natural.

Para exemplificar, sejam: $p(x)=1$; $q(x)=0$; $f(x)=1$; $\alpha_1=1$; $\beta_1=1$; $\gamma_1=0$ e $\gamma_2=1$. Então, têm-se:

Capítulo 9 ▪ Solução numérica de equações diferenciais por resíduo ponderado

$$K^1 = \begin{bmatrix} \int_0^{0,25} D\emptyset_1^1 D\emptyset_1^1 dx & \int_0^{0,25} D\emptyset_1^1 D\emptyset_2^1 dx \\ \int_0^{0,25} D\emptyset_2^1 D\emptyset_1^1 dx & \int_0^{0,25} D\emptyset_2^1 D\emptyset_2^1 dx \end{bmatrix} + \begin{bmatrix} \emptyset_1^1(0)\emptyset_1^1(0) & \emptyset_1^1(0)\emptyset_2^1(0) \\ \emptyset_2^2(0)\emptyset_1^1(0) & \emptyset_2^2(0)\emptyset_2^1(0) \end{bmatrix}$$

$$= \begin{bmatrix} 4 & -4 \\ -4 & 4 \end{bmatrix} + \begin{bmatrix} 1 & 0 \\ 0 & 0 \end{bmatrix} = \begin{bmatrix} 5 & -4 \\ -4 & 4 \end{bmatrix}$$

$$F^1 = \begin{Bmatrix} \int_0^{0,25} \emptyset_1^1(x) \\ \int_0^{0,25} \emptyset_2^1(x) \end{Bmatrix} = \begin{Bmatrix} 1/8 \\ 1/8 \end{Bmatrix}$$

$$K^2 = \begin{bmatrix} \int_0^{0,5} D\emptyset_2^1 D\emptyset_1^2 dx & \int_0^{0,5} D\emptyset_1^2 D\emptyset_2^2 dx \\ \int_{0,25}^{0,5} D\emptyset_2^2 D\emptyset_1^2 dx & \int_0^{0,5} D\emptyset_2^2 D\emptyset_2^2 dx \end{bmatrix} = \begin{bmatrix} 4 & -4 \\ -4 & 4 \end{bmatrix}$$

$$F^2 = \begin{Bmatrix} \int_{0,25}^{0,5} \emptyset_1^2(x) dx \\ \int_{0,25}^{0,5} \emptyset_2^2(x) dx \end{Bmatrix} = \begin{Bmatrix} 1/8 \\ 1/8 \end{Bmatrix}.$$

e os demais elementos são todos iguais ao elemento número 2.

Agora, utilizando o Quadro 9.1, que fornece as numerações locais e globais, faz-se a sobreposição. Para tanto, basta observar a correspondência entre os índices dos elementos das matrizes locais e colocá-los na posição correta na matriz global.

Neste exemplo, tem-se:

	Local			Global		
	K_{11}^1			K_{11}		
$e = 1$	K_{12}^1	F_1^1	u_1^1	K_{12}	F_1	u_1
	K_{21}^1	F_2^1	u_2^1	K_{21}	F_2	u_2
	K_{22}^1			K_{22}		
	K_{11}^2			K_{22}		
$e = 2$	K_{12}^2	F_1^2	u_1^2	K_{23}	F_2	u_2
	K_{21}^2	F_2^2	u_2^2	K_{32}	F_3	u_3
	K_{22}^2			K_{33}		
	K_{11}^3			K_{33}		
$e = 3$	K_{12}^3	F_1^3	u_1^3	K_{34}	F_3	u_3
	K_{21}^3	F_2^3	u_2^3	K_{43}	F_4	u_4
	K_{22}^3			K_{44}		
	K_{11}^4			K_{44}		
$e = 4$	K_{12}^4	F_1^4	u_1^4	K_{45}	F_4	u_4
	K_{21}^4	F_2^4	u_2^4	K_{54}	F_5	u_4
	K_{22}^4			K_{55}		

Assim, o sistema global fica assim:

$$\begin{bmatrix} 5 & -4 & & & \\ -4 & 4+4 & -4 & & \\ & -4 & 4+4 & -4 & \\ & & -4 & 4+4 & -4 \\ & & & -4 & 4 \end{bmatrix} \begin{bmatrix} u_1 \\ u_2 \\ u_3 \\ u_4 \\ u_5 \end{bmatrix} = \begin{bmatrix} 1/8 \\ 1/8+1/8 \\ 1/8+1/8 \\ 1/8+1/8 \\ 1/8 \end{bmatrix}. \qquad (9.25)$$

Falta inserir no sistema (9.25) a condição de contorno do tipo essencial, que neste exemplo é $u(1) = u_5 = 1$. Há várias técnicas para inserir essa condição na equação (9.25). A que será usada baseia-se em manipulações matriciais e, por isso, é fácil de ser implementada computacionalmente. Primeiro, anulam-se todos os elementos da linha e da coluna 5 da matriz dos coeficientes, exceto o da diagonal, que é feito igual a 1. Em seguida, modifica-se o vetor constante da seguinte forma: na linha 5, coloca-se o valor de u_5, que no caso é 1. Nas outras linhas, subtrai-se a quantia $K_{i5} u_5$, $1 \leq i \leq 4$.

Com esse procedimento, o sistema a ser resolvido fica:

$$\begin{bmatrix} 5 & -4 & & & \\ -4 & 8 & -4 & & \\ & -4 & 8 & -4 & \\ & & -4 & 8 & 0 \\ & & & 0 & 1 \end{bmatrix} \begin{bmatrix} u_1 \\ u_2 \\ u_3 \\ u_4 \\ u_5 \end{bmatrix} = \begin{bmatrix} 1/8 \\ 1/4 \\ 1/4 \\ 1/4 - (-) = 17/4 \\ 1 \end{bmatrix}. \qquad (9.26)$$

Resolvendo o sistema (9.26), obtêm-se

$$u_1 = 0{,}749999999. \quad u_2 = 0{,}906249999.$$
$$u_3 = 1{,}000000000. \quad u_4 = 1{,}031250000.$$

9.3 Método de colocação

A aproximação por colocação parte da expressão de resíduo ponderado (9.7) e usa para ponderação a distribuição de Dirac, $\delta(x_j) = \delta(x - x_j)$. Dessa forma, tem-se:

$$\int \Omega R(x,c) \delta(x - x_j) \, d\Omega = 0, \ 1 \leq j \leq n, \ \Omega \subset \mathbb{R}^n, \qquad (9.27)$$

ou seja,

$$R(x_j, c) = 0, \ 1 \leq j \leq n, \qquad (9.28)$$

onde as abcissas x_j, $1 \leq j \leq n$, no momento, são arbitrários. Uma das escolhas mais usuais para pontos de colocação são as raízes de polinômios ortogonais definidos no domínio do problema. Quando os pontos de colocação são assim escolhidos, o método é denominado *método de colocação ortogonal*.

Exemplo 9.1

Considere o seguinte problema: resolver a equação de Laplace em um domínio bidimensional $\Omega \subset \mathbb{R}^2$, adotando-se o sistema de coordenadas cartesianas, com variáveis independentes x e y e variável dependente $u = u(x,y)$, ou seja, a equação

$$\frac{\partial^2 u}{\partial x^2} + \frac{\partial^2 u}{\partial y^2} = 0, \quad \Omega = (0,1) \times (0,1), \qquad (9.29)$$

sujeita às seguintes condições de contorno:

$$u(0, y) = 1 - y, \ 0 < y < 1, \quad (9.30a)$$

$$u(1, y) = 1 - y, \ 0 < y < 1, \quad (9.30b)$$

$$\frac{\partial u}{\partial y}(x, 0) = 0, \ 0 < x < 1, \quad (9.30c)$$

$$\frac{\partial u}{\partial y}(x, 1) = 0, \ 0 < x < 1. \quad (9.30d)$$

de Ω, constituída por quatro elementos retangulares, como mostra a Figura 9.2. Na solução desse problema, alia-se a técnica de interpolação por elementos finitos com a de resíduo ponderado por colocação. Dessa forma, as funções de interpolação serão definidas em subdomínios, denominados *elementos finitos*, formados a partir da definição de uma malha para o domínio do problema. Por exemplo, uma malha esparsa é estabelecida em $\bar{\Omega} = \Omega \cup \partial\Omega$, sendo $\partial\Omega$ o contorno.

Figura 9.2 Malha de elementos finitos para colocação – elemento hermitiano.

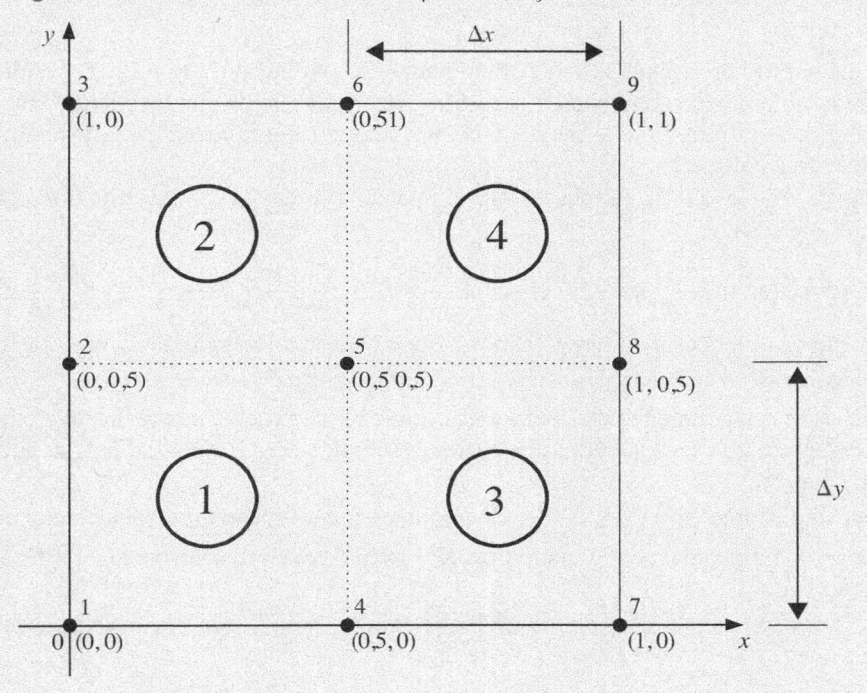

Na malha da Figura 9.2, tem-se o seguinte espaçamento: $\Delta x = \Delta y = 0{,}5$; números de elementos: $M = 4$; números de nós globais: $N = 9$; tipo de elemento: hermitiano com quatro nós, como mostra a Figura 9.3.

Figura 9.3 Elemento hermitiano – sistema de coordenadas locais.

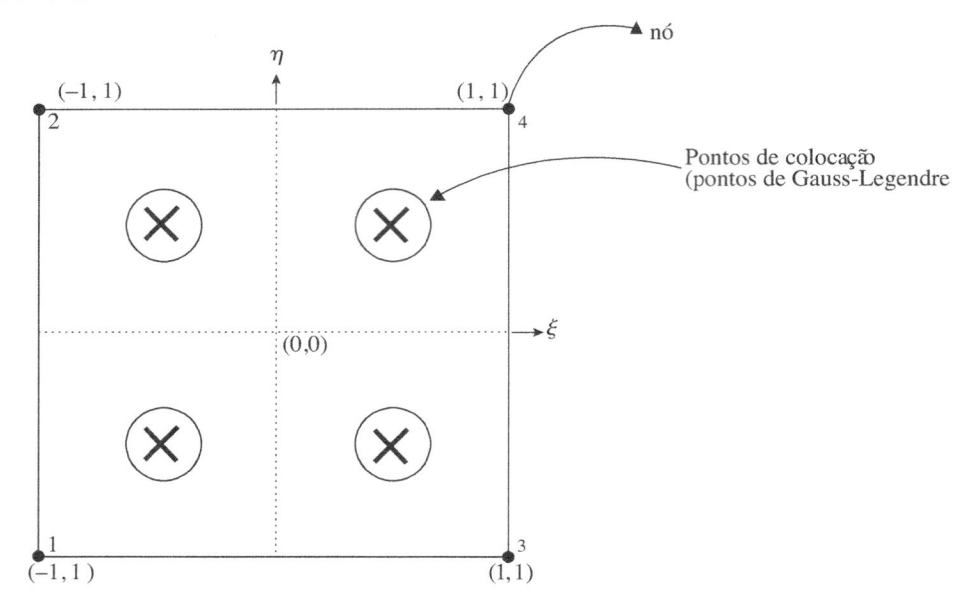

A escolha do elemento hermitiano se deve principalmente ao fato de que o operador diferencial envolve derivadas de segunda ordem, e as condições de contorno, derivadas de primeira ordem. Com interpolação hermitiana cúbica, além de se ter um número pequeno de nós, tem-se continuidade até as primeiras derivadas entre elementos, favorecendo a colocação.

Conforme Lapius e Pinder (1982), a função de aproximação formada por funções de interpolação hermitianas em cada elemento é expressa por

$$u(x,y) \approx \hat{u}(x,y) = \sum_{j=1}^{4} (u_j \varnothing_{0j}^1 + \frac{\partial u_j}{\partial x}\varnothing_{xj}^1 + \frac{\partial u_j}{\partial y}\varnothing_{yj}^1 + \frac{\partial^2 u_j}{\partial x \partial t}\varnothing_{xyj}^1 + \frac{\partial^2 u_j}{\partial x^2}\varnothing_{xxj}^1 + \frac{\partial^2 u_j}{\partial y^2}\varnothing_{yyj}^1), \quad (9.31a)$$

onde, para a definição das funções de interpolação, foi adotada a seguinte nomenclatura:

- o índice superior, 1, indica que as funções de interpolação $\varnothing^1$ são de classe C^1;
- os índices x e y nas funções de interpolação indicam derivadas, nas respectivas direções, de ordem igual ao número de vezes que o índice aparece. O índice zero indica derivada de ordem zero, ou seja, a própria função;
- os índices inferiores em $\varnothing_{00}^1$, $\varnothing_{10}^1$, $\varnothing_{11}^1$, $\varnothing_{01}^1$ indicam que a função em consideração é associada à derivada de ordem indicada, sendo que o primeiro índice se refere à derivada na direção x, e o segundo, na direção y; e
- o índice inferior j nas funções de interpolação indica o nó a que a função está associada.

$$\varnothing_{0j}^1 = \varnothing_{00j}^1, \quad (9.31b)$$

$$\varnothing_{xj}^1 = \varnothing_{10j}^1 \frac{\partial x}{\partial \zeta}\bigg|_j + \varnothing_{01j}^1 \frac{\partial x}{\partial \eta}\bigg|_j + \varnothing_{11j}^1 \frac{\partial^2 x}{\partial \zeta \partial \eta}\bigg|_j, \quad (9.31c)$$

$$\varnothing_{yj}^1 = \varnothing_{10j}^1 \frac{\partial y}{\partial \zeta}\bigg|_j + \varnothing_{01j}^1 \frac{\partial y}{\partial \eta}\bigg|_j + \varnothing_{11j}^1 \frac{\partial^2 y}{\partial \zeta \partial \eta}\bigg|_j, \quad (9.31d)$$

$$\varnothing_{xyj}^1 = \varnothing_{11j}^1 \left[\left(\frac{\partial x \partial y}{\partial \eta \partial \zeta}\right)\bigg|_j + \left(\frac{\partial y \partial x}{\partial \eta \partial \zeta}\right)\bigg|_j \right] \quad (9.31e)$$

$$\varnothing_{xxj}^1 = \varnothing_{11j}^1 \left[\frac{\partial x}{\partial \eta}\frac{\partial x}{\partial \zeta}\right]\bigg|_j, \quad (9.31f)$$

$$\varnothing^1_{yyj} = \varnothing^1_{11j} \left(\frac{\partial y}{\partial \eta} \frac{\partial y}{\partial \zeta} \right)\bigg|_j \tag{9.31g}$$

Como os elementos são retangulares, tem-se que $\frac{\partial x}{\partial \eta} = \frac{\partial y}{\partial \zeta} = 0$, que, substituídas nas equações (9.31b) a (9.31g), geram

$$\varnothing^1_{xj} = \varnothing^1_{10j} \frac{\partial x}{\partial \zeta}\bigg|_j, \tag{9.32a}$$

$$\varnothing^1_{xyj} = \varnothing^1_{01j} \frac{\partial y}{\partial \eta}\bigg|_j, \tag{9.32b}$$

$$\varnothing^1_{xyj} = \varnothing^1_{11j} \left(\frac{\partial y}{\partial \eta} \frac{\partial x}{\partial \zeta} \right)\bigg|_j \tag{9.32c}$$

$$\varnothing^1_{xxj} = 0, \tag{9.32d}$$

$$\varnothing^1_{yyj} = 0. \tag{9.32e}$$

Com as equações (9.32a) a (9.32e), a função de aproximação na equação (9.31a) torna-se

$$u(x,y) \approx \hat{u}(x,y) = \sum_{j=1}^{4} \left(u_j \varnothing^1_{00j} + \frac{\partial u_j}{\partial x} \varnothing^1_{10j} \frac{\partial x}{\partial \zeta}\bigg|_j + \frac{\partial u_j}{\partial y} \varnothing^1_{01j} \frac{\partial y}{\partial \eta}\bigg|_j + \frac{\partial^2 u_j}{\partial x \partial y} \varnothing^1_{11j} \left(\frac{\partial x}{\partial \eta} \frac{\partial y}{\partial \zeta} \right)\bigg|_j \right), \tag{9.33}$$

A segunda etapa do procedimento de colocação consiste em formar o resíduo de ponderação, com as "funções pesos" sendo distribuições de Dirac especificadas em 16 pontos de Gauss-Legendre (x_i, y_i), 4 em cada elemento, como se pode ver na Figura 9.3.

Assim sendo, tem-se que

$$\int_\Omega R(x,y)\, \delta(x-x_i, y-y_i)\, d\Omega = 0, \quad 1 \le i \le 16, \tag{9.34}$$

onde

$$R(x,y) = \frac{\partial^2 \hat{u}(x,y)}{\partial x^2} + \frac{\partial^2 \hat{u}(x,y)}{\partial y^2}. \tag{9.35}$$

Em virtude de as funções de interpolação serem definidas em coordenadas locais, convém transformar a expressão do resíduo, escrita em coordenadas globais, (x, y), em coordenadas locais. Em cada elemento, a equação (9.34) fica

$$\int_{\Omega^e} \left[\frac{\partial^2 \hat{u}}{\partial x^2}(x,y) + \frac{\partial^2 \hat{u}}{\partial y^2}(x,y) \right] \delta(\zeta-\zeta_k, \eta-\eta_k) \det(J^e)\, d\eta\, d\zeta = 0; k=1,2,3,4; e=1,2,3,4, \tag{9.36}$$

onde

- V^e designa o suporte do elemento e;
- J^e é a matriz jacobiana definida em Ω^e;
- $\det J^e$ é o determinante da matriz J;
- ζ_k, η_k são pontos de Gauss-Legendre, para colocação,

$$J^e = \begin{bmatrix} \dfrac{\partial x}{\partial \zeta} & \dfrac{\partial y}{\partial \zeta} \\ \dfrac{\partial x}{\partial \eta} & \dfrac{\partial y}{\partial \eta} \end{bmatrix}_e. \tag{9.37}$$

Da definição de distribuição de Dirac, da equação (9.36) resulta

$$\left[\left(\frac{\partial^2 \hat{u}}{\partial x^2}+\frac{\partial^2 \hat{u}}{\partial y^2}\right) \det J^e\right]_{(\zeta_k,\eta_k)} = 0, \quad k=1,2,3,4; \quad e=1,2,3,4. \tag{9.38}$$

Substituindo a equação (9.33) na equação (9.38), vem

$$\left[\left[\sum_{j=1}^{4}\left\{\left[u_j\frac{\partial^2 \varnothing_{00j}^1}{\partial x^2}+\frac{\partial u_j}{\partial x}\frac{\partial x}{\partial \zeta}\bigg|_j\frac{\partial^2 \varnothing_{10j}^1}{\partial x^2}+\frac{\partial u_j}{\partial y}\frac{\partial y}{\partial \eta}\bigg|_j\frac{\partial^2 \varnothing_{01j}^1}{\partial x^2}+\frac{\partial^2 u_j}{\partial x \partial y}\left(\frac{\partial y}{\partial \eta}\frac{\partial x}{\partial \zeta}\right)\bigg|_j\right]\frac{\partial^2 \varnothing_{11j}^1}{\partial x^2}\right]\right.\right.$$

$$\left.+\left[u_j\frac{\partial^2 \varnothing_{00j}^1}{\partial y^2}+\frac{\partial u_j}{\partial x}\frac{\partial x}{\partial \zeta}\bigg|_j\frac{\partial^2 \varnothing_{10j}^1}{\partial y^2}+\frac{\partial u_j}{\partial y}\frac{\partial y}{\partial \eta}\bigg|_j\frac{\partial^2 \varnothing_{01j}^1}{\partial y^2}+\frac{\partial^2 u_j}{\partial x \partial y}\left(\frac{\partial y}{\partial \eta}\frac{\partial x}{\partial \zeta}\right)\bigg|_j\right]\frac{\partial^2 \varnothing_{11j}^1}{\partial y^2}\right\}$$

$$\left.\cdot \det\left(J^e\right)\right]_{(\zeta_k,\eta_k)} = 0, \quad k=1,2,3,4, \quad e=1,2,3,4. \tag{9.39}$$

A terceira etapa do método de colocação trata da formação das matrizes que resultam da aplicação da equação (9.39) em cada um dos elementos.

Para isso, é preciso calcular $\det J_e$ e transformar as derivadas que aparecem na equação (9.39) de sistema global (x,y) para local (ζ,η) em cada elemento. Devido à geometria do problema e à malha adotada, tem-se o seguinte:

$$\frac{\partial x}{\partial \zeta}=\frac{1}{4}, \quad \frac{\partial x}{\partial \eta}=0, \quad \frac{\partial \zeta}{\partial x}=4, \tag{9.40}$$

$$\frac{\partial x}{\partial \eta}=\frac{1}{4}, \quad \frac{\partial y}{\partial \zeta}=0, \quad \frac{\partial \eta}{\partial y}=4, \tag{9.41}$$

e, da equação (9.37),

$$J^e=\begin{bmatrix} \frac{1}{4} & 0 \\ 0 & \frac{1}{4} \end{bmatrix}, \quad \det J^e = \frac{1}{16}. \tag{9.42}$$

Com relação às derivadas, pela regra da cadeia, tendo-se uma função $\varnothing = \varnothing\,(\zeta\,(x,y),\,\eta\,(x,y))$, calcula-se

$$\frac{\partial^2 \varnothing}{\partial x^2}=\frac{\partial}{\partial x}\left(\frac{\partial \varnothing}{\partial x}\right)=\frac{\partial}{\partial x}\left(\frac{\partial \varnothing}{\partial \zeta}\frac{\partial \zeta}{\partial x}+\frac{\partial \varnothing}{\partial \eta}\frac{\partial \eta}{\partial x}\right)$$

$$=\left(\frac{\partial \zeta}{\partial x}\frac{\partial}{\partial \zeta}+\frac{\partial \eta}{\partial x}\frac{\partial}{\partial \eta}\right)\left(\frac{\partial \varnothing}{\partial \zeta}\frac{\partial \zeta}{\partial x}+\frac{\partial \varnothing}{\partial \eta}\frac{\partial \eta}{\partial x}\right) \tag{9.43}$$

$$=\left(\frac{\partial \zeta}{\partial x}\right)^2\frac{\partial^2 \varnothing}{\partial \zeta^2}+2\frac{\partial \zeta}{\partial x}\frac{\partial \eta}{\partial x}\frac{\partial^2 \varnothing}{\partial \zeta \partial \eta}+\left(\frac{\partial \eta}{\partial x}\right)^2\frac{\partial^2 \varnothing}{\partial \eta^2}$$

e, analogamente,

$$\frac{\partial^2 \varnothing}{\partial y^2}=\left(\frac{\partial \zeta}{\partial y}\right)^2\frac{\partial^2 \varnothing}{\partial \zeta^2}+2\frac{\partial \zeta}{\partial y}\frac{\partial \eta}{\partial y}\frac{\partial^2 \varnothing}{\partial \zeta \partial \eta}+\left(\frac{\partial \eta}{\partial y}\right)^2\frac{\partial^2 \varnothing}{\partial \eta^2}. \tag{9.44}$$

No problema em consideração, devido às equações (9.40) e (9.41), as equações (9.43) e (9.44) são simplificadas do seguinte modo:

$$\frac{\partial^2 \varnothing}{\partial x^2}=16\frac{\partial^2 \varnothing}{\partial \zeta^2}, \tag{9.45a}$$

Capítulo 9 ▪ Solução numérica de equações diferenciais por resíduo ponderado

$$\frac{\partial^2 \varnothing}{\partial y^2} = 16 \frac{\partial^2 \varnothing}{\partial \eta^2}. \tag{9.45b}$$

Com as derivadas calculadas conforme as equações (9.45a) e (9.45b) e com as relações (9.40) a (9.42), a expressão do resíduo na equação (9.39), em um elemento, torna-se

$$\left\{ \sum_{j=1}^{4} \left[\left(u_j \frac{\partial^2 \varnothing^1_{00j}}{\partial \zeta^2} + \frac{1}{4}\frac{\partial u_j}{\partial x}\frac{\partial^2 \varnothing^1_{10j}}{\partial \zeta^2} + \frac{1}{4}\frac{\partial u_j}{\partial y}\frac{\partial^2 \varnothing^1_{01j}}{\partial \zeta^2} + \frac{1}{16}\frac{\partial^2 u_j}{\partial x \partial y}\frac{\partial^2 \varnothing^1_{11j}}{\partial \zeta^2} \right) \right. \right.$$
$$\left. \left. + \left(u_j \frac{\partial^2 \varnothing^1_{00j}}{\partial \eta^2} + \frac{1}{4}\frac{\partial u_j}{\partial x}\frac{\partial^2 \varnothing^1_{10j}}{\partial \eta^2} + \frac{1}{4}\frac{\partial u_j}{\partial y}\frac{\partial^2 \varnothing^1_{01j}}{\partial \eta^2} + \frac{1}{16}\frac{\partial^2 u_j}{\partial x \partial y}\frac{\partial^2 \varnothing^1_{11j}}{\partial \eta^2} \right) \right] \right\}_{(\zeta_k+\eta_k)} = 0, \; k=01,2,3,4 \tag{9.46}$$

Convém notar que cada equação (9.46) envolve 16 incógnitas, sendo 4 por nó do elemento, a saber: $\left\{ u_j, \dfrac{\partial u_j}{\partial x}, \dfrac{\partial u_j}{\partial y}, \dfrac{\partial^2 u_j}{\partial x \partial y} \right\}, 1 \leq j \leq 4$ e equações. Quando a equação (9.46) é calculada para todos os elementos da malha em consideração, obtêm-se 16 equações, mas o número de incógnitas, 4 por nó, passa a 36. A inserção das condições de contorno do problema tornará o sistema tratável numericamente, como será visto adiante.

Portanto, aplicando a equação (9.46) nos quatro pontos de Gauss-Legendre, (ζ_k, η_k), $1 \leq k \leq 4$, do elemento em consideração, obtém-se um sistema que, na forma matricial, é

$$\begin{bmatrix} H^e_{11} & H^e_{12} & H^e_{13} & H^e_{14} \\ H^e_{21} & H^e_{22} & H^e_{33} & H^e_{24} \\ H^e_{31} & H^e_{32} & H^e_{33} & H^e_{34} \\ H^e_{41} & H^e_{42} & H^e_{43} & H^e_{44} \end{bmatrix} \begin{bmatrix} x^e_1 \\ x^e_2 \\ x^e_3 \\ x^e_4 \end{bmatrix} = \begin{bmatrix} 0 \\ 0 \\ 0 \\ 0 \end{bmatrix}. \tag{9.47}$$

onde as submatrizes H^e_{kj} são definidas por

$$H^e_{kj} = \left[\left(\frac{\partial^2 \varnothing^1_{00j}}{\partial \zeta^2} + \frac{\partial^2 \varnothing^1_{00j}}{\partial \eta^2} \right), \frac{1}{4}\left(\frac{\partial^2 \varnothing^1_{10j}}{\partial \zeta^2} + \frac{\partial^2 \varnothing^1_{10j}}{\partial \eta^2} \right) \right.$$
$$\left. \frac{1}{4}\left(\frac{\partial^2 \varnothing^1_{01j}}{\partial \zeta^2} + \frac{\partial^2 \varnothing^1_{01j}}{\partial \eta^2} \right), \frac{1}{16}\left(\frac{\partial^2 \varnothing^1_{11j}}{\partial \zeta^2} + \frac{\partial^2 \varnothing^1_{11j}}{\partial \eta^2} \right) \right]_{(\zeta_k, \eta_k)}, \tag{9.48a}$$

e os subvetores incógnitos são

$$x^e_j = \left[u_j, \frac{\partial u_j}{\partial x}, \frac{\partial u_j}{\partial y}, \frac{\partial^2 u_j}{\partial x \partial y} \right]^T, \tag{9.48b}$$

sendo que, nas equações (9.47) e (9.48), $1 \leq k \leq 4$ e $1 \leq j \leq 4$.

Uma vez calculadas as matrizes dos elementos, uma matriz global é formada levando-se em consideração as relações entre as numerações local e global, notando que há quatro incógnitas por nó. No Quadro 9.2, são mostradas as relações entre as numerações local e global.

Quadro 9.2 Relação entre as numerações local e global.

Elemento (número)	Nó local	Nó global	Incógnitas locais	Incógnitas globais, V_i
1	1	1	1 2 3 4	1 2 3 4
	2	2	5 6 7 8	5 6 7 8
	3	4	9 10 11 12	9 10 11 12
	4	5	13 14 15 16	13 14 15 16
2	1	2	1 2 3 4	5 6 7 8
	2	3	5 6 7 8	17 18 19 20
	3	5	9 10 11 12	13 14 15 16
	4	6	13 14 15 16	21 22 23 24
	1	4	1 2 3 4	9 10 11 12

Continua

Continuação

	2	5	5 6 7 8	13 14 15 16
	3	7	9 10 11 12	25 26 27 28
	4	8	13 14 15 16	29 30 31 32
4	1	5	1 2 3 4	13 14 15 16
	2	6	5 6 7 8	21 22 23 24
	3	8	9 10 11 12	29 30 31 32
	4	9	13 14 15 16	33 34 35 36

A numeração das incógnitas locais é feita seguindo a ordem em que aparecem no vetor de parâmetros de cada nó, conforme a equação (9.48), e a relação entre a numeração local e a global é retirada das figuras 9.2 e 9.3.

A imposição das condições de contorno (9.30a) e (9.30b) traz as seguintes informações nos pontos em que $x = 0$ e $x = 1$:

$$v_1 = 1;\ v_5 = 0{,}5;\ v_{17} = 0, \tag{9.49a}$$

$$v_{25} = 1;\ v_{29} = 0{,}5;\ v_{33} = 0, \tag{9.49b}$$

e ainda

$$v_7 = -1;\ v_{31} = -1. \tag{9.49c}$$

Das condições (9.30c) e (9.30d), resultam, em pontos em que $y = 0$ e $y = 1$,

$$v_3 = 0;\ v_{11} = 0;\ v_{27} = 0, \tag{9.49d}$$

$$v_{19} = 0;\ v_{23} = 0;\ v_{35} = 0, \tag{9.49e}$$

Deduz-se, ainda, que $\dfrac{\partial^2 u}{\partial x \partial y} = 0$ nesses pontos, ou seja,

$$v_4 = 0;\ v_{12} = 0;\ v_{28} = 0, \tag{9.49f}$$

$$v_{20} = 0;\ v_{24} = 0;\ v_{36} = 0, \tag{9.49g}$$

onde se admitiu que, em nós situados nos cantos 1, 3, 7 e 9, a derivada cruzada é nula.

A Figura 9.4 mostra a distribuição dessas condições nos nós da malha:

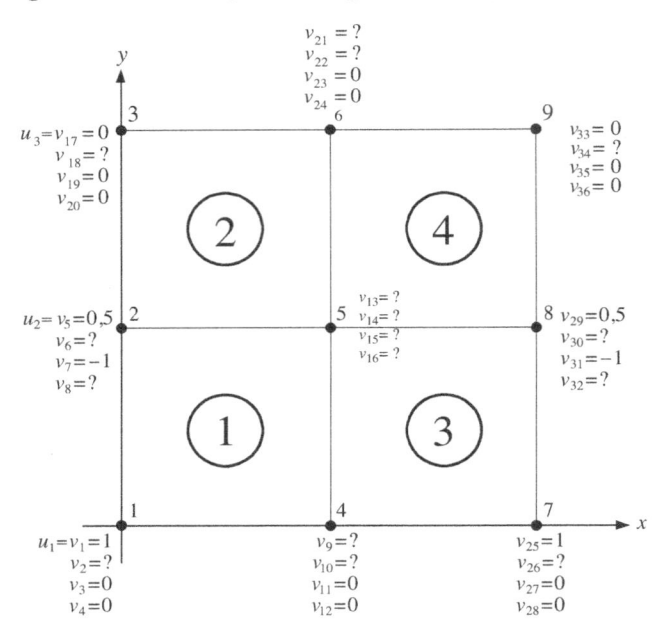

Figura 9.4 Distribuição das incógnitas e condições de contorno pelos nós da malha.

As equações (9.49a) a (9.49g) somam ao todo 20 condições. Logo, o sistema inicial, que tinha 16 equações e 36 incógnitas, passa a ser tratável, com 16 equações e 16 incógnitas.

No caso, todos os elementos possuem a mesma geometria, então apenas será calculado o elemento número 1. Para tanto, é preciso dispor do seguinte:

a) Pontos de colocação – pontos de Gauss (ABROMOWITZ; STENGUN, 1968)

$$\left(\zeta_1, \eta_1\right) = (-0{,}5773502692, \quad -0{,}5773502692), \tag{9.50a}$$

$$\left(\zeta_2, \eta_2\right) = (-0{,}5773502692, \quad +0{,}5773502692), \tag{9.50b}$$

$$\left(\zeta_3, \eta_3\right) = (0{,}5773502692, \quad -0{,}5773502692), \tag{9.50c}$$

$$\left(\zeta_4, \eta_4\right) = (0{,}5773502692, \quad 0{,}5773502692). \tag{9.50d}$$

b) Funções de interpolação (LAPIDUS; PINDER, 1982):

$$\varnothing^1_{00j} = \frac{1}{16}\left(\zeta+\zeta_j\right)^2\left(\zeta\zeta_j-2\right)\left(\eta+\eta_j\right)^2\left(\eta\eta_j-2\right), \tag{9.51a}$$

$$\varnothing^1_{10j} = -\frac{1}{16}\zeta_j\left(\zeta+\zeta_j\right)^2\left(\zeta\zeta_j-1\right)\left(\eta+\eta_j\right)^2\left(\eta\eta_j-2\right), \tag{9.51b}$$

$$\varnothing^1_{11j} = -\frac{1}{16}\zeta_j\left(\zeta+\zeta_j\right)^2\left(\zeta\zeta_j-2\right)\eta_j\left(\eta+\eta_j\right)^2\left(\eta\eta_j-1\right), \tag{9.51c}$$

$$\varnothing^1_{11j} = \frac{1}{16}\zeta_j(\zeta+\zeta_j)^2\left(\zeta\zeta_j-1\right)\eta_j\left(\eta+\eta_j\right)^2\left(\eta\eta_j-1\right). \tag{9.51d}$$

c) Derivadas das funções de interpolação que aparecem nas equações (9.51a) a (9.51d):

$$\frac{\partial^2 \phi_{00j}}{\partial \zeta^2} = \frac{1}{8}[\left(\zeta\zeta_j - 2\right) + 2\zeta_j\left(\zeta + \zeta_j\right)]\left(\eta + \eta_j\right)^2\left(\eta\eta_j - 2\right)], \qquad (9.52a)$$

$$\frac{\partial^2 \phi_{10j}}{\partial \zeta^2} = -\frac{1}{8}\zeta_j\ [\left(\zeta\zeta_j - 1\right) + 2\zeta_j\left(\zeta + \zeta_j\right)]\left(\eta + \eta_j\right)^2\left(\eta\eta_j - 2\right)], \qquad (9.52b)$$

$$\frac{\partial^2 \phi_{01j}}{\partial \zeta^2} = -\frac{1}{8}[\left(\zeta\zeta_j - 2\right) + 2\zeta_j\left(\zeta + \zeta_j\right)]\eta_j\left(\eta + \eta_j\right)^2\left(\eta\eta_j - 1\right)], \qquad (9.52c)$$

$$\frac{\partial^2 \phi_{11j}}{\partial \zeta^2} = \frac{1}{8}\zeta_j\ [\left(\zeta\zeta_j - 1\right) + 2\zeta_j\left(\zeta + \zeta_j\right)]\eta_j\left(\eta + \eta_j\right)^2\left(\eta\eta_j - 1\right)], \qquad (9.52d)$$

$$\frac{\partial^2 \phi_{00j}}{\partial \eta^2} = \frac{1}{8}\left(\zeta - \zeta_j\right)^2\left(\zeta\zeta_j - 2\right)[\left(\eta\eta_j - 2\right) + 2\eta_j\left(\eta + \eta_j\right)], \qquad (9.52e)$$

$$\frac{\partial^2 \phi_{10j}}{\partial \eta^2} = \frac{1}{8}\zeta_j\left(\zeta - \zeta_j\right)^2\left(\zeta\zeta_j - 1\right)[\left(\eta\eta_j - 2\right) + 2\eta_j\left(\eta + \eta_j\right)], \qquad (9.52f)$$

$$\frac{\partial^2 \phi_{01j}}{\partial \eta^2} = -\frac{1}{8}\left(\zeta + \zeta_j\right)^2\left(\zeta\zeta_j - 2\right)\eta_j\ [\left(\eta\eta_j - 1\right) + 2\eta_j\left(\eta + \eta_j\right)], \qquad (9.52g)$$

$$\frac{\partial^2 \phi_{11j}}{\partial \eta^2} = -\frac{1}{8}\zeta_j\left(\zeta + \zeta_j\right)^2\left(\zeta\zeta_j - 1\right)\eta_j\ [\left(\eta\eta_j - 1\right) + 2\eta_j\left(\eta + \eta_j\right)]. \qquad (9.52h)$$

Com pontos conforme as equações (9.50a) a (9.50d) e as derivadas nas equações (9.52a) a (9.52h), os elementos H_{kj}^e nas equações (9.48a) e (9.48b) podem ser calculados e o sistema pode ser resolvido, culminando nos resultados mostrados no Quadro 9.3, a seguir.

Quadro 9.3 Resultado numérico e significado das incógnitas.

No global	Valores das incógnitas	Significado das incógnitas
1	$v_2 = -1{,}553$	$\left.\dfrac{\partial u}{\partial x}\right\|_1$
2	$v_6 = 0$ $v_8 = -0{,}107$	$\left.\dfrac{\partial u}{\partial x}\right\|_2$ $\left.\dfrac{\partial^2 u}{\partial x \partial y}\right\|_2$
3	$v_{18} = 1{,}553$	$\left.\dfrac{\partial u}{\partial x}\right\|_3$

Continua

Continuação

4	$v_9 = 0{,}692$ $v_{10} = 0$	u_4 $\left.\dfrac{\partial u}{\partial x}\right|_4$
5	$v_{13} = 0{,}500$ $v_{14} = 0$ $v_{15} = 0{,}571$ $v_{16} = 0$	u_5 $\left.\dfrac{\partial u}{\partial x}\right|_5, \left.\dfrac{\partial u}{\partial y}\right|_5$ $\left.\dfrac{\partial^2 u}{\partial x \partial y}\right|_5$
6	$v_{21} = 0{,}308$ $v_{22} = 0$	u_6 $\left.\dfrac{\partial u}{\partial x}\right|_6$
7	$v_{26} = 1{,}553$	$\left.\dfrac{\partial u}{\partial x}\right|_7$
8	$v_{30} = 0$ $v_{32} = -0{,}107$	$\left.\dfrac{\partial u}{\partial x}\right|_8$ $\left.\dfrac{\partial^2 u}{\partial x \partial x}\right|_8$
9	$v_{34} = 1{,}553$	$\left.\dfrac{\partial u}{\partial x}\right|_9$

9.4 Exercícios

1. Considere a equação diferencial

$$\frac{d}{dx}\left[(1+y)\frac{dy}{dx}\right] = 10y,$$

sujeita às seguintes condições de contorno:

$$\frac{dy}{dx} = 0 \text{ em } x = 0 \ e \ y = 1 \text{ em } x = 1.$$

Adote uma solução aproximada, y_a, que satisfaça às condições de contorno na forma

$$y_a = 1 + a_1(1 - x^2).$$

Usando a função-teste apropriada, determine a_1 pelos seguintes métodos:

a) Método de colocação.

b) Método de Galerkin.

3. Considere a equação diferencial

$$\frac{d^2 y}{dx^2} + f(x) = 0, x \in (0,1),$$

Sendo
$$f(x) = \begin{cases} 1, 0 < x < \dfrac{1}{2} \\ 0, \dfrac{1}{2} < x < 1, \end{cases}$$

com as seguintes condições de contorno: $y = 0$, em $x = 0$; $y = 0$, em $x = 1$.

a) Use a função de aproximação $y_a = a_1 sen(\pi x)$ e o método de colocação para determinar a_1.

b) Sendo $y_a = a_1 sen\,\pi x + a_2 sen\,2\pi x$, encontre a_1 e a_2 pelo método de colocação.

c) Repita o item (b), usando o método de Galerkin.

10 MÉTODO DE VOLUMES FINITOS PARA EQUAÇÕES DIFERENCIAIS

10.1 Introdução

As aproximações de volumes finitos, segundo Maliska (1995), podem ser obtidas por meio de balanços de quantidades relacionadas com as variáveis dependentes ou, diretamente, integrando-se as equações diferenciais, na forma conservativa, sobre um volume elementar e no tempo.

Para mostrar esses procedimentos, considere, primeiro, um volume de controle elementar bidimensional, como representado na Figura 10.1, sendo de interesse a conservação da massa. O balanço de massa nesse volume elementar, em regime permanente, fica assim

$$\rho u \Delta y\big|_e - \rho u \Delta y\big|_w + \rho v \Delta x\big|_n - \rho v \Delta x\big|_s = 0, \qquad (10.1)$$

onde as outras dimensões são unitárias; u e v são velocidades nas direções x e y, respectivamente.

As letras minúsculas e, w, n e s, que aparecem na equação (10.1) e na Figura 10.1, servem para identificar as faces do volume de controle na discretização do domínio.

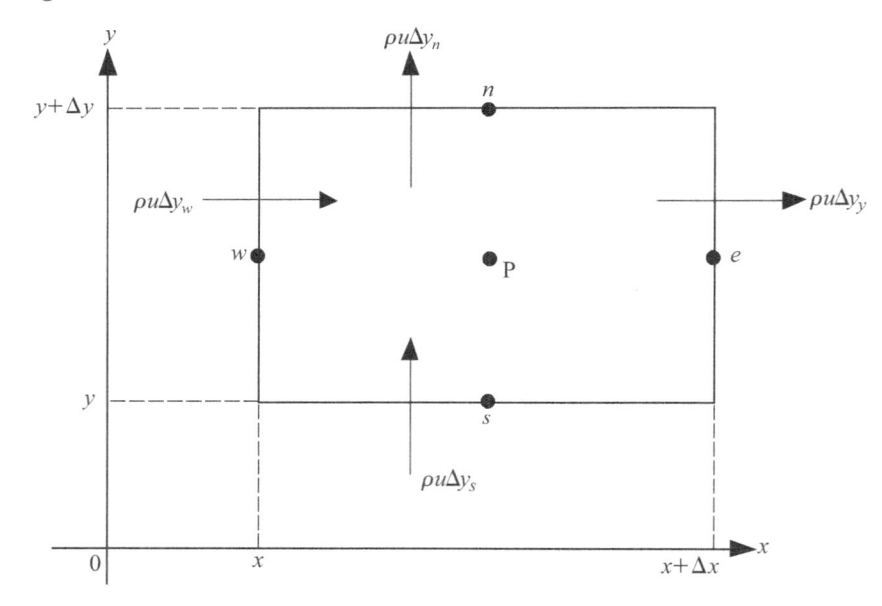

Figura 10.1 Volume elementar bidimensional.

Dividindo a equação (10.1) por $\Delta y\, \Delta x$, tem-se

$$\frac{\rho u\big|_e - \rho u\big|_w}{\Delta x} + \frac{\rho v\big|_n - \rho v\big|_s}{\Delta y} = 0. \qquad (10.2)$$

Tomando o limite da equação (10.2) quando $\Delta x\, \Delta y, \to 0$, encontra-se a equação de conservação de massa

Capítulo 10 ▪ Método de volumes finitos para equações diferenciais **327**

$$\frac{\partial}{\partial x}(\rho u) + \frac{\partial}{\partial y}(\rho v) = 0. \tag{10.3}$$

O outro procedimento para a obtenção de uma aproximação de volumes finitos parte da EDP, em sua forma conservativa – no caso, a EDP de conservação de massa em regime permanente – e a integra-a no volume elementar, para obter

$$\int_w^e \int_s^n [\frac{\partial}{\partial x}(\rho u) + \frac{\partial}{\partial y}(\rho v)] dx\, dy = 0,$$

ou seja,

$$\int_s^n [\rho u|_e - \rho u|_w] dy + \int_w^e [\rho v|_n - \rho v|_s] dx = 0.$$

Admitindo que o fluxo de massa no meio da face do volume de controle representa a média de sua variação na face, pode-se escrever

$$\rho u \Delta y|_e - \rho u \Delta y|_w + \rho v \Delta x|_n - \rho v \Delta x|_s = 0, \tag{10.4}$$

que é exatamente a equação (10.1), evidenciando a equivalência dos procedimentos. Convém lembrar que a equação (10.4) é válida para o volume P. Integrando-se todos os volumes elementares, obtém-se um sistema de equações algébricas.

O procedimento de integração da equação diferencial é mais empregado em vista das dificuldades que podem aparecer para a realização de balanços.

Um segundo exemplo considera a equação da condução de calor unidimensional transiente, na forma conservativa com termo-fonte, expressa por:

$$\frac{\partial(\rho T)}{\partial t} = \frac{\partial}{\partial x}\left(\frac{k}{c_p}\frac{\partial T}{\partial x}\right) + S. \tag{10.5}$$

A malha utilizada nesse exemplo pode ser vista na Figura 10.2, sendo que, nas outras direções, as dimensões são unitárias.

Integrando a equação (10.5) no tempo e no espaço, vem

$$\int_w^e \left(\rho T - \rho^0 T^0\right) dx = \int_t^{t+\Delta t}\left(\frac{k}{c_p}\frac{\partial T}{\partial x}\bigg|_e - \frac{k}{c_p}\frac{\partial T}{\partial x}\bigg|_w\right) dt + \int_t^{t+\Delta t}(S_P T_P + S_c)\Delta x\, dt, \tag{10.6}$$

onde o termo-fonte foi linearizado. Convencionou-se não colocar sobrescrito para o nível de tempo $t + \Delta t$ e inserir zero sobrescrito para o nível de tempo anterior. Ao se admitir, para o integrando, o seu valor médio dentro do volume, com base na Equação (10.6), o resultado é

$$M_P T_P - M_P^0 T_P^0 = \int_t^{t+\Delta t}\left(\frac{k}{c_p}\frac{\partial T}{\partial x}\bigg|_e - \frac{k}{c_p}\frac{\partial T}{\partial x}\bigg|_w\right) dt + \int_t^{t+\Delta t}(S_P T_P + S_c)\Delta x\, dt, \tag{10.7}$$

onde M^0 e M representam a massa dentro do volume elementar nos níveis de t e $t + \Delta t$, respectivamente.

Figura 10.2 Malha unidimensional para o problema de condução.

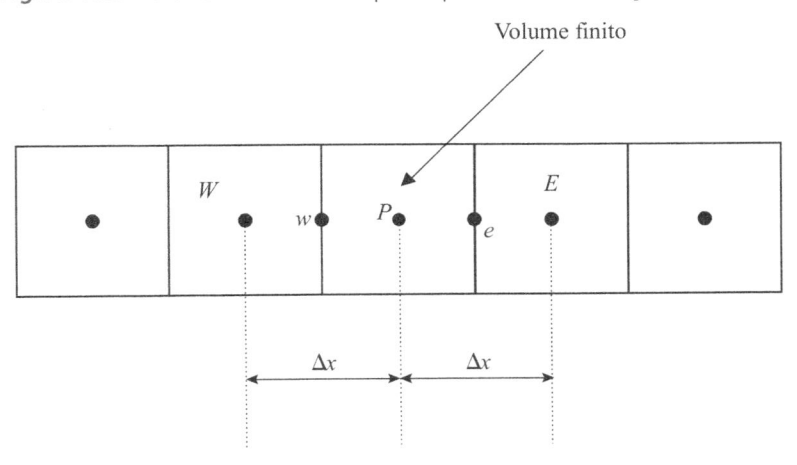

É importante observar, na equação (10.7), que, para realizar as integrações no tempo, é preciso conhecer o comportamento do fluxo de calor nas duas faces do volume elementar ao longo do intervalo de tempo. A escolha da função de interpolação que descreve o comportamento do fluxo no intervalo de tempo determina o tipo de formulação, ou seja, se ela é explícita, implícita ou semi-implícita. Em geral, os valores de temperatura em um ponto interior do intervalo de tempo podem ser avaliados procedendo-se a uma interpolação com os pontos dos extremos do intervalo.

Na equação (10.7), é necessário, ainda, escolher uma função de interpolação espacial para aproximar as derivadas. No presente problema, que tem apenas termos difusivos, a escolha recai sobre uma função linear entre os pontos nodais (diferenças finitas centrais). Logo, as derivadas são

$$\left.\frac{\partial T}{\partial x}\right|_e^\theta = \frac{T_E^\theta - T_P^\theta}{\Delta x_e}, \qquad (10.8)$$

$$\left.\frac{\partial T}{\partial x}\right|_w^\theta = \frac{T_P^\theta - T_W^\theta}{\Delta x_w}, \qquad (10.9)$$

onde o sobrescrito na temperatura depende da escolha da função de interpolação no tempo.

Substituindo as equações (10.8) e (10.9) na equação (10.7), encontra-se

$$\frac{M_P T_P - M_P^0 T_P^0}{\Delta t} = \left.\frac{k}{c_p}\right|_e \frac{T_E^\theta - T_P^\theta}{\Delta x_e} - \left.\frac{k}{c_p}\right|_w \frac{T_P^\theta - T_W^\theta}{\Delta x_w} + S_P T_P^\theta \Delta x + S_c \Delta x \qquad (10.10)$$

ou, ainda,

$$\frac{M_P T_P}{\Delta t} = \left.\frac{k}{c_p \Delta x}\right|_e T_E^\theta + \left.\frac{k}{c_p \Delta x}\right|_w T_W^\theta - \left[\left.\frac{k}{c_p \Delta x}\right|_e + \left.\frac{k}{c_p \Delta x}\right|_w\right] T_P^\theta + \frac{M_P^0 T_P^0}{\Delta t} + S_P T_P^\theta \Delta x + S_c \Delta x. \qquad (10.11)$$

Para definir a função de interpolação no tempo, pode-se usar uma interpolação linear convexa no parâmetro e entre as temperaturas nos níveis t e $t + \Delta t$, isto é,

$$T^\theta = \theta T + (1-\theta) T^0, \quad 0 \le \theta \le 1. \qquad (10.12)$$

Dependendo da escolha de θ, obtém-se um dos três tipos de formulações antes mencionados. Quando $\theta = 0$, a aproximação (10.11) torna-se

$$A_p T_p = A_e T_E^0 + A_w T_W^0 + (A_p^0 - A_e - A_w + S_p \Delta x) T_P^\theta + S_c \Delta x. \qquad (10.13)$$

que é uma formulação explícita, por meio da qual se definiu o seguinte:

$$A_P = \frac{M_P}{\Delta t}; \quad A_P^0 = \frac{M_P^0}{\Delta t}; \quad A_e = \left.\frac{k}{C_p \Delta x}\right|_e; \quad A_w = \left.\frac{k}{C_p \Delta x}\right|_w; \quad M_P = \rho \Delta x; \quad M_P^0 = \rho_P^0 \Delta x.$$

Quando $\theta = 1$, $T^\theta = T$, da aproximação (10.11) chega-se a

$$A_P T_P = A_e T_E + A_W T_W + A_P^0 T_P^0 + S_c \Delta x, \qquad (10.14)$$

que é uma formulação implícita onde se fez: $A_P = \frac{M_P}{\Delta t} + A_e - A_w - S_P \Delta x$ e, ainda, A_e; A_w possuem as mesmas expressões da formulação explícita.

O método de volumes finitos vem sendo aplicado na aproximação de problemas complexos em várias áreas da ciência e da engenharia, com destaque para:

a) **Escoamentos ambientais**: previsão da dispersão de poluentes na atmosfera, na água e no solo.

b) **Aerodinâmica**: estudo do escoamento sobre corpos rombudos.

c) **Reservatórios de petróleo**: simulação para aumentar a eficiência da recuperação do petróleo disponível em um reservatório.

Com a finalidade de apresentar todas as etapas que o método envolve, a seguir será resolvido um problema típico.

10.2 Solução de problema típico

Considere o problema bidimensional de condução em regime permanente em uma placa retangular formulado pela equação

$$\frac{\partial^2 T}{\partial x^2}+\frac{\partial^2 T}{\partial y^2}=0; \quad (x,y)\in\Omega\subset\mathbb{R}^2=(0,a)\times(0,b), \tag{10.15}$$

sujeita às seguintes condições de contorno:

$$\begin{cases} T(0,y)=0 \\ T(a,y)=0, 0\leq y\leq b \\ T(0,y)=0 \\ T(x,b)=\operatorname{sen}\left(\frac{\pi x}{a}\right), 0\leq x\leq a. \end{cases} \tag{10.16}$$

A solução aproximada pelo método de volumes finitos desse problema tem início pela discretização do domínio Ω em volumes finitos. Por motivos didáticos, constrói-se uma malha como a mostrada na Figura 10.3 com apenas 16 volumes finitos, onde se mostra a numeração adotada.

Figura 10.3 Malha bidimensional adotada.

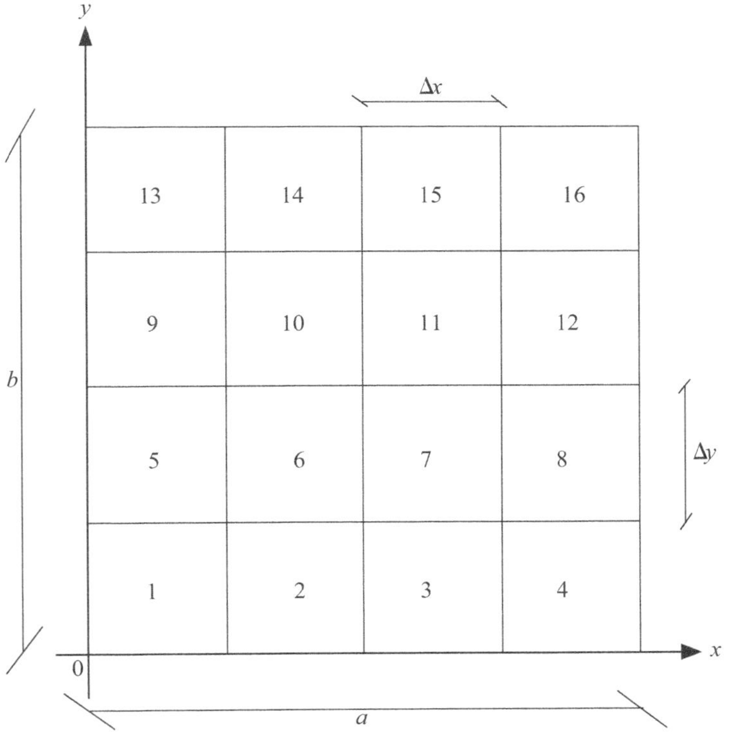

Para obter as equações de volumes finitos, integra-se o volume P, de referência, Figura 10.4, isto é,

$$\int_s^n \int_w^e \frac{\partial^2 T}{\partial x^2} dx\, dy + \int_s^n \int_w^e \frac{\partial^2 T}{\partial y^2} dx\, dy = 0, \tag{10.17}$$

que fornece

$$\left(\left.\frac{\partial T}{\partial x}\right|_e - \left.\frac{\partial T}{\partial x}\right|_w\right)\Delta y + \left(\left.\frac{\partial T}{\partial y}\right|_n - \left.\frac{\partial T}{\partial y}\right|_s\right)\Delta x = 0. \tag{10.18}$$

Figura 10.4 Volume de controle e volumes vizinhos.

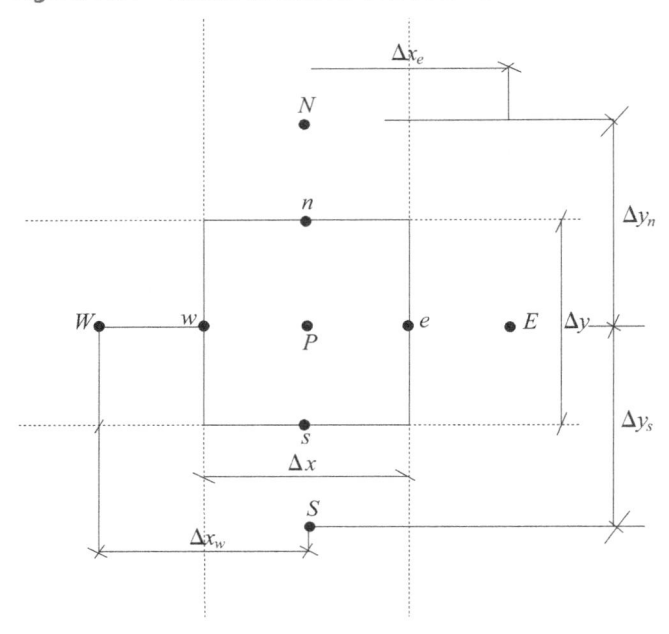

Em seguida, é necessário avaliar as derivadas nas interfaces dos volumes finitos, conforme a equação (10.18). Como nesse problema existem apenas efeitos difusivos, as derivadas podem ser aproximadas por diferenças finitas centrais, ou seja,

$$\left.\frac{\partial T}{\partial x}\right|_e = \frac{T_E - T_P}{\Delta x_e}, \tag{10.19a}$$

$$\left.\frac{\partial T}{\partial x}\right|_w = \frac{T_P - T_W}{\Delta x_w}, \tag{10.19b}$$

$$\left.\frac{\partial T}{\partial y}\right|_n = \frac{T_N - T_P}{\Delta y_n}, \tag{10.19c}$$

$$\left.\frac{\partial T}{\partial y}\right|_s = \frac{T_P - T_S}{\Delta y_s}, \tag{10.19d}$$

Com essas aproximações, a equação (10.18) torna-se

$$\left(\frac{T_E - T_P}{\Delta x_e} - \frac{T_E - T_W}{\Delta x_w}\right)\Delta y + \left(\frac{T_N - T_P}{\Delta y_n} - \frac{T_P - T_S}{\Delta y_s}\right)\Delta x = 0. \quad (10.20)$$

Agrupando os termos semelhantes, tem-se

$$\left[\left(\frac{1}{\Delta x_e} + \frac{1}{\Delta x_w}\right)\Delta y + \left(\frac{1}{\Delta y_n} + \frac{1}{\Delta y_s}\right)\Delta x\right]T_P = \left(\frac{\Delta y}{\Delta x_e}\right)T_E + \left(\frac{\Delta y}{\Delta x_w}\right)T_W + \left(\frac{\Delta x}{\Delta y_n}\right)T_N \left(\frac{\Delta x}{\Delta y_s}\right)T_S. \quad (10.21)$$

E, definindo os seguintes coeficientes:

$$A_P = \left(\frac{1}{\Delta x_e} + \frac{1}{\Delta x_w}\right)\Delta y + \left(\frac{1}{\Delta y_n} + \frac{1}{\Delta y_s}\right)\Delta x$$

$$A_e = \frac{\Delta y}{\Delta x_e}$$

$$A_w = \frac{\Delta y}{\Delta x_w}$$

$$A_n = \frac{\Delta y}{\Delta y_n}$$

$$A_s = \frac{\Delta x}{\Delta y_s},$$

a equação (10.21) é reescrita assim:

$$A_P T_P = A_e T_E + A_w T_W + A_n T_N + A_s T_S, \quad (10.22)$$

que é a equação da condução aproximada para um volume de controle interno, isto é, que não possui face no contorno. Na malha mostrada na Figura 10.3 veem-se os volumes 6, 7, 10 e 11. Os outros volumes da malha possuem pelo menos uma face no contorno e receberão tratamento diferenciado, com a finalidade de inserir as condições de contorno do problema. Para isso, existem várias alternativas de aplicação das condições de contorno, como discretização com meio volume, volumes fictícios e balanços para os volumes de fronteira.

Apresenta-se aqui apenas a técnica de balanço para os volumes de fronteira pelas características computacionais e pela compatibilidade física, conforme exposto em Maliska (1995).

O procedimento considerado trata de integrar a equação diferencial no volume de fronteira. Para tanto, considere um volume de fronteira como o da Figura 10.5. Realizando a integração, obtém-se

$$\int_s^n \int_{fw}^e \frac{\partial^2 T}{\partial x^2} dx\, dy + \int_s^n \int_{fw}^e \frac{\partial^2 T}{\partial y^2} dx\, dy = 0, \quad (10.23)$$

que fornece

$$\left(\left.\frac{\partial T}{\partial x}\right|_e - \left.\frac{\partial T}{\partial x}\right|_{fw}\right)\Delta y + \left(\left.\frac{\partial T}{\partial y}\right|_n - \left.\frac{\partial T}{\partial y}\right|_s\right)\Delta x = 0. \quad (10.24)$$

Figura 10.5 Volume de fronteira – face w.

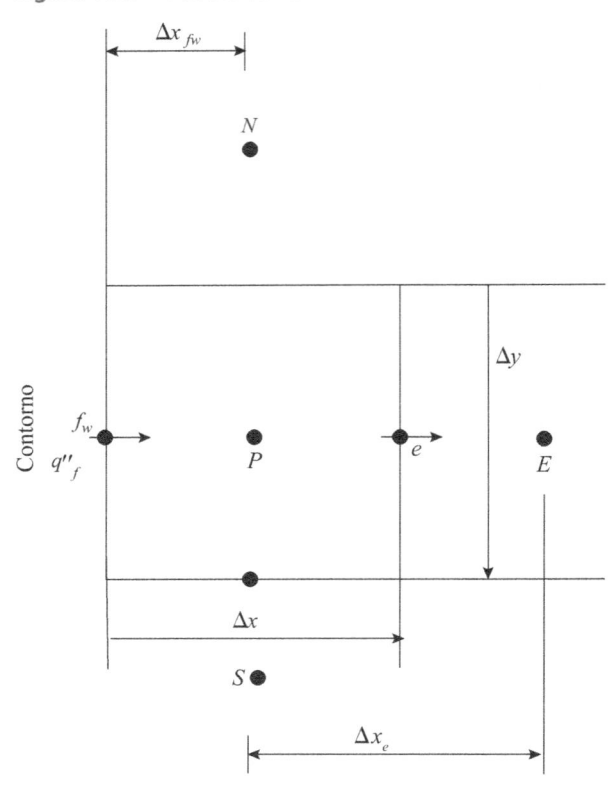

As derivadas que não estão na fronteira são avaliadas como em (10.19a) a (10.19d), e as que estão na fronteira são modificadas, ficando

$$\left.\frac{\partial T}{\partial x}\right|_{fw} = \frac{T_P - T_{fw}}{\Delta x_{fw}}. \tag{10.25}$$

Para os tipos mais frequentes de condições de contorno, tem-se o seguinte:

a) **Temperatura prescrita**: nesse caso, a temperatura no contorno w, T_{fw}, é conhecida.
b) **Fluxo prescrito**: nesse caso, $\left.\frac{\partial T}{\partial x}\right|_{fw}$ = valor conhecido.

No caso de o volume ter uma face no contorno e, como o da Figura 10.6, a integração no volume é feita por:

$$\int_s^n \int_w^{fe} \frac{\partial^2 T}{\partial x^2} dx\, dy + \int_s^n \int_w^{fe} \frac{\partial^2 T}{\partial y^2} dx\, dy = 0, \tag{10.26}$$

ou seja,

$$\left(\left.\frac{\partial T}{\partial x}\right|_{fe} - \left.\frac{\partial T}{\partial x}\right|_w\right) \Delta y + \left(\left.\frac{\partial T}{\partial y}\right|_n - \left.\frac{\partial T}{\partial y}\right|_s\right) \Delta x = 0. \tag{10.27}$$

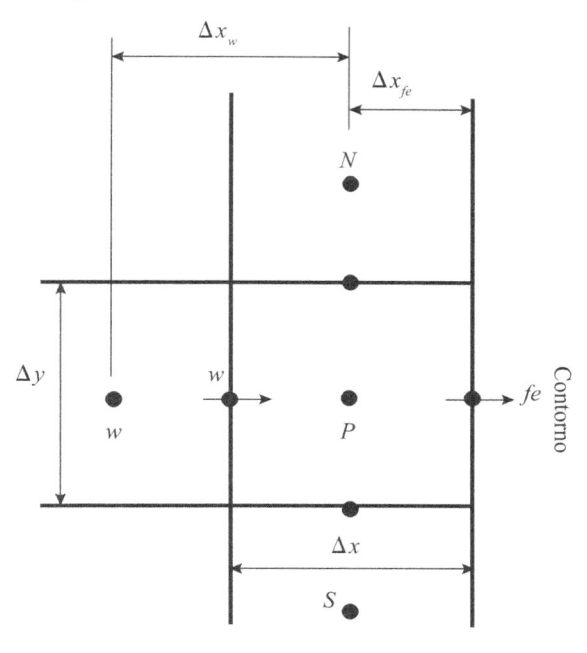

Figura 10.6 Volume de fronteira – face e.

Nesse tipo de volume de fronteira, as condições de contorno são inseridas pelo termo $\left.\dfrac{\partial T}{\partial x}\right|_{fe}$ como segue:

a) **Temperatura prescrita**: nesse caso,

$$\left.\frac{\partial T}{\partial x}\right|_{fe} = \frac{T_{fe} - T_P}{\Delta x_{fe}}, \qquad (10.28)$$

onde T_{fe} é um valor conhecido.

b) **Fluxo prescrito**: nesse caso,

$$\left.\frac{\partial T}{\partial x}\right|_{fe} = \text{valor conhecido} \qquad (10.29)$$

No caso de o volume ter duas faces na fronteira, como o da Figura 10.7, a integração no volume fornece

$$\int_{fs}^{n}\int_{fw}^{e} \frac{\partial^2 T}{\partial x^2} dx\, dy + \int_{fs}^{n}\int_{fw}^{e} \frac{\partial^2 T}{\partial y^2} dx\, dy = 0, \qquad (10.30)$$

$$\left(\left.\frac{\partial T}{\partial x}\right|_{e} - \left.\frac{\partial T}{\partial x}\right|_{fw}\right)\Delta y + \left(\left.\frac{\partial T}{\partial y}\right|_{n} - \left.\frac{\partial T}{\partial y}\right|_{fs}\right)\Delta x = 0. \qquad (10.31)$$

Figura 10.7 Volume de fronteira – duas faces na fronteira.

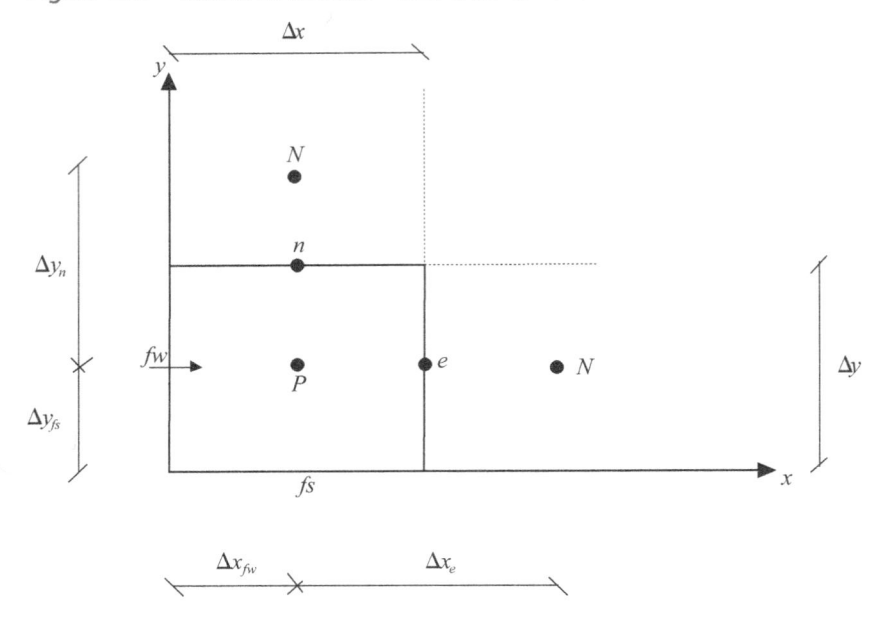

Nesse caso, as condições de contorno são inseridas pelos termos $\left.\frac{\partial T}{\partial x}\right|_{fw}$ e $\left.\frac{\partial T}{\partial y}\right|_{fs}$ de maneira análoga à dos casos anteriores.

Todos os outros volumes de fronteiras podem ser tratados de modo análogo, isto é, com a integração da equação (10.15) no volume e a inserção das condições de contorno.

Assim sendo, a colocação das equações aproximadas em cada volume finito fornece:

VOLUME 1 (volume de fronteira nas faces w e s)

Modificando-se a equação (10.18) nas faces w e s, vem

$$\left(\frac{T_1 - T_1}{\Delta x} - \frac{T_1 - T_{fw}}{\Delta x/2}\right)\Delta y + \left(\frac{T_5 - T_1}{\Delta y} - \frac{T_1 - T_{fs}}{\Delta y/2}\right)\Delta x = 0;$$

ou, agrupando os termos semelhantes e tendo em vista que $T_{fw} = T_{fs} = 0$, das condições de contorno, obtém-se:

$$-\left(\frac{\Delta y}{\Delta x} + \frac{2\Delta y}{\Delta x} + \frac{\Delta x}{\Delta y} + \frac{2\Delta x}{\Delta y}\right)T_1 + \frac{\Delta y}{\Delta x}T_2 + \frac{\Delta x}{\Delta y}T_5 = 0. \qquad (10.32a)$$

VOLUME 2 (volume de fronteira na face s)

Modificando-se a equação (10.18) na face s, vem

$$\left(\frac{T_3 - T_2}{\Delta x} - \frac{T_2 - T_1}{\Delta x}\right)\Delta y + \left(\frac{T_6 - T_2}{\Delta y} - \frac{T_2 - T_{fs}}{\Delta y/2}\right)\Delta x = 0;$$

ou, agrupando os termos semelhantes e tendo em vista que $T_{fs} = 0$, das condições de contorno, obtém-se:

$$\frac{\Delta y}{\Delta x}T_1 - \left(\frac{\Delta y}{\Delta x} + \frac{\Delta y}{\Delta x} + \frac{\Delta x}{\Delta y} + \frac{2\Delta x}{\Delta y}\right)T_2 + \frac{\Delta y}{\Delta x}T_3 + \frac{\Delta x}{\Delta y}T_6 = 0. \qquad (10.32b)$$

Analogamente, tem-se:
VOLUME 3 (volume de fronteira na faces)

Modificando-se a equação (10.18) na face s, vem

$$\frac{\Delta y}{\Delta x}T_2 - \left(\frac{\Delta y}{\Delta x} + \frac{\Delta y}{\Delta x} + \frac{\Delta y}{\Delta x} + \frac{2\Delta y}{\Delta x}\right)T_3 + 1 + \frac{\Delta y}{\Delta x}T_4 + \frac{\Delta y}{\Delta x}T_7 = 0. \quad (10.32c)$$

VOLUME 4 (volume de fronteira nas faces e e s)

Modificando a equação (10.18) nas faces e e s, vem

$$\left(\frac{T_{fe} - T_4}{\Delta x / 2} - \frac{T_4 - T_3}{\Delta x}\right)\Delta y + \left(\frac{T_8 - T_4}{\Delta y} - \frac{T_4 - T_{fs}}{\Delta y / 2}\right)\Delta x = 0;$$

ou, agrupando os termos semelhantes e tendo em vista que $T_{fe} = T_{fs} = 0$, das condições de contorno, obtém-se:

$$\frac{\Delta y}{\Delta x}T_3 - \left(\frac{2\Delta y}{\Delta x} + \frac{\Delta y}{\Delta x} + \frac{\Delta x}{\Delta y} + \frac{2\Delta x}{\Delta y}\right)T_4 + \frac{\Delta x}{\Delta y}T_8 = 0. \quad (10.32d)$$

VOLUME 5 (volume de fronteira na face W)

Modificando-se a equação (10.18) na face W, vem

$$\left(\frac{T_6 - T_5}{\Delta x} - \frac{T_5 - T_{fw}}{\Delta x / 2}\right)\Delta y + \left(\frac{T_9 - T_5}{\Delta y} - \frac{T_5 - T_1}{\Delta y}\right)\Delta x = 0;$$

ou, agrupando os termos semelhantes e tendo em vista que $T_{fw} = 0$, das condições de condições de contorno, obtém-se:

$$\frac{\Delta y}{\Delta x}T_1 - \left(\frac{\Delta y}{\Delta x} + \frac{2\Delta y}{\Delta x} + \frac{\Delta x}{\Delta y} + \frac{2\Delta x}{\Delta y}\right)T_5 + \frac{\Delta y}{\Delta x}T_6 + \frac{\Delta x}{\Delta y}T_9 = 0. \quad (10.32e)$$

VOLUME 6 (volume interno)

Da equação (10.18), vem

$$\left(\frac{T_7 - T_6}{\Delta x} - \frac{T_6 - T_5}{\Delta x}\right)\Delta y + \left(\frac{T_{10} - T_6}{\Delta y} - \frac{T_6 - T_2}{\Delta y}\right)\Delta x = 0;$$

ou seja,

$$\frac{\Delta y}{\Delta x}T_2 + \frac{\Delta y}{\Delta x}T_5 - \left(\frac{\Delta y}{\Delta x} + \frac{\Delta y}{\Delta x} + \frac{\Delta x}{\Delta y} + \frac{\Delta x}{\Delta y}\right)T_6 + \frac{\Delta y}{\Delta x}T_7 + \frac{\Delta x}{\Delta y}T_{10} = 0. \quad (10.32f)$$

VOLUME 7 (volume interno)

Da equação (10.18), vem

$$\left(\frac{T_8 - T_7}{\Delta x} - \frac{T_7 - T_6}{\Delta x}\right)\Delta y + \left(\frac{T_{11} - T_7}{\Delta y} - \frac{T_7 - T_3}{\Delta y}\right)\Delta x = 0;$$

ou seja,

$$\frac{\Delta y}{\Delta x}T_3 + \frac{\Delta y}{\Delta x}T_6 - \left(\frac{\Delta y}{\Delta x} + \frac{\Delta y}{\Delta x} + \frac{\Delta x}{\Delta y} + \frac{\Delta x}{\Delta y}\right)T_7 + \frac{\Delta y}{\Delta x}T_8 + \frac{\Delta x}{\Delta y}T_{11} = 0. \quad (10.32g)$$

VOLUME 8 (volume de fronteira na face e)

Modificando-se a equação (10.18) na face e, vem

$$\left(\frac{T_{fe} - T_8}{\Delta x / 2} - \frac{T_8 - T_7}{\Delta x}\right)\Delta y + \left(\frac{T_{12} - T_8}{\Delta y} - \frac{T_8 - T_4}{\Delta y}\right)\Delta x = 0;$$

ou em vista de se ter $T_{fe} = 0$, chega-se a

$$\frac{\Delta y}{\Delta x}T_4 + \frac{\Delta y}{\Delta x}T_7 - \left(\frac{2\Delta y}{\Delta x} + \frac{\Delta y}{\Delta x} + \frac{\Delta x}{\Delta y} + \frac{\Delta x}{\Delta y}\right)T_8 + \frac{\Delta x}{\Delta y}T_{12} = 0 \quad . \tag{10.32h}$$

VOLUME 9 (volume de fronteira na face w)

Modificando-se a equação (10.18) na face w, vem

$$\left(\frac{T_{10} - T_9}{\Delta x} - \frac{T_9 - T_{fw}}{\Delta x/2}\right)\Delta y + \left(\frac{T_{13} - T_9}{\Delta y} - \frac{T_9 - T_5}{\Delta y}\right)\Delta x = 0;$$

ou, sabendo que $T_{fw} = 0$, chega-se a

$$\frac{\Delta y}{\Delta x}T_5 - \left(\frac{\Delta y}{\Delta x} + \frac{2\Delta y}{\Delta x} + \frac{\Delta x}{\Delta y} + \frac{\Delta x}{\Delta y}\right)T_9 + \frac{\Delta y}{\Delta x}T_{10} + \frac{\Delta x}{\Delta y}T_{13} = 0. \tag{10.32i}$$

VOLUME 10 (volume interno)

Da equação (10.18), tem-se

$$\left(\frac{T_{11} - T_{10}}{\Delta x} - \frac{T_{10} - T_9}{\Delta x}\right)\Delta y + \left(\frac{T_{14} - T_{10}}{\Delta y} - \frac{T_{10} - T_6}{\Delta y}\right)\Delta x = 0;$$

ou seja,

$$\frac{\Delta y}{\Delta x}T_6 + \frac{\Delta y}{\Delta x}T_9 - \left(\frac{\Delta y}{\Delta x} + \frac{\Delta y}{\Delta x} + \frac{\Delta x}{\Delta y} + \frac{\Delta x}{\Delta y}\right)T_{10} + \frac{\Delta y}{\Delta x}T_{11} + \frac{\Delta x}{\Delta y}T_{14} = 0. \tag{10.32j}$$

VOLUME 11 (volume interno)

Da equação (10.18), tem-se

$$\left(\frac{T_{12} - T_{11}}{\Delta x} - \frac{T_{11} - T_{10}}{\Delta x}\right)\Delta y + \left(\frac{T_{15} - T_{11}}{\Delta y} - \frac{T_{11} - T_7}{\Delta y}\right)\Delta x = 0,$$

ou seja,

$$\frac{\Delta y}{\Delta x}T_7 + \frac{\Delta y}{\Delta x}T_{10} - \left(\frac{\Delta y}{\Delta x} + \frac{\Delta y}{\Delta x} + \frac{\Delta x}{\Delta y} + \frac{\Delta x}{\Delta y}\right)T_{11} + \frac{\Delta y}{\Delta x}T_{12} + \frac{\Delta x}{\Delta y}T_{15} = 0. \tag{10.32k}$$

VOLUME 12 (volume de fronteira na face e)

Modificando-se a equação (10.18) na face e, vem

$$\left(\frac{T_{fe} - T_{12}}{\Delta x/2} - \frac{T_{12} - T_{11}}{\Delta x}\right)\Delta y + \left(\frac{T_{16} - T_{12}}{\Delta y} - \frac{T_{12} - T_8}{\Delta y}\right)\Delta x = 0;$$

ou, sabendo que $T_{fe} = 0$, tem-se

$$\frac{\Delta y}{\Delta x}T_8 + \frac{\Delta y}{\Delta x}T_{11} - \left(\frac{2\Delta y}{\Delta x} + \frac{\Delta y}{\Delta x} + \frac{\Delta x}{\Delta y} + \frac{\Delta x}{\Delta y}\right)T_{12} + \frac{\Delta x}{\Delta y}T_{16} = 0 \tag{10.32l}$$

VOLUME 13 (volume de fronteira nas faces w e n)

Modificando-se a equação (10.18) nas faces w e n, vem

$$\left(\frac{T_{14} - T_{13}}{\Delta x} - \frac{T_{13} - T_{fw}}{\Delta x/2}\right)\Delta y + \left(\frac{T_{fn} - T_{13}}{\Delta y/2} - \frac{T_{13} - T_9}{\Delta y}\right)\Delta x = 0;$$

ou, tendo em vista as condições de contorno $T_{fw}=0$ e $T_{fn}=\text{sen}\left(\dfrac{\pi\Delta x}{2a}\right)$, chega-se a

$$\dfrac{\Delta y}{\Delta x}T_9 - \left(\dfrac{\Delta y}{\Delta x}+\dfrac{2\Delta y}{\Delta x}+\dfrac{2\Delta x}{\Delta y}+\dfrac{\Delta x}{\Delta y}\right)T_{13}+\dfrac{\Delta y}{\Delta x}T_{14}=-\dfrac{2\Delta x}{\Delta y}\text{sen}\left(\dfrac{\pi\Delta x}{2a}\right) \qquad (10.32\text{m})$$

VOLUME 14 (volume de fronteira na face *n*)

Modificando-se a equação (10.18) na face *n*, vem

$$\left(\dfrac{T_{15}-T_{14}}{\Delta x}-\dfrac{T_{14}-T_{13}}{\Delta x}\right)\Delta y+\left(\dfrac{T_{fn}-T_{14}}{\Delta y/2}-\dfrac{T_{14}-T_{10}}{\Delta y}\right)\Delta x=0;$$

ou, tendo em vista as condições de contorno $T_{fn}=\text{sen}\left(\dfrac{3\pi\Delta x}{2a}\right)$, chega-se a

$$\dfrac{\Delta x}{\Delta y}T_{12}+\dfrac{\Delta y}{\Delta x}T_{13}-\left(\dfrac{\Delta y}{\Delta x}+\dfrac{\Delta y}{\Delta x}+\dfrac{2\Delta x}{\Delta y}+\dfrac{\Delta x}{\Delta y}\right)T_{14}+\dfrac{\Delta y}{\Delta x}T_{15}=-\dfrac{2\Delta x}{\Delta y}\text{sen}\left(\dfrac{3\pi\Delta x}{2a}\right) \qquad (10.32\text{n})$$

VOLUME 15 (volume de fronteira na face *n*)

Modificando-se a equação (10.18) na face *n*, vem

$$\left(\dfrac{T_{16}-T_{15}}{\Delta x}-\dfrac{T_{15}-T_{14}}{\Delta x}\right)\Delta y+\left(\dfrac{T_{fn}-T_{15}}{\Delta y/2}-\dfrac{T_{15}-T_{11}}{\Delta y}\right)\Delta x=0;$$

ou, tendo em vista as condições de contorno $T_{fn}=\text{sen}\left(\dfrac{5\pi\Delta x}{2a}\right)$, tem-se

$$\dfrac{\Delta x}{\Delta y}T_{11}+\dfrac{\Delta y}{\Delta x}T_{14}-\left(\dfrac{\Delta y}{\Delta x}+\dfrac{\Delta y}{\Delta x}+\dfrac{2\Delta x}{\Delta y}+\dfrac{\Delta x}{\Delta y}\right)T_{15}+\dfrac{\Delta y}{\Delta x}T_{16}=-\dfrac{2\Delta x}{\Delta y}\text{sen}\left(\dfrac{5\pi\Delta x}{2a}\right) \qquad (10.32\text{o})$$

VOLUME 16 (volume de fronteira nas faces *n* e *e*)

Modificando-se a equação (10.18) nas faces *n* e *e*, vem

$$\left(\dfrac{T_{fe}-T_{16}}{\Delta x/2}-\dfrac{T_{16}-T_{15}}{\Delta x}\right)\Delta y+\left(\dfrac{T_{fn}-T_{16}}{\Delta y/2}-\dfrac{T_{16}-T_{12}}{\Delta y}\right)\Delta x=0;$$

ou, tendo em vista as condições de contorno $T_{fe}=0$ e $T_{fn}\,\text{sen}\left(\dfrac{7\pi\Delta x}{2a}\right)$, chega-se a

$$\dfrac{\Delta x}{\Delta y}T_{12}+\dfrac{\Delta y}{\Delta x}T_{15}-\left(\dfrac{2\Delta y}{\Delta x}+\dfrac{\Delta y}{\Delta x}+\dfrac{2\Delta x}{\Delta y}+\dfrac{\Delta x}{\Delta y}\right)T_{16}+\dfrac{2\Delta y}{\Delta y}\text{sen}\left(\dfrac{7\pi\Delta x}{2a}\right) \qquad (10.32\text{p})$$

As equações (10.32a) a (10.32p) formam um sistema algébrico linear que, resolvido, fornece as temperaturas em cada ponto médio de todo volume finito da malha.

Com a finalidade apenas de apresentar o Sistema (10.32a-10.32p) em termos numéricos, toma-se uma placa em que $a=b=1$. Com a malha da Figura 10.3, tem-se que $\Delta x=\Delta y=0{,}25$. Dessa forma, o Sistema (10.32a-10.32p), na forma matricial, será

$$AT=B, \qquad (10.33)$$

ou seja,

$$\begin{bmatrix} -6 & 1 & & & 1 & & & & & & & & & & & \\ 1 & -5 & 1 & & & 1 & & & & & & & & & & \\ & 1 & -5 & 1 & & & 1 & & & & & & & & & \\ & & 1 & -6 & 0 & & & 1 & & & & & & & & \\ 1 & & & 0 & -5 & 1 & & & 1 & & & & & & & \\ & 1 & & & 1 & -4 & 1 & & & 1 & & & & & & \\ & & 1 & & & 1 & -4 & 1 & & & 1 & & & & & \\ & & & 1 & & & 1 & -5 & 0 & & & 1 & & & & \\ & & & & 1 & & & 0 & -5 & 1 & & & 1 & & & \\ & & & & & 1 & & & 1 & -4 & 1 & & & 1 & & \\ & & & & & & 1 & & & 1 & -4 & 1 & & & 1 & \\ & & & & & & & 1 & & & 1 & -5 & 0 & & & 1 \\ & & & & & & & & 1 & & & 1 & -6 & 1 & & \\ & & & & & & & & & 1 & & & 1 & -5 & 1 & \\ & & & & & & & & & & 1 & & & 1 & -5 & 1 \\ & & & & & & & & & & & 1 & & & 1 & -6 \end{bmatrix} \begin{bmatrix} T_1 \\ T_2 \\ T_3 \\ T_4 \\ T_5 \\ T_6 \\ T_7 \\ T_8 \\ T_9 \\ T_{10} \\ T_{11} \\ T_{12} \\ T_{13} \\ T_{14} \\ T_{15} \\ T_{16} \end{bmatrix} \begin{bmatrix} 0 \\ 0 \\ 0 \\ 0 \\ 0 \\ 0 \\ 0 \\ 0 \\ 0 \\ 0 \\ 0 \\ 0 \\ -2\,\text{sen}(\pi/8) \\ -2\,\text{sen}(3\pi/8) \\ -2\,\text{sen}(5\pi/8) \\ -2\,\text{sen}(7\pi/8) \end{bmatrix}$$

A solução desse sistema está no Quadro 10.1, onde se encontram também os correspondentes valores da solução exata e o erro absoluto.

Quadro 10.1 Resultados aproximados por volumes finitos e exatos (arredondados na terceira casa decimal).

Volume	Temperatura aproximada	Solução exata	Erro absoluto
1	0,014	0,013	0,001
2	0,033	0,032	0,001
3	0,033	0,032	0,001
4	0,014	0,013	0,001
5	0,049	0,049	0,000
6	0,119	0,118	0,001
7	0,119	0,118	0,001
8	0,049	0,049	0,000
9	0,114	0,116	0,002
10	0,275	0,279	0,004
11	0,275	0,279	0,004
12	0,114	0,116	0,002
13	0,245	0,258	0,013
14	0,592	0,522	0,070
15	0,592	0,522	0,070
16	0,245	0,258	0,013

Do Quadro 10.1, conclui-se que, mesmo com uma malha esparsa 4×4, na maioria dos volumes os resultados são precisos até a segunda casa decimal, de modo a apresentarem geralmente pelo menos uma casa decimal correta.

> **Observação:**
> Para finalizar, convém ressaltar que, no exemplo, foi utilizada uma malha estruturada (todos os volumes internos possuem o mesmo número de volumes vizinhos); a fronteira do domínio do problema coincide com as linhas coordenadas, facilitando o trabalho de discretização e de aplicação das condições de contorno. Todavia, o método é aplicável em malhas desestruturadas e em domínios com contornos arbitrários, conforme se pode ver em Maliska (1995). Nesse caso, o método de volumes finitos é acoplado à técnica de geração de coordenadas ajustáveis ao contorno, como se pode ver em Thompson et al. (1985), o que o torna aplicável a uma ampla classe de problemas da engenharia e das ciências.

10.3 Exercícios

1. Resolva pelo método de volumes finitos o problema de equação diferencial parcial do item (a) do exercício 5 do Capítulo 8 usando uma malha com 4 elementos de dimensões iguais e adotando: (a) formulação explícita e (b) formulação implícita. Compare os resultados obtidos aqui com os daquele exercício.

2. Resolva pelo método de volumes finitos o problema de equação diferencial parcial do exercício 11 do Capítulo 8 usando a mesma malha.

3. Resolva pelo método de volumes finitos o problema de equação diferencial parcial do exercício 14 do Capítulo 8 adotando a mesma mudança de coordenadas e usando uma malha com 4 elementos na direção radial e 4 na circunferencial.

4. Resolva pelo método de volumes finitos o problema de equação diferencial parcial do exercício 15 do Capítulo 8 adotando malha de 16 elementos de dimensões iguais. Compare os resultados com os daquele exercício.

REFERÊNCIAS

ABRAMOWITZ, M. STEGUN, I. *Handbook of mathematical functions with formulas, graphs and mathematical tables.* Nova York: Dover Publications, 1968.

ALBRECHT, P. *Análise numérica: um curso moderno.* Rio de Janeiro: Livros Técnicos e Científicos, 1973.

ATKINSON, K. E. *An introduction to numerical analysis.* Nova York: John Wiley & Sons, 1978.

BELLOMO, N.; PREZIOSI, L. *Modelling mathematical methods and scientific computation.* Boca Raton, FL: CRC Press, 1995.

BUTCHER, J. C. On Runge-Kutta processes of higher order. *Journal of Australian Math. Soe,* n. 4, 1964, p. 179-194.

BOTHA, J. F.; PINDER, G. F. *Fundamental Concepts in the Numerical Solution of Differential Equations.* Nova York: John Wiley e Sons, 1983.

CARNAHAN, B. et al. *Applied numerical methods.* Nova York: John Wiley & Sons, 1969.

DAHLQUIST, G.; BJÖRCK, Å., *Numerical methods.* [Numeriska metoder]. Trad. Ned Anderson. Englewood Cliffs, NJ: Prentice Hall, 1974.

FRÖBERG, C. *Introduction to numerical analysis.* 1. ed. [Liirobok i numerisk analys]. Reading, MA: Addison Wesley, 1966.

GEAR, C. W. *Numerical initial value problems in ordinary differential equations.* Englewood Cliffs, NJ: Prentice Hall, 1971.

HAMMING, R. W. *Numerical methods for scientists and engineers.* Nova York: McGraw-Hill, 1962.

HENRICI, P. *Discrete variable methods in ordinary differential equations.* Nova York: John Wiley & Sons, 1961.

HILDEBRAND, F. B. *Introduction to numerical analysis.* Nova York: McGraw-Hill, 1956.

HOFFMANN, K.; KUNZE R. *Álgebra linear.* Trad. Adalberto P. Bergamasso. São Paulo: Universidade de S. Paulo e Polígono, 1970.

HOUSEHOLDER, A. S. *The theory of matrices in numerical analysis.* Nova York: Dover Publications, 1975.

HUEBNER, K. H. *The finit element method for engineers.* Nova York: John Wiley & Sons, 1963.

ISAACSON, E.; KELLER, H. B. *Analysis of numerical methods.* Nova York: John Wiley & Sons, 1966.

JENNING, A.; TUFF, A. D. A direct method for the solution of large sparse symmetric simultaneous equations. In: *Large sparse sets of linear equations.* Nova York: Academic Press, 1971.

KREIDER, D. L. et al. *An introduction to linear analysis.* Reading, MA: Addison Wesley, 1966.

LAPIDUS, L.; PINDER, G. F. *Numerical solution of partial differential equations in science and engineering.* Nova York: John Wiley & Sons, 1982.

LEITHOLD, L. *O cálculo com geometria analítica.* 3. ed. [The calculus with analytic geometry]. Trad. Cyro de Carvalho Patarra, rev. Wilson Castro Ferreira Jr. e Silvio Pregnolotto. São Paulo: Harbra, v. 2, 1994.

MALISKA, C. R. *Transferência de calor e mecânica dos fluidos computacional.* Rio de Janeiro: Livros Técnicos e Científicos, 1985.

PEACEMAN, D. W.; Rachford, H. H. The numerical solution of parabolic and eliptic differential equations. *S/AM Journal,* n. 3, 1955.

RALSTON, A. *Introducion al analisis numerico* [A first course in numerical analysis]. Trad. Carlos E. Cervantes, rev. Rafael Cristerna Ocampo. México, D. F.: Editorial Limusa-Wiley, 1970.

RHEINBOLDT, W. C.; ORTEGA, J. M. *Iterative solution of nonlinear equations in several variables.* Nova York: Academic Press, 1970.

RUDIN, W. *Princípio de análise matemática.* Rio de Janeiro: UnB e ao livro técnico S. A., 1971. Trad. de Principles of Mathematical Analysys. New York: McGraw-hill, 1953.

SALVADORI, M. G. *Numerical methods in engineering.* Nova Délhi: Prentice Hall, 1964.

SHAMPINE, L.; GORDON, M. *Computer solution of ordinary differential equations.* São Francisco: Freeman and Co., 1975.

SMIRNOV, V. I. *A course of higher mathematics.* Oxford: Pergamos Press, 1964.

SOTOMAYOR, T. J. M. *Lições de Equações Diferenciais.* Rio de Janeiro: Instituto de Matemática Pura e Aplicada, 1979 (Projeto Euclides).

SPERANDIO, D. *Aproximação computacional dos problemas de poisson e bilharmônicos por elementos finitos lineares.* Dissertação (mestrado). Rio de Janeiro: Instituto de Matemática da Universidade Federal do Rio de Janeiro, 1981.

SPIEGEL,. M. R. *Complex variables.* Nova York: McGraw-Hill, 1964.

STARK, P. A. *Introduction to numerical methods.* Londres: Collier-Macmillan, 1972.

STEFFENSEN, J. F. *Interpolation.* 2. ed. Nova York: Williams & Wilkins, 1950.

THOMPSON, J. F. et al. *Numerical grid generation: foundations and applications.* Nova York: Elsevier Science Publishing, 1985.

WILKINSON, J. H. *Rounding errors in algebraic processes.* Londres: Prentice Hall, 1973.

ÍNDICE REMISSIVO

A
Algoritmo,
    numérico, 3
    adaptativo, 217, 220
Aproximação,
    de derivadas, 269
    de funções, 132
    local, 3
Armazenamento de matrizes esparsas, 90, 94, 95, 96, 98, 99
Autovalores e autovetores, 99

C
Condições,
    de consistência, 245, 261, 262, 264
    de contorno de Dirichlet, 273, 288
    de contorno de Neumann, 274
    de estabilidade, 285, 294
    para convergência, 255
Constante assintótica do erro, 22
Cota,
    para o erro de truncamento na integração adaptativa, 217, 218
    na interpolação, 153

D
Deflação, 48
Desigualdade,
    de Cauchy-Schwartz, 55
    triangular, 55
Determinante, 58
Diferenças,
    finitas bidimensionais, 291
    divididas finitas, 36, 134
    finitas centrais, 271
    finitas progressivas, 271
    finitas retroativas, 269

E
Equação,
    característica, 100
    de condução de calor, 280
    de diferenças, 273
    de Korteweg de Vries, 281
    de Laplace, 280
    de ondas, 280
    de volume de controle interno, 331
    diferencial parcial, tipos, 280
    diferencial *stiff*, 266
    polinomial, 41

Erro,
    absoluto, 9
    de arredondamento, 5, 192, 193, 194, 235
    de interpolação, 136
    global de truncamento, 233
    local de truncamento, 232
    relativo, 9

Espaço,
    vetorial, 58
    de funções, 162
    exemplos de, 59

Esquemas,
    de diferenças finitas, 294
    upwind, 285

Estabilidade,
    absoluta, 236
    A-estável, 236
    da solução, 229
    de Von Neumann, 294
    fraca, 263
    matricial, 294
    numérica, 10, 68
    regiões, 236, 247, 248, 264
    relativa, 263

Estimativas de erros de truncamento, 257

Extrapolação,
    ao limite, 194
    de Richardson, 195, 196, 197, 238

F

Fórmulas,
    abertas de integração, 180, 184, 186
    compostas de integrações, 189
    de Gauss-Hermite, 211
    de Gauss-Laguerre, 209
    de Gauss-Legendre, 200, 207
    de Gauss-Tchebycheff, 204
    de Lagrange, 11
    fechadas de integração, 183

Funções,
    bases, 308
    pesos, 308

I

Integração,
    múltipla, 205
    numérica adaptativa, 216

Integral singular, 212, 216

Interpolação,
    por diferença dividida finita, 134
    por diferença finita central, 144

    por diferença finita progressiva, 143
    por diferença finita retroativa, 145
    polinomial, 133, 134
    polinomial de Lagrange, 141
Iteração, 3

M
Matriz,
    definição de, 56
    de banda, 57, 94
    de coordenadas, 61
    de transformação linear, 61, 62
    de Vandermonde, 133
    densa, 58
    diagonal, 57
    diagonal dominante, 58, 85
    esparsa, 57
    inversa, 56, 80
    ortogonal, 58
    posto coluna, 60
    posto linha, 60
    simétrica, 57
    simétrica definida positiva, 58
    transposta, 56
    triangular, 57
Método(s),
    baseados em transformações similares, 110
    da falsa posição, 35
    da iteração inversa, 117
    da potência, 107
    das aproximações sucessivas, 24, 124
    de Adams-Bashforth, 250
    de Adams-Moulton, 252, 260
    de Cholesky, 77, 96
    de colocação, 314
    de colocação ortogonal, 314
    de correção residual, 78
    de Cramer, 69
    de Crank-Nicolson, 290
    de Crout, 75
    de Doolittle, 75
    de eliminação de Gauss, 69
    de Euler, 233, 289
    de Galerkin, 309
    de Gauss-Jordan, 73
    de Gauss-Seidel, 83
    de gradientes conjugados, 87, 89, 97
    de gradientes puros, 43, 86
    de Heun, 241
    de Householder, 114
    de Jacobi, 82, 111

de Milne-Simpson, 252, 260
de Muller, 36
de Newton-Raphson, 26, 40, 126
de Newton-Raphson discretizado, 129
de Nystrom, 250
de otimização, 85
de passo múltiplo, 231, 248, 258
de passo simples, 231
de resíduo ponderado, 308, 309
de Romberg, 197
de Runge-Kutta de quarta ordem, 244
de Runge-Kutta de segunda ordem, 239
de Runge-Kutta de terceira ordem, 243
de sobrerrelaxação, 84
de Steffensen, 29, 130
decomposição LU como, 73
diferenças finitas como, 272, 280, 281, 283, 286, 288
direto, 68
do meio intervalo, 17
do ponto médio, 254
explícito, 254, 282
implícito, 282
iterativo, 19, 82
iterativo QR, 117
numérico, 3
previsor-corretor, 255
semi-implícito, 282
trapezoidal com produto de funções no integrando, 214
volume finito como, 326
Modelo matemático, 1

N
Norma,
de vetor, 63
de matriz, 65, 66
espectral, 102
euclidiana, 55
um, 64
Número de condicionamento de matriz, 79

O
Operador linear, 61
Ordem de convergência, 22

P
Pivotação,
parcial, 70
total, 71
Polinômio,
característico, 100
de Lagrange, 141

de Legendre, 170
hermitiana, 155
ortogonal, 169
reduzida, 48
spline cúbica, 158
Problema,
matemático, 1
físico, 1
numérico, 2
Procedimento de integração,
de integral singular, 212
de volume de controle, 326, 327
Produto interno, 165

Q
Quociente de Rayleigh, 108

R
Raiz,
complexa, 41
múltipla, 39
simples, 15
Redução,
a sistema de equações diferenciais de primeira ordem, 267
ao ajuste linear, 167

S
Série,
de Taylor, 11, 231
de Maclaurin, 11
Sistema ortogonal, 165
Subespaço vetorial, 60

T
Teorema,
de Lax, 294
de Gerschgorin, 101
de Weirstrass, 133
Teste de parada, 3, 19, 31
Traço de uma matriz, 103
Transformação linear, 61

V
Vetor, 54
Volume,
elementar, 326
de fronteira, 331